典型化学品突发环境事件应急处理技术手册

上册

尚建程 邵超峰 主编

化学工业出版社

·北京·

为了使广大从事危险化学品环境管理、环境监理、环境监测、环境影响评价工作人员对常见的、对人体环境影响较大的危险化学品有所了解，更科学地对危险化学品进行环境管理和对突发环境事件进行应急处理，我们有针对性地收集了 40 种常见危险化学品的相关信息，其内容包括：化学品标识、理化性质、毒理学参数、环境行为及危险特性、环境监测、应急处理处置、储存运输等。

本手册数据采用国际权威组织最新资料，可作为相关领域工作人员进行环境监测、部门决策、制定应急预案的工具书，也可供高等院校化学、化工、环境等专业的师生参考。

图书在版编目（CIP）数据

典型化学品突发环境事件应急处理技术手册. 上册/尚建程，邵超峰主编. —北京：化学工业出版社，2019.8
ISBN 978-7-122-29656-6

Ⅰ.①典…　Ⅱ.①尚…②邵…　Ⅲ.①化学污染-环境污染事故-应急对策-手册　Ⅳ.①X502-62

中国版本图书馆 CIP 数据核字（2017）第 081333 号

责任编辑：满悦芝　　　　　　　　　　文字编辑：荣世芳
责任校对：王素芹　　　　　　　　　　装帧设计：关　飞

出版发行：化学工业出版社（北京市东城区青年湖南街 13 号　邮政编码 100011）
印　　装：三河市航远印刷有限公司
787mm×1092mm　1/16　印张 22½　字数 560 千字　2019 年 9 月北京第 1 版第 1 次印刷

购书咨询：010-64518888　　　　　　售后服务：010-64518899
网　　址：http://www.cip.com.cn
凡购买本书，如有缺损质量问题，本社销售中心负责调换。

定　　价：198.00 元　　　　　　　　　　　　　　　　版权所有　违者必究

《典型化学品突发环境事件应急处理技术手册》编委会

主　任　邵超峰

副主任　（按姓氏拼音排序）

　　　　尚建程　魏子章

编　委　（按姓氏拼音排序）

　　　　曹宏磊　崔　鹏　葛永慧　何　蓉　李　佳　刘　灿

　　　　刘长明　刘　峰　刘　刚　刘兴静　乔　婧　桑换新

　　　　单星星　师荣光　石良盛　史艳旻　孙晓蓉　陶　磊

　　　　田　野　王治民　薛晨阳　杨金霞　么　旭　叶晓颖

　　　　于文静　张　吉　张　舒　张艳娇　张亦楠　张哲予

　　　　朱明奕

资助项目

国家自然科学基金：化学工业园区环境风险诊断及综合评估方法研究，项目编号 41301579。

本书编写人员

主　编　邵超峰　尚建程　张艳娇　刘　峰

编　委　（按姓氏拼音排序）

葛永慧　何　蓉　桑换新　单星星　师荣光　史艳旻

孙晓蓉　田　野　王治民　魏子章　薛晨阳　杨金霞

么　旭　叶晓颖　张　吉　张哲予

前 言 ▶▶▶

　　随着我国社会经济的快速发展，区域工业化、城镇化进程的加快，突发性环境污染事故已进入了高发期。科学合理地管控各类风险源是我国环境污染防治和管理的重点内容，也是制约各行业尤其是石油化工等风险较为集中行业可持续发展的难点。落实科学发展观、建设生态文明型社会，做好新形势下的生态环境安全工作，必须解决环境风险问题，尤其是突发性污染事件的环境风险，切实保障人民群众生命健康和生态安全。

　　针对当前和今后一段时期内环境污染事件高发的形势，《国务院关于加强环境保护重点工作的意见》（国发〔2011〕35号）明确提出了"建设更加高效的环境风险管理和应急救援体系"。2014年12月29日，国务院办公厅发布《国家突发环境事件应急预案》（国办函〔2014〕119号），成为新时期我国突发环境事件应对的纲领性文件。2015年4月16日，环境保护部发布《突发环境事件应急管理办法》（环境保护部令〔2015〕第34号），从风险控制、应急准备、应急处置、事后恢复等方面进一步明确了控制、减轻和消除突发环境事件的相关要求。2017年1月24日，环保部召开全国环境应急管理工作电视电话会议，指出当前我国环境安全形势和环境应急管理形势严峻，呈现布局性环境风险依然突出，事件总量居高不下、类型多、发生区域广，事件诱因复杂、防控难度大，环境事件造成的社会影响大、群众关注度高，环境突发事件应急处置不清楚、不充分，环境应急管理能力有待加强等现象，迫切需要全面提高应对突发环境事件的能力和水平，坚决防范遏制重特大突发环境事件。

　　加强环境应急管理，积极防范环境风险，妥善应对环境污染事件已成为保障国家环境安全最紧迫、最直接、最现实的任务。针对诱发突发环境事件发生的关键环节和企事业单位，环境保护部先后发布《企业突发环境事件风险评估指南（试行）》（环办〔2014〕34号）和《企业事业单位突发环境事件应急预案备案管理办法（试行）》（环发〔2015〕4号），明确了涉及危险化学品企业环境风险管控要求及编制突发环境事件应急预案的细则，规范企业突发环境事件风险评估和应急管理行为。编者依据环境保护主管部门发布的我国优先控制污染物黑名单、《危险化学品重大危险源辨识》（GB 18218—2014）、《Emergency Response Guidebook 2016》、《危险化学品目录（2015版）》、《企业突发环境事件风险评估指南（试行）》、《重点监管危险化工工艺目录》（2013年完整版）等确定的突发环境事件风险物质及临界量清单中的化学物质名单，结合天津滨海新区环境风险源调查与评估、涉及危险化学品企业环保核查的主要成果，进一步筛选确定纳入本手册的典型化学品名录 40 种。

编者按照危险化学品环境管理和突发性环境污染事件应急响应的需求，尤其是当前突发性环境污染事件应急预案与风险评估工作的开展，对手册的编写内容进行了设计，在化学品安全技术说明书（Material Safety Data Sheet）、《危险化学品生产、储存装置个人可接受风险标准和社会可接受风险标准（试行）》以及相关文献统计分析基础上，系统梳理了 40 项典型危险化学品的相关信息，包括：化学品标识、理化性质、毒理学参数、环境行为及危险特性、环境监测、应急处理处置、储存运输等，把在突发环境事件中典型化学品的理化性质与环境健康影响及应急控制更好地结合起来，更具系统性、完整性和实用性。

本手册参考了相关研究领域众多学者的著作，在此向有关作者致以诚挚的谢意。由于编者水平和时间所限，书中可能存在疏漏之处，敬请广大读者给予批评和指正。

编　者
2019 年 6 月

目 录 ▶▶▶

苯

1 名称、编号、分子式

苯在常温下极易挥发，甲苯和二甲苯属于苯的同系物。在工业上从焦炉气和煤焦油的轻油部分中提取回收，在工业上用途很广，主要用作化工原料和有机溶剂。苯于 1993 年被世界卫生组织确定为致癌物。苯基本信息见表 1-1。

表 1-1　苯基本信息

中文名称	苯
中文别名	纯苯;苯查儿;安息油;净苯;动力苯;溶剂苯;困净苯;氢化苯
英文名称	benzene
英文别名	cyclohexatriene;benzene;benzol
UN 号	1114
CAS 号	71-43-2
ICSC 号	0015
RTECS 号	CY1400000
EC 编号	601-020-00-8
分子式	C_6H_6
分子量	78.11

2 理化性质

苯在常温下为高度易燃、无色透明液体，是一种有机化合物，也是组成结构最简单的芳香烃。苯有高的毒性，是一种致癌物质。它难溶于水，易溶于有机溶剂，本身也可作为有机溶剂。苯也是石油化工的基本原料，苯的产量和生产的技术水平是一个国家石油化工发展水平的标志之一。苯理化性质一览表见表 1-2。

表 1-2　苯理化性质一览表

外观与性状	无色透明液体,有强烈芳香味
燃烧热/(kJ/mol)	3264.4
熔点/℃	5.5
沸点/℃	80.1

密度(20℃)/(g/cm³)	0.88
相对密度(水＝1)❶	0.88
相对蒸气密度(空气＝1)❷	2.77
饱和蒸气压(26.1℃)/kPa	13.33
最小点火能/mJ	0.20
临界温度/℃	289.5
临界压力/MPa	4.92
最大爆炸压力/MPa	0.88
辛醇/水分配系数的对数值	2.15
闪点/℃	−11
自燃温度/℃	700
爆炸上限(体积分数)/%	8.0
爆炸下限(体积分数)/%	1.2
溶解性	不溶于水,溶于醇、醚、丙酮等多数有机溶剂
危险标记	7(易燃液体)

3 毒理学参数

(1) **急性毒性** 大鼠经口半致死剂量（LD_{50}）为 3306mg/kg；小鼠经皮半致死浓度（LC_{50}）48mg/kg；人吸入 1.6g/m³，轻度中度症状；人吸入 4.8g/m³，60min，重度中毒症状；人吸入 62.5g/m³，5～10min，最低致死浓度。

(2) **亚急性和慢性毒性** 大鼠吸入 175mg/m³，600h，50％的大鼠出现双侧白内障；家兔吸入 10mg/m³，数天到几周，引起白细胞减少，淋巴细胞百分比相对增加。慢性中毒动物造血系统改变，严重者骨髓再生不良。人吸入 160～480mg/m³，300h，头痛，乏力，疲劳。

(3) **代谢** 苯在大鼠体内的代谢产物为苯酚、氢醌、儿茶酚、羟基氯醌及苯巯基尿酸。苯主要以蒸气形式被吸入，其液体可以皮肤吸收和摄入，苯可以在肝脏和骨髓中进行代谢，而骨髓是红细胞、白细胞和血小板的形成部位，故苯进入体内可在造血组织本身形成具有血液毒性的代谢产物。有报道称苯在人体内可氧化为无毒的己二烯二酸和非常有毒的酚、邻苯二酚、对苯二酚和 1,2,4-苯三酚。

(4) **刺激性** 家兔经眼：2mg/m³ (24h)，重度刺激。家兔经皮：500mg (24h)，中度刺激。

(5) **致突变性** DNA 抑制：人白细胞 2200μmol/L。姐妹染色单体交换：人淋巴细胞 200μmol/L。

(6) **致癌性** 苯是一种对人体致癌的物质，工人吸入 2100mg/m³ 的苯连续 4 年会导致

---

❶ 此处代表水的相对密度为1,全书同。

❷ 此处代表相同条件下,空气的相对蒸气密度为1,全书同。

癌变，苯的大鼠和小鼠试验已证实为致癌物。国际癌症研究机构（IARC）致癌性评论：人类致癌物质。

(7) 致畸性　苯能诱发人的染色体畸变。Forni 等 1971 年报道，在职业性接触苯的工人中，各种染色体破坏或畸变的发病率增加。

(8) 生殖毒性　大鼠吸入最低中毒体积分数（TCL_0）：$150×10^{-6}$（24h）（孕 7～14d），引起植入后死亡率增加和骨骼肌肉发育异常。

(9) 危险特性　易燃，其蒸气与空气可形成爆炸性混合物，遇明火、高热极易燃烧爆炸。与氧化剂能发生强烈反应。易产生和聚集静电，有燃烧爆炸危险。其蒸气比空气密度大，能在较低处扩散到相当远的地方，遇火源会着火回燃。

4　对环境的影响

4.1　主要用途

苯广泛地应用在化工生产中，使用苯作为有机合成化工原料的有苯胺、氯苯、硝基苯、合成苯的衍生物。它也是制造染料、香料、合成纤维、合成洗涤剂、聚苯乙烯塑料、丁苯橡胶、油基漆、硝基漆、炸药、农药杀虫剂等的基本原料。它作为溶剂，在医药工业中用作提取生药，制药工业中生产非那西丁、磺胺噻唑、合霉素等。橡胶加工中用作黏合剂的溶剂，印刷、油墨、照相制版等行业也常用苯作为溶剂。所有机动车辆汽油中，都含有 5% 左右的苯，而特制机动车辆的燃料中，含苯量高达 30%。

4.2　环境行为

苯主要通过化工生产的废水和废气进入水环境和大气环境。在焦化厂废水中苯的浓度为 $100～160mg/L$ 范围内，由于苯微溶于水，在自然界中可通过蒸发和降水循环，最后挥发至大气中被光解，这是主要的迁移过程。另外的转移转化过程包括生物降解和化学降解，但这种过程的速率比挥发过程的速率低。

4.3　人体健康危害

(1) 暴露/侵入途径　生产环境中的苯，多以蒸气形式经呼吸道侵入体内；液体苯也可以少量经皮肤侵入。食物被污染也会引起机体中毒。苯中毒所引起的严重损害是不可逆的，在停止接触损害以后，损害还可以进一步发展。

(2) 健康危害　高浓度苯对中枢神经系统有麻醉作用，引起急性中毒；长期接触苯对造血系统有损害，引起慢性中毒。

(3) 急性中毒　是由于短时间在极高浓度苯蒸气环境中工作，以麻痹中枢神经系统为主。临床表现为中枢神经系统的麻醉作用，轻者表现为兴奋、欣快感，步态不稳，以及头晕、头痛、恶心、呕吐等，重者可出现意识模糊，由浅昏迷进入深昏迷或出现抽搐，甚至导致呼吸、心跳停止。

(4) 慢性中毒　是由于长期工作于较低的苯蒸气环境中，以累及造血系统为主。慢性中毒的症状是逐渐发生的，由于工种、工龄、健康状况、敏感性等诸多原因，中毒症状也不完全一致。

4.4 接触控制标准

中国 MAC（mg/m^3）：—。

中国 PC-PWA：$6mg/m^3$［皮］（G1）。

中国 PC-STEL：$10mg/m^3$［皮］（G1）。

美国 TLV-TWA：OSHA 1ppm❶，$3.2mg/m^3$；ACGIH 0.5ppm，$1.6mg/m^3$。

美国 TLV-STEL：ACGIH 2.5ppm，$8mg/m^3$。

苯生产及应用相关环境标准见表 1-3。

表 1-3　苯生产及应用相关环境标准

标准名称	限制要求	标准值
合成树脂工业污染物排放标准(GB 31572—2015)	合成树脂工业企业及其生产设施的水污染物和大气污染物排放限值	①水污染物排放限值：直接排放 0.1mg/L；间接排放 0.2mg/L ②水污染物特别排放限值：直接排放 0.1mg/L；间接排放 0.1mg/L ③大气污染物排放限值：$4mg/m^3$ ④大气污染物特别排放限值：$2mg/m^3$
石油炼制工业污染物排放标准(GB 31570—2015)	石油炼制工业企业及其生产设施的水污染物和大气污染物排放限值	①水污染物排放限值：直接排放 0.1mg/L；间接排放 0.2mg/L ② 水污染物特别排放限值：直接排放 0.1mg/L；间接排放 0.21mg/L ③大气污染物排放限值：$4mg/m^3$ ④大气污染物特别排放限值：$4mg/m^3$ ⑤企业边界大气污染物浓度限值：$0.8mg/m^3$
石油化学工业污染物排放标准(GB 31571—2015)	废水、废气及边界大气中苯的排放限值	①废水：0.1mg/L ②废气：$4mg/m^3$ ③企业边界大气污染物浓度限值：$0.4mg/m^3$
大气污染物综合排放标准(GB 16297—1996)	大气污染物排放限值	最高允许排放质量浓度：$17mg/m^3$
室内空气质量标准（GB/T 18883—2002）	室内空气质量参数	一小时均值：$0.11mg/m^3$
民用建筑工程室内环境污染控制规范①(GB 50325—2010)	民用建筑工程室内环境污染物浓度限量	$\leqslant 0.09mg/m^3$
乘用车内空气质量评价指南(GBT 27630—2011)	车内空气中苯的浓度要求	$\leqslant 0.11mg/m^3$
地表水环境质量标准（GB 3838—2002）	集中式生活饮用水地表水源地特定项目标准限值	0.01mg/L
生活饮用水卫生标准（GB 5749—2006）	水质非常规指标及限值	0.01mg/L
农田灌溉水质标准（GB 5084—2005）	农田灌溉用水水质选择性控制项目标准(水作、旱作、蔬菜)	2.5mg/L
展览会用地土壤环境质量评价标准(暂行)(HJ 350—2007)	土壤环境质量评价标准限值	A 级：0.2mg/kg B 级：13mg/kg

---

❶ 1ppm＝10^{-6}＝一百万分之一。

标准名称	限制要求	标准值
食用农产品产地环境质量评价标准(HJ/T 332—2006)	食用农产品产地灌溉水质量标准(水作、旱作、蔬菜)	2.5mg/L
温室蔬菜产地环境质量评价标准(HJ/T 333—2006)	温室蔬菜产地灌溉水质量标准	2.5mg/L
工业企业土壤环境质量风险评价基准(HJ/T 25—1999)	工业企业土壤环境质量风险评价基准值	土壤基准(直接接触):1640mg/kg 土壤基准(迁移至地下水):177mg/kg
污水综合排放标准(GB 8978—1996)	第二类污染物最高允许排放浓度	一级:0.1mg/L 二级:0.2mg/L 三级:0.5mg/L
城镇污水处理厂污染物排放标准(GB 18918—2002)	选择控制项目最高允许排放浓度(日均值)	0.1mg/L
污水排入城镇下水道水质标准(GB/T 31962——2015)	污水排入城镇下水道苯系物限值	A 级:2.5mg/L B 级:2.5mg/L C 级:1mg/L

①民用建筑工程室内环境污染控制规范中规定的苯浓度限值适用于民用建筑工程验收时室内甲醛浓度的检测,住宅和办公建筑物等室内环境甲醛浓度的要求应参照 GB/T 1883—2002。

5 环境监测方法

5.1 现场应急监测方法

(1) **快速检测管检测**　使用苯蒸气快速检测管,抽取事故现场空气,在苯浓度 $10\sim300\text{mg/m}^3$ 时,使检测管变色。

(2) **便携式气相色谱法**　使用专用注射器采集事故现场样品,诸如便携式气相色谱仪,通过外标法进行定性定量测定。

5.2 实验室监测方法

苯实验室监测方法见表 1-4。

表 1-4　苯实验室监测方法

监测方法	来源	类别
气相色谱法	《居住区大气中苯、甲苯和二甲苯卫生检验标准方法》(GB 11737—1989)	居住区大气
气相色谱法	《空气质量　甲苯、二甲苯、苯乙烯的测定气相色谱法》(GB/T 14677—1993)	空气
气相色谱法	《水质　苯系物的测定　气相色谱法》(GB 11890—1989)	水质
气相色谱法	《固体废弃物试验与分析评价手册》,中国环境监测总站等译	固体废物
色谱/质谱法	美国 EPA524.2 方法(4.1 版)①	水质

监测方法	来源	类别
气相色谱/质谱联用仪	《展览会用地土壤环境质量评价标准（暂行）》（HJ 350—2007）	土壤
毛细管气相色谱法	《室内空气质量标准》（GB/T 18883—2002）	室内空气

①EPA524.2（4.1版）是为配合实施美国国家饮用水的 EPA 标准而制定的，该方法采用吹脱捕集装置，用 GC/MS 检测低浓度的被分析物质。在实际监测中，优先执行我国国家标准。

6 应急处理处置方法

6.1 泄漏应急处理

(1) **应急行为** 泄漏污染区人员迅速撤离至安全区，并进行隔离，严格限制出入。切断火源。

(2) **应急人员防护** 建议应急处理人员戴自给正压式呼吸器，穿防毒服。尽可能切断泄漏源。

(3) **环保措施** 防止流入下水道、排洪沟等限制性空间。小量泄漏：用活性炭或其他惰性材料吸收，也可以用不燃性分散剂制成的乳液刷洗，洗液稀释后放入废水系统。大量泄漏：构筑围堤或挖坑收容。

(4) **消除方法** 用泡沫覆盖，降低蒸气灾害。喷雾状水或泡沫冷却和稀释蒸汽、保护现场人员。用防爆泵转移至槽车或专用收集器内，回收或运至废物处理场所处置。

6.2 个体防护措施

(1) **工程控制** 生产过程密闭，加强通风。提供安全淋浴和洗眼设备。

(2) **呼吸系统防护** 空气中浓度超标时，应该佩戴自吸过滤式防毒面罩（半面罩）。紧急事态抢救或撤离时，应该佩戴空气呼吸器或氧气呼吸器。

(3) **眼睛防护** 戴化学安全防护眼镜。

(4) **身体防护** 穿防毒渗透工作服。

(5) **手防护** 戴橡胶手套。

(6) **饮食** 接触苯作业制造香料、药物、橡胶、合成纤维生产人员的饮食原则是高蛋白、高糖类、大剂量维生素 C 及适量的铁。因高蛋白饮食可以促进苯的氧化和增强肝脏的解毒功能；高糖类可以促进苯的衍生物同硫酸基结合后排出体外，维生素 C 可缩短出血、凝血时间，防止白细胞减低。另外，要多吃新鲜蔬菜、水果、豆类等食物。

(7) **其他** 工作现场禁止吸烟、进食和饮水。工作完毕，淋浴更衣。实行就业前和定期体检。

6.3 急救措施

(1) **皮肤接触** 脱去污染的衣着，用肥皂水和清水彻底冲洗皮肤。

(2) **眼睛接触** 提起眼睑，用流动清水或生理盐水冲洗。就医。

(3) **吸入** 迅速脱离现场至空气新鲜处。保持呼吸道通畅。如呼吸困难，给输氧。如呼吸停止，立即进行人工呼吸。就医。

（4）**食入**　饮足量温水，催吐。就医。

（5）**灭火方法**　尽可能将容器从火场移至空旷处。喷水保持火场容器冷却，直至灭火结束。处在火场中的容器若已变色或从安全泄压装置中产生声音，必须马上撤离。灭火剂：雾状水、泡沫、干粉、二氧化碳、砂土。用水灭火无效。

6.4　应急医疗

（1）**诊断要点**　短期内吸入高浓度苯蒸气后出现头晕、头痛、恶心、呕吐、兴奋、步态蹒跚等酒醉样状态，可伴有黏膜刺激症状。呼气苯、血苯、尿酚测定值增高可作为苯接触指标。吸入高浓度苯蒸气后出现烦躁不安、意识模糊、昏迷、抽搐、血压下降，甚至呼吸和循环衰竭。呼气苯、血苯、尿酚测定值增高，可作为苯接触指标。

在3个月内每1～2周复查一次，如白细胞计数持续或基本低于$4\times10^9/L$（$4000/mm^3$）或中性粒细胞低于$2\times10^9/L$（$2000/mm^3$）。常有头晕、头痛、乏力、失眠、记忆力减退等症状。

慢性中度中毒多有慢性轻度中毒症状，并有易感染和（或）出血倾向。表现为符合下列之一者：白细胞计数低于$4\times10^9/L$（$4000/\mu L$）或中性粒细胞低于$2\times10^9/L$（$2000/\mu L$），伴血小板计数低于$60\times10^9/L$（$6\times10^4/\mu L$）；白细胞计数低于$3\times10^9/L$（$3000/\mu L$）或中性粒细胞低于$1.5\times10^9/L$（$1500/\mu L$）。

慢性重度中毒表现为出现下列之一者：全血细胞减少症；再生障碍性贫血；骨髓增生异常综合征；白血病。

（2）**处理原则**　应迅速将中毒患者移至空气新鲜处，立即脱去被苯污染的衣服，用肥皂水清洗被污染的皮肤，注意保暖。急性期应卧床休息。急救原则与内科相同，可用葡萄糖醛酸，忌用肾上腺素。无特效解毒药，治疗主要针对神经衰弱及造血系统损害所致血液疾病对症处理。

（3）**预防措施**　积极寻找微毒或无毒原料代替苯、甲苯、二甲苯等。在实验室中改进流程工艺，使用苯做原料的大规模操作，最好能用醇类、酮类或汽油等溶剂来代替苯做原料或溶剂。加强通风和密闭化。盛苯的容器必须完全密闭，操作环境一定要有良好的通风。在进风困难的场所，应戴隔离式供氧或新鲜的压缩空气防毒面罩，短暂的接触可用活性炭面罩。应加强卫生宣传教育和个人防护。虽然经皮肤吸收的量极微，但洗手时操作人员的带苯浓度可超过最高允许浓度的25倍，且苯可脱去皮肤上的脂肪，造成皮肤损坏，因此绝对禁止用苯洗手。凡从事与苯有关工作的人员应该定期检查身体，特别注意红细胞、血色素、血小板及网状红细胞的改变。孕妇及哺乳期的女性工作人员应避免与苯接触。

室内苯污染防治：室内苯主要来自建筑装修中使用大量的化工原材料，如涂料、胶黏剂中都含有大量的苯系化合物，经装修后挥发到室内，因此在选择装饰材料时，应选用正规厂家生产的涂料，选用无污染或少污染的水性材料，同时要选择带有绿色环保标志的装饰材料，采用无油漆工艺，使室内有害气体大大降低。就个人而言，最简单而有效的办法莫过于注意室内通风，改善室内换气条件，可以显著降低室内污染水平。尤其是居室装修完成后，不宜立即迁入，待苯及有机化合物释放一段时间后再居住。另外，随着人们对自身健康状况的关注，许多家庭开始使用空气净化器。目前，一种采用纳米技术的光催化室内空气净化器已在研制中，实验证明，当涂有催化剂的载体暴露于紫外线中，苯很快被分解，30min内苯浓度降低约50%。

7 储运注意事项

7.1 储存注意事项

储存于阴凉、通风的库房。远离火种、热源。库温不宜超过30℃。保持容器密封。应与氧化剂、食用化学品分开存放，切忌混储。采用防爆型照明、通风设施。禁止使用易产生火花的机械设备和工具。储区应备有泄漏应急处理设备和合适的收容材料。

7.2 运输信息

危险货物编号：32050。

UN编号：1114。

包装类别：Ⅱ。

包装方法：小开口钢桶；螺纹口玻璃瓶、铁盖压口玻璃瓶、塑料瓶或金属桶（罐）外加普通木箱。

运输注意事项：本品铁路运输时限使用钢制企业自备罐车装运，装运前需报有关部门批准。铁路运输时应严格按照铁道部《危险货物运输规则》中的危险货物配装表进行配装。运输时运输车辆应配备相应品种和数量的消防器材及泄漏应急处理设备。夏季最好早晚运输。运输时所用的槽（罐）车应有接地链，槽内可设孔隔板以减少振荡产生静电。严禁与氧化剂、食用化学品等混装混运。运输途中应防曝晒、雨淋，防高温。中途停留时应远离火种、热源、高温区。装运该物品的车辆排气管必须配备阻火装置，禁止使用易产生火花的机械设备和工具装卸。公路运输时要按规定路线行驶，勿在居民区和人口稠密区停留。铁路运输时要禁止溜放。严禁用木船、水泥船散装运输。

7.3 废弃

(1) **废弃处置方法** 用焚烧法处置。

(2) **废弃注意事项** 处置前应参阅国家和地方有关法规。

8 参考文献

［1］ 天津市固体废物及有毒化学品管理中心.危险化学品环境数据手册［M］.2005：195-197.

［2］ 北京化工研究院环境保护所/计算中心.国际化学品安全卡（中文版）查询系统 http：//icsc.brici.ac.cn/［DB］.2016.

［3］ Chemical book. CAS数据库 http：//www.chemicalbook.com/ProductMSDSDetailCB5413313.htm

［4］ 环境保护部.国家污染物环境健康风险名录（化学第一分册）［M］.北京：中国环境科学出版社，2009：1-9.

吡　啶

1　名称、编号、分子式

吡啶，有机化合物，是含有一个氮杂原子的六元杂环化合物。可以看作苯分子中的一个（CH）被 N 取代的化合物，故又称氮苯。吡啶及其同系物存在于骨焦油、煤焦油、煤气、页岩油、石油中。工业上使用的吡啶，约含 1% 的 2-甲基吡啶，因此可以利用成盐性质的差别，把它和它的同系物分离。吡啶基本信息见表 2-1

表 2-1　吡啶基本信息

中文名称	吡啶
中文别名	氮杂苯
英文名称	pyridine
英文别名	azine
UN 号	32104
CAS 号	110-86-1
ICSC 号	0323
RTECS 号	UR8400000
EC 编号	613-002-00-7
分子式	C_5H_5N；$(CH)_5N$
分子量	79.10

2　理化性质

吡啶及其衍生物比苯稳定，其反应性与硝基苯类似。典型的芳香族亲电取代反应发生在 3、5 位上，但反应性比苯低，一般不易发生硝化、卤化、磺化等反应。吡啶是一个弱的三级胺，在乙醇溶液内，能与多种酸（如苦味酸或高氯酸等）形成不溶于水的盐。与空气接触能形成爆炸性混合物。与氯磺酸、三氧化二铬、马来酸酐、硝酸、发烟硫酸、硫酸、高氯酸银和氧化剂如高锰酸盐接触发生剧烈反应。强酸能引发吡啶剧烈溅射。吡啶可腐蚀某些塑料、橡胶和涂料。吡啶还能与多种金属离子形成结晶型的络合物。吡啶比苯容易还原，如在金属钠和乙醇的作用下还原成六氢吡啶（或称哌啶）。吡啶与过氧化氢反应，易被氧化成 N-氧化吡啶。吡啶理化性质一览表见表 2-2。

表 2-2　吡啶理化性质一览表

外观与性状	无色或微黄色液体,有恶臭
熔点/℃	−42
沸点/℃	115.3
相对密度(水=1)	0.98
相对蒸气密度(空气=1)	2.73
饱和蒸气压(13.2℃)/kPa	1.33
燃烧热/(kJ/mol)	2826.51
临界温度/K	346.8
临界压力/MPa	4.05
辛醇/水分配系数的对数值	0.65
闪点/℃	17
引燃温度/℃	482
爆炸上限(体积分数)/%	12.4
爆炸下限(体积分数)/%	1.7
溶解性	溶于水、醇、醚等多种有机溶剂
危险标记	7(易燃液体),40(有毒品)

3　毒理学参数

(1) **急性毒性**　LD_{50}：1580mg/kg（大鼠经口）；1121mg/kg（兔经皮）；人吸入 25mg/m^3×20min，对眼结膜和上呼吸道黏膜有刺激作用。

(2) **亚急性和慢性毒性**　大鼠吸入 32.3mg/m^3×7h/d×5d/周×6 个月，肝重量系数增加；人吸入 20～40mg/m^3（长期），神衰、步态不稳、手指震颤、血压偏低、多汗、个别对肝肾有影响。

(3) **危险特性**　其蒸气与空气可形成爆炸性混合物，遇明火、高热极易燃烧爆炸。与氧化剂接触发生剧烈反应。高温时分解，释出剧毒的氮氧化物气体。与硫酸、硝酸、铬酸、发烟硫酸、氯磺酸、顺丁烯二酸酐、高氯酸银等剧烈反应，有爆炸危险。流速过快，容易产生和积聚静电。其蒸气比空气密度大，能在较低处扩散到相当远的地方，遇火源会着火回燃。若遇高热，容器内压增大，有开裂和爆炸的危险。

(4) **刺激性**　原液滴入豚鼠眼一滴，可引起角膜损害；40%的溶液滴入兔眼，可引起角膜坏死。

(5) **代谢**　吸收后的本品，在体内部分于氮位置上被甲基化、羟基化和氧化，部分以原形从尿中排出。

(6) **其他**　人对本品的刺激阈为 1.6～5mg/m^3。由于可很快出现嗅觉疲劳，故气味的警戒意义不大。蒸气吸入 25mg/m^3，21min 可引起眼结膜和上呼吸道刺激症状。

4 对环境的影响

4.1 主要用途

纯吡啶是重要的溶剂,可用于制造维生素、中枢神经兴奋剂、抗生素以及一些高效农药和还原染料,其具体应用实例有:①医药方面为氟哌酸,维生素 A、维生素 D_2、维生素 D_3,头孢 4号等 40 余种常用药的合成原料。②农药方面用于高效除草剂百草枯、杀草快、敌草快、吡氟禾草灵(稳杀特),高效杀虫剂氯氟脲(定虫隆,兼有杀虫和不育功能,对人体无害)的合成。③染料方面用于合成可溶性还原紫 I4R 等 10 个品种及活性翠蓝 KN-G、阳离子艳黄 10GFF 等。

4.2 环境行为

吡啶是一类典型的难降解含氮杂环化合物,在地面和土壤中普遍存在,因其杂环结构而水溶性较强,很容易转移到地下水中。在与苯酚共基质条件下,吡啶有一定的降解。

4.3 人体健康危害

(1)**暴露/侵入途径** 吸入、食入、经皮吸收。

(2)**健康危害** 有强烈刺激性;能麻醉中枢神经系统。对眼及上呼吸道有刺激作用。高浓度吸入后,轻者有欣快或窒息感,继之出现抑郁、肌无力、呕吐;重者意识丧失、大小便失禁、强直性痉挛、血压下降。误服可致死。慢性影响:长期吸入出现头晕、头痛、失眠、步态不稳及消化道功能紊乱。可发生肝肾损害。可致多发性神经病。对皮肤有刺激性,可引起皮炎,有时有光感性皮炎。

(3)**急性中毒** 主要表现为对皮肤和黏膜的刺激作用和对中枢神经系统的抑制作用。国外报道 1 例急性中毒患者,清除溢出的本品 15～20min,10h 出现症状,第 3 天后加剧,呈弥漫性大脑皮质受损,出现神经系统抑制,有语言障碍等。经硫胺治疗后症状消退。患者无上呼吸道症状。

(4)**慢性中毒** 长期吸入出现头晕、头痛、失眠、步态不稳及消化道功能紊乱。可发生肝肾损害。可引起皮炎。

4.4 接触控制标准

中国 MAC（mg/m³）：—。
中国 PC-STEL（mg/m³）：—。
前苏联 MAC（mg/m³）：5。
美国 TLV-TWA：OSHA 5ppm，16mg/m³；ACGIH 5ppm，16mg/m³。
美国 TLV-STEL：—。
吡啶生产及应用相关环境标准见表 2-3。

表 2-3 吡啶生产及应用相关环境标准

标准名称	限制要求	标准值
地表水环境质量标准（GB 3838—2002）	集中式生活饮用水地表水源地特定项目标准限值	0.2mg/L

标准名称	限制要求	标准值
石油化工业污染物排放标准 （GB 31571—2015）	废水、废气中有机特征污染物排放限值	废水：2mg/L 废气：20mg/m³

5 环境监测方法

5.1 现场应急监测方法

现场应急监测方法有气体检测管法。

5.2 实验室监测方法

吡啶实验室监测方法见表2-4。

表2-4 吡啶实验室监测方法

监测方法	来源	类别
气相色谱法	《水质 吡啶的测定 气相色谱法》(GB/T 14672—93)	水质
	《工业用吡啶》(GB/T 27567—2011)	工业用吡啶
	《纯吡啶中吡啶含量的气相色谱测定方法》(GB/T 24199—2009)	纯吡啶
巴比妥酸比色法	《空气和废气监测分析方法》，国家环保局编	空气和废气
	《水质分析大全》，张宏陶等主编	水质
巴比妥酸分光光度法	《车间空气中吡啶的巴比妥酸分光光度测定方法》(GB/T 16116—1995)	车间空气
	《生活饮用水卫生规范》，中华人民共和国卫生部，2001 年	饮用水
氯化氰-巴比妥酸分光光度法	《居住区大气中吡啶卫生检验标准方法 氯化氰-巴比妥酸分光光度法》(GB 11732—89)	居住区大气
气相色谱-质谱联用法	《卷烟 主流烟气中半挥发性物质（吡啶、苯乙烯、喹啉）的测定 气相色谱-质谱联用法》(GB/T 27524—2011)	卷烟主流烟气
液相色谱-质谱/质谱法	《食品安全国家标准 食品中吡啶类农药残留量的测定 液相色谱-质谱/质谱法》(GB 23200.50—2016)	食品
溶剂解析-气相色谱法	《工作场所空气中杂环化合物的测定方法》(GBZ-T 160.75—2004)	工作场所空气

6 应急处理处置方法

6.1 泄漏应急处理

（1）应急行为 泄漏污染区人员迅速撤离至安全区，并进行隔离，严格限制出入。切断火源。

（2）**应急人员防护**　建议应急处理人员戴自给正压式呼吸器，穿防毒服。

（3）**环保措施**　尽可能切断泄漏源。防止流入下水道、排洪沟等限制性空间。小量泄漏：用砂土、干燥石灰或苏打灰混合，也可以用大量水冲洗，洗水稀释后放入废水系统。大量泄漏：构筑围堤或挖坑收容。

（4）**消除方法**　用泵转移至槽车或专用收集器内，回收或运至废物处理场所处置。

6.2　个体防护措施

（1）**工程控制**　密闭操作，局部排风。提供安全淋浴和洗眼设备。

（2）**呼吸系统保护**　空气中浓度超标时，必须佩戴自吸过滤式防毒面具（全面罩）。紧急事态抢救或撤离时，应该佩戴空气呼吸器。

（3）**眼睛防护**　呼吸系统防护中已作防护。

（4）**防护服**　穿胶布防毒衣。

（5）**手防护**　戴橡胶耐油手套。

（6）**其他**　工作现场禁止吸烟、进食和饮水。工作完毕，淋浴更衣。实行就业前和定期的体检。

6.3　急救措施

（1）**皮肤接触**　立即脱去污染的衣着，用大量流动清水冲洗。就医。

（2）**眼睛接触**　立即提起眼睑，用大量流动清水或生理盐水彻底冲洗至少 15min。就医。

（3）**吸入**　迅速脱离现场至空气新鲜处。保持呼吸道通畅。如呼吸困难，给输氧。如呼吸停止，立即进行人工呼吸。就医。

（4）**食入**　饮足量温水，催吐。洗胃，导泻。就医。

（5）**灭火方法**　消防人员必须佩戴过滤式防毒面具（全面罩）或隔离式呼吸器、穿全身防火防毒服，在上风向灭火。尽可能将容器从火场移至空旷处。喷水保持火场容器冷却，直至灭火结束。处在火场中的容器若已变色或从安全泄压装置中产生声音，必须马上撤离。适用灭火剂有雾状水、泡沫、干粉、二氧化碳、砂土。禁止使用酸碱灭火剂。

6.4　应急医疗

（1）**诊断要点**　吸入中毒：吸入蒸气后，轻症者有眼和上呼吸道刺激症状，并有口干、咽干、面色潮红、脉搏及呼吸加速、头痛、头胀、晕眩、嗜睡、恶心、呕吐、厌食、无力等。重症者有意识模糊、酒醉感、窒息感、抽搐、昏迷等。少数病例出现以精神症状为主的表现。口服中毒：可与吸入中毒表现相似，但眼及呼吸道刺激症状不明显，胃肠道症状较明显，严重者尚可有肝、肾损害的表现。眼接触液体可引起灼伤。皮肤接触可发生光敏性皮炎，接触液体时间较长可引起灼伤。

（2）**处理原则**　过量接触者立即脱离现场至新鲜空气处。眼和皮肤接触立即用清水彻底冲洗。口服者以清水洗胃。对症治疗为主，可用维生素 B_1 治疗。

呼吸道大量吸入者立即给予吸氧。呼吸抑制者给予中枢呼吸兴奋剂，如洛贝林 3～9mg，皮下注射或肌内注射；或给予尼可刹米 0.25～0.5mg 静脉注射或肌内注射；回苏灵 8～16mg 静脉注射；抽搐者可用镇静剂。昏迷者可用高压氧治疗。

(3) 预防措施 工作场所应加强通风，做好个人自我保护，定期进行工作场所空气中吡啶含量的测定；做好健康监护工作，包括上岗前和在岗期间的健康体检工作。

7　储运注意事项

7.1　储存注意事项

储存于阴凉、通风的库房。远离火种、热源。库温不宜超过 30℃。应与氧化剂、酸类、食用化学品分开存放，切忌混储。采用防爆型照明、通风设施。禁止使用易产生火花的机械设备和工具。储区应备有泄漏应急处理设备和合适的收容材料。

7.2　运输信息

危险货物编号：32104。

UN 编号：1282。

包装类别：Ⅱ。

包装方法：小开口钢桶；安瓿瓶外普通木箱；螺纹口玻璃瓶、铁盖压口玻璃瓶、塑料瓶或金属桶（罐）外加普通木箱。

运输注意事项：铁路运输时应严格按照铁道部《危险货物运输规则》中的危险货物配装表进行配装。运输时运输车辆应配备相应品种和数量的消防器材及泄漏应急处理设备。夏季最好早晚运输。运输时所用的槽（罐）车应有接地链，槽内可设孔隔板以减少振荡产生静电。严禁与氧化剂、酸类、食用化学品等混装混运。运输途中应防曝晒、雨淋，防高温。中途停留时应远离火种、热源、高温区。装运该物品的车辆排气管必须配备阻火装置，禁止使用易产生火花的机械设备和工具装卸。公路运输时要按规定路线行驶，勿在居民区和人口稠密区停留。铁路运输时要禁止溜放。严禁用木船、水泥船散装运输。

7.3　废弃

(1) 废弃处置方法　用控制焚烧法处置。焚烧炉排出的氮氧化物通过洗涤器除去。

(2) 废弃注意事项　处置前应参阅国家和地方有关法规。

8　参考文献

［1］ 天津市固体废物及有毒化学品管理中心.危险化学品环境数据手册 ［M］.天津市固体废物及有毒化学品管理中心，2005：938-939.

［2］ 北京化工研究院环境保护所/计算中心.国际化学品安全卡（中文版）查询系统 http：//icsc.brici.ac.cn/［DB］.2016.

［3］ Chemical book.CAS 数据库 http：//www.chemicalbook.com/ProductMSDSDetailCB5413313.htm.

［4］ 乔琳，王建龙.吡啶降解菌的生物降解特性 ［J］.清华大学学报：自然科学版，2010，6.

［5］ 李培睿，李宗义.吡啶及其衍生物微生物降解研究进展 ［J］.生物技术，2007，4.

［6］ 张寿林，等.急性中毒诊断与急救 ［M］.北京：化学工业出版社，1996：307-308.

苯乙烯

1 名称、编号、分子式

苯乙烯（styrene）是用苯取代乙烯的一个氢原子形成的有机化合物，乙烯基的电子与苯环共轭，暴露于空气中逐渐发生聚合及氧化。1831 年用热解苏合香制备苯乙烯，此后苯乙烯的主要生产方法是乙苯催化脱氢法和苯乙烯-环氧丙烷联产法，前者约占苯乙烯生产能力的 85％左右。此外，在煤焦油蒸馏液中及由石油热解所得某些油类中含有不同量的苯乙烯。在这些油类里面的苯乙烯单体，被很多其他烃类所稀释，将它浓缩制成工业上所用的纯单体很困难。苯乙烯基本信息见表 3-1。

表 3-1 苯乙烯基本信息

中文名称	苯乙烯
中文别名	乙烯基苯
英文名称	phenylethylene
英文别名	styrene；SM
UN 号	2055
CAS 号	100-42-5
ICSC 号	0073
RTECS 号	WL3675000
EC 编号	601-026-00-0
分子式	C_8H_8
分子量	104.14

2 理化性质

苯乙烯具有乙烯基烯烃的性质，反应性能极强，苯乙烯暴露于空气中，易被氧化而成为醛及酮类。苯乙烯从结构上看是不对称取代物，乙烯基因带有极性而易于聚合。在高于100℃时即进行聚合，甚至在室温下也可产生缓慢的聚合。因此，苯乙烯单体在储存和运输中都必须加入阻聚剂，并注意用惰性气体密封，不使其与空气接触。苯乙烯理化性质一览表见表 3-2。

表 3-2　苯乙烯理化性质一览表

外观与性状	无色透明油状液体
所含官能团	$\diagup C{=}C\diagdown$，苯环
熔点/℃	−30.6
沸点/℃	146
相对密度(水＝1)	0.91
相对蒸气密度(空气＝1)	3.6
饱和蒸气压(30.8℃)/kPa	1.33
燃烧热/(kJ/mol)	4376.9
临界温度/℃	369
临界压力/MPa	3.81
辛醇/水分配系数的对数值	3.2
闪点/℃	34.4
引燃温度/℃	490
爆炸上限(体积分数)/%	6.1
爆炸下限(体积分数)/%	1.1
溶解性	不溶于水,溶于醇,醚等多数有机溶剂
危险标记	7(易燃液体)

3　毒理学参数

(1) **急性毒性**　LD_{50}：5000mg/kg（大鼠经口）。LD_{50}：24000mg/m^3，4h（大鼠吸入）。

(2) **亚急性和慢性毒性**　人吸入 50～600ppm×3 年 1 个月，出现头痛、头晕、多发性神经炎、轻度视野缩小，神经传导速度低下；人吸入 40～130ppm×2 年，头痛倦怠，72% 脑电波异常，中枢神经系统障碍。动物于 6.3～9.3g/m^3，7h/d，6～12 个月，130～264 次，出现眼、鼻刺激症状。

(3) **代谢**　诸多试验结果表明，在动物体内苯乙烯很快代谢，人吸入苯乙烯后约 60% 被吸收，在体内大部分转化成苯乙醇酸（扁桃酸），少量转化为苯酰甲酸并进一步与人体内的甘氨酸结合成马尿酸，两者均能迅速随尿排出。所以，测定人尿中扁桃酸和苯酰甲酸的含量可以作为接触苯乙烯程度的指标。与其他苯系物不同的是接触苯乙烯工人尿中马尿酸的变化不明显，可能是因为人体内由扁桃酸转化为苯甲醇的能力较差的缘故。

(4) **残留蓄积**　空气苯乙烯浓度 1000mg/m^3 和 50mg/m^3 时，用豚鼠作吸入试验，1 个月内吸收的苯乙烯约 30% 以苯乙醇酸自尿排出，以剂量为 20mg/kg 给药，84%～90% 的苯乙醇酸自体内排出。给豚鼠吸入苯乙烯浓度为 5000mg/m^3、3000mg/m^3、1000mg/m^3、50mg/m^3、5mg/m^3，3d 内吸入 4h，在第 1 天、第 2 天和第 3 天排出的苯乙醇酸量没有差别，说明苯乙烯在体内不蓄积。苯乙烯在人体内也是没有蓄积的。

(5) **致突变性**　苯乙烯在 0.1～10μmol/皿浓度下，在代谢活化系统存在时，能诱导鼠伤寒沙门菌 TA1535 和 TA100 产生回复突变。苯乙烯的活性代谢产物——氧化苯乙烯加或不加代谢活性系统均能诱导 TA1535 和 TA100 产生回复突变。苯乙烯的其他代谢产物——苯乙烯乙二醇、苯乙醇酸、苯甲酰酸、苯甲酸和马尿酸对鼠伤寒沙门菌无致突变作用。微粒体诱变试验：鼠伤寒沙门菌 $1\mu mol/$皿。DNA 抑制：人 Hela 细胞 28mmol/L。

(6) **致癌性** 生产聚苯乙烯、苯乙烯-丁二烯橡胶的工人中，接触苯乙烯可能有致癌的危险性，白血病和淋巴癌有增高趋势。据报道，接触苯乙烯工人患白血病和淋巴肉癌的危险性增加。结论是不能排除苯乙烯是人体致癌剂的可能性，但也未能提供苯乙烯致癌的证据。IARC 致癌性评论：动物可疑阳性，人类无可靠证据。

(7) **危险特性** 其蒸气与空气可形成爆炸性混合物。遇明火、高热或与氧化剂接触，有引起燃烧爆炸的危险，遇酸性催化剂如路易斯催化剂、齐格勒催化剂、硫酸、氯化铁、氯化铝等都能产生猛烈聚合，放出大量热量。其蒸气比空气密度大，能在较低处扩散到相当远的地方，遇明火会引着回燃。

(8) **刺激性** 家兔经眼：100mg，重度刺激。家兔经皮开放性刺激试验：500mg，轻度刺激。

(9) **致畸性** 苯乙烯对动物的致畸作用已经广泛得到证实。2.5mg/kg 剂量时对鸡胚有致畸效应。大鼠和兔浓度在 300～600ppm 也出现致畸效应。

4 对环境的影响

4.1 主要用途

苯乙烯（SM）是一种重要的基本有机化工原料，用途十分广泛，可用于生产聚苯乙烯（PS）、丙烯腈-丁二烯-苯乙烯共聚物（ABS）、苯乙烯-丙烯腈共聚物（SAN）、丁苯橡胶和丁苯胶乳（SBR 胶乳）等，它是仅次于 PE、PVC、EO 的第四大乙烯衍生产品。另外，苯乙烯还应用在制药、染料、涂料等行业，或生产农药乳化剂及选矿剂等方面。

4.2 环境行为

在大气中易被光解，这是其主要的降解过程，也可被生物降解或化学降解。既能被特异的菌丛所破坏，亦能被空气中的氧氧化成苯甲醚、醛及少量苯乙醇。在露天表层水中的苯乙烯含量降低很快。在 15℃，原始浓度为 30mg/L 时，水深 30cm 时，在两天内苯乙烯浓度下降了 3 倍。在水体中，高浓度苯乙烯的稳定性是微不足道的。这主要是由于其挥发性较强，挥发至空气中后被光解，这主要是迁移转化过程。

4.3 人体健康危害

(1) **暴露/侵入途径** 吸入，食入，经皮吸收。

(2) **健康危害** 对眼和上呼吸道黏膜有刺激和麻醉作用。

(3) **急性中毒** 高浓度时立刻引起眼及上呼吸道黏膜的刺激，出现眼痛、流泪、流涕、喷嚏、咽痛、咳嗽等；继之头痛、头晕、恶心、呕吐、全身乏力等；严重者可出现眩晕、步态蹒跚。眼部受苯乙烯液体污染时，可致灼伤。

(4) **慢性中毒** 常见神经衰弱综合征，有头痛、乏力、恶心、食欲减退、腹胀、忧郁、健忘、指颤等症状。对呼吸道有刺激作用，长期接触有时引起阻塞性肺部病变。皮肤粗糙、鞍裂和增厚。

4.4　接触控制标准

中国 MAC（mg/m^3）：30。
中国 PC-TWA（mg/m^3）：50（皮，G2B）。
中国 PC-STEL（mg/m^3）：100（皮，G2B）。
前苏联 MAC（mg/m^3）：5。
美国 TLV-TWA：OSHA 100ppm；ACGIH 50ppm，213mg/m^3〔皮〕。
美国 TLV-STEL：ACGIH 100ppm，426mg/m^3〔皮〕。
苯乙烯生产及应用相关环境标准见表 3-3。

表 3-3　苯乙烯生产及应用相关环境标准

标准编号	限制要求	标准值	
《地表水环境质量标准》（GB 3837—2002）	集中式生活饮用地表水源地特定项目标准限值	0.02mg/L	
《生活饮用水卫生标准》（GB 5749—2006）	水质非常规指标限值	0.02mg/L	
《城市供水水质标准》[①]（CJ/T 206—2005）	城市供水水质非常规检验项目限值	0.02mg/L	
《污水排入城镇下水道水质标准》（GB/T 31962—2015）	污水排入城镇下水道苯系物限值	A 级：2.5mg/L B 级：2.5mg/L C 级：1mg/L	
《合成树脂工业污染物排放标准》（GB 31572—2015）	合成树脂工业企业及其生产设施的水、大气污染物排放限值	①水污染物排放限值：直接排放 0.3mg/L；间接排放 0.6mg/L ②水污染物特别排放限值：直接排放 0.1mg/L；间接排放 0.2mg/L ③大气污染物排放限值：50mg/m^3 ④大气污染物特别排放限值：20mg/m^3	
《石油化学工业污染物排放标准》（GB 31571—2015）	废水、废气中苯乙烯排放限值	废水：0.02mg/L 废气：50mg/m^3	
《恶臭污染物排放标准》（GB 14554—93）	恶臭污染物厂界标准值	3.0mg/m^3	
	恶臭污染物排放标准值	排气筒高度	排放量
		15m	6.5kg/h
		20m	12kg/h
		25m	18kg/h
		30m	26kg/h
		35m	35kg/h
		40m	46kg/h
		60m	104kg/h
《乘用车内空气质量评价指南》（GB/T 27620—2011）	车内空气中苯乙烯浓度要求	≤0.26mg/m^3	
《工业企业土壤环境质量风险评价基准》（HJ/T 25—1999）	工业企业通用土壤环境风险评价基准值（直接接触）（nc[②]）	543000mg/kg	

标准编号	限制要求	标准值
《展览会用地土壤环境质量评价标准(暂行)》(HJ 350—2007)	土壤环境质量评价标准限值	A 级:20mg/kg B 级:97mg/kg

① 为建设部制定的城市供水水质标准,适用于城市公共集中式供水、自建设施供水和二次供水。

② nc 表示非致癌作用为依据的基准。

5 环境监测方法

5.1 现场应急监测方法

(1) 便携式气相色谱法 使用便携式气相色谱仪现场检测。

(2) 气体快速检测管法 使用苯乙烯快速检测管现场检测。

5.2 实验室监测方法

苯乙烯实验室监测方法见表 3-4。

表 3-4 苯乙烯实验室监测方法

监测方法	来源	类别
活性炭吸附/二氧化碳解析-气相色谱法	《环境空气 苯系物的测定 活性炭吸附/二硫化碳解吸-气相色谱法》(HJ 584—2010)	空气
固体吸附/热脱附-气相色谱法	《环境空气 苯系物的测定 固体吸附/热脱附-气相色谱法》(HJ 583—2010)	空气
气相色谱法	《固体废弃物试验与分析评价手册》,中国环境监测总站等译	固体废物
	《生活饮用水卫生规范》,中华人民共和国卫生部,2001 年	饮用水
	《工业用苯乙烯》(GB/T 3915—2011)	工业用苯乙烯
	《工业用苯乙烯试验方法 第 1 部分:纯度和烃类杂质的测定 气相色谱法》(GB/T 12688.1—2011)	
固相吸附-热脱附/气相色谱-质谱法	《固定污染源废气 挥发性有机物的测定 固相吸附-热脱附/气相色谱-质谱法》(HJ/T 734—2014)	废气
吹扫捕集/气相色谱-质谱法	《水质 挥发性有机物的测定 吹扫捕集/气相色谱-质谱法》(HJ 639—2012)	水质
顶空/气相色谱-质谱法	《水质 挥发性有机物的测定 顶空/气相色谱-质谱法》(HJ 810—2016)	
色谱/质谱法	《水和废水标准检测方法》19 版译文,江苏省环境监测中心	水和废水
溶剂解析-气相色谱法	《工作场所空气有毒物质测定 芳香烃类化合物》(GB/T 160.42—2007)	工作场所空气
热解吸-气相色谱法		
顶空/气相色谱法	《土壤和沉积物 挥发性有机物的测定 顶空/气相色谱法》(HJ 741—2015)	土壤和沉积物

6 应急处理处置方法

6.1 泄漏应急处理

(1) **应急行为** 泄漏污染区人员迅速撤离至安全处，并立即隔离。严格限制出入。切断火源。

(2) **应急人员防护** 建议应急处理人员戴自给正压式呼吸器。穿消防防护服。

(3) **环保措施** 尽可能切断泄漏源。防止进入下水道、排洪沟等限制性空间。小量泄漏：用活性炭或其他惰性材料吸收，也可以用不燃性分散剂制成的乳液刷洗。洗液稀释后放入废水系统。大量泄漏：构筑围堤或挖坑收容；用泡沫覆盖，降低蒸气灾害。

(4) **消除方法** 用防爆泵转移至槽车或专用收集器内，回收至废物处理场所处理。

6.2 个体防护措施

(1) **工程控制** 生产过程密封，加强通风。

(2) **呼吸系统保护** 空气中浓度超标时，建议佩戴过滤式防毒面具（半面罩）。紧急事态抢救或撤离时，必须佩戴空气呼吸器。

(3) **眼睛防护** 一般不需要特殊防护，高浓度接触时可戴化学安全防护眼镜。

(4) **防护服** 穿防毒物渗透工作服。

(5) **手防护** 戴防苯耐油手套。

(6) **其他** 工作现场禁止吸烟、进食和饮水。工作完毕，淋浴更衣。保持良好的卫生习惯。

6.3 急救措施

(1) **皮肤接触** 立即脱去被污染的衣着，用肥皂水和清水彻底冲洗皮肤。

(2) **眼睛接触** 立即提起眼睑，用大量流动清水或生理盐水彻底冲洗至少 15min。就医。

(3) **吸入** 迅速脱离现场至空气新鲜处。保持呼吸道通畅。如呼吸困难，给输氧。如呼吸停止，立即进行人工呼吸。就医。

(4) **食入** 饮足量温水，催吐，就医。

(5) **灭火方法** 尽可能将容器从火场移至空旷处。喷水保持火场容器冷却，直至灭火结束。适用灭火剂有泡沫、干粉、二氧化碳、砂土。用水灭火无效。遇大火，消防人员须在有防护掩蔽处操作。

6.4 应急医疗

(1) **诊断要点** 高浓度接触主要是引起眼、皮肤、黏膜和呼吸道的刺激症状，表现为眼部刺痛、流泪、结膜充血、流涎、喷嚏、咳嗽、头晕、萎靡不振、倦怠、无力等。液体溅入眼部可致灼伤。严重时出现头痛、恶心、呕吐、步态蹒跚、共济失调、酩酊状态、意识模糊、刺激症状更为明显。有发生急性精神病的报道，出现幻觉、视觉空间判断力及记忆力低下。测定尿中的苯酰甲酸和苦杏仁酸含量可作为其接触指标。急性中毒对血液系统的影响不大。

　　(2) **处理原则**　对症处理。

　　(3) **预防措施**　利用苯乙烯生产聚苯乙烯单体的聚合釜及泵上,宜采用端面密封,防止本品外溢。入聚合釜清洗时,可先用氮气置换,并经充分通风后才可进入操作。为防止该物质发生有害的聚合反应,应储存于阴凉处,避免阳光直射,保持适当的抑制剂和氧浓度。注意个人防护,避免皮肤直接接触。加强职业健康监护工作。

7　储运注意事项

7.1　储存注意事项

　　通常商品加有阻聚剂。储存于阴凉通风仓库内。远离火种,热源。仓内温度不得超过30℃。防止阳光直射。包装要求密封,不可与空气接触。应与氧化剂、酸类分开存放。不宜大量储存或久存。储存间内的照明、通风等设施应采用防爆型,开关设在仓外。配备相应品种和数量的消防器材。罐储时要有防火防爆技术设施。禁止使用易产生火花的机械设备和工具。灌装时应注意流速(不得超过3m/s),且有接地装置,防止静电积聚。搬运时要轻装轻卸,防止包装及容器损坏。

7.2　运输信息

　　危险货物编号:33541。

　　UN编号:2055。

　　包装类别:Ⅲ。

　　包装方法:小开口钢桶;螺纹口玻璃瓶、铁盖压口玻璃瓶、塑料瓶或金属桶(罐)外加木板箱;安瓿瓶外加木板箱。

　　运输注意事项:铁路运输时应严格遵照铁道部《位置线货物运输规则》中的危险货物配备表进行配装。运输时运输车辆应配备相应品种和数量的消防器及泄漏应急处理设备。夏季最好早晚运输。运输时所用的槽罐车应有接地链,槽内应设孔隔板以减少振荡产生静电。严禁与氧化剂、酸类和食用化学品等混装混运。运输途中应防曝晒、雨淋、防高温。中途停留时应远离火种、热源、高温区。装运该物品的车辆排气管必须配备阻火装置,禁止使用易产生火花的机械设备和工具装卸。公路运输时要按照规定路线行驶,勿在居民区和人口稠密区停留。铁路运输时要禁止溜放。严禁用木船、水泥船散装运输。

7.3　废弃

　　(1) **废弃处置方法**　用控制焚烧法处置。

　　(2) **废弃注意事项**　处置前应参阅国家和地方有关法规。

8　参考文献

　　[1]　天津市固体废物及有毒化学品管理中心.危险化学品环境数据手册[M].天津市固体废物及有毒化学品管理中心,2005:219-221.

　　[2]　北京化工研究院环境保护所/计算中心.国际化学品安全卡(中文版)查询系统 http://

icsc. brici. ac. cn/［DB］. 2016.

　　［3］　安全管理网. MSDS 查询网 http：//www. somsds. com/［DB］. 2016.

　　［4］　Chemical book. CAS 数据库 http：//www. chemicalbook. com/ProductMSDSDetailCB5413313.
htm.

　　［5］　江朝强. 有机溶剂中毒预防指南 ［M］. 北京：化学工业出版社，2006：267-269.

对硫磷

1 名称、编号、分子式

对硫磷又称一六〇五或 E-605，对植物安全，但对人畜有剧毒。一般加工成乳剂或粉剂使用。由二乙基硫代磷酰氯和对硝基酚在硫酸铜存在下缩合而制得。对硫磷基本信息见表 4-1。

表 4-1 对硫磷基本信息

中文名称	对硫磷
中文别名	乙基对硫磷；O,O-二乙基-O-(4-硝基苯基)硫代磷酸酯；硫代磷酸-O,O-二乙基-O-(4-硝基苯基)酯
英文名称	parathion
英文别名	O,O-diethyl-O-(4-nitrophenyl)phosphorothioate；phosphorothioic acid O,O-diethyl O-(4-nitrophenyl)ester；ethyl parathion
UN 号	3018
CAS 号	56-38-2
ICSC 号	0006
RTECS 号	TF4550000
EC 编号	015-034-00-1
分子式	$C_{10}H_{14}NO_5SP$
分子量	291.27

2 理化性质

对硫磷纯品为无色无臭的针状结晶，在常温下稳定，在 100℃ 开始逐渐分解，并异构化。在日光照射下，能变成黑色转黄色或红色物体，同时发生分解而退色。在中性或弱酸性介质中较稳定，遇碱分解。对硫磷理化性质一览表见表 4-2。

表 4-2 对硫磷理化性质一览表

外观与性状	纯品为无色针状结晶,工业品为无色或浅黄色油状液体
熔点/℃	6.1
沸点/℃	375

相对密度(水=1)	1.27
辛醇/水分配系数的对数值	3.8
饱和蒸气压/kPa	0.08
闪点	120
溶解性	微溶于石油,难溶于水;能溶于苯、甲苯、醇、酮、二氯乙烷、氯仿、四氯化碳、乙醚、二氧六环等多种有机溶剂,与浓硫酸能完成混合
稳定性	在碱性条件下,不稳定而迅速分解失效;在常温下稳定,100℃开始分解,在日光或360～400nm波长的光源照射下发生分解
化学性质	在碱性介质中迅速水解
禁配物	强氧化剂、碱类
避免接触的条件	受热
聚合危害	不聚合
分解产物	氧化磷、氧化硫

3 毒理学参数

(1) **急性毒性** LD$_{50}$:13mg/kg(雄大鼠经口);3.6mg/kg(雌大鼠经口);LC$_{50}$:31.5mg/m^3,4h(大鼠吸入);人经口10～30mg/kg,致死剂量。

(2) **亚急性和慢性毒性** 大鼠吸入0.4mg/m^3×6h/d×4个月,抑制血胆碱酯酶活性阈浓度。

(3) **代谢** 对硫磷进入体内,一般情况可以经口、经皮、经呼吸道。对硫磷在体内的运输和分布过程中主要与血液中的白蛋白结合,进入人体以后,主要是在肝脏内进行生物转化的。CYP酶(cytochrome P450,细胞色素P450)可催化对硫磷脱硫化为更毒的对氧磷(增毒效应)和脱芳基化为对硝基苯酚(PNP)及二乙基硫代磷酸酯(脱毒效应)。对硝基苯酚对机体也有一定的毒性,而且水溶性差,难以排出体外。

(4) **中毒机理** 对硫磷是体内胆碱酯酶的不可逆性抑制剂。其初期依靠与胆碱酯酶的高亲合性和人体正常神经递质——乙酰胆碱竞争胆碱酯酶,很快通过和胆碱酯酶的不可逆化反应(酶的老化)使酶失去活性而导致乙酰胆碱的急性大量堆积,临床上出现毒蕈碱样的烟碱样症状。但对硫磷的毒性作用还远不止于此,其氧化脱硫化(desulfuration)代谢产物——对氧磷(mintacol或paraoxon)是一种毒性强于对硫磷300～6000倍的有机磷毒物,这种毒物进入血液循环及其从胆道排泄后所继发的肝肠循环是导致对硫磷易发生反跳的重要因素。

(5) **致突变性** 微生物致突变,鼠伤寒沙门菌1mg/皿。姐妹染色单体交换,人淋巴细胞200μg/L。

(6) **致癌性** 大鼠经口最低中毒剂量:1260mg/kg,80周(连续),疑致,肾上腺皮质肿瘤。

(7) **生殖毒性** 大鼠经口最低中毒剂量(TDL$_0$)为360μg/kg(孕2～22d或产后15d),影响新生鼠生化和代谢。大鼠皮下最低中毒剂量(TDL$_0$)为9800μg/kg(孕7～12d),致死胎。

(8) **危险特性**　遇明火，高热可燃。受热分解，放出磷、硫的氧化物等毒性气体。加热发生异构化，变成 O, S-二乙基异构体。

4　对环境的影响

4.1　主要用途

对硫磷是有机磷杀虫剂品种之一。有触杀、胃毒和熏蒸作用，药效迅速。无内吸性，有一定的内渗作用，叶面施药能局部渗入叶内组织，而杀死相应叶背面的害虫。温度高时杀虫作用显著增强，反之则下降。杀虫谱广，可防治 400 余种害虫和螨类，多用于防治棉铃虫、稻螟虫、地下害虫等。主要缺点是对人畜有剧毒。中国自 1983 年停用此产品。

4.2　环境行为

(1) **代谢和降解**　对硫磷在环境中易受光、空气、水的影响，而分解为无毒物质，但比其他有机磷农药稳定。在水和土壤中，微生物能促使其加速分解。在水和潮湿土壤中的对硫磷易产生水解反应，其水解速度与环境温度和水的 pH 值明显相关。此外，在空气中水分和光的作用下，对硫磷还容易发生歧化反应。对硫磷降解的其他途径还包括细菌的还原作用，Yasuno Misamato 等发现在土壤缺氧的条件下，枯草芽孢杆菌能通过将硝基还原成胺基使对硫磷失去活性。对比试验表明，经过 14d 时间，在含有微生物的普通土壤中对硫磷的分解率为 35%，而在消过毒的土壤中分解率只有 17%。

(2) **残留与蓄积**　对硫磷在作物上残留不严重，能较快分解成代谢物。如在评估上，对硫磷 1d 后消失 50%，5d 后消失 95%。环境中的对硫磷，也可以通过食物链发生生物富集作用，但体内蓄积的量远比有机氯农药要低。水生生物对对硫磷的富集系数大致为：当环境中对硫磷浓度为 $120\mu g/L$ 时，鱼的富集系数为 80 倍，贻贝的富集系数为 50 倍。土壤中的对硫磷也可以通过植物根部吸收而进入植物体内。因而其从土壤中经植物再进入动物体内的可能性是非常大的。

(3) **迁移与转化**　对硫磷可因生产、储运中的事故及农田施用而直接进入水体，也可以随水从大气进入水体或由淋溶作用而从土壤进入水体。对硫磷能通过蒸发和喷洒施用直接进入大气中。而后，一部分由于蒸汽凝结，溶于水汽而随降水进入土壤和水体，一部分在光线和水的作用下发生氧化和水解反应而变成无害物。在土壤中，对硫磷可通过水的淋溶作用而稍向土壤深层迁移。一般情况下，年移动速度小于 20cm。它可以由土壤表面向大气蒸发，温度越高，蒸发量越大。

4.3　人体健康危害

(1) **暴露/侵入途径**　吸入、食入、经皮吸收。对硫磷能通过消化道、呼吸道及完整的皮肤和黏膜进入人体。

(2) **健康危害**　抑制胆碱酯酶活性，造成神经生理功能紊乱。

(3) **急性中毒**　短期内大量接触（口服、吸入、皮肤、黏膜）引起急性中毒。表现有头痛、头昏、食欲减退、恶心、呕吐、腹痛、腹泻、流涎、瞳孔缩小、呼吸道分泌物增多、多汗、肌束震颤等。重者出现肺水肿、脑水肿、昏迷、呼吸麻痹。部分病例可有心、肝、肾损害。少数严重病例在意识恢复后数周或数月发生周围神经病。个别严重病例可发生迟发性猝死。血胆碱酯酶活性降低。

（4）**慢性中毒** 尚有争论。有神经衰弱综合征、多汗、肌束震颤等。血胆碱酯酶活性降低。

4.4 接触控制标准

中国 MAC （mg/m^3）：—。
中国 PC-TWA （mg/m^3）：0.05［皮］。
中国 PC-STEL （mg/m^3）：0.1［皮］。
美国 TLV-TWA：ACGIH 0.05mg/m^3［皮］。
美国 TLV-STEL：—。

对硫磷生产及应用相关环境标准见表4-3。

表 4-3 对硫磷生产及应用相关环境标准

标准名称	限制要求	标准值
《地表水环境质量标准》（GB 3838—2002）	集中式生活饮用水地表水源地特定项目标准限值	0.003mg/L
《城市供水水质标准》(CJ/T 206—2005)	城市供水水质非常规检验项目及限值	0.003mg/L
《污水综合排放标准》(GB 8978—1996)	第二类污染物最高允许排放浓度	一级：不得检出 二级：1.0mg/L 三级：2.0mg/L
《城镇污水处理厂污染物排放标准》(GB 18918—2002)	选择控制项目最高允许排放浓度（日均值）	0.05mg/L
《危险废物鉴别标准 浸出毒性鉴别》(GB 5085.3—2007)	浸出毒性鉴别标准值	0.3mg/L

5 环境监测方法

5.1 现场应急监测方法

（1）**比色法**
（2）**紫外光谱法** 利用有机化合物吸收紫外光的特征对其进行定性、定量或结构分析的方法
（3）**便携式气相色谱法** 使用便携式气相色谱仪进行测定。

5.2 实验室监测方法

对硫磷实验室监测方法见表4-4。

表 4-4 对硫磷实验室监测方法

监测方法	来源	类别
气相色谱法	《水质 有机磷农药的测定 气相色谱法》（GB 13192—1991）	有机农药

监测方法	来源	类别
气相色谱法	《食品中有机磷农药残留量的测定》(GB/T 5009.20—2003)	食品
	《植物性食品中有机磷和氨基甲酸酯类农药多种残留的测定》(GB/T 5009.145—2003)	植物性食品
	《城市供水有机磷农药的测定 气相色谱法》(CJ/T 144—2001)	饮用水
	《农药残留量气相色谱法》,国家商检局编	农作物、水果、蔬菜
溶剂解吸-气相色谱法	《车间空气中对硫磷的溶剂解吸 气相色谱测定方法》(GB/T 16121—1995)	车间空气
	《工作场所空气有毒物质测定 有机磷农药》(GBZ/T 160.76—2004)	工作场所空气
盐酸萘乙二胺比色法	《空气中有害物质的测定方法》(第二版),杭士平主编	空气

6 应急处理处置方法

6.1 泄漏应急处理

(1) **应急行为** 泄漏污染区人员迅速撤离至安全区,并进行隔离,严格限制出入。切断火源。

(2) **应急人员防护** 建议应急处理人员戴自给正压式呼吸器,穿防毒服。不要直接接触泄漏物。

(3) **环保措施** 尽可能切断泄漏源。防止流入下水道、排洪沟等限制性空间。小量泄漏:用砂土或其他不燃材料吸附或吸收,也可以用不燃性分散剂制成的乳液刷洗,洗液稀释后放入废水系统。大量泄漏:构筑围堤或挖坑收容,用泡沫覆盖,降低蒸气灾害。

(4) **消除方法** 用泵转移至槽车或专用收集器内,回收或运至废物处理场所处置。

6.2 个体防护措施

(1) **工程控制** 严加密闭,提供充分的局部排风。尽可能机械化、自动化。提供安全淋浴和洗眼设备。

(2) **呼吸系统保护** 生产操作或农业使用时,佩戴自吸过滤式防毒面具(全面罩)。空气中浓度较高时,必须佩戴自给式呼吸器。

(3) **眼睛防护** 呼吸系统防护中已作防护。

(4) **防护服** 穿连衣式胶布防毒衣。

(5) **手防护** 戴橡胶手套。

(6) **其他** 工作现场禁止吸烟、进食和饮水。工作完毕,淋浴更衣。工作服不准带至非作业场所。单独存放被毒物污染的衣服,洗后备用。保持良好的卫生习惯。

6.3 急救措施

(1) **皮肤接触** 立即脱去污染的衣着,用肥皂水及流动清水彻底冲洗污染的皮肤、头发、指甲等。就医。

(2) **眼睛接触** 提起眼睑,用流动清水或生理盐水冲洗。就医。

(3) **吸入** 迅速脱离现场至空气新鲜处。保持呼吸道通畅。如呼吸困难,给输氧。如呼吸停止,立即进行人工呼吸。就医。

(4) **食入** 饮足量温水,催吐。用清水或2%~5%碳酸氢钠溶液洗胃。就医。

(5) **灭火方法** 雾状水、泡沫、砂土。禁止使用酸碱灭火剂。

6.4 应急医疗

(1) **诊断要点**

① 毒蕈碱样症状。早期即可出现,主要表现为食欲减退、恶心、呕吐、腹痛、腹泻、多汗、流涎、视力模糊、瞳孔缩小、呼吸道分泌物增多,严重者可引起肺水肿。

② 烟碱样症状。病情进一步发展或大剂量致中毒时,除上述症状加重外,出现全身紧束感、动作不灵活、发音含糊、胸部压迫感、肌束震颤等。

③ 中枢神经系统症状:一般表现为头昏、头痛、乏力、嗜睡或失眠,言语不清,重症病例可出现昏迷、抽搐,往往因呼吸中枢或呼吸肌麻痹而危及生命,少数重度中毒患者在临床症状消失后2~3周可出现周围神经病,伴有脊髓病变,主要表现为感觉、运动神经损害,称之为迟发性中毒综合征,有时急性中毒后还可出现癔症样发作的精神障碍。

除上述三类症状外,重度中毒者还可引起心肌损害,个别患者可继发中毒性心肌炎,甚至导致猝死。慢性中度症状一般并不很明显,临床表现多为神经衰弱综合征,部分患者可出现毒蕈碱样和烟碱样症状,少数患者还可有屈光不正、视野缩小、色觉障碍等视觉功能损害,可有神经肌电图改变和脑电图异常。

(2) **处理原则** 早期、迅速、彻底清除毒物:经皮肤中毒患者对接触部位要反复刷洗,彻底清洗皮肤、毛发等,脱去被污染的衣服。经口中毒者,无论时间长短,均应及时、彻底反复洗胃。鉴于有机磷农药易存留于胃黏膜皱襞,故应争取尽早插管并用2%的碳酸氢钠或清水洗胃,直到洗出液与灌注液一致,无农药味为止,洗胃时要注意洗胃液温度,温度过高可使胃黏膜充血,造成毒物残留过多。洗胃完毕常规从胃管灌入硫酸钠或硫酸镁导泻。常规洗胃后应保留胃管,4~6h后重复洗胃,必要时24h反复洗胃数次,方能保证洗胃彻底。另外,洗胃时还应注意清洗食管黏膜段残毒。洗胃后用温肥皂水或温生理盐水清洁灌肠,其效果较好。

早期正确使用胆碱药及复能剂:首先应早期、足量、准确、反复应用阿托品。阿托品的正确应用是抢救成败和防止反跳的关键。对硫磷中毒早期即需要应用较小剂量。阿托品化越早越好,最好在9h内,最迟不超过24h。阿托品化后维持给药不得少于72h。因其毒性持续时间长,易出现反跳,故更应缓慢减药,维持用药7~10d。阿托品的应用指标是达到阿托品化而避免阿托品中毒。若应用阿托品后患者躁动、谵妄较明显,而稍减量即有汗出、心率减慢及瞳孔缩小者,可以试用东莨菪碱。

早期、足量、重复应用复能剂:

① 经确诊立即用药，使它能在磷酸化酶老化之前复活之；

② 首量要足，以使患者短时间内出现轻度阿托品化为宜；

③ 酌情重复用药，有机磷农药在体内作用时间长，而复能剂在体内的半衰期短，故应连续静脉滴入或重复给药；

④ 根据胆碱酯酶活力维持在 $50\%\sim60\%$，症状维持消失，可以考虑停药。且胆碱酯酶在 72h 后已老化，复能剂应用不宜超过 3d。

胆汁引流、禁水禁食：为防止或减少胆汁内剧毒物质（对氧磷）吸收再中毒，在彻底洗胃之后，放置 Creklunr（雷卢氏管）或 M-A 氏管，做胆汁引流。此方法主要针对毒性增加后的对氧磷随胆汁再入肠道引起反跳而提出。因此进食、水可刺激胆囊收缩，促进胆囊内毒物排出而引起反跳，所以在患者神志清醒后的 $24\sim48h$ 内最好禁食、水。

7 储运注意事项

7.1 储存注意事项

储放于阴凉、通风仓间内。远离火种、热源。防止阳光直射。保持容器密封。应与食用化学品、氧化剂、碱类等分开存放。不可混储混运。密闭操作，提供充分的局部排风。操作尽可能机械化、自动化。操作人员必须经过专门培训，严格遵守操作规程。建议操作人员佩戴自吸过滤式防毒面具（全面罩），穿连衣式胶布防毒衣，戴橡胶手套。远离火种、热源，工作场所严禁吸烟。使用防爆型的通风系统和设备。防止蒸气泄漏到工作场所空气中。避免与氧化剂、碱类接触。搬运时要轻装轻卸，防止包装及容器损坏。配备相应品种和数量的消防器材及泄漏应急处理设备。倒空的容器可能残留有害物。

7.2 运输信息

危险货物编号：61874。

UN 编号：2783。

包装类别：I。

包装方法：塑料袋或两层牛皮纸袋外全开口或中开口钢桶；两层塑料袋或一层塑料袋外套麻袋、塑料编织袋、乳胶布袋；塑料袋外套复合塑料编织袋（聚丙烯三合一袋、聚乙烯三合一袋、聚丙烯二合一袋、聚乙烯二合一袋）；塑料袋或两层牛皮纸袋外加普通木桶；螺纹口玻璃瓶、塑料瓶、复合塑料瓶或铝瓶外加普通木箱；塑料瓶、两层牛皮纸袋（内或外套以塑料袋）外加瓦楞纸箱。

运输注意事项：运输前应先检查包装容器是否完整、密封，运输过程中要确保容器不泄漏、不倒塌、不坠落、不损坏。严禁与酸类、氧化剂、食品及食品添加剂混运。运输时运输车辆应配备相应品种和数量的消防器材及泄漏应急处理设备。运输途中应防曝晒、雨淋，防高温。公路运输时要按规定路线行驶。

7.3 废弃

(1) **废弃处置方法** 建议用焚烧法处置。焚烧炉排出的气体要通过洗涤器除去。

(2) **废弃注意事项** 处置前应参阅国家和地方有关法规。

8　参考文献

［1］　韩亚军，李跃汉.对硫磷中毒机理的研究和治疗现状［J］.现代中西医综合杂志，2002，4：775-777.

［2］　北京化工研究院环境保护所/计算中心.国际化学品安全卡（中文版）查询系统 http：//icsc. bri-ci. ac. cn/［DB］. 2016.

［3］　天津市固体废物及有毒化学品管理中心.危险化学品环境数据手册［M］. 天津市固体废物及有毒化学品管理中心，2005：1071-1072.

［4］　环境保护部.国家污染物环境健康风险名录（化学第一分册）［M］. 北京：中国环境科学出版社，2009：83-87.

多氯联苯

1 名称、编号、分子式

多氯联苯（PCB）是一类苯环上碳原子连接的氢被氯不同程度地取代的联苯化合物。Schmidt 和 Schults 于 1881 年首次成功合成多氯联苯，迄今为止，人工合成的多氯联苯类化合物已多达 209 种。多氯联苯基本信息见表 5-1。

表 5-1　多氯联苯基本信息

中文名称	多氯联苯
中文别名	氯化联苯；亚老哥尔；按氯原子数或氯的百分含量分别加以标号,我国习惯上按联苯上被氯取代的个数(不论其取代位置)将 PCB 分为三氯联苯(PCB$_3$)、四氯联苯(PCB$_4$)、五氯联苯(PCB$_5$)、六氯联苯(PCB$_6$)
英文名称	polychlorinated biphenyls
英文别名	apirolio；aroclors；chlorinated biphenyls；chlorobiphenyl；chlorobiphenyls；clophen；elaol；fenchlor；kanechlor；phenochlor；polychlorinated biphenyls(PCBs)；pyralene；pyranol；pyroclor；santotherm；sovol
UN 号	2315
CAS 号	1336-36-3
ICSC 号	0939
RTECS 号	TQ1350000
EC 编号	602-039-00-4
分子式	$C_{12}H_{10-x}Cl_x$
分子量	PCB$_3$:266.5；PCB$_4$:299.5；PCB$_5$:328.4；PCB$_6$:375.7

2 理化性质

多氯联苯有稳定的物理化学性质，属半挥发或不挥发物质，具有较强的腐蚀性。多氯联苯是一种无色或浅黄色的油状物质，难溶于水，但是易溶于脂肪和其他有机化合物中。多氯联苯具有良好的阻燃性、低电导率、良好的抗热解能力、良好的化学稳定性，可以抗多种氧化剂。多氯联苯理化性质一览表见表 5-2。

表 5-2　多氯联苯理化性质一览表

外观与性状	根据氯原子取代数目的不同,从流动的油状液体至白色结晶固体或非晶体状树脂。含氯量在 41.4% 以下的是流动油状液体,48.6%~54.4% 的是黏稠液体,59% 以上的是固体。具有有机氯的气味
熔点/℃	$PCB_3: -19~-15$。$PCB_4: -8~-5$。$PCB_5: 8~12$。$PCB_6: 29~33$
沸点/℃	340~375
相对密度(水=1)	1.44/30
饱和蒸气压/kPa	$PCB_3: 0.133×10^{-3}$。$PCB_4: 0.493×10^{-4}$。$PCB_5: 0.799×10^{-4}$
闪点(开杯)/℃	195
自燃温度/℃	240
溶解性	不溶于水,水中溶解度(25℃)0.0001~0.01μg/L,随氯化程度增加而减小,易溶于多数有机溶剂
禁忌物	强氧化剂

3　毒理学参数

(1) **急性毒性**　对哺乳动物的毒性:LD_{50} 1900mg/kg(小鼠经口);PCB_3,LD_{50} 4250mg/kg(大鼠经口);PCB_4,LD_{50} 11000mg/kg(大鼠经口);PCB_5,LD_{50} 1295mg/kg(大鼠经口);PCB_6,LD_{50} 1315mg/kg(大鼠经口);LD_{50} 3000~11000mg/kg(家兔经皮)。对水生生物的毒性:LD_{50} 1~10μg/kg,鱼,96h;PCB_5,5μg/L,鱼,45d,死亡;PCB_3,LC_{50} 30μg/L,对虾,7d;PCB_5,LC_{50} 80μg/L,对虾,7d。对家禽的毒性:PCB_6,400mg/kg,鸡,20~24d,死亡;PCB_5,LD_{50} 254mg/kg,孟加拉雀,56d。

(2) **亚急性及慢性毒性**　给一组大鼠喂饲 PCB_5 为 1g/kg 的饲料,动物在喂饲的第 28~53 天之间死亡。喂饲含 2g/kg PCB_6 的饲料后,动物在第 12~26 天之间出现死亡,同时尸检时发现肝脏增大、脾脏缩小以及进行性化学性肝卟啉症。成年水貂喂饲 30mg/kg PCBs 的饲料(PCB_3、PCB_4、PCB_6 各为 10mg/kg)后,6 个月内的死亡率为 100%。

(3) **代谢**　储存于脂肪组织中的多氯联苯,有一部分经胎盘转移。在哺乳动物体内的多氯联苯,部分以含酚代谢物的形式从粪便中排出。公猪 1 次或多次剂量 PCB_5,从粪便中测得的羟基代谢物约 16%,尿中<1%。此外,经口给予大鼠两种 PCB_4 异构体(3,4,3′,4′-PCB_4 和 2,4,3′,4′-PCB_4),前者的代谢物是 2-羟基或 5-羟基化合物,而后者则主要是 5-羟基和 3-羟基化合物,所有羟基代谢物都通过胆汁经胃肠道从粪便排出。结果还表明多氯联苯的含氯量越高,发生羟基化反应的可能性越小。在人奶中亦能排出少量多氯联苯,但均以原形化合物存在,未被代谢所降解。

(4) **危险特性**　遇明火、高热可燃。受高热分解,放出有毒的气体。

(5) **致畸和致突变性**　Pcakall 等(1972)发现给斑鸠食用含 PCB_5 10mg/kg 的饲料,其胚胎的染色体畸变明显增加。

(6) **致癌性**　PCB 对大鼠、小鼠都能产生致癌反应,产生癌变的器官均为肝脏。Ito 等 (1973)给每组 12 只雄性小鼠喂含 PCB_5 500mg/kg、250mg/kg、100mg/kg 和 0mg/kg 的饲料,1 年后 500mg/kg 组中,7/12 的小鼠产生赘生性结节,5/12 的小鼠产生肝癌。在小鼠的第二项试验中,同时接触 PCB_5 与 α-666 和 β-666,则肝癌发生率明显增加。Kim-

brough 等（1975）的试验中，用含 PCB_6 100mg/kg 的饲料喂大鼠 2 个月，144/184 的大鼠肝脏出现增生性结节，26/184 的实验大鼠发现肝细胞癌。其他工作者的多次实验都重复证实以上的结果。

（7）**水生生物毒性**　LD_{50} 1～10μg/kg，鱼，96h；5μg/L，鱼 45d，死亡（PCB_5）；LC_{50} 30μg/L，对虾，7d（PCB_3）；LC_{50} 80μg/L，对虾，7d（PCB_5）。对家禽的毒性：400mg/kg，鸡，20～24d，死亡（PCB_6）；254mg/kg，孟加拉雀，56d，LD_{50}（PCB_5）。

4　对环境的影响

4.1　主要用途

多氯联苯的首次商业生产是在 1929 年，包括美国、中国、斯洛伐克、德国、日本、俄罗斯和英国在内的许多国家都生产过 PCB，并被出口到全世界。由于多氯联苯具有较好的稳定性、耐热性以及绝缘性，可用作润滑材料、增塑剂、杀菌剂、热载体和变压器油等，被广泛地应用在电器的绝缘油、感压纸等各种领域。其中，多氯联苯已被用于变压器、电容器、热交换器、水力系统、无碳复印纸、工业用油、油漆、添加剂、塑料、阻燃剂等，曾被视为"梦幻的工业用品"，甚至用于控制路上的灰尘。

4.2　环境行为

（1）**代谢和降解**　PCB 的化学性质很稳定，在环境中不可能通过水解或类似的反应以明显的速度降解。自然界的分解作用是靠土壤中的微生物酶和依赖日光中的紫外线，但效率不高。因此，PCB 在环境中滞留的时间相当长。

（2）**残留与蓄积**　PCB 在环境中有很高的残留性。据 IPCS 出版的（1987）《环境卫生基准（2）》介绍，自 1930 年以来，全世界 PCB 的累计产量约为 100 万吨，其中以一半以上已进入垃圾堆放场和被填埋，它们相当稳定，而且释放很慢。其余的大部分通过下列途径进入环境：随工业废水进入河流或沿岸水体；从非密闭系统的渗漏或堆放在垃圾堆放场，由于焚化含 PCB 的物质释放到大气中。进入环境中的 PCB 的最终储存所主要是河流沿岸水体的底泥，只有很少部分通过生物作用和光解作用发生转化。

（3）**迁移与转化**　进入空气中的 PCB 会被迅速地吸附在颗粒物上，依据颗粒的大小以一定的速度沉降或随雨水降至地面。土壤中的 PCB 主要被吸附在土壤表层。

4.3　人体健康危害

（1）**暴露/侵入途径**　多氯联苯可经呼吸道吸入、经消化道食入和经皮吸收进入人体，暴露途径主要包括职业暴露、饮食暴露、宫内和母乳暴露以及意外事件暴露。

（2）**健康危害**　本品为高毒性化合物，有致癌作用，长期接触能引起肝脏损害和痤疮样皮炎。使用本品而同时接触四氯化碳，则增加对肝的损害作用。中毒症状有恶心、呕吐、体重减轻、腹痛、水肿、黄疸等。

（3）**急性中毒**　多氯联苯对人体的急性毒性较低，人经口最低致死剂量为 500mg/kg。高浓度时对人体中枢神经有麻痹作用，但会累积在环境、动物和人体组织中，引起慢性或迁延的毒性。

（4）**慢性中毒** 慢性接触可影响皮肤、肝脏、胃肠系统、神经系统、生殖系统、免疫系统等人体多个系统，即使浓度极低，也可对人体产生损害。接触者初期无特别症状，通常有疲倦、食欲不振、恶心、呕吐、手脚肿胀等，随之出现特异症状，常见分泌乳状眼屎、似青春痘斑疹、痤疮样丘疹、指甲、皮肤、齿龈和嘴唇发黑及眼皮、睑板腺肿胀等。孕妇可发生流产或畸胎。

4.4 接触控制标准

日本 MAC（mg/m³）：0.1［皮］（1977）。

瑞典 PC-TWA（mg/m³）：0.01［皮］（1982）。

瑞典 PC-STEL（mg/m³）：0.03（G1）（1982）。

多氯联苯生产及应用相关环境标准见表 5-3。

表 5-3　多氯联苯生产及应用相关环境标准

标准编号	限制要求	标准值
《地表水环境质量标准》(GB 3838—2002)	集中式生活饮用水地表水源地标准限值(多氯联苯:指 PCB-1016、PCB-1221、PCB-1232、PCB-1242、PCB-1248、PCB-1254、PCB-1260)	2.0×10^{-5} mg/L
《生活饮用水卫生标准》(GB 5749—2006)	生活饮用水水质参考指标及限值(总量)	0.0005mg/L
《含多氯联苯废物污染控制标准》(GB 13015—1991)	含多氯联苯废物的污染控制标准值	50mg/kg
《石油化学工业污染物排放标准》(GB 31571—2015)	废水、废气中多氯联苯的排放限值	废水:0.0002mg/L 废气:0.1ng TEQ/m³
《展览会用地土壤环境质量评价标准(暂行)》(HJ 350—2007)	土壤环境质量评价标准限值	0.2mg/kg
《危险废物焚烧污染控制标准》(GB 18484—2001)	危险废物焚烧炉的技术性能指标	焚烧炉温度≥1200℃,烟气停留时间≥2.0s,燃烧效率≥99.9%,焚毁去除率≥99.9999%,焚烧残渣热灼减率<5%
《城镇污水处理厂污染物排放标准》(GB 18918—2002)	城镇污水处理厂污泥农用的最高允许含量(以干污泥计)	在酸性土壤中,pH<6.5:0.2mg/kg 在中性和碱性土壤中,pH≥6.5:0.2mg/kg

5 环境监测方法

5.1 现场应急监测方法

现场应急监测方法有便携式气相色谱法。

5.2 实验室监测方法

多氯联苯实验室监测方法见表 5-4。

表 5-4　多氯联苯实验室监测方法

监测方法	来源	类别
气相色谱法	《水和废水标准检验法(第 15 版)》,中国建筑工业出版社,1985 年	水和废水
	《展览会用地土壤环境质量评价标准(暂行)》(HJ 350—2007)	土壤
气相色谱法-电子捕获检测器(GC-ECD[①])	《含多氯联苯废物污染控制标准》(GB 13015—1991)	含多氯联苯废物的测定
薄层色谱(吸附薄层和反相分配薄层色谱相结合)		
气相色谱-质谱法	《土壤和沉积物　多氯联苯的测定　气相色谱-质谱法》(HJ 743—2015)	土壤和沉积物
	《水质　多氯联苯的测定　气相色谱-质谱法》(HJ 715—2014)	水质
高效气相色谱法/高效质谱(HRGC/HRMS[②])	美国环境保护署(USEPA) TO—09A,1999	环境空气

① GC-ECD:气相色谱-电子捕获检测器。
② HRGC/HRMS:高分辨气相色谱/双聚焦磁式质谱联用仪。

6　应急处理处置方法

6.1　泄漏应急处理

(1) **应急行为**　迅速撤离泄漏污染区人员至安全区,并隔离泄漏污染区,周围设警告标志,严格限制出入。

(2) **应急人员防护**　切断火源。建议应急处理人员戴自给式呼吸器,穿化学防护服。不要直接接触泄漏物。尽可能切断泄漏源。

(3) **环保措施**　若是液体,防止流入下水道、排洪沟等限制性空间。用砂土吸收,若大量泄漏,构筑围堤或挖坑收容。

(4) **消除方法**　用泵转移至槽车或专用收集器内,回收或运至废物处理场所处置。若是固体,用洁净的铲子收集于干燥、洁净、有盖的容器中。

6.2　个体防护措施

在高温下操作时,须加强通风和密闭操作措施。有溅出或漏出热的溶液可能者,应戴呼吸面罩;防止皮肤接触,污染皮肤时用肥皂和清水冲洗。

(1) **呼吸系统防护**　空气中浓度超标时,必须佩戴自吸过滤式防毒面具(全面罩)。紧急事态抢救或撤离时,应该佩戴空气呼吸器。

(2) **眼睛防护**　呼吸系统防护中已作防护。

(3) **身体防护服**　穿胶布防毒衣。

(4) **手防护**　戴防护手套。

(5) **其他**　工作现场禁止吸烟、进食和饮水。工作完毕,淋浴更衣。保持良好的卫生习惯。实行就业前和定期的体检。避免长期反复接触。

6.3　急救措施

(1) **皮肤接触**　用肥皂水及清水彻底冲洗。就医。

(2) **眼睛接触**　拉开眼睑，用流动清水冲洗 15min。就医。

(3) **吸入**　脱离现场至空气新鲜处。就医。

(4) **食入**　误服者，饮适量温水，催吐。洗胃。就医。

(5) **灭火方法**　适用灭火剂有泡沫、二氧化碳、干粉、砂土。

6.4　应急医疗

(1) **诊断要点**　多氯联苯中毒病人有痤疮、皮疹、眼睑浮肿和眼分泌物增多、皮肤、黏膜、指甲色素沉着、黄疸、四肢麻木、胃肠道功能紊乱等症状，即所谓"油症"。长期接触多氯联苯的工人，常会发生痤疮、皮疹，皮肤色素沉着，呈灰黑色或淡褐色，以脸部和手指最为明显。全身中毒时，则表现为嗜睡、全身无力、食欲不振、恶心、腹胀、腹痛、肝肿大、黄疸、腹水、水肿、月经不调、性欲减退等。临床化验时可见病人肝功能异常和血浆蛋白降低。

由于职业性接触多氯联苯导致痤疮（氯痤疮）的，可按照《职业性痤疮诊断标准》(GBZ 55—2002) 严格诊断。接触部位发生成片的毛囊性皮损，表现以黑头粉刺为主。初发时常在眼外下方及颧部出现密集的针尖大的小黑点，日久则于耳郭周围、腹部、臀部及阴囊等处出现较大的黑头粉刺，伴有毛囊口角化，间有粟丘疹样皮损，炎性丘疹较少见。耳郭周围及阴囊等处常有草黄色囊肿。

(2) **处理原则**　大量吸入时，立即将病人转移至空气新鲜处。若出现呼吸困难，应给予病人吸氧。多氯联苯中毒尚无特效解毒剂，只能想办法让多氯联苯排出体外，以减轻中毒程度，并只能针对个人的症状予以治疗，治疗过程缓慢。但必须注意在治疗中，要保护肝脏，保持皮肤清洁，防止感染。

(3) **预防措施**　对致癌物 PCB 主要是预防，加强对致癌物的控制，减少与避免接触。对已造成的大范围环境污染，要及时采取有效措施进行治理。定期对职业接触的人员进行体格检查，早期发现症状，并对患者进行脱离接触或必要的解毒处理。但定期体检，以期及早发现与确诊是十分重要的。加强环境监测及一般防护措施，其原则与预防办法与防护其他职业病相同，特别是严格防止 PCB 从呼吸道、消化道进入人体。对可疑的致癌因素，要进行周密的调查研究与人群调查，以便确定需要采取怎样的防护措施。

7　储运注意事项

7.1　储存注意事项

储存于阴凉、通风的库房。远离火种、热源。防止阳光直射。保持容器密封。应与氧化剂、食用化学品分开存放，切忌混储。配备相应品种和数量的消防器材。储区应备有泄漏应急处理设备和合适的收容材料。

7.2　运输信息

危险货物编号：61062。

UN 编号：2315。

包装类别：Ⅱ。

包装方法：包装可采用小开口钢桶；螺纹口玻璃瓶、铁盖压口玻璃瓶、塑料或金属桶（罐）外加普通木桶；螺纹口玻璃瓶、塑料瓶或镀锡薄钢板桶（罐）外加满底板花格箱、纤维板箱或胶合板箱。

运输注意事项：运输前应先检查包装容器是否完整、密封，运输过程中要确保容器不泄漏、不倒塌、不坠落、不损坏。严禁与酸类、氧化剂、食品及食品添加剂混运。运输时运输车应配备相应品种和数量的消防器材及泄漏应急处理设备。运输途中应防晒、雨淋，防高温。公路运输时要按照规定路线行驶，勿在居民区和人口密集区停留。

7.3 废弃

(1) 废弃处置方法

① 掩埋法。将多氯联苯及受多氯联苯污染物封存在经特殊设计的构筑物内或连同构筑物深埋于地下，也有利用现成山洞或防空洞等经防渗处理后来掩埋多氯联苯及其污染物的（作为暂时存放）。

② 微生物去除法。一种是红酵母属菌株；另一种是蛇皮癣菌。实验证明前者可分解40%的多氯联苯，后者可分解30%的多氯联苯，大量培养可以用来处理工业废水和土壤中的多氯联苯。美国的学者利用灰氧菌来吞噬多氯联苯，效果较显著。

③ 焚烧法。此法被认为是目前最好的处理方法，但必须在专用的能彻底分解多氯联苯的高效率焚烧炉中进行，而不能随便焚烧。随意焚烧多氯联苯则可能产生毒性比多氯联苯更大的多氯二苯并对二噁英（PCDD）、多氯二苯并呋喃（PCDF）等物质。为了保证彻底销毁多氯联苯，对焚烧条件要严加控制。美国环境保护署规定：在焚烧多氯联苯时，温度应高于1150℃，在燃烧室的停留时间要大于 2s，氧气过剩量要大于 3%，尾气中 CO 含量须小于 100×10^{-6}（体积分数）。另外，加拿大、美国和瑞典曾分别在水泥窑中进行过销毁多氯联苯的试验，结果表明，水泥窑能满足销毁多氯联苯的要求。

④ 化学法。采用化学法来处理多氯联苯的方法已达 10 种以上，如氯解法、加氢脱氯法、Sunohio 法、湿式催化氧化法、金属钠法、Goodyear 法、金属钠-聚乙二醇法、臭氧法等，其中有些已有实用装置或工业试验装置，有些在实验室规模已取得成功。

⑤ 物理法。目前国外已有微波等离子法、活性炭吸附法、放射线（^{60}Co）照射法等方法投入实际应用。

(2) 废弃注意事项　处置前应参阅国家和地方有关法规。

8　参考文献

［1］　北京化工研究院环境保护所/计算中心.国际化学品安全卡（中文版）查询系统 http：//icsc. brici. ac. cn/［DB］. 2016.

［2］　安全管理网. MSDS 查询网 http：//www. somsds. com/［DB］. 2016.

［3］　Chemical book. CAS 数据库 http：//www. chemicalbook. com/ProductMSDSDetailCB5413313. htm.

［4］　环境保护部.国家污染物环境健康风险名录（化学第一分册）［M］. 北京：中国环境科学出版社，2009：88-99.

对硝基苯胺

1 名称、编号、分子式

可以先将苯胺乙酰化得到乙酰苯胺，乙酰苯胺进行硝化引入硝基，得到的硝基乙酰苯胺经过水解后即可制得粗对硝基苯胺。通过柱色谱，可以有效分离邻、对位产物，得到纯度很高的对硝基苯胺和邻硝基苯胺。对硝基苯胺基本信息见表 6-1。

表 6-1 对硝基苯胺基本信息

中文名称	对硝基苯胺
中文别名	p-硝基苯胺；1-氨基-4-硝基苯
英文名称	p-nitroaniline
英文别名	4-nitroaniline；4-nitrobenzenamine；p-nitrophenylamine；1-amino-4-nitrobenzene；para-aminonitrobenzene
UN 号	1661
CAS 号	100-01-6
ICSC 号	61777
RTECS 号	BY7000000
EC 编号	612-012-00-9
分子式	$C_6H_6N_2O_2$；$NO_2C_6H_4NH_2$
分子量	138.13

2 理化性质

对硝基苯胺易升华，有剧毒，可做染料、药物中间体和有机反应试剂，是一种常用的有机化合物。对硝基苯胺稳定，易与 NaOH、强氧化剂、强还原剂反应，可腐蚀某些塑料、橡胶和包膜材料，在有起爆剂时可发生爆炸。对硝基苯胺理化性质一览表见表 6-2。

表 6-2 对硝基苯胺理化性质一览表

外观与性状	黄色结晶或粉末，有氨味
所含官能团	硝基、氨基、苯环
熔点/℃	148.5
沸点/℃	331.7

相对密度(水＝1)	1.42
相对蒸气密度(空气＝1)	4.77
饱和蒸气压(142.4℃)/kPa	0.13
燃烧热/(kJ/mol)	3181
辛醇/水分配系数的对数值	1.39
闪点/℃	199
自燃温度	遇明火、供热可燃
溶解性	水中溶解度(21℃)＜0.1mg/mL,微溶于苯,溶于乙醚、丙酮,易溶于醇

3 毒理学参数

（1）**急性毒性** LD_{50}：750mg/kg（大鼠经口）；人经口5mg/kg，最小致死剂量。

（2）**代谢** 对硝基苯胺进入人体后转化为2-氨基-5-硝基苯酚（约34％）及对硝基苯酚（约26％）。

（3）**中毒机理** ①吸收后经生物转化具有氧化性能，是间接高铁血红蛋白形成剂；②有溶血作用，由此可引起继发性肝损害，个别品种也可能有直接损肝作用；③可致化学性膀胱炎，常有肉眼或显微镜可见血尿；④对神经和心脏功能也有直接损害作用。

（4）**致突变性** 微生物致突变：鼠伤寒沙门菌333μg/皿。微粒体致突变：鼠伤寒沙门菌50μg/皿。

（5）**生态毒性** 对环境有危害，应特别注意对水体的污染。

（6）**危险特性** 遇明火、高热可燃。与强氧化剂可发生反应。受高热分解，产生有毒的氧化氮烟气。

4 对环境的影响

4.1 主要用途

对硝基苯胺是确定三氯化钛标准的主要物质，也是用于检测空气中氨，重氮化后定量测定苯酚和萘酚以及有机微量分析（氨基氮和硝基氮）的标准样品，也用于彩色显影。可制造黑色盐K，供棉麻织物染色、印花之用。还用于制造偶氮染料的中间体，用于生产墨绿B、酸性黑10B、酸性黑ATT、黑色K、直接灰D、毛皮黑D等；它可用作农药和兽药的中间体，在医药工业中用于制造氯硝抑胺、卡巴肿、硝基安定等；还可用作生产对苯二胺的中间体。此外，对硝基苯胺还用于制造抗氧剂、防腐剂等的原料。

4.2 环境行为

对硝基苯胺易升华，空气中的对硝基苯胺主要来源于加工过程中生成的粉尘。其水溶性差，空气中的粉尘大部分通过干沉降的方式返回地表或进入水体，在水中对硝基苯胺主要以结晶态沉入水底，很少溶解，散落在土壤中的对硝基苯胺极少溶解并随水迁移。进入土壤中的对硝基苯胺可被土壤吸附，在有机质含量较低的天然黄土中的吸附效率为17.2％，添加表面活性剂溴化十六烷基三甲铵后吸附效率大大增强，2,4-二氯酚对其吸附有竞争作用。土壤中的不溶性腐殖酸对其有很高的吸附率，饱和吸附量为 1.110mg/g。对硝基苯胺可被臭氧降解，在均相水溶液中其反应计量系数比（与每摩尔的有机物反应消耗掉的臭氧的摩尔数）为 4。在 25℃、pH＝2.1 时的反应速率常数为 $6.17×10^4 mol/(L·s)$，在 pH＝6 时为 $1.55×10^6 mol/(L·s)$。电子束辐照能够有效地降解对硝基苯胺。初始浓度为 100mg/L，吸收剂量为 20kGy 时，对硝基苯胺的降解率可达 95％以上。

4.3 人体健康危害

(1) 暴露/侵入途径　暴露/侵入途径有吸入、食入、经皮吸收。急性中毒事件基本是通过皮肤直接接触造成的，也有吸入大量对硝基苯胺蒸气中毒的案例，慢性中毒发生在车间低浓度粉尘的呼吸和皮肤接触吸入。曾有因衣物严重污染，致洗涤者及后来的穿着者发生转移接触中毒的个案报道。

(2) 健康危害　毒性比苯胺大。可通过皮肤和呼吸道吸收，是一种强烈的高铁血红蛋白形成剂，形成的高铁血红蛋白造成组织缺氧，出现紫绀，引起中枢神经系统、心血管系统及其他脏器的损害。并有溶血作用，可发生溶血性贫血。长期大量接触可引起肝损害。

(3) 急性中毒　①接触污染后常于数小时至十余小时内发病，饥饿、饮酒及热水淋浴有诱发和加重中毒的作用。②化学性青紫和高铁血红蛋白血症常是中毒的突出表现，早期可能有短暂的中枢兴奋症状，但随着高铁血红蛋白的增多，中枢神经和脏器逐步出现与缺氧相关的表现。高铁血红蛋白达 30％以上时，有头昏、头胀沉重感、头痛、耳鸣、乏力、嗜睡等症状；达 50％时可致心悸、胸闷、气急、步态不稳甚至晕厥；浓度进一步增加可发生休克、惊厥及昏迷等。③溶血致急性溶血性贫血、溶血性黄疸及继发肾肾损害的相关表现，红细胞赫恩兹小体的百分比升高。④化学性膀胱炎，常有血尿、蛋白尿和尿道刺激症状。⑤尿内对应的酚类代谢物增多。

(4) 慢性中毒　长期大量接触可引起肝损害。

4.4 接触控制标准

中国 MAC（mg/m³）：—。
中国 PC-TWA（mg/m³）：3 [皮]。
前苏联 MAC（mg/m³）：0.1。
美国 TVL-TWA：OSHA 1ppm [皮]，ACGIH 3mg/m³ [皮]。
美国 TLV-STEL：—。
对硝基苯胺生产及应用相关环境标准见表 6-3。

表 6-3　对硝基苯胺生产及应用相关环境标准

标准名称	限制要求	标准值
《大气污染物综合排放标准》（GB 16297—1996）	苯胺类污染源大气污染物排放限值	无组织排放监控浓度限值：0.50mg/m³
《石油化学工业污染物排放标准》（GB 31571—2015）	大气、废水中苯胺类污染物排放限值	大气：20mg/m³ 废水：0.5mg/L

标准名称	限制要求	标准值
《城镇污水处理厂污染物排放标准》（GB 18918—2002）	选择控制项目最高允许排放浓度（日均值）	0.5mg/L
《污水综合排放标准》（GB 8978—1996）	第二类污染物最高允许排放浓度	一级：1.0mg/L 二级：2.0mg/L 三级：5.0mg/L

5 环境监测方法

5.1 现场应急监测方法

(1) **快速检测管法** 使用商品快速检测管对空气和水做定性和半定量检测。

(2) **便携式气相色谱法** 使用便携式气相色谱仪在现场对其做出准确的监测与判断。

5.2 实验室监测方法

对硝基苯胺实验室监测方法见表 6-4。

表 6-4 对硝基苯胺实验室监测方法

监测方法	来源	类别
高效液相色谱法	《工作场所空气有毒物质测定 芳香族胺类化合物》(GBZ/T 160.72—2004)	工作场所空气
紫外分光光度法		
高效液相色谱法	中国环境监测总站	水质
	《工作场所有害物质监测方法》,徐伯洪、闫慧芳主编	空气
盐酸萘乙二胺分光光度法	《空气质量 苯胺类的测定 盐酸萘乙二胺分光光度法》(GB/T 15502—1995)	工业废气和环境空气
气相色谱法	《空气中有害物质的测定方法》,杭士平主编	空气
	《工作场所有害物质监测方法》,徐伯洪、闫慧芳主编	空气
	《大气固定污染源 苯胺类的测定 气相色谱法》(HT/T 68—2001)	大气固定污染源
N-(1-萘基)乙二胺偶氮分光光度法	《水质 苯胺类化合物的测定 N-(1-萘基)乙二胺偶氮分光光度法》(GB 11889—89)	水质
色谱/质谱法	《固体废弃物试验分析评价手册》,中国环境监测总站等译	固体废物

6 应急处理处置方法

6.1 泄漏应急处理

(1) **应急行为** 隔离泄漏污染区，限制出入，切断火源。

(2) **应急人员防护**　戴自给正压式呼吸器，穿防毒服。

(3) **环保措施**　不要直接接触泄漏物。小量泄漏：用洁净的铲子收集于干燥、洁净、有盖的容器中。大量泄漏：用塑料布、帆布覆盖，减少飞散，然后收集回收或运至废物处理场所处置。

6.2　个体防护措施

(1) **工程控制**　严加密闭，提供充分的局部排风，尽可能机械化、自动化，提供安全淋浴和洗眼设备。

(2) **呼吸系统保护**　空气中浓度较高时，佩戴防毒面具。紧急事态抢救或逃生时，应该佩戴自给式呼吸器。

(3) **眼睛防护**　戴化学安全防护眼镜。

(4) **防护服**　穿紧袖工作服、长筒胶鞋。

(5) **手防护**　戴橡胶手套。

(6) **其他**　工作现场禁止吸烟、进食和饮水。及时换洗工作服。工作前不饮酒，用温水洗澡。

6.3　急救措施

(1) **皮肤接触**　立即脱去被污染的衣物，用肥皂水和清水彻底冲洗皮肤，立即就医。

(2) **眼睛接触**　提起眼睑，用流动清水或生理盐水冲洗，立即就医。

(3) **吸入**　迅速脱离现场至空气新鲜处。保持呼吸道通畅，如果呼吸困难，给予输氧；若呼吸停止，立即进行人工呼吸，并就医。

(4) **食入**　饮足量温水，催吐，立即就医。

(5) **灭火方法**　适用灭火剂有雾状水、二氧化碳、砂土、干粉、泡沫。

6.4　应急医疗

(1) **诊断要点**　①轻度中毒表现为口唇、耳郭、舌及指（趾）甲发绀，可伴有头晕、头痛、乏力、胸闷，高铁血红蛋白在10%～30%以下，一般在24h内恢复正常。②中度中毒表现为皮肤、黏膜明显发绀，可出现心悸、气短、食欲不振、恶心、呕吐等症状，高铁血红蛋白在30%～50%之间，或高铁血红蛋白低于30%且伴有以下任何一项：轻度溶血性贫血，赫恩兹小体轻度升高；化学性膀胱炎；轻度肝脏损伤；轻度肾脏损伤。③重度中毒表现为皮肤黏膜重度发绀，高铁血红蛋白高于50%，并可出现意识障碍，或高铁血红蛋白低于50%且伴有以下任何一项：赫恩兹小体明显升高，并继发溶血性贫血；严重中毒性肝病；严重中毒性肾病。

(2) **处理原则**　①迅速脱离现场，清除皮肤污染，立即吸氧，密切观察。②高铁血红蛋白血症用高渗葡萄糖、维生素C、小剂量亚甲基蓝治疗。高铁血红蛋白血症的治疗：接触反应仅需休息，服用含糖饮料、维生素C，必要时用50%葡萄糖溶液40～60mL加入0.5～1.0g维生素C静脉注射。轻度高铁血红蛋白血症，可给1%亚甲基蓝5mL或1mg/kg加入25%葡萄糖溶液20～40mL中，缓慢静脉注射，一次即可。必要时可再给维生素C。中度和重度高铁血红蛋白血症，可给予1%亚甲基蓝5～10mL或1～2mg/kg加入25%葡萄糖液20～40mL中，缓慢静脉注射。必要时可隔2～4h重复使用一次。根据高铁血红蛋白动态测定的结果可酌情用 2～4 次。同时可给予维生素 C 并用辅酶 A 及维生素 B$_{12}$。当第二次剂量亚甲基蓝疗效不明显时，应积极寻找原因，如毒物未清除干净，灼伤处理不当，而不应盲目反复应用。③溶血性贫血，主要为对症和支持治疗，重点在于保护肾脏功能，碱化尿液，应用适量肾上腺糖皮质激素。严重者应输血治疗，必要时采用换血疗法或血液净化疗法。当含赫恩兹小体红细胞的比例大于 50% 时，可及早进行换血。参照 GBZ 75。④化学性膀胱炎，主要为碱化尿液，应用适量肾上腺糖皮质激素，防治继发感染。并可给予解痉剂及支持治疗。⑤肝、肾功能损害，处理原则见 GBZ 59 和 GBZ 79。

7 储运注意事项

7.1 储存注意事项

储放于阴凉、通风仓间内。远离火种、热源。防止阳光直射。保持容器密封。应与氧化剂、酸类、食用化学品分开存放。

7.2 运输信息

危险货物编号：61777。

UN 编号：1661。

包装类别：Ⅲ。

包装方法：塑料袋、多层牛皮纸袋外加全开口钢桶；螺纹口玻璃瓶、铁盖压口玻璃瓶、塑料瓶或金属桶（罐）外加木板箱；薄钢板桶、镀锡薄钢板桶（罐）外加花格箱。

运输注意事项：不倒塌、不坠落、不损坏。严禁与酸类、氧化剂、食品及食品添加剂混运。运输途中应防曝晒、雨淋，防高温。

7.3 废弃

（1）**废弃处置方法** 建议用控制焚烧法处置。焚烧炉排出的氮氧化物通过洗涤器或高温装置除去。

（2）**废弃注意事项** 处置前应参阅国家和地方有关法规。

8 参考文献

［1］ 天津市固体废物及有毒化学品管理中心.危险化学品环境数据手册［M］.天津市固体废物及有毒化学品管理中心，2005：805-806.

［2］ 北京化工研究院环境保护所/计算中心.国际化学品安全卡（中文版）查询系统 http：//icsc.brici.ac.cn/［DB］.2016.

［3］ 安全管理网.MSDS 查询网 http：//www.somsds.com/［DB］.2016.

［4］ Chemical book.CAS 数据库 http：//www.chemicalbook.com/ProductMSDSDetailCB5413313.htm.

［5］ 环境保护部.国家污染物环境健康风险名录（化学第一分册）［M］.北京：中国环境科学出版社，2009：161-167.

二硫化碳

1 名称、编号、分子式

市售的二硫化碳是将木炭和硫黄加热至 $850\sim950℃$ 的条件下合成的。作为试剂，它可以满足一般要求，但当要求的纯度高时，则需用下述方法除去其中所含的杂质，这些杂质为硫化氢、亚硫酸、硫酸、有机硫化物、水和硫等。将 $100\sim200g$ 的汞和适量的五氧化二磷加入 $500mL$ 市售的二硫化碳中，振荡 1h 左右，过滤，将滤液避光分馏，弃去高馏分和低馏分，收集中间馏分。将收集到的分馏物重新与汞和五氧化二磷混合、振荡，并分馏。如此反复操作直到有害杂质的含量达标为止。二硫化碳基本信息见表 7-1。

表 7-1　二硫化碳基本信息

中文名称	二硫化碳
中文别名	硫化碳
英文名称	carbon disulfide
UN 号	1131
CAS 号	75-15-0
ICSC 号	0022
RTECS 号	FF6650000
EC 编号	006-003-00-3
分子式	CS_2
分子量	76.14

2 理化性质

二硫化碳极易燃，其蒸气能与空气形成范围广阔的爆炸性混合物。接触热、火星、火焰或氧化剂易燃烧爆炸。高速冲击、流动、激荡后可因产生静电火花放电引起燃烧爆炸。二硫化碳理化性质一览表见表 7-2。

表 7-2　二硫化碳理化性质一览表

外观与性状	无色或淡黄色透明液体,有刺激性气味,易挥发
熔点/℃	-110.8
沸点/℃	46.5

最小点火能/mJ	0.009
最大爆炸压力/MPa	0.760
相对密度(水=1)	1.26
相对蒸气密度(空气=1)	2.64
饱和蒸气压(28℃)/kPa	53.32
燃烧热/(kJ/mol)	1030.8
临界温度/℃	6
临界压力/MPa	7.9
辛醇/水分配系数的对数值	1.86
闪点/℃	−30
引燃温度/℃	90
爆炸上限(体积分数)/%	60
爆炸下限(体积分数)/%	1
溶解性	不溶于水,溶于乙醇、乙醚等多数有机溶剂
化学性质	对酸稳定,常温下与浓硫酸、浓硝酸不作用。但对碱不稳定,与氢氧化钾作用生成硫代硫酸钾和碳酸钾。与醇钠作用生成黄原酸盐;在空气中逐渐氧化,带黄色,有臭味。受日光作用发生分解;低温时与水生成结构为 $2CS_2 \cdot H_2O$ 的晶体。在适当条件下与氯反应生成四氯化碳和氯化硫

3 毒理学参数

(1) **急性毒性**　LD_{50}：3188mg/kg（大鼠经口）。

(2) **亚急性和慢性毒性**　家兔吸入 $1.28g/m^3$，5 个月,引起慢性中毒;$0.5 \sim 0.6g/m^3$,引起血清胆固醇增加。

(3) **代谢**　在人体内,二硫化碳在碱性条件下与血中的甘氨酸结合而生成具有以游离 —SH 基为特征的甘氨酸硫代氨基甲酸酯,与苯丙氨酸、甲基甘氨酸和天冬氨酸也发生同样的反应。经气相色谱和光电比色的研究证实,二硫化碳与人体内带有一对自由电子的基团(如氨基、巯基)有较大的亲和力,能与氨基酸和巯基化合物反应生成二硫代碳酸和噻唑烷酮。二硫化碳可以在肝微粒体内脱硫生成羰基硫碳(carbonyl salfide),并进一步氧化生成二氧化碳。二硫化碳生物转化的其他最终产物是各种硫酸盐,主要是无机硫酸盐,而二价硫则是其中的一小部分。

(4) **中毒机理**　CS_2 经呼吸道进入人体,也可经皮肤和胃肠道吸收。进入体内后,10%～30%仍经肺排出,70%～90%经代谢从尿排出。CS_2 中毒机理尚未阐明,主要有以下几种可能。

① CS_2 代谢物二硫代氨基甲酸酯与维生素 B_6 结合,致使以吡哆醛为辅酶的一些酶,如转氨酶等受抑制。

② 二硫代氨基甲酸酯与微量元素络合,如与一些脱氢酶中的锌和细胞色素氧化酶、多巴胺 β-羟化酶中的铜络合,使酶失去活性,干扰能量及儿茶酚胺代谢,损害神经系统,特别是锥体外系。

③ CS_2 抑制单胺氧化酶活性，使脑中 5-羟色胺积蓄，可能与中毒性精神病有关。

④ CS_2 抑制血浆中脂蛋白酶和脂质清除因子活性，致脂蛋白和脂类代谢紊乱，β-脂蛋白可渗入动脉壁内，导致玻璃样变、动脉硬化。

(5) **致突变性** 微生物致突变：鼠伤寒沙门菌 $100\mu g/$皿。姐妹染色单体交换：人淋巴细胞 $10200\mu g/L$。

(6) **生殖毒性** 男性吸入最低中毒浓度（TCL_0）：$40mg/m^3$（91 周），引起精子生成变化。大鼠吸入最低中毒浓度（TCL_0）：$100mg/m^3$，8h（孕 1～21d 用药），引起死胎，颅面部发育异常。

(7) **危险特性** 极易燃，其蒸气能与空气形成范围广阔的爆炸性混合物。接触热、火星、火焰或氧化剂易燃烧爆炸。受热分解产生有毒的硫化物烟气。与铝、锌、钾、氟、氯、叠氮化物等反应剧烈，有燃烧爆炸的危险。高速冲击、流动、激荡后可因产生静电火花放电引起燃烧爆炸。其蒸气比空气密度大，能在较低处扩散到相当远的地方，遇明火会引着回燃。

4 对环境的影响

4.1 主要用途

主要作为制造黏胶纤维、玻璃的原材料。用二硫化碳生产的黄原酸盐供作冶金工业的矿石浮选剂。用于生产农用杀虫剂。橡胶工业硫化时，可作为氯化硫的溶剂。用它制造氨处理系统中设备和管路的防腐蚀剂。也是检验伯胺、仲胺及 α-氨基酸、测折射率、色谱分析用的溶剂。还可用于从亚麻仁、橄榄果实、兽骨、皮革和羊毛中提取油脂。用作航空的润滑剂。二硫化碳是杀菌剂稻瘟灵、克菌丹、代森锰锌、代森锌、代森铵、福美双、福美锌、福美甲胂等的中间体，也是人造纤维的原料、橡胶硫化促进剂。

4.2 环境行为

二硫化碳在工业上最重要的用途是制造黏胶纤维，二硫化碳的释放量取决于生产过程，生产 1kg 黏胶释放 0.02～0.03kg 二硫化碳。在生产黏胶短纤维和黏胶薄膜中，每台机器每小时生产 70～100kg 和 1800～2000kg，释放二硫化碳量分别是 1.0～1.5kg 和 38～42kg。二硫化碳主要通过大气扩散进入空间，也有部分随工业废水排入水体中，部分被动植物吸收。

4.3 人体健康危害

(1) **暴露/侵入途径** 暴露/侵入途径有吸入、食入、经皮吸收。

(2) **健康危害** 是损害中枢神经和血管的毒物。

(3) **急性中毒** 轻度中毒有头晕、头痛、眼及鼻黏膜刺激症状；中度中毒尚有酒醉表现；重度中毒可呈短时间的兴奋状态，继之出现谵妄、昏迷、意识丧失，伴有强直性及阵挛性抽搐。可因呼吸中枢麻痹而死亡。严重中毒后可遗留神衰综合征，中枢和周围神经永久性损害。

(4) **慢性中毒** 中毒的早期表现主要为中枢和外周神经的损害；长期低浓度接触主要表现为心血管系统的损害。

① 中枢和外周神经的损害。早期的神经障碍可有情绪不稳定和易激动；轻度中毒者性格改变较突出，常为琐碎小事而激怒，且难以自控，一般尚有失眠、多梦和健忘症状。严重者可出现躁狂抑郁型神经病和中毒性脑病。基底节受损可发生帕金森综合征。

植物神经的失调，可见心悸、手心和足底多汗、盗汗、血压不稳定，性功能减退和月经紊乱等。

② 心血管系统的损害。心血管毒性作用往往表现有血脂和血压的轻度增高，心电图异常，心功能下降以及血管调节功能障碍等，其作用尚属可逆，愈后一般良好。

4.4　接触控制标准

中国 MAC（mg/m^3）：—。

中国 PC-TWA（mg/m^3）：5。

中国 PC-STEL（mg/m^3）：10。

美国 TLV-TWA：OSHA 20ppm，62mg/m^3［皮］，ACGIH 3.13mg/m^3［皮］。

美国 TLV-STEL：—。

二硫化碳生产及应用相关环境标准见表 7-3。

表 7-3　二硫化碳生产及应用相关环境标准

标准编号	限制要求	标准值
《恶臭污染物排放标准》（GB 14554—93）	恶臭污染物厂界标准	一级：2.0mg/m^3 二级：3.0～5.0mg/m^3 三级：8.0～10mg/m^3
	恶臭污染物排放标准	1.5～97kg/h

5　环境监测方法

5.1　现场应急监测方法

乙酸铜指示剂法：当二硫化碳被含有乙酸铜的二乙胺酒精溶液吸收时，发生化学反应，同时溶液的颜色发生变化。用标准色阶与反应后的溶液颜色比较而得到二硫化碳的含量值。

5.2　实验室监测方法

二硫化碳实验室监测方法见表 7-4。

表 7-4　二硫化碳实验室监测方法

监测方法	来源	类别
二乙胺分光光度法	《空气质量　二硫化碳的测定　二乙胺分光光度法》(GB/T 14680—1993)	空气
气相色谱法	《居住区大气中二硫化碳卫生检验标准方法　气相色谱法》(GB/T 11741—1989)	居住区大气
溶剂解吸-气相色谱法 二乙胺分光光度法	《工作场所空气中硫化物的测定方法》(GBZ/T 160.33—2004)	工作场所空气

监测方法	来源	类别
二乙胺乙酸铜分光光度法	《水质　二硫化碳的测定　二乙胺乙酸铜分光光度法》(GB/T 15504—95)	水质

6　应急处理处置方法

6.1　泄漏应急处理

(1) **应急行为**　迅速撤离泄漏污染区人员至安全处，并进行隔离，严格限制出入。切断火源。

(2) **应急人员防护**　戴自给正压式呼吸器，穿消防防护服。

(3) **环保措施**　不要直接接触泄漏物。尽可能切断泄漏源，防止进入下水道、排洪沟等限制性空间。小量泄漏：用砂土、蛭石或其他惰性料吸收。大量泄漏：构筑围堤或挖坑收容；喷雾状水冷却和稀释蒸气，保护现场人员、把泄漏物稀释成不燃物。

(4) **消除方法**　用防爆泵转移至槽车或专用收集器内，回收或运至废物处理所处置。

6.2　个体防护措施

(1) **工程控制**　密闭操作，局部排风。

(2) **呼吸系统保护**　可能接触其蒸气时，必须佩戴自吸过滤式防毒面具（半面罩）。

(3) **眼睛防护**　戴化学安全防护眼镜。

(4) **防护服**　穿防静电工作服。

(5) **手防护**　戴乳胶手套。

(6) **其他**　工作现场严禁吸烟。工作完毕，淋浴更衣。注意个人清洁卫生。

6.3　急救措施

(1) **皮肤接触**　立刻脱去被污染的衣着，用大量流动清水冲洗至少 15min。就医。

(2) **眼睛接触**　提起眼睑，用流动清水或生理盐水冲洗。就医。

(3) **吸入**　迅速脱离现场至空气新鲜处。保持呼吸道通畅。如呼吸困难，给输氧。如停止呼吸，立即进行人工呼吸。就医。

(4) **食入**　饮足量温水，催吐，就医。

(5) **灭火方法**　喷水冷却容器，可能的话将容器从火场移至空旷处。处在火场中的容器若已变色或从安全泄压装置中产生声音，必须马上撤离。适用灭火剂有砂土、泡沫、二氧化碳、干粉、雾状水。

6.4　应急医疗

(1) **诊断要点**　急性中毒不难确诊；慢性中毒的诊断可采用神经运动传导速度判定末梢神经的早期损害；进行荧光眼底摄影及测定左心功能等以确定对心血管的早期影响；进行 8h 夜间尿蛋白总量的微量检测以发现潜在的肾损害。对长期接触者应注意血脂和心血管疾病的随访，检测班后尿中 TTCA 的含量以评估 CS_2 接触的程度。

急性中毒呈麻醉样作用，多见于生产事故。轻者呈酒醉状态、步态不稳及精神症状，并有感觉异常。重者可见脑水肿，出现兴奋、谵妄、昏迷，可因呼吸中枢麻痹死亡。个别可留有中枢及周围神经损害。

慢性中毒主要损害神经和心血管系统。神经系统早期为精神症状，随后出现多发性神经炎、脑神经病变，严重的可有椎体外系损害。精神症状不一，轻者为情绪、性格改变，重者有躁狂抑郁型精神病。多发性神经炎早期呈手套、袜套型，沿桡、尺、坐骨及外腓神经疼痛。以后骨间肌和鱼际肌萎缩，甚至步态不稳、跟腱反射消失。如基底受损可发生震颤麻痹综合征。心血管系统可有脑、视网膜、肾和冠状动脉类似粥样硬化的损害，血液中胆固醇可增高。

（2）**处理原则**　对 CS_2 中毒的治疗尚无特殊的方法，主要采用对症治疗法和支持治疗法。发生生产事故而引发急性中毒，应立即将患者脱离生产现场，给予吸氧和保暖；皮肤有污染应及时清洗处理，脱去工作服；注意防止呼吸困难和脑水肿的发生。慢性中毒主要以综合对症治疗为主，应用大量的 B 族维生素，补充锌铜等微量元素，中医辨证论治。早期诊断，及时脱离现场和治疗，一般愈后尚好。

（3）**预防措施**　对 CS_2 作业者应给予就业体检和上岗后的定期查体，包括内科、神经科和眼科检查，必要时进行神经肌电图、血脂、心电图等检查。具有器质性神经系统疾病、各种精神病、视网膜病变、冠心病或糖尿病者，不宜从事 CS_2 作业。妊娠期及哺乳期女工应暂时脱离 CS_2 的接触，尚未生育的育龄妇女，应控制 CS_2 的接触浓度水平。

7　储运注意事项

7.1　储存注意事项

储存于阴凉、通风的仓间内。仓内温度不宜超过 30℃。远离火种、热源，防止阳光直射。保持容器密封。应与氧化剂分开存放，储存间内的照明、通风等设施应采用防爆型，开关设在仓外。配备相应品种和数量的消防器材。灌装时应注意流速（不超过 3m/s），且有接地装置，防止静电积聚。禁止使用易产生火花的机械设备和工具。定期检查是否有泄漏现象。

7.2　运输信息

危险货物编号：31050。

UN 编号：1131。

包装类别：Ⅰ。

包装方法：包装方法包括螺纹口玻璃瓶、铁盖压口玻璃瓶、塑料瓶或金属桶（罐）外加木板箱。

运输注意事项：二硫化碳液面上应覆盖不少于该容器容积 1/4 的水。铁路运输采用小开口铝桶、小开口厚钢桶包装时，须经铁路局批准。运输时运输车辆应配备相应品种和数量的消防器材及泄漏应急处理设备。夏季最好早晚运输。运输时所用的槽（罐）车应有接地链，槽内可设孔隔板以减少振荡产生的静电。严禁与氧化剂、食用化学品等混装混运。运输途中应防曝晒、雨淋，防高温。中途停留时应远离火种、热源、高温区。装运该物品的车辆排气管必须配备阻火装置，禁止使用易产生火花的机械设备和工具装卸。公路运输时要按规定路线行驶，勿在居民区和人口稠密区停留。铁路运输时要禁止溜放。严禁用木船、水泥船散装运输。

7.3 废弃

（1）**废弃处置方法** 采用控制焚烧法处置，也可以经蒸馏提纯后回收使用。

（2）**废弃注意事项** 处置前应参阅国家和地方有关法规。

8 参考文献

［1］ 天津市固体废物及有毒化学品管理中心. 危险化学品环境数据手册［M］. 天津：天津市固体废物及有毒化学品管理中心，2005：731-732.

［2］ 北京化工研究院环境保护所/计算中心. 国际化学品安全卡（中文版）查询系统 http：//icsc. brici. ac. cn/［DB］. 2016.

［3］ 安全管理网. MSDS 查询网 http：//www. somsds. com/［DB］. 2016.

［4］ Chemical book. CAS 数据库 http：//www. chemicalbook. com/ProductMSDSDetailCB5413313. htm.

二氯甲烷

1 名称、编号、分子式

甲烷分子中两个氢原子被氯取代而生成的化合物。工业中，二氯甲烷由天然气与氯气反应制得，经过精馏得到纯品，是优良的有机溶剂，常用来代替易燃的石油醚、乙醚等，并可用作牙科局部麻醉剂、制冷剂和灭火剂等。对皮肤和黏膜的刺激性比氯仿稍强，使用高浓度二氯甲烷时应注意。二氯甲烷基本信息见表 8-1。

表 8-1　二氯甲烷基本信息

中文名称	二氯甲烷
中文别名	亚甲基氯
英文名称	dichloromethane
英文别名	methylene chloride
UN 号	1593
CAS 号	75-09-2
ICSC 号	0058
RTECS 号	PA8050000
EC 编号	602-004-00-3
分子式	CH_2Cl_2；H_2CCl_2
分子量	84.94

2 理化性质

二氯甲烷不燃烧，但与高浓度氧混合后形成爆炸性混合物。纯二氯甲烷无闪点，含等体积的二氯甲烷和汽油、溶剂石脑油或甲苯的溶剂混合物是不易燃的，然而当二氯甲烷与丙酮或甲醇液体以 10∶1 比例混合时，其混合液具有闪点，蒸气与空气形成爆炸性混合物，爆炸极限 6.2%～15.0%（体积分数）。二氯甲烷热解后产生 HCl 和痕量的光气，与水长期加热，生成甲醛和 HCl。进一步氯化，可得 $CHCl_3$ 和 CCl_4。二氯甲烷为无色易挥发液体，难燃烧。二氯甲烷与氢氧化钠在高温下反应部分水解生成甲醛。二氯甲烷理化性质一览表见表 8-2。

表 8-2　二氯甲烷理化性质一览表

外观与性状	无色透明液体,有芳香气味,有刺激性
熔点/℃	−97
沸点/℃	39.8
相对密度(水=1)	1.33
相对蒸气密度(空气=1)	2.93
饱和蒸气压(10℃)/kPa	30.55
燃烧热/(kJ/mol)	604.9
临界温度/℃	237
临界压力/MPa	6.08
辛醇/水分配系数的对数值	1.25
引燃温度/℃	615
爆炸上限(体积分数)/%	12
爆炸下限(体积分数)/%	19
稳定性	稳定
溶解性	微溶于水,溶于乙醇、乙醚、酚、醛、酮等有机溶剂

3 毒理学参数

(1) **急性毒性**　LD_{50} 为 1600～2000mg/kg（大鼠经口）；LC_{50} 为 56.2g/m^3，8h（小鼠吸入）；小鼠吸入 67.4g/m^3×67min，致死；人经口 20～50mL，轻度中毒；人经口 100～150mL，致死；人吸入 2.9～4.0g/m^3，20min 后出现眩晕。

(2) **亚急性和慢性毒性**　大鼠吸入 4.69g/m^3，8h/d，75d，无病理改变。暴露时间增加，有轻度肝萎缩、脂肪变性和细胞浸润。

(3) **代谢**　二氯甲烷（DCM）在人体内的代谢机理仍在不断研究中，二氯甲烷在人体中存在两种竞争性的代谢途径：混合功能氧化酶（MFO）、氧化和谷胱甘肽-S-转移酶 T1（GSTT1）途径。通过研究二氯甲烷在体内的代谢过程（包括肝、肺中的代谢）发现二氯甲烷的致癌性与两种代谢途径均密切相关。甲酸是二氯甲烷在体内代谢的最终产物。因此，尿甲酸可作为接触二氯甲烷的参考指标。当大鼠和豚鼠吸入高浓度的二氯甲烷时，两种动物的鸟氨酸氨基甲酰转移酶（OCT）、尿素氮（BUN）和碳氧血红蛋白（COHb）均有显著改变，说明长期接触较高浓度的二氯甲烷对机体肝、肾有一定的损伤。吸入后大部分以原形经肺排出，小部分在体内去卤转化，生成 CO。二氯甲烷全身分布，在体内无蓄积，经呼吸道和肾排出。

(4) **中毒机理**　二氯甲烷是一种不稳定的卤代烃，具有致突变性或遗传毒性。研究认为二氯甲烷对 DNA 损伤是由于其代谢活化转变为甲醛而发生的毒性作用，结果导致 DNA 断裂、交联及加合物形成等。DNA 交联率与二氯甲烷的浓度之间存在剂量-反应关系。由此可以说明二氯甲烷对 DNA 具有损伤作用。

(5) **致突变性**　微生物致突变：鼠伤寒沙门菌 5700ppm。DNA 抑制：人成纤维细胞5000ppm/h（连续）。

(6) **致癌性**　IARC 致癌性评论：动物阳性，人类不明确。关于病人是否应把二氯甲烷视为动物和人的致癌物，动物实验数据和人类流行病学数据尚不充分。然而，鉴于最近在对大鼠和小鼠的吸入研究中的发现，且这些数据在任务组会议之后已可加以应用，故应将二氯甲烷视为一种对人类潜在的致癌物。

(7) **生殖毒性** 大鼠吸入最低中毒浓度（TCL_0）为 1250ppm（7h，孕 6～15d），引起肌肉骨骼发育异常，泌尿生殖系统发育异常。

(8) **危险特性** 遇明火高热可燃。受热分解能发出剧毒的光气。若遇高热，容器内压增大，有开裂和爆炸的危险。

4 对环境的影响

4.1 主要用途

二氯甲烷为无色液体，在制药工业中做反应介质，用于制备氨苄青霉素、羟苄青霉素和先锋霉素等；还用作胶片生产中的溶剂、石油脱蜡溶剂、气溶胶推进剂、有机合成萃取剂、聚氨酯等泡沫塑料生产用发泡剂和金属清洗剂等。二氯甲烷也在工业制冷系统中用作载冷剂，但危害很大，与明火或灼热的物体接触时能产生剧毒的光气。二氯甲烷还是用来制作脱咖啡因咖啡的物质。咖啡先通过蒸煮，使咖啡因溶解出来并漂浮在表面，然后使用二氯甲烷来去掉咖啡因。在中国用于胶片生产的消费量占总消费量的 50%，医药方面占总消费量的 20%，清洗剂及化工行业消费量占总消费量的 20%，其他方面占 10%。

4.2 环境行为

释放到大气中的二氯甲烷，其光解速率很快，很少在大气中蓄积，其初始降解产物为光气和一氧化碳，进而再转变成二氧化碳和盐酸。二氯甲烷的燃烧（分解）产物有一氧化碳、二氧化碳、氯化氢、光气。

二氯甲烷是编造、金属制品行业排放最多的化学品，一旦泄漏至地上，通过蒸发很快从土壤表面消失，剩余部分经土壤渗入地下水，在天然水系中生物降解是有可能的，但比蒸发慢得多，关于水生生物浓集和淤泥吸附，了解不多，在正常环境条件下，水解不是重要的途径。排放至大气中的二氯甲烷通过与别的气体接触而降解，小部分扩散至同温层，经紫外线照射和接触氯离子迅速降解，估计有小部分随雨水回到地球上。

4.3 人体健康危害

(1) **暴露/侵入途径** 暴露/侵入途径包括吸入、食入、经皮吸收。

(2) **健康危害** 本品有麻醉作用，主要损害中枢神经和呼吸系统。人类接触的主要途径是吸入。已经测得，在室内的生产环境中，当使用二氯甲烷作除漆剂时，有高浓度的二氯甲烷存在。一般人群通过周围空气、饮用水和食品的接触，剂量要低得多。

(3) **急性中毒** 轻者可有眩晕、头痛、呕吐以及眼和上呼吸道黏膜刺激症状；较重者则出现易激动、步态不稳、共济失调、嗜睡，可引起化学性支气管炎。重者昏迷，可有肺水肿。血中碳氧血红蛋白含量增高。二氯甲烷与皮肤接触后易引起皮炎和烧伤，由于沸点低，蒸气比空气密度大，遇明火或与灼热物体接触时生成剧毒光气，吸入 $90.5g/m^3$ 二氯甲烷 40min 后，出现死亡。

(4) **慢性中毒** 长期接触主要有头痛、乏力、眩晕、食欲减退、动作迟钝、嗜睡等症状。对皮肤有脱脂作用，引起干燥、脱屑和皲裂等。

4.4 接触控制标准

中国 MAC（mg/m^3）：—。

中国 PC-TWA（mg/m^3）：200。

中国 PC-STEL（mg/m^3）：　。

美国 TLV-TWA：OSHA 500ppm；ACGIH 50ppm，175mg/m^3。

美国 TLV-STEL：—。

二氯甲烷生产及应用相关环境标准见表 8-3。

表 8-3　二氯甲烷生产及应用相关环境标准

标准编号	限制要求	标准值
《展览会用地土壤环境质量评价标准（暂行）》(HJ 350—2007)	土壤环境质量评价标准限值	土壤环境环境质量评价标准限值 A 级：2mg/kg B 级：210mg/kg
《合成树脂工业污染物排放标准》（GB 31572—2015)	合成树脂工业企业及其生产设施水污染物和大气污染物排放限值	①水污染物排放限值：直接排放 0.2mg/L；间接排放 0.2mg/L ②水污染物特别排放限值：直接排放 0.2mg/L；间接排放 0.2mg/L ③大气污染物排放限值：100mg/m^3 ④大气污染物特别排放限值：50mg/m^3

5 环境监测方法

5.1 现场应急监测方法

现场应急监测方法有便携式气相色谱法、气体快速检测管法。

5.2 实验室监测方法

二氯甲烷实验室监测方法见表 8-4。

表 8-4　二氯甲烷实验室监测方法

监测方法	来源	类别
吹扫捕集/气相色谱-质谱法	《土壤和沉积物　挥发性有机物的测定　吹扫捕集/气相色谱-质谱法》(HJ 605—2011)	土壤
顶空/气相色谱法	《土壤和沉积物　挥发性有机物的测定　顶空/气相色谱法》(HJ 741—2015)	
吹扫捕集/气象色谱-质谱法	《水质　挥发性有机物的测定　吹扫捕集/气相色谱-质谱法》(HJ 639—2012)	水质
顶空　气象色谱-质谱法	《水质　挥发性有机物的测定　顶空气相色谱-质谱法》(HJ 810—2016)	
吹扫捕集/气相色谱法	《水质　挥发性有机物的测定　吹扫捕集/气相色谱法》(HJ 686—2014)	

监测方法	来源	类别
吸附管采样-热脱附/气相色谱-质谱法	《环境空气 挥发性有机物的测定 吸附管采样-热脱附/气相色谱-质谱法》(HJ 644—2013)	环境空气
直接进样-气相色谱法	《工作场所空气有毒物质测定 卤代烷烃类化合物》(GBZ/T 160.45—2007)	工作场所空气
顶空/气相色谱法-质谱法	《固体废物 挥发性有机物的测定 顶空/气相色谱法-质谱法》(HJ 643—2013)	固体废物

6 应急处理处置方法

6.1 泄漏应急处理

(1) **应急行为** 泄漏污染区人员迅速撤离至安全区，并进行隔离，严格限制出入。切断火源。

(2) **应急人员防护** 建议应急处理人员穿戴适当护具（包括防护手套防护面罩等）以防护任何皮肤、眼睛以及个人衣物熏染。

(3) **环保措施** 小量泄漏：用砂土或其他不燃材料吸附或吸收。大量泄漏：构筑围堤或挖坑收容；用泡沫覆盖，降低蒸气灾害。

(4) **消除方法** 用防爆泵转移至槽车或专用收集器内，回收或运至废物处理场所处置。

6.2 个体防护措施

(1) **工程控制** 密闭操作，局部排风。

(2) **呼吸系统保护** 空气中浓度超标时，应该佩戴直接式防毒面具（半面罩）。紧急事态抢救或撤离时，佩戴空气呼吸器。

(3) **眼睛防护** 戴安全防护眼镜。

(4) **防护服** 穿防毒物渗透工作服。

(5) **手防护** 戴防化学品手套。

(6) **其他** 工作现场禁止吸烟、进食和饮水。工作完毕，沐浴更衣。单独存放被毒物污染的衣服，洗后备用。注意个人清洁卫生。

6.3 急救措施

(1) **皮肤接触** 可用大量的肥皂水冲洗，再用清水冲洗至干净。

(2) **眼睛接触** 提起眼睑，用流动清水或生理盐水冲洗。就医。

(3) **吸入** 迅速脱离现场至空气新鲜处。保持呼吸道通畅。如呼吸困难，给输氧。如呼吸停止，立即进行人工呼吸。就医。

(4) **食入** 给饮足量温水，催吐，就医。

(5) **灭火方法** 适用灭火剂有雾状水、泡沫、二氧化碳、砂土。

6.4 应急医疗

(1) **诊断要点** 二氯甲烷为无色透明易挥发液体，属低毒类，其蒸气麻醉性强，大量吸入会引起急性中毒，出现鼻腔疼痛、头痛、呕吐、恶心、迟钝、眩晕等症状。过度接触后，刺激呼吸道，影响中枢神经系统，出现行为失调、疲劳、虚弱、头疼、肺水肿、神志丧失、死亡等。食入后所产生的症状与吸入相同。因此，测定呼出气、血、尿中二氯甲烷，血中碳氧血红蛋白浓度、CO浓度以及尿中甲酸浓度可作为生物监测指标，有助于二氯甲烷中毒诊断。

(2) **处理原则** 目前尚无特殊解毒剂治疗二氯甲烷中毒，采取综合对症处理。急救时忌用肾上腺素。因此，接诊此类患者时应详细询问病史、观察致伤物质的性质，有条件时尽快现场采样进行分析；严密观察吸入性损伤及中毒情况，必要时进行预防性气管切开手术，以免酿成不良后果。从患者吸入性损伤情况来看，二氯甲烷的挥发性对呼吸道刺激性较强，应引起重视，防治肺水肿。预防是关键，为此需要随时监测劳动环境空气中的二氯甲烷浓度，加强劳动防护。

临床治疗主要以对症综合治疗为主。救治要点在于患者及早迅速脱离现场；清除污染衣物，用肥皂水、清水清洗皮肤、黏膜以防毒物继续吸收；保持呼吸道通畅；纠正和改善缺氧，给予鼻导管给氧或用面罩。必要时可气管插管或气管切开给氧，提高体内氧分压，并及时作血气分析动态观察。早期给予足量、短程肾上腺皮质激素以抗炎、抗过敏、降低毛细血管通透性也至关重要，如每天地塞米松 $10\sim60mg$ 静脉给药可降低病死率。急性二氯甲烷中毒只要及时发现，积极抢救和对症治疗，愈后良好，不会留有后遗症。

(3) **预防措施** 因二氯甲烷挥发性高，生产要自动化，设备和管道要密闭化，加强生产场所通风。定期进行作业环境空气监测，将作业场所空气中二氯甲烷的容许浓度控制在 PC-TWA $200mg/m^3$ 以内。进入工作岗位时，要做好劳动保护预防措施。做好上岗前、在岗时和离岗前的职业健康监护体检，禁止有中枢神经系统功能紊乱、贫血、酒精中毒、肝和肾病者接触二氯甲烷。严格按照易燃、易爆物的储运规范存放，避免受热爆炸产生剧毒的光气。

7 储运注意事项

7.1 储存注意事项

储存于阴凉、通风的库房。远离火种、热源。库温不超过 $30℃$，相对湿度不超过 80%。保持容器密封。应与碱金属、食用化学品分开存放，切忌混储。配备相应品种和数量的消防器材。储区应备有泄漏应急处理设备和合适的收容材料。

7.2 运输信息

危险货物编号：61552。
UN编号：1593。
包装类别：Ⅲ。
包装方法：包装方法有小开口钢桶；安瓿瓶外加普通木箱；螺纹口玻璃瓶、铁盖压口玻璃瓶、塑料瓶或金属桶（罐）外加普通木箱；螺纹口玻璃瓶、塑料瓶或镀锡薄钢板桶（罐）

外加满底板花格箱、纤维板箱或胶合板箱。

运输注意事项：运输前应先检查包装容器是否完整、密封，运输过程中要确保容器不泄漏、不倒塌、不坠落、不损坏。严禁与酸类、氧化剂、食品及食品添加剂混运。运输时运输车辆应配备相应品种和数量的消防器材及泄漏应急处理设备。运输途中应防曝晒、雨淋，防高温。公路运输时要按规定路线行驶。

7.3 废弃

（1）**废弃处置方法** 用焚烧法处置。与燃料混合后，再焚烧。焚烧炉排出的卤化氢通过酸洗涤器除去。

（2）**废弃注意事项** 处置前应参阅国家和地方有关法规。

8 参考文献

［1］ 天津市固体废物及有毒化学品管理中心. 危险化学品环境数据手册［M］. 天津：天津市固体废物及有毒化学品管理中心，2005：246-248.

［2］ 北京化工研究院环境保护所/计算中心. 国际化学品安全卡（中文版）查询系统 http：//icsc. brici. ac. cn/［DB］. 2016.

［3］ 安全管理网. MSDS 查询网 http：//www. somsds. com/［DB］. 2016.

［4］ Chemical book. CAS 数据库 http：//www. chemicalbook. com/ProductMSDSDetailCB5413313. htm.

［5］ 环境保护部. 国家污染物环境健康风险名录（化学第一分册）［M］. 北京：中国环境科学出版社，2009：161-167.

［6］ 魏莹莹. 真空紫外光解二氯甲烷的去除特性及机理研究［D］. 杭州：浙江工业大学，2011.

［7］ 江朝强. 有机溶剂中毒预防指南［M］. 北京：化学工业出版社，2006：171-172.

1,2-二氯乙烯

1 名称、编号、分子式

1,2-二氯乙烯包括顺式和反式，吸入高剂量的1,2-二氯乙烯会让人感觉恶心、昏昏欲睡和疲劳，而吸入极高的剂量甚至会造成死亡。US EPA已决定不将顺式1,2-二氯乙烯列入人类致癌物中。1,2-二氯乙烯基本信息见表9-1。

表9-1　1,2-二氯乙烯基本信息

中文名称	1,2-二氯乙烯
中文别名	乙炔化二氯；对称二氯乙烯
英文名称	1,2-dichloroethylene
英文别名	acetylene dichloride；symmetrical dichloroethylene
UN号	1150
CAS号	540-59-0
ICSC号	0436
RTECS号	KV9360000
EC编号	602-026-00-3
分子式	$C_2H_2Cl_2$；$ClHCCHCl$
分子量	96.94

2 理化性质

1,2-二氯乙烯是一种化学物品，无色略带刺激气味的易挥发液体，易燃，其蒸气与空气可形成爆炸性混合物。遇明火、高热能引起燃烧爆炸。在空气中受热分解释放出剧毒的光气和氯化氢气体。与氧化剂能发生强烈反应。与铜及其合金有可能生成具有爆炸性的氯乙炔。其蒸气比空气密度大，能在较低处扩散到相当远的地方，遇明火会引着回燃。1,2-二氯乙烯理化性质一览表见表9-2。

表9-2　1,2-二氯乙烯理化性质一览表

外观与性状	无色略带刺激气味的易挥发液体
所含官能团	C=C
熔点/℃	−80.5

沸点/℃	60.2
相对密度(水＝1)	1.29
相对蒸气密度(空气＝1)	3.4
饱和蒸气压(10℃)/kPa	14.7
临界温度/℃	271
临界压力/MPa	5.87
闪点/℃	6
引燃温度/℃	460
爆炸上限(体积分数)/%	12.8
爆炸下限(体积分数)/%	9.7
危险标记	7(中闪点易燃液体)
溶解性	不溶于水,溶于醇、醚等
禁忌物	强氧化剂、酸类、碱类
避免接触条件	受热、光照

3 毒理学参数

(1) **急性毒性** 大鼠经口 LD_{50} 为 770mg/kg；人吸入 $3.3g/m^3 \times 15min$，中度眩晕；人吸入 $(3.8 \sim 8.8)g/m^3 \times (2 \sim 3)min$，恶心，脱离 80min 后仍有恶心。

(2) **亚急性和慢性毒性** 大鼠吸入 200ppm×8h/d×5d/周×16 周，白细胞总数降低，出现肝肺损害。

(3) **致突变性** 性染色体缺失和不分离：构巢曲霉 750ppm。

(4) **危险特性** 易燃，其蒸气与空气可形成爆炸性混合物。遇明火、高热能引起燃烧爆炸。在空气中受热分解释出剧毒的光气和氯化氢气体。与氧化剂能发生强烈反应。与铜及其合金有可能生成具有爆炸性的氯乙炔。其蒸气比空气密度大，能在较低处扩散到相当远的地方，遇明火会引着回燃。

(5) **刺激性** 家兔经皮：100mg（24h），中度刺激。

4 对环境的影响

4.1 主要用途

可用作萃取剂、冷冻剂，也可用作溶剂，用于制造塑料和有机合成。

4.2 环境行为

1,2-二氯乙烯会分解成氯乙烯，一种被认为比 1,2-二氯乙烯更具有毒性的化学物质。人们会因为有害废弃物处理场址和垃圾掩埋场渗漏、饮用受污染自来水而暴露到。1,2-二氯乙烯会迅速蒸发到空气中。它可透过土壤或溶于土壤中的水而四处移动，因此可能会污染到地下水。

4.3 人体健康危害

(1) 暴露/侵入途径　暴露/侵入途径有侵吸入、食入、经皮吸收。

(2) 健康危害　主要影响中枢神经系统，并有眼及上呼吸道刺激症状。

(3) 急性中毒　主要表现为中枢神经系统的刺激以及对皮肤和黏膜的刺激作用。短时间接触低浓度，眼及咽喉部有烧灼感；浓度增高，有眩晕、恶心、呕吐甚至酩酊状；吸入高浓度还可致死。可致角膜损伤及皮肤灼伤。吸入非常高剂量的反式1,2-二氯乙烯会破坏动物的心脏，摄取到极高剂量的顺式或反式1,2-二氯乙烯会死亡。较低浓度的顺式1,2-二氯乙烯会影响到血液，如降低红细胞数量，亦会影响到肝脏。

(4) 慢性中毒　长期接触，除黏膜刺激症状外，常伴有神经衰弱综合征。动物长时间吸入到高剂量的反式1,2-二氯乙烯时，会破坏它们的肝脏和肺脏，且较长时间的暴露会有较严重的影响。

4.4 接触控制标准

中国 MAC（mg/m³）：—。

中国 PC-TWA（mg/m³）：—。

中国 PC-STEL（mg/m³）：—。

美国 TLV-TWA：OSHA 200ppm，793mg/m³；ACGIH 200ppm，793mg/m³。

美国 TLV-STEL：—。

1,2-二氯乙烯生产及应用相关环境标准见表9-3。

表 9-3　1,2-二氯乙烯生产及应用相关环境标准

标准编号	限制要求	标准值
《地表水环境质量标准》(GB 3838—2002)	集中式生活饮用水水源地特定项目标准限值	0.05mg/L
《生活饮用水卫生标准》(GB 5749—2006)	生活饮用水水质非常规指标及限值	0.05mg/L
《石油化学工业污染物排放标准》(GB 31571—2015)	石油化学工业企业及其生产设施水污染物排放限值	0.5mg/L
《展览会用地土壤环境质量评价标准(暂行)》(HJ 350—2007)	土壤环境质量评价标准限值	A级：0.2mg/kg B级：1000mg/kg
《工业企业土壤环境质量风险评价基准》(HJ/T 25—1999)	工业企业通用土壤环境质量风险评价基准值	① 土壤基准（直接接触）：顺式——27200mg/kg，反式——54300mg/kg ② 土壤基准（迁移至地下水）：顺式——2930mg/kg，反式——5860mg/kg

5　环境监测方法

5.1　现场应急监测方法

现场应急监测方法有便携式气相色谱法。

5.2　实验室监测方法

1,2-二氯乙烯实验室监测方法见表9-4。

表 9-4　1,2-二氯乙烯实验室监测方法

监测方法	来源	类别
吹出捕集气相色谱法	《生活饮用水卫生规范》,中华人民共和国卫生部,2001 年	饮用水
吹扫捕集/气相色谱-质谱法	《水质　挥发性有机物的测定　吹扫捕集/气相色谱-质谱法》(HJ 639—2012)	水质
顶空　气相色谱-质谱法	《水质　挥发性有机物的测定　顶空气相色谱-质谱法》(HJ 810—2016)	
吹扫捕集/气相色谱-质谱法	《土壤和沉积物　挥发性有机物的测定　吹扫捕集/气相色谱-质谱法》(HJ 605—2011)	土壤
顶空气相色谱法	《土壤和沉积物　挥发性有机物的测定　顶空气相色谱法》(HJ 741—2015)	
吸附管采样-热脱附/气相色谱-质谱法	《环境空气　挥发性有机物的测定　吸附管采样-热脱附/气相色谱-质谱法》(HJ 644—2013)	环境空气
顶空/气相色谱法-质谱法	《固体废物　挥发性有机物的测定　顶空/气相色谱法-质谱法》(HJ 643—2013)	固体废物

6　应急处理处置方法

6.1　泄漏应急处理

（1）**应急行为**　泄漏污染区人员迅速撤离至安全区，并进行隔离，严格限制出入。切断火源。

（2）**应急人员防护**　建议应急处理人员戴自给正压式呼吸器，穿一般作业工作服。

（3）**环保措施**　从上风处进入现场。尽可能切断泄漏源，防止进入下水道、排洪沟等限制性空间。小量泄漏：用砂土或其他不燃材料吸附或吸收。大量泄漏：构筑围堤或挖坑收容；用泡沫覆盖，降低蒸气灾害。

（4）**消除方法**　用防爆泵转移至槽车或专用收集器内，回收或运至废物处理场所处置。

6.2　个体防护措施

（1）**工程控制**　严加密闭，提供充分的局部排风和全面通风。

（2）**呼吸系统保护**　空气中浓度超标时，应该佩戴直接式防毒面具（半面罩）。紧急事态抢救或撤离时，佩戴空气呼吸器。

（3）**眼睛防护**　戴安全防护眼镜。

（4）**防护服**　穿防毒物渗透工作服。

（5）**手防护**　戴防化学品手套。

（6）**其他**　工作现场禁止吸烟、进食和饮水。工作完毕，沐浴更衣。单独存放被毒物污染的衣服，洗后备用。注意个人清洁卫生。

6.3 急救措施

(1) **皮肤接触** 立即脱去被污染的衣着，用大量流动清水冲洗，至少 15min。就医。

(2) **眼睛接触** 立即提起眼睑，用大量流动清水或生理盐水彻底冲洗至少 15min。就医。

(3) **吸入** 迅速脱离现场至空气新鲜处。保持呼吸道通畅。如呼吸困难，给输氧。如呼吸停止，立即进行人工呼吸。就医。

(4) **食入** 误服者用水漱口，给饮牛奶或蛋清。就医。

(5) **灭火方法** 尽可能将容器从火场移至空旷处。用水保持火场容器冷却，直至灭火结束。处在火场中的容器若已变色或从安全泄压装置中产生声音，必须马上撤离。适用灭火剂有雾状水、泡沫、干粉、二氧化碳、砂土，用水灭火无效。

6.4 应急医疗

(1) **诊断要点** 短时间吸入低浓度，可引起眼和上呼吸道刺激症状；浓度增高时，出现晕眩、恶心、呕吐、步态蹒跚；吸入极高浓度可致肺水肿、昏迷。少数严重病例可并发肝、肾损害。皮肤直接接触本品液体，可引发皮炎甚至灼伤。

(2) **处理原则** 迅速脱离现场，吸入新鲜空气或含 5％二氧化碳的氧气；眼和皮肤受污染后，立即用大量清水冲洗；给予对症治疗，重点防治脑水肿和肺水肿，注意保护肝、肾功能；忌用肾上腺素。

(3) **预防措施** 应避免本品与开放火焰或金属表面接触。生产过程要密闭，加强通风。定期进行作业场所空气中毒物浓度的监测，将作业场所空气中本品的容许浓度控制在 PC-TWA 800mg/m^3 以内。做好就业前健康检查和定期健康检查。凡患精神、神经系统疾病、肝肾疾病及慢性湿疹等皮肤病者不宜从事该工作。严格按照危险品储存规范进行储存。

7 储运注意事项

7.1 储存注意事项

应储存于阴凉、通风的库房。远离火种、热源。库温不宜超过 30℃。包装要求密封，不可与空气接触。应与氧化剂、酸类、碱类分开存放，切忌混储。不宜大量储存或久存。采用防爆型照明、通风设施。禁止使用易产生火花的机械设备和工具。储区应备有泄漏应急处理设备和合适的收容材料。

7.2 运输信息

危险货物编号：32040。

UN 编号：1150。

包装类别：Ⅱ。

包装方法：包装应采用小开口钢桶；螺纹口玻璃瓶、铁盖压口玻璃瓶、塑料瓶或金属桶（罐）外加普通木箱。

运输注意事项：运输时运输车辆应配备相应品种和数量的消防器材及泄漏应急处理设

备。夏季最好早晚运输。运输时所用的槽（罐）车应有接地链，槽内可设孔隔板以减少振荡产生的静电。严禁与氧化剂、食用化学品等混装混运。运输途中应防曝晒、雨淋，防高温。中途停留时应远离火种、热源、高温区。装运该物品的车辆排气管必须配备阻火装置，禁止使用易产生火花的机械设备和工具装卸。公路运输时要按规定路线行驶，勿在居民区和人口稠密区停留。铁路运输时要禁止溜放。严禁用木船、水泥船散装运输。

7.3 废弃

（1）**废弃处置方法** 建议用焚烧法处理。废弃物和其他燃料混合焚烧，燃烧要充分，防止生成光气。焚烧炉排出的卤化氢通过酸洗涤器除去。

（2）**废弃注意事项** 处置前应参阅国家和地方有关法规。

8 参考文献

[1] 北京化工研究院环境保护所/计算中心.国际化学品安全卡（中文版）查询系统 http：//icsc. brici. ac. cn/[DB]. 2016.

[2] 安全管理网.MSDS 查询网 http：//www. somsds. com/[DB]. 2016.

[3] Chemical book. CAS 数据库 http：//www. chemicalbook. com/ProductMSDSDetailCB5413313. htm.

[4] 张寿林，等.急性中毒诊断与急救［M］. 北京：化学工业出版社，1996：195.

[5] 江朝强.有机溶剂中毒预防指南［M］. 北京：化学工业出版社，2006：199-200.

2,4-二硝基甲苯

1 名称、编号、分子式

由甲苯硝化而得：先以97％的收率得到粗硝基甲苯，含邻硝基甲苯62％～63％、对硝基甲苯33％～34％及间硝基甲苯3％～4％。在这种粗硝基甲苯中滴加混酸。搅拌，硝化反应以98.6％的收率得到粗品二硝基甲苯。将二硝基甲苯混合物溶于甲醇或乙醇中，然后冷却，使2,4-二硝基甲苯结晶，分离，蒸馏，得2,4-二硝基甲苯。制造纯的2,4-二硝基甲苯主要用前一种方法，即采用对硝基甲苯硝化的方法，工业品纯度≥95％。2,4-二硝基甲苯基本信息见表10-1。

表 10-1　2,4-二硝基甲苯基本信息

中文名称	2,4-二硝基甲苯
中文别名	1-甲基-2,4-二硝基苯
英文名称	2,4-dinitrotoluene
英文别名	1-methyl-2,4-dinitrobenzene；2,4-dinitrotoluol；2,4-DNT
UN 号	3454
CAS 号	121-14-2
ICSC 号	0727
RTECS 号	XT1575000
EC 编号	609-007-00-9
分子式	$C_7H_6N_2O_4$；$CH_3C_6H_3(NO_2)_2$
分子量	182.14

2 理化性质

具有一定的化学活性，受热可分解，水体中的2,4-二硝基甲苯可发生水解。被2,4-二硝基甲苯污染的水体略带苦的金属味，呈淡黄色。对水生生物有毒害作用，浓度达10mg/L时，可造成鱼类及水生生物的死亡；极易燃、易爆，事故现场有苦杏仁味。有剧毒。具有致癌性。Deneer等曾经报道2,4-二硝基甲苯的生物浓缩系数（BCF）以类脂量计为204。2,4-二硝基甲苯理化性质一览表见表10-2。

表 10-2　2,4-二硝基甲苯理化性质一览表

外观与性状	浅黄色针状结晶,有苦杏仁味
熔点/℃	69.5
沸点/℃	300
相对密度(水=1)	1.52
相对蒸气密度(空气=1)	6.27
饱和蒸气压(157.7℃)/kPa	13.33
燃烧热/(kJ/mol)	-3564.7
表面张力/(N/cm)	5.72×10^{-4}
摩尔折射率	44.16
分解产物	氮氧化物
辛醇/水分配系数的对数值	1.98
闪点/℃	207
引燃温度/℃	360
稳定性	稳定
避免接触条件	受热、摩擦、振动或撞击
溶解性	微溶于水、乙醇、乙醚,易溶于苯、丙酮
聚合危害	不聚合
危险标记	14(有毒品)

3　毒理学参数

(1) **急性毒性**　大鼠经口 LD_{50} 为 268mg/kg。鱼类毒性预测的 OSAR 研究指出,LC_{50} 与最低空轨道能相关。

(2) **代谢**　虽然没有研究表明 2,4-二硝基甲苯在人体或动物体内的吸收特性,但是 2,4-二硝基甲苯在暴露后 24~72h 后就可以很快被吸收。大鼠、小鼠、兔子及猴子口服单一剂量 2,4-二硝基甲苯后,2,4-二硝基甲苯及其代谢产物分布于肝脏、肾脏、肺、脑、骨骼肌、血液及脂肪组织。大部分脏器 24h 内 2,4-二硝基甲苯及其代谢物的含量可以达到 0.36%~1.6%,其中,肝、肾、肺优先摄取 2,4-二硝基甲苯。2,4-二硝基甲苯通过尿液与胆汁代谢。在鲤鱼体内的代谢转化为还原代谢过程,代谢途径遵循哺乳动物(鼠、兔)体外代谢研究中的结论。2,4-二硝基甲苯经酶作用,首先代谢为亚硝基甲苯,然后代谢为氨基硝基甲苯,经亚硝基羟基化合物的中间代谢过程,最后还原为 2,4-二氨基甲苯。

(3) **致突变性**　非按时 DNA 合成:大鼠经口 100mg/kg。

(4) **生殖毒性**　大鼠经口最低中毒剂量(TDL_0)为 1050mg/kg(孕 7~20d),引起血液和淋巴系统(包括脾脏和骨髓)发育异常和迟发效应(新生鼠)。

(5) **危险特性**　遇明火、高热易燃。与氧化剂混合会形成爆炸性混合物。经摩擦、振动或撞击可引起燃烧或爆炸。燃烧时产生大量烟雾。

(6) **致癌性** IARC 致癌性评论：G2B，可疑人类致癌物。

(7) **其他** 大鼠径口最低中毒剂量（TDL_0）：1050mg/kg（孕 7~20d），引起血液和淋巴系统（包括脾脏和骨髓）发育异常和迟发效应（新生鼠）。

4 对环境的影响

4.1 主要用途

可衍生一系列中间体，这些中间体用于制造硫化黄 GC、硫化黄棕 5G、硫化黄棕 6G、硫化红棕 B3R 等染料，生产炸药 TNT，生产 2,4-甲苯二异氰酸酯。这些中间体中的甲苯二异氰酸酯的用量大，主要是用于生产聚氨酯泡沫塑料、聚氨酯涂料等方面的大宗产品。还可用于聚氨酯、染料、医药、橡胶等有机合成工业中。2,4-二氨基甲苯是染料中间体，主要用于制备偶氮染料，也是有机合成原料，经还原可制得 2,4-二氨基甲苯、氨基甲苯等。

4.2 环境行为

(1) **代谢和降解** 2,4-二硝基甲苯在光、氧气和微生物的作用下发生降解。降解中间产物包括 1,3-二硝基苯、羟基硝基苯的衍生物、羧酸、4-氨基-2-硝基苯、2-氨基-4-硝基苯、2,4-二氨基甲苯等。在空气中，通过光化学反应可以生成羟基自由基，半衰期大约 75d。在水中半衰期为 2.7~9.6h，水中的腐殖质可以加快其降解过程。在有氧及厌氧的情况下微生物均会对 2,4-二硝基甲苯产生降解作用。

(2) **迁移与转化** 2,4-二硝基甲苯往往以灰尘和气溶胶的形式进入大气，同时也可以进入地表水与地面水。2,4-二硝基甲苯容易被沉积物、固体悬浮物吸附。由于 2,4-二硝基甲苯蒸气压较低，在水中溶解度较小，因此水中和土壤中的 2,4-二硝基甲苯不易挥发，存在时间较长。

原油污染对 2,4-二硝基甲苯在水-土壤界面间迁移的影响：水中低浓度 2,4-二硝基甲苯在原土及原油污染土壤中的吸附等温线均呈线性。在原土的吸附机理中，矿物质表面吸附作用居主导地位，其贡献率约为 82.3%。水中低浓度 2,4-二硝基甲苯在原油污染土壤中的吸附机理包括土壤有机相（土壤有机质和土壤中原油单独相）的分配作用和矿物质的表面吸附作用。土壤中原油含量小于有机质含量 35% 以内时，2,4-二硝基甲苯在原油污染土壤中的总吸附系数值小于原土吸附系数，土壤矿物质表面吸附对总吸附系数的贡献率大于土壤有机相；土壤中原油含量超过有机质含量的 48.5% 时，2,4-二硝基甲苯在原油污染土壤中的吸附系数值大于原土吸附系数，且土壤中原油单独相分配作用对总吸附系数的贡献率大于土壤有机质分配作用和矿物质表面吸附作用，在吸附机理中居主导地位。

4.3 人体健康危害

(1) **暴露/侵入途径** 暴露/侵入途径包括吸入、食入、经皮吸收。

(2) **健康危害** 本品有引起高铁血红蛋白血症的作用。可引起急性中毒，如不及时治疗或引起死亡。本品易经皮肤吸收引起中毒。饮酒能增加机体对该品的敏感性。

(3) **急性中毒** 2,4-二硝基甲苯对人体的毒性作用主要在中枢神经系统，以及心血管系统和循环系统。该物质可能对血液有影响，导致形成正铁血红蛋白。影响可能推迟显现，需进行医学观察，会出现紫绀、头痛、头晕、兴奋、虚弱、恶心、呕吐、气短、嗜睡甚至神志丧失。

(4) 慢性中毒 长期作用下可有头痛、头晕、疲倦、腹痛、心悸、苍白、唇发绀、白细胞增多、贫血和黄疸等症状。

4.4 接触控制标准

中国 MAC（mg/m^3）：—。

中国 PC-TWA（mg/m^2）：0.2。

美国 TLV-TWA：OSHA 1.5mg/m^3［皮］；ACGIH 1.5mg/m^3［皮］。

美国 TLV-STEL：—。

2,4-二硝基甲苯生产及应用相关环境标准见表10-3。

表 10-3　2,4-二硝基甲苯生产及应用相关环境标准

标准编号	限制要求	标准值
《地表水环境质量标准》(GB 3838—2002)	集中式生活饮用水地表水源地特定项目标准限值	0.0003mg/L
《污水综合排放标准》(GB 8978—1996)	第二类污染物最高允许排放浓度	一级：2.0mg/L 二级：3.0mg/L 三级：5.0mg/L
《污水排入城镇下水道水质标准》(GB/T 31962—2015)	污水排入城镇下水道水质控制项目限值	A 级：5mg/L B 级：5mg/L C 级：3mg/L
《大气污染物综合排放标准》(GB 16297—1996)	大气污染物排放限值	① 最高允许排放浓度：16mg/m^3，20mg/m^3 ② 最高允许排放速率：二级，0.05～0.1kg/h，0.06～1.3kg/h；三级，0.08～1.7kg/h，0.9～2.0kg/h ③ 无组织排放监控浓度限值：0.040mg/m^3，0.050mg/m^3
《展览会用地土壤环境质量评价标准(暂行)》(HJ 350—2007)	土壤环境质量评价标准限值	A 级：1mg/kg B 级：4mg/kg
《工业企业土壤环境质量风险评价基准》(HJ/T 25—1999)	工业企业通用土壤环境质量风险评价基准值	土壤基准（直接接触）：98mg/kg,以致癌风险为依据

5　环境监测方法

5.1　现场应急监测方法

现场应急监测方法有便携式气相色谱法（《突发性环境污染事故应急监测与处理处置技术》，万本太主编）。

5.2　实验室监测方法

2,4-二硝基甲苯实验室监测方法见表10-4。

表 10-4　2,4-二硝基甲苯实验室监测方法

监测方法	来源	类别
气相色谱法	《水质　硝基苯类化合物的测定　气相色谱法》（HJ 592—2010）	水质
	《水源水中二硝基苯类和硝基氯苯类卫生检验标准方法　气相色谱法》（GB/T 11939—1989）	
液液萃取/固相萃取-气相色谱法	《水质　硝基苯类化合物的测定　液液萃取/固相萃取-气相色谱法》（HJ 648—2013）	
气相色谱-质谱法	《水质　硝基苯类化合物的测定　气相色谱-质谱法》（HJ 716—2014）	
示波极谱法	《水质　二硝基甲苯的测定　示波极谱法》（GB/T 13901—1992）	
气相色谱法	《环境空气　硝基苯类化合物的测定　气相色谱法》（HJ 738—2015）	环境空气
气相色谱-质谱法	《环境空气　硝基苯类化合物的测定　气相色谱-质谱法》（HJ 739—2015）	

6　应急处理处置方法

6.1　泄漏应急处理

（1）**应急行为**　隔离泄漏污染区，限制出入。切断火源。

（2）**应急人员防护**　建议应急处理人员戴自给式呼吸器，穿防毒服。

（3）**环保措施**　小心收集全部被污染土壤，转移到安全地带。隔断被污染水体，防止污染扩散。立即将中毒人员转移至空气新鲜地带，清洗皮肤上的沾染物即送医院。发生火灾时，使用干粉、泡沫等灭火器灭火，并用水喷淋冷却容器壁。灭火时，应在一定的安全距离之外，以免爆炸伤人。沿地面加强通风，以驱赶残留蒸气。

（4）**消除方法**　用防爆泵转移至槽车或专用收集器内，回收或运至废物处理场所处置。

6.2　个体防护措施

（1）**工程控制**　严加密闭，提供充分的局部排风和全面通风。

（2）**呼吸系统保护**　空气中粉尘浓度超标时，佩戴自吸过滤式防尘口罩。紧急事态抢救或撤离时，佩戴空气呼吸器。

（3）**眼睛防护**　戴安全防护眼镜。

（4）**防护服**　穿防毒物渗透工作服。

（5）**手防护**　戴橡胶手套。

（6）**其他**　工作现场禁止吸烟、进食和饮水。及时换洗工作服。工作前后不饮酒，用温水洗澡。实行就业前和定期的体检。

6.3　急救措施

（1）**皮肤接触**　立即脱去被污染的衣着，用肥皂水和清水彻底冲洗皮肤。就医。

(2) **眼睛接触** 提起眼睑，用流动清水或生理盐水冲洗。就医。

(3) **吸入** 迅速脱离现场至空气新鲜处。保持呼吸道通畅。如呼吸困难，给输氧。如呼吸停止，立即进行人工呼吸。就医。

(4) **食入** 饮足量温水，催吐，就医。

(5) **灭火方法** 小火用雾状水、二氧化碳、泡沫灭火。在火场的受热情况下，可能发生爆炸，因此不可轻易接近。遇大火只好任其燃烧，或由远方装设的灭火设施用自动水龙头喷水，周围不可有人。

6.4 应急医疗

(1) **诊断要点** 本品中毒可出现如下一种或全部的症状：高铁血红蛋白症、贫血、白细胞减少和肝脏坏死。接触各种剂量 2,4-二硝基甲苯后会出现以下症状：眩晕、疲劳、头晕、虚弱、恶心、呕吐、呼吸困难、关节痛、失眠、震颤、麻痹、胸痛、呼吸短促、心悸、食欲减退和体重下降。本品的作业工人偶见赫恩兹小体。

(2) **处理原则** 严密观察患者全身情况，给予对症治疗。气急时，给予氧气吸入。高铁血红蛋白的治疗，目前常用的有效药物是亚甲基蓝。一般可给予 1% 亚甲基蓝 5～10mL（1～2mg/kg）加入 25% 葡萄糖 20～40mL 中，缓慢静注。必要时可隔 2～4h 重复使用一次。重度中毒时亚甲基蓝可加大至 10～20mL。其他可用维生素 C、葡萄糖液静注。

防止肝脏损害：早期给予口服肝泰乐 100～200mg，每天 3 次。发生中毒性肝病时的治疗：卧床休息；注意营养，适当的高糖、高蛋白、低脂肪饮食；补充 B 族维生素等药；严重者可用糖皮质激素。

在急性溶血期红细胞急剧下降，可输鲜血或换血，但避免溶血加剧。为减少红细胞破坏，可给糖皮质激素如氢化可的松 200mg，静滴，每天一次，可连续 4～5 次。亦可同时肌注 25mg，每天两次。还可用辅酶 A、细胞色素 C 等。

7 储运注意事项

7.1 储存注意事项

储存于阴凉、通风的库房。远离火种、热源。库温不超过 35℃，相对湿度不超过 80%。包装密封。应与氧化剂、还原剂、碱类、食用化学品分开存放，切忌混储。采用防爆型照明、通风设施。禁止使用易产生火花的机械设备和工具。储区应备有合适的材料收容泄漏物。

7.2 运输信息

危险货物编号：61674。

UN 编号：2038。

包装类别：Ⅱ。

包装方法：塑料袋或两层牛皮纸袋外全开或中开口钢桶（钢板厚 0.75mm，每桶净重不超过 100kg）；塑料袋或两层牛皮纸袋外加普通木箱；金属桶（罐）或塑料桶外加花格箱；螺纹口玻璃瓶、铁盖压口玻璃瓶、塑料瓶或金属桶（罐）外加普通木箱。

运输注意事项：运输前应先检查包装是否完整、密封，运输过程中要确保容器不泄漏、不倒塌、不坠落、不损坏。严禁与酸类、氧化剂、食品级食品添加剂混运。运输时运输车辆应配备相应品种和数量的消防器材及泄漏应急处理设备。运输途中应防曝晒、雨淋，防高温。

7.3 废弃

（1）**废弃处置方法** 用焚烧法处置。与碳酸氢钠、固体易燃物充分接触后，再焚烧。焚烧炉排出的氮氧化物通过洗涤器除去。

（2）**废弃注意事项** 处置前应参阅国家和地方有关法规。

8 参考文献

［1］ 环境保护部.国家污染物环境健康风险名录（化学第一分册）［M］.北京：中国环境科学出版社，2009：185-188.

［2］ 北京化工研究院环境保护所/计算中心.国际化学品安全卡（中文版）查询系统 http：//icsc.brici.ac.cn/［DB］.2016.

［3］ 安全管理网.MSDS查询网 http：//www.somsds.com/［DB］.2016.

［4］ Chemical book.CAS数据库 http：//www.chemicalbook.com/ProductMSDSDetailCB5413313.htm.

二氧化氮

1 名称、编号、分子式

二氧化氮除自然来源外，主要来自于燃料的燃烧、城市汽车尾气。此外，工业生产过程也可产生一些二氧化氮。据估计，全世界人为污染每年排出的氮氧化物大约为 5300 万吨。另外闪电也可以产生 NO_2，在闪电时由于空气中电场极强，空气中的一些物质的分子被撕裂而导电，雷电电流通过时产生大量的热，使已经呈游离状态的空气成分 N_2、O_2 结合。实验室通常用不活泼金属与浓硝酸反应制取。二氧化氮基本信息见表 11-1。

表 11-1 二氧化氮基本信息

中文名称	二氧化氮
中文别名	四氧化二氮
英文名称	nitrogen dioxide
英文别名	dinitrogen tetroxide
UN 号	1067
CAS 号	10102-44-0
ICSC 号	0930
RTECS 号	QW9800000
EC 编号	007-002-00-0
分子式	NO_2
分子量	46.01

2 理化性质

二氧化氮是一种高度活性的气态物质，具有特征性的甜味，氮氧化物在许多职业均可接触到，包括用乙炔吹管焊接、电镀、金属清洗和采矿业，以及在制造染料、涂料或使用硝酸的过程中均可能接触氮氧化物。二氧化氮是一种强氧化剂，与可燃物质和还原性物质发生激烈反应。与水反应，生成硝酸和氮氧化物。有水存在时，二氧化氮会浸蚀许多金属。二氧化氮理化性质一览表见表 11-2。

表 11-2　二氧化氮理化性质一览表

外观与性状	黄褐色液体或气体,有刺激性气味
熔点/℃	−9.3
沸点/℃	22.4
相对密度(水=1)	1.45
相对蒸气密度(空气=1)	3.2
饱和蒸气压(22℃)/kPa	101.32
临界温度/K	158
临界压力/MPa	10.13
溶解性	溶于水
化学性质	强氧化剂。遇水能形成硝酸和氧化氮。与氧化氮不能配伍。与空气反应生成四氧化二氮。与许多物质发生爆炸性反应。在潮湿环境下能腐蚀金属

3 毒理学参数

(1) **急性毒性**　LC_{50} 为 $126mg/m^3$，4h（大鼠吸入）。

(2) **中毒机理**　NO_2 对上呼吸道黏膜刺激作用弱，主要进入呼吸道深部的细支气管及肺泡，逐渐与水起作用，形成硝酸和亚硝酸，对肺组织具有严重刺激和腐蚀作用，可导致肺水肿。

(3) **致突变性**　微生物致突变：鼠伤寒沙门菌 6ppm。哺乳动物体细胞突变：大鼠吸入 15ppm（3h），连续。

(4) **生殖毒性**　大鼠吸入最低中毒浓度（TCL_0）为 $8.5\mu g/m^3$，24h（孕 1～22d），引起胚胎毒性和死胎。

(5) **危险特性**　本品不燃烧，但可助燃。具有强氧化性，遇衣物、锯末、棉花或其他可燃物能立即燃烧。与一般燃料或火箭燃料以及氯代烃等猛烈反应引起爆炸。遇水有腐蚀性，腐蚀作用随水分含量增加而加剧。

4 对环境的影响

4.1 主要用途

用于工业水处理，作杀菌消毒剂。亦可用于纸浆和纤维的漂白、面粉、油脂、食糖的精炼，皮革的脱毛等。可作为制造硝酸、无水金属盐和硝基配位络合物的原料。在有机化学中用作氧化剂、硝化剂和丙烯酸酯聚合的抑制剂。在航天和军事工业中，用作火箭燃料推进剂和制取炸药。从合成氨尾气中提取氩可分为合成后排放尾气的低温分离和合成气进入合成塔前的液氮洗涤低温分离两大类。作为低温分离工艺原料，气经净化、部分冷凝或精馏后可用于甲烷的分离及氩、氮混合物的分离，即可制得 99.999% 纯度的氩。其中空分法将由空气制氧时抽出的含氩馏分，经氩塔糊成制成粗氩，再加氢除去粗氩中的氧，精馏脱氮后制得 99.99%～99.999% 的高纯氩。

4.2 环境行为

二氧化氮在臭氧的形成过程中起着重要作用。人为产生的二氧化氮主要来自高温燃烧过程的释放，比如机动车尾气、锅炉废气的排放等。二氧化氮还是酸雨的成因之一，所带来的环境效应多种多样，包括：对湿地和陆生植物物种之间竞争与组成变化的影响，大气能见度的降低，地表水的酸化、富营养化（由于水中富含氮、磷等营养物藻类大量繁殖而导致缺氧）以及增加水体中有害于鱼类和其他水生生物的毒素含量。

4.3 人体健康危害

（1）**暴露/侵入途径** 暴露/侵入途径主要为吸入。

（2）**健康危害** 氮氧化物主要损害呼吸道。吸入初期仅有轻微的眼及上呼吸道刺激症状，如咽部不适、干咳等。常数小时至十几小时或更长时间潜伏期后发生迟发性肺水肿、成人呼吸窘迫综合征，出现胸闷、呼吸窘迫、咳嗽、咳泡沫痰、紫绀等。可并发气胸及纵隔气肿。肺水肿消退后 2 周左右可出现迟发性阻塞性细支气管炎。

（3）**急性中毒** 很少有结膜和口咽部黏膜的刺激症状，初始病人往往不知道已中毒，接触 $150mg/m^3$ 以上的二氧化氮 3～24h 后，出现呼吸道症状，如咳嗽、发热、气急等，痰中带血丝、极度虚弱、恶心和头痛。支气管痉挛是急性期的主要特征。急性期过后，部分病人可在初始中毒后 3～6 周症状复发。

（4）**慢性中毒** 主要表现为神经衰弱综合征及慢性呼吸道炎症。个别病例出现肺纤维化。可引起牙齿酸蚀症。二氧化氮中毒的亚急性期或慢性期的特征包括严重气急、干咳、喘息、寒战和发热。胸片示弥漫性和斑片状浸润。可发展为严重低氧血症和高碳酸血症。

4.4 接触控制标准

中国 MAC（mg/m^3）：—。
中国 PC-TWA（mg/m^3）：5。
中国 PC-STEL（mg/m^3）：10。
美国 TLV-TWA：ACGIH 0.2ppm，$0.38mg/m^3$。
美国 TLV-STEL：—
二氧化氮生产及应用相关环境标准见表 11-3。

表 11-3 二氧化氮生产及应用相关环境标准

标准编号	限制要求	标准值
《环境空气质量标准》（GB 3095—2012）	环境空气污染物基本项目浓度限值	年平均：一级 $40\mu g/m^3$；二级 $40\mu g/m^3$ 日平均：一级 $80\mu g/m^3$；二级 $80\mu g/m^3$ 1h 平均：一级 $200\mu g/m^3$；二级 $200\mu g/m^3$
《室内空气质量标准》（GB/T 18883—2002）	室内空气质量标准	1h 均值：$0.24mg/m^3$
《危险废物焚烧污染控制标准》（GB 18484—2010）	危险废物焚烧炉大气污染物排放限值（氮氧化物，以 NO_2 计）	最高允许排放浓度为 $500mg/m^3$

标准编号	限制要求	标准值
《温室蔬菜产地环境质量评价标准》(HJ/T 333—2006)	温室蔬菜产地环境空气质量评价指标限值(日均值)	≤0.12mg/m³
《食用农产品产地环境质量评价标准》(HJ/T 332—2006)	食用农产品产地环境空气质量评价指标限值(日均值)	≤0.12mg/m³

5 环境监测方法

5.1 现场应急监测方法

现场应急监测可采用便携式 NO_2 气体检测仪。

5.2 实验室监测方法

二氧化氮实验室监测方法见表11-4。

表 11-4 二氧化氮实验室监测方法

监测方法	来源	类别
改进的 Saltzman 法	《居住区大气中二氧化氮检验标准方法 改进的 Saltzman 法》(GB/T 12372—1990)	居住区大气
Saltzman 法	《环境空气 二氧化氮的测定 Saltzman 法》(GB/T 15435—1995)	环境空气
盐酸萘乙二胺分光光度法	《环境空气 氮氧化物(一氧化氮和二氧化氮)的测定 盐酸萘乙二胺分光光度法》(HJ 479—2009)	
	《工作场所空气有毒物质测定无机含氮化合物》(GBZ/T 160.29—2004)	工作场所空气
	《固定污染源排气中氮氧化物的测定 盐酸萘乙二胺分光法》(HJ/T 43—1999)	固定污染源排气
紫外分光光度法	《固定污染源排气中氮氧化物的测定 紫外分光光度法》(HJ/T 42—1999)	
酸碱滴定法	《固定污染源排气 氮氧化物的测定 酸碱滴定法》(HJ 675—2013)	
非分散红外吸收法	《固定污染源废气 氮氧化物的测定 非分散红外吸收法》(HJ 692—2014)	固定污染源废气
定电位电解法	《固定污染源废气 氮氧化物的测定 定电位电解法》(HJ 693—2014)	

6 应急处理处置方法

6.1 泄漏应急处理

(1) 应急行为 迅速撤离泄漏污染区人员至上风处,并进行隔离,严格限制出入。

（2）**应急人员防护**　建议应急处理人员戴自给正压式呼吸器，穿防毒服。

（3）**环保措施**　尽可能切断泄漏源。若是气体，合理通风，加速扩散。喷雾状水稀释、溶解。构筑围堤或挖坑收容产生的大量废水。漏气容器要妥善处理，修复、检验后再用。若是液体，用大量水冲洗，洗水稀释后放入废水系统。若大量泄漏，构筑围堤或挖坑收容；喷雾状水冷却和稀释蒸气。

（4）**消除方法**　用防爆泵转移至槽车或专用收集器内，回收或运至废物处理场所处置。

6.2　个体防护措施

（1）**工程控制**　严加密闭，提供充分的局部排风和全面通风。提供安全淋浴和洗眼设备。

（2）**呼吸系统保护**　空气中浓度超标时，佩戴自吸过滤式防毒面具（全面罩）。紧急事态抢救或撤离时，建议佩戴空气呼吸器。

（3）**眼睛防护**　呼吸系统防护中已作防护。

（4）**防护服**　穿胶布防毒衣。

（5）**手防护**　戴橡胶手套。

（6）**其他**　工作现场禁止吸烟、进食和饮水。保持良好的卫生习惯。进入罐、限制性空间或其他高浓度区作业，需要有人监护。

6.3　急救措施

（1）**皮肤接触**　脱去污染的衣着，用流动清水冲洗。

（2）**眼睛接触**　立即提起眼睑，用流动清水冲洗。

（3）**吸入**　迅速脱离现场至空气新鲜处。保持呼吸道通畅。如呼吸困难，给输氧。如呼吸停止，立即进行人工呼吸。就医。

（4）**食入**　给饮足量温水，催吐，就医。

（5）**灭火方法**　本品不燃。消防人员必须佩戴过滤式防毒面具（全面罩）或隔离式呼吸器、穿全身防火防毒服。在上风处灭火。切断气源。喷水冷却容器，可能的话将容器从火场移至空旷处。适用灭火剂有干粉、二氧化碳，禁止用水、卤代烃灭火剂灭火。

6.4　应急医疗

（1）**诊断要点**　二氧化氮中毒须与急性心源性肺水肿、急性肺栓塞、特发性肺间质纤维化鉴别。长期接触二氧化氮会对机体的多个系统和器官造成毒害作用，引起的呼吸系统疾患主要有哮喘、肺气肿、肺癌、慢性阻塞性肺病、变应性疾病等；在心脑血管系统主要发现与血栓、血管炎症、跛行、中风等发生有关；还会引起神经功能受损。

（2）**中毒治疗**　二氧化氮中毒急性阶段的治疗主要是支持性治疗，给予吸氧、辅助通气、支气管扩张剂、利尿剂和血流动力学监护。如出现严重的非心源性肺水肿，有必要采用机械通气和呼吸末正压通气。可给予皮质激素治疗，尤其有明显气流受阻时。不主张预防性抗菌治疗。少数病人接触高浓度二氧化氮后产生急性呼吸衰竭，到达医院前死亡。如存在正铁血红蛋白血症，除了上述治疗外，可静脉应用亚甲基蓝治疗。亚急性期或慢性期使用皮质激素可能有效，但部分病人康复后有不同程度的阻塞性肺病，极少数病人因进行性呼吸衰竭死亡。

（3）**预防措施** ①遵照相关的法规，加强对有毒有害化学品的管理。②定期对生产环境中的化学品进行监测，采取必要的措施，使作业环境浓度降至劳动卫生标准要求之内，如采用无毒和低毒物质替代有毒化学品，采取密闭、通风等装置。③对接触有毒化学品的人员，提供口罩、防护面具等个人防护用品，并对他们进行职业健康检查。④加强职业安全教育，严格遵守安全操作规程。

7　储运注意事项

7.1　储存注意事项

储存于阴凉、通风仓间内。仓内温度不宜超过15℃。应远离火种、热源，防止阳光直射。应与易燃物或可燃物分开存放。平时检查容器是否有泄漏现象。

7.2　运输信息

危险货物编号：23012。

UN编号：1067。

包装类别：Ⅱ。

包装方法：用钢制气瓶包装。

运输注意事项：采用钢瓶运输时必须戴好钢瓶上的安全帽。钢瓶一般平放，并应将瓶口朝同一方向，不可交叉；高度不得超过车辆的防护栏板，并用三角木垫卡牢，防止滚动。严禁与易燃物或可燃物、还原剂、食用化学品等混装混运。夏季应早晚运输，防止日光曝晒。公路运输时要按规定路线行驶，禁止在居民区和人口稠密区停留。铁路运输时要禁止溜放。

7.3　废弃

（1）**废弃处置方法**　根据国家和地方的有关法规的要求处置，或与厂商或制造商联系，确定处置方法。

（2）**废弃注意事项**　处置前应参阅国家和地方有关法规。

8　参考文献

［1］　天津市固体废物及有毒化学品管理中心.危险化学品环境数据手册［M］.天津：天津市固体废物及有毒化学品管理中心，2005：1173-1174.

［2］　北京化工研究院环境保护所/计算中心.国际化学品安全卡（中文版）查询系统 http：//icsc.brici.ac.cn/［DB］.2016.

［3］　安全管理网.MSDS查询网 http：//www.somsds.com/［DB］.2016.

［4］　Chemical book.CAS数据库 http：//www.chemicalbook.com/ProductMSDSDetailCB5413313.htm.

［5］　邱榕，范维澄.火灾常见有害燃烧产物的生物毒理（Ⅱ）——一氧化氮、二氧化氮［J］.火灾科学，2001，10（4）：200-203.

［6］　武丽芳，胥向红，高晓嵘.二氧化氮与缺血性脑中风和血管性痴呆的相关性研究［J］.实用临床医药杂志，2015，（17）：18-20.

二氧化硫

1 名称、编号、分子式

　　二氧化硫又称亚硫酸酐，是最常见的硫氧化物，硫酸原料气的主要成分。火山爆发时会喷出该气体，在许多工业过程中也会产生二氧化硫。由于煤和石油通常都含有硫化合物，因此燃烧时会生成二氧化硫。工业制取二氧化硫的方法有：焚烧硫黄；焙烧硫铁矿或有色金属硫化矿；焚烧含硫化氢的气体；煅烧石膏或磷石膏；加热分解废硫酸或硫酸亚铁；以及从燃烧含硫燃料的烟道气中回收。二氧化硫基本信息见表 12-1。

表 12-1　二氧化硫基本信息

中文名称	二氧化硫
中文别名	亚硫酸酐；氧化亚硫
英文名称	sulfur dioxide
英文别名	sulfurous oxide；sulfurous anhydride
UN 号	1079
CAS 号	7446-09-5
ICSC 号	0074
RTECS 号	WS4550000
EC 编号	016-011-00-9
分子式	SO_2
分子量	64.06

2 理化性质

　　二氧化硫与水接触生成硫酸。与腐蚀剂、无水氨和醇类接触发生剧烈反应。与脂肪胺、链烷醇胺、芳香胺、氨基化合物、有机酸酐、乙烯基乙酸酯、烯基氧化物、碱金属粉末、环氧氯丙烷不能配伍。与铜、青铜或碱金属接触可引起燃烧和爆炸。二氧化硫在高于 60℃ 时分解形成有毒的和具有腐蚀性的硫的氧化物。其水溶液能腐蚀某些塑料、涂料和橡胶。二氧化硫理化性质一览表见表 12-2。

表 12-2　二氧化硫理化性质一览表

外观与性状	无色气体,具有窒息性特臭
熔点/℃	−75.5
沸点/℃	−10
相对密度(水=1)	1.43
相对蒸气密度(空气=1)	2.26
饱和蒸气压(21.1℃)/kPa	338.42
临界温度/K	157.8
临界压力/MPa	7.87
稳定性	稳定
危险标记	6(有毒气体),11(氧化剂)
溶解性	溶于水、乙醇
化学性质	在常温下,潮湿的二氧化硫与硫化氢反应析出硫。在高温及催化剂存在的条件下,可被氢还原成为硫化氢,被一氧化碳还原成硫。强氧化剂将二氧化硫氧化成三氧化硫,仅在催化剂存在时,氧气才能使二氧化硫氧化为三氧化硫

3　毒理学参数

(1) **急性毒性**　LC_{50}：$6600mg/m^3$，1h（大鼠吸入）。

(2) **代谢**　体内有能使亚硫酸氧化、排泄的亚硫酸氧化酶,可促使亚硫酸离子与氧结合生成 SO_4^{2-}，然后随尿排出。亚硫酸氧化酶肝内最多,存在于细胞的线粒体内,是人体必不可少的一种酶,一旦缺乏或受损害,在遗传上会产生严重的神经系统方面的缺陷。此酶的活性结构中含有钼,当动物（大鼠）喂饲低钼食物或抗钼剂钨时,可使亚硫酸氧化酶的活性降低。在 $2350×10^{-6}$ 高浓度 SO_2 暴露下正常动物可活 3h,而缺亚硫酸氧化酶的动物约 1h便死亡,说明亚硫酸氧化酶具有快速处理 SO_2 的能力。有报告,用低浓度 SO_2 长期染毒,动物的脂质会被氧化,造成脂质代谢障碍。有学者认为,SO_2 进入体内造成酸中毒,会引起内分泌紊乱和骨组织改变,甚至破坏生殖功能。

(3) **中毒机理**　易被湿润的黏膜表面吸收生成亚硫酸、硫酸。对眼及呼吸道黏膜有强烈的刺激作用。大量吸入可引起肺水肿、喉水肿、声带痉挛而致窒息。

(4) **致突变性**　DNA损伤：人淋巴细胞 5700ppb[❶]。DNA抑制：人淋巴细胞 5700ppb。

(5) **致癌性**　小鼠吸入最低中毒浓度（TCL_0）：$500×10^{-6}$（5min），30 周（间歇），疑致肿瘤。

(6) **生殖毒性**　大鼠吸入最低中毒浓度（TCL_0）：$4mg/m^3$，24h（交配前 72d）,引起月经周期改变或失调,对分娩有影响,对雌性生育指数有影响。小鼠吸入最低中毒浓度（TCL_0）：$25×10^{-6}$（7h），孕 6～15d,引起胚胎毒性。

(7) **危险特性**　不燃。若遇高热,容器内压增大,有开裂和爆炸的危险。

(8) **刺激性**：家兔经眼：$6×10^{-6}$，4h/d，32d,轻度刺激。

---

❶　$1ppb=10^{-9}=$十亿分之一。

4 对环境的影响

4.1 主要用途

用于生产硫以及作为杀虫剂、杀菌剂、漂白剂和还原剂。

二氧化硫对食品有漂白（原理：与有色物质化合生成无色不稳定物质）和防腐作用，使用二氧化硫能够达到使产品外观光亮、洁白的效果（特点：漂白不彻底），是食品加工中常用的漂白剂和防腐剂，但必须严格按照国家有关规范和标准使用，否则，会影响人体健康。国内工商部门和质量监督部门曾多次查出部分地方的个体商贩或有些食品生产企业，为了追求其产品具有良好的外观色泽或延长食品包装期限，或为掩盖劣质食品，在食品中违规使用或超量使用二氧化硫类添加剂。

4.2 环境行为

二氧化硫在大气中扩散迁移时，可被氧化成为三氧化硫，遇氨或金属氧化物形成硫酸盐颗粒物。它随降水落到地面，受径流冲刷进入水体，成为沉积物。硫酸盐处于水底缺氧条件下，作为受氢体经硫酸盐还原菌作用，可以还原为硫化氢，再次进入大气。二氧化硫在日光照射下可氧化成三氧化硫。大气中若含有起催化作用的二氧化氮和臭氧气体，这种反应的速度更快。三氧化硫在空气中遇水滴就形成硫酸雾。二氧化硫还可溶于水滴形成亚硫酸，然后再氧化成硫酸。酸雾遇到其他物质（金属飘尘、氨等）形成硫酸盐，再由降水冲刷形成酸雨降落地面。

4.3 人体健康危害

(1) **暴露/侵入途径**　暴露/侵入途径为吸入。

(2) **健康危害**　易被湿润的黏膜表面吸收生成亚硫酸、硫酸。对眼及呼吸道黏膜有强烈的刺激作用。大量吸入可引起肺水肿、喉水肿、声带痉挛而致窒息。

(3) **急性中毒**　轻度中毒时，发生流泪、畏光、咳嗽、咽喉灼痛等；严重中毒可在数小时内发生肺水肿；极高浓度吸入可引起反射性声门痉挛而致窒息。皮肤或眼接触会发生炎症或灼伤。

(4) **慢性中毒**　长期低浓度接触，可有头痛、头昏、乏力等全身症状以及慢性鼻炎、咽喉炎、支气管炎、嗅觉及味觉减退等。少数工人有牙齿酸蚀症。

4.4 接触控制标准

中国 MAC（mg/m^3）：—。

中国 PC-TWA（mg/m^3）：5。

中国 PC-STEL（mg/m^3）：10。

美国 TLV-TWA：OSHA 5ppm，13mg/m^3。

美国 TLV-STEL：ACGIH 0.25ppm，0.65mg/m^3。

二氧化硫生产及应用相关环境标准见表12-3。

表 12-3　二氧化硫生产及应用相关环境标准

标准编号	限制要求	标准值
《环境空气质量标准》(GB 3095—2012)	环境空气污染物基本项目浓度限值	年平均：一级 0.02；二级 0.06 日平均：一级 0.05；二级 0.15 1h 平均：一级 0.15；二级 0.50
《室内空气质量标准》(GB/T 18883—2002)	室内空气质量标准(1h 均值)	$0.5mg/m^3$
《大气污染物综合排放标准》(GB 16297—1996)	大气污染物排放限值	①最高允许排放浓度：$550\sim960mg/m^3$；$700\sim1200mg/m^3$ ②最高允许排放速率：二级 $2.5\sim170kg/h$；$3.0\sim200kg/h$；三级 $3.5\sim270kg/h$；$4.1\sim310kg/h$ ③无组织排放监控浓度限值：$0.40mg/m^3$；$0.50mg/m^3$
《砖瓦工业大气污染物排放标准》(GB 39620—2013)	砖瓦工业生产过程的大气污染物排放限值	现有企业大气污染物排放值：煤矸石 $850mg/m^3$；其他 $400mg/m^3$
《锅炉大气污染物排放标准》(GB 13271—2014)	锅炉烟气中二氧化硫的最高允许排放浓度	①在用锅炉大气污染物排放浓度限值：燃煤锅炉 $400mg/m^3$；燃油锅炉 $300mg/m^3$；燃气锅炉 $100mg/m^3$ ②新建锅炉大气污染物排放浓度限值：燃煤锅炉 $300mg/m^3$；燃油锅炉 $200mg/m^3$；燃气锅炉 $50mg/m^3$ ③大气污染物特别排放限值：燃煤锅炉 $200mg/m^3$；燃油锅炉 $100mg/m^3$；燃气锅炉 $50mg/m^3$
《炼焦炉大气污染物排放标准》(GB 16171—1996)	炼焦炉大气污染物排放标准	①现有非机械化炼焦炉大气污染物排放标准：一级 $240mg/m^3$(标态)，$3.0kg/t$(焦)；二级 $500mg/m^3$(标态)，$5.5kg/t$(焦)；三级 $600mg/m^3$(标态)，$6.5kg/t$(焦) ②新建非机械化炼焦炉大气污染物排放标准：一级，$400mg/m^3$(标态)，$4.5kg/t$(焦)；二级，$450mg/m^3$(标态)，$5.0kg/t$(焦)
《石油炼制工业污染物排放标准》(GB 31570—2015)	石油炼制工业企业及其生产设施大气污染物排放限值	①大气污染物排放限值：$100mg/m^3$(工艺加热、催化裂化剂再生烟气)；$400mg/m^3$(酸性气回收装置) ②大气污染物特别排放限值：$50mg/m^3$(工艺加热、催化裂化剂再生烟气)；$100mg/m^3$(酸性气回收装置)
《石油化学工业污染物排放标准》(GB 31571—2015)	石油化学工业企业及其生产设施大气污染物排放限值	①大气污染物排放限值：$100mg/m^3$(工艺加热炉) ②大气污染物特别排放限值：$50mg/m^3$(工艺加热炉)
《再生铜、铝、铅、锌工业污染物排放标准》(GB 31574—2015)	再生铜、铝、铅、锌工业企业及其生产设施大气污染物排放限值	①大气污染物排放限值：$150mg/m^3$ ②大气污染物特别排放限值：$100mg/m^3$
《无机化学工业污染物排放标准》(GB 31573—2015)	无机化学工业企业及其生产设施大气污染物排放限值	①大气污染物排放限值：$400mg/m^3$(硫化合物及硫酸盐工业、重金属无机化合物工业)；$100mg/m^3$(其他) ②大气污染物特别排放限值：$100mg/m^3$

标准编号	限制要求	标准值
《合成树脂工业污染物排放标准》(GB 31572—2015)	合成树脂工业企业及其生产设施大气污染物排放限值	① 大气污染物排放限值:100mg/m³ ② 大气污染物特别排放限值:50mg/m³
《火葬场大气污染物排放标准》(GB 13801—2015)	火葬场区域内产生的大气污染物排放限值	① 现有单位遗体火化大气污染物排放限值:60mg/m³ ② 新建单位遗体火化大气污染物排放限值:30mg/m³ ③ 遗物祭品焚烧大气污染物排放限值:100mg/m³
《危险废物焚烧污染控制标准》(GB 18484—2001)	危险废物焚烧炉大气污染物排放限值	① 焚烧容量≤300kg/h,最高允排放浓度为400mg/m³ ② 焚烧容量300~2500kg/h,最高允排放浓度为300mg/m³ ③ 焚烧容量≥2500kg/h,最高允排放浓度为200mg/m³
《生活垃圾焚烧污染控制标准》(GB 18485—2014)	生活垃圾焚烧炉排放烟气中污染物限值	24h 均值:100mg/m³ 1h 均值:80mg/m³
《食用农产品产地环境质量评价标准》(HJ/T 332—2006)	食用农产品产地环境空气质量评价指标限值	① 日平均: ≤0.15mg/m³(适用于敏感性作物) ≤0.25mg/m³(适用于中等敏感性作物) ≤0.30mg/m³(适用于抗性作物) ② 植物生长季平均: ≤0.05mg/m³(适用于敏感性作物) ≤0.08mg/m³(适用于中等敏感性作物) ≤0.12mg/m³(适用于抗性作物)
《温室蔬菜产地环境质量评价标准》(HJ/T 333—2006)	温室蔬菜产地环境空气质量评价指标限值	① 日均值: ≤0.15mg/m³(适用于敏感性蔬菜) ≤0.25mg/m³(适用于中等敏感性蔬菜) ≤0.30mg/m³(适用于抗性蔬菜) ② 植物生长季平均: ≤0.05mg/m³(适用于敏感性蔬菜) ≤0.08mg/m³(适用于中等敏感性蔬菜) ≤0.12mg/m³(适用于抗性蔬菜)

5　环境监测方法

5.1　现场应急监测方法

气体快速检测管法:选用合适的气体快速检测管,进行定量或半定量的测定。

5.2　实验室监测方法

二氧化硫实验室监测方法见表12-4。

表 12-4 二氧化硫实验室监测方法

监测方法	来源	类别
甲醛溶液吸收-盐酸副玫瑰苯胺分光光度法	《居住区大气中二氧化硫卫生检验标准方法 甲醛溶液吸收-盐酸副玫瑰苯胺分光光度法》(GB/T 16128—1995)	居住区大气
四氯汞盐盐酸副玫瑰苯胺分光光度法	《居住区大气中二氧化硫卫生标准检验方法 四氯汞盐盐酸副玫瑰苯胺分光光度法》(GB/T 8913—1988)	
甲醛吸收-副玫瑰苯胺分光光度法	《环境空气 二氧化硫的测定 甲醛吸收-副玫瑰苯胺分光光度法》(HJ 482—2009)	环境空气
四氯汞盐吸收-副玫瑰苯胺分光光度法	《环境空气 二氧化硫的测定 四氯汞盐吸收-副玫瑰苯胺分光光度法》(HJ 483—2009)	
四氯汞钾-盐酸副玫瑰苯胺分光光度法	《工作场所空气中硫化物的测定方法》(GBZ/T 160.33—2004)	工作场所空气
甲醛缓冲液-盐酸副玫瑰苯胺分光光度法		
非分散红外吸收法	《固定污染源废气 二氧化硫的测定 非分散红外吸收法》(HJ 629—2011)	固定污染源废气
碘量法	《固定污染源排气中二氧化硫的测定 碘量法》(HJ/T 56—2000)	固定污染源排气
定电位电解法	《固定污染源排气中二氧化硫的测定 定电位电解法》(HJ/T 57—2000)	

6 应急处理处置方法

6.1 泄漏应急处理

(1) **应急行为** 迅速撤离泄漏污染区人员至上风处,并立即进行隔离,小泄漏时隔离150m,大泄漏时隔离450m,严格限制出入。切断火源。

(2) **应急人员防护** 建议应急处理人员戴自给正压式呼吸器,穿防毒服。从上风处进入现场。

(3) **环保措施** 尽可能切断泄漏源。用工业覆盖层或吸附/吸收剂盖住泄漏点附近的下水道等地方,防止气体进入。合理通风,加速扩散。喷雾状水稀释、溶解。构筑围堤或挖坑收容产生的大量废水。如有可能,用捕捉器使气体通过次氯酸钠溶液。漏气容器要妥善处理、修复、检验后再用。

(4) **消除方法** 漏气容器要妥善处理,修复、检验后再用。

6.2 个体防护措施

(1) **工程控制** 生产过程密闭,全面通风。提供安全淋浴和洗眼设备。

(2) **呼吸系统保护** 空气中浓度超标时,佩戴自吸过滤式防毒面具(全面罩)。紧急事态抢救或撤离时,建议佩戴自给正压式呼吸器。

(3) **眼睛防护** 呼吸系统防护中已作防护。

(4) **防护服** 穿聚乙烯防毒服。

（5）**手防护** 戴橡胶手套。

（6）**其他** 工作现场禁止吸烟、进食和饮水。工作完毕，淋浴更衣。保持良好的卫生习惯。

6.3 急救措施

（1）**皮肤接触** 立即脱去被污染的衣着，用大量流动清水冲洗。就医。

（2）**眼睛接触** 提起眼睑，用流动清水或生理盐水冲洗。

（3）**吸入** 迅速脱离现场至空气新鲜处。保持呼吸道通畅。如呼吸困难，给输氧。如呼吸停止，立即进行人工呼吸。就医。

（4）**灭火方法** 本品不燃。消防人员必须佩戴过滤式防毒面具（全面罩）或隔离式呼吸器、穿全身防火防毒服。在上风处灭火。切断气源。喷水冷却容器，可能的话将容器从火场移至空旷处。适用灭火剂有雾状水、泡沫、二氧化碳。

6.4 应急医疗

（1）**诊断要点** 职业性急性二氧化硫中毒诊断标准如下。

刺激反应：出现眼及上呼吸道刺激症状，但短期内（1～2d）能恢复正常，胸部体检及X射线征象无异常。

轻度中毒：除上述表现加重外，尚伴有头痛、恶心、呕吐、乏力等全身症状；眼结膜、鼻黏膜及咽喉部充血水肿，肺部有明显干性啰音或哮鸣音；胸部X射线可仅表现为肺纹理增强。

中度中毒：除轻度中毒临床表现加重外，尚有胸闷、剧咳、痰多、呼吸困难等，并有气促、轻度紫绀、两肺有明显湿性啰音等体征；胸部X射线征象显示肺野透明度降低，出现细网状或斑片状阴影，符合肺间质性水肿或化学性肺炎征象。

重度中毒：除中度中毒临床表现外，出现下列情况之一者，即可诊断为重度中毒。肺泡性肺水肿；突发呼吸急促，呼吸频率＞28次/min，血气分析 $PaO_2 < 8kPa$，当吸入低浓度氧（浓度低于50％）时，动脉血氧分压仍不能维持8kPa，并有持续下降趋势；较重程度气胸、纵隔气肿等并发症；窒息或昏迷。

（2）**处理原则** 现场处理：立即脱离接触，保持安静、保暖。用清水含漱口腔及咽喉部，用生理盐水冲洗眼及鼻黏膜。凡接触二氧化硫者，应医学观察48h，避免活动，并予以对症治疗。发生猝死，立即进行"心肺脑复苏术"。保持呼吸道通畅：可给予支气管解痉剂、去泡沫剂、雾化吸入疗法，必要时施行气管切开术。合理氧疗。积极防治肺水肿：早期、足量、短程应用肾上腺糖皮质激素。其他对症及支持治疗。

（3）**预防措施** ①加强安全教育，健全操作规程，定期检查生产设备，防止跑、冒、滴、漏，加强通风。②更应注意运输过程中的安全和个人防护等，可将数层纱布用饱和碳酸氢钠溶液及1％甘油湿润后夹在纱布口罩中，工作前后用2％碳酸氢钠溶液漱口。③把好就业前体检关，凡有气管和心肺疾病者不宜从事此类作业。

7 储运注意事项

7.1 储存注意事项

储存于阴凉、通风仓间内。仓内温度不宜超过30℃。远离火种、热源，防止阳光直射。

应与易燃物或可燃物分开存放。验收时要注意品名，注意验瓶日期，先进仓的先发用。

7.2 运输信息

危险货物编号：23013。

UN编号：1079。

包装类别：Ⅱ。

包装方法：包装可采用钢制气瓶；安瓿瓶外加普通木箱。

运输注意事项：本品铁路运输时限使用耐压液化气企业自备罐车装运，装运前需报有关部门批准。铁路运输时应严格按照铁道部《危险货物运输规则》中的危险货物配装表进行配装。采用钢瓶运输时必须戴好钢瓶上的安全帽。钢瓶一般平放，并应将瓶口朝同一方向，不可交叉；高度不得超过车辆的防护栏板，并用三角木垫卡牢，防止滚动。严禁与易燃物或可燃物、氧化剂、还原剂、食用化学品等混装混运。夏季应早晚运输，防止日光曝晒。公路运输时要按规定路线行驶，禁止在居民区和人口稠密区停留。铁路运输时要禁止溜放。

7.3 废弃

(1) **废弃处置方法** 把废气通入纯碱溶液，加次氯酸钙中和，然后用水冲入下水道。

(2) **废弃注意事项** 处置前应参阅国家和地方有关法规。

8 参考文献

［1］ 天津市固体废物及有毒化学品管理中心.危险化学品环境数据手册［M］.天津：天津市固体废物及有毒化学品管理中心，2005：1168-1170.

［2］ 环境保护部.国家污染物环境健康风险名录（化学第一分册）［M］.北京：中国环境科学出版社，2009：192-196.

［3］ 北京化工研究院环境保护所/计算中心.国际化学品安全卡（中文版）查询系统 http：//icsc.brici.ac.cn/［DB］.2016.

［4］ 安全管理网.MSDS查询网 http：//www.somsds.com/［DB］.2016.

［5］ Chemical book.CAS数据库 http：//www.chemicalbook.com/ProductMSDSDetailCB5413313.htm.

［6］ 白剑英.短期二氧化硫吸入的肝脏毒性研究［J］.肝脏，2002，(4)：243-245.

氟化氢

1 名称、编号、分子式

氟化氢又称氢氟酸、氟氢酸，为无色发烟液体或气体，具有强腐蚀性、强氧化性，一般由氟化钙与硫酸在 250℃ 条件下制得。氟化氢基本信息见表 13-1。

表 13-1 氟化氢基本信息

中文名称	氟化氢
英文名称	hydrogen fluride
UN 号	1052
CAS 号	7664-39-3
ISCS	0283
RTECS	NV7875000
EC	009-002-00-6
分子式	HF
分子量	20.01

2 理化性质

氟化氢具有极强的腐蚀性，只有 100% 的硫酸才能超过它。较不活泼，当有少量水汽存在时，就显示出较高的化学活性。液态氟化氢的介电常数很高，是一种优良的溶剂，能溶解许多无机和有机化合物。氟化氢理化性质一览表见表 13-2。

表 13-2 氟化氢理化性质一览表

外观与性状	无色液体或气体
熔点/℃	-83.7
沸点/℃	19.5
饱和蒸气压(2.5℃)/kPa	53.32
临界温度/℃	188
临界压力/MPa	6.48
溶解性	易溶于水
主要用途	用于蚀刻玻璃,以及制氟化合物
相对密度(空气=1)	1.27
燃烧性	不燃

3 毒理学参数

(1) **急性毒性** （大鼠吸入）LC_{50} 为 1044mg/kg，1h；人在氟化氢 $400\sim430mg/m^3$ 浓度下，可引起急性中毒致死；$100mg/m^3$ 浓度下，能耐受 1 分多钟，$50mg/m^3$ 下感到皮肤刺痛、黏膜刺激，$26mg/m^3$ 下能耐受数分钟，嗅觉阈值为 $0.03mg/m^3$。

(2) **亚急性和慢性毒性** 家兔吸入 $33\sim41mg/m^3$，平均 $20mg/m^3$，经过 $1\sim1.5$ 个月，可出现黏膜刺激，消瘦，呼吸困难，血红蛋白减少，网织红细胞增多，部分动物死亡。

(3) **致突变性** DNA 损伤：黑胃果蝇吸入 1300ppb，6 周。性染色体缺失和不分离：黑胃果蝇吸入 2900ppb。

(4) **生殖毒性** 大鼠吸入最低中毒浓度（TCL_0）为 $4980\mu g/m^3$（孕 $1\sim22d$），引起死胎。

(5) **皮肤损害** 氢氟酸对皮肤有强烈的腐蚀性，渗透作用强，并对组织蛋白有脱水及溶解作用。接触皮肤后可迅速穿透角质层，渗入深部组织，溶解细胞膜，引起组织液化、坏死，形成较难愈合的溃疡。如不及时处理可深达骨膜及骨质，引起骨质无菌性坏死。高浓度与蛋白结合，皮肤呈灰白色。

(6) **中毒机理** 主要使骨骼受害，表现为肢体活动障碍，重者骨质疏松或变形，易于自发性骨折。其次是牙齿脆弱，出现斑点、损害皮肤，出现疼痛、湿疹及各种皮炎。氟化氢对呼吸器官有刺激作用，引起鼻炎、气管炎，使肺部纤维组织增生。其容易与某些高氧化态的阳离子形成稳定的配离子。

(7) **危险特性** 腐蚀性极强。若遇高热，容器内压增大有开裂和爆炸的危险。

4 对环境的影响

4.1 主要用途

氟化氢可用于制造碳氟化合物和无机氟化物、提炼金属、硅片制作、玻璃刻蚀、搪瓷、酸浸、电抛光、罐头工业及清洁剂的成分。也用于多种含氟有机物合成，如 Teflon（聚四氟乙烯），还有氟利昂类制冷剂。

4.2 环境行为

(1) **代谢和降解** 氟化氢从叶片气孔侵入叶组织后，从细胞间隙进入导管，随水分而运动，流向叶尖和叶缘，逐步在这些部位累积，所以首先在叶尖和叶缘达到较高浓度产生危害，表现症状。氟化物在植物体内的毒害作用，主要是氟能取代酶蛋白中的金属元素生成络合物或与 Ca^{2+}、Mg^{2+} 等离子结合，使酶失去活性，从而氟化氢产生降解。

(2) **残留与蓄积** 氟化物还能导致钙营养障碍。植物细胞保持形态、维持生物膜透性均与钙有密切关系。钙不足则细胞外渗性变大，内容物易渗出。植物生长点、新叶、顶芽易发生溃烂，生长点枯死，植物的幼芽等部位在受氟化物危害时易表现症状，可能与此有关。氟化物气体危害植物，使体内氟化物积累过多。对于喜钙植物，如大豆等，认为主要是氟钙结合；对硅酸植物，主要是氟硅化物积累。这样，不仅引起前述的生理问题，而且使植物输导系统受到伤害，通道被阻塞，导致水分、养分的运输受阻，使部分组织干枯、变褐。

(3) **迁移转化** 氟化氢在环境中的迁移转化主要是破坏环境中钙、磷的正常代谢，抑制酶的作用。环境中的氟化氢，通过进入粮食、蔬菜中进而进入到人体中。

4.3 人体健康危害

(1) **暴露/侵入途径** 暴露/侵入途径包括吸入、食入。

(2) **健康危害** 对呼吸道黏膜有强烈的刺激和腐蚀作用。据调查，大气中的氟化物浓度为 $0.03\sim0.06\text{mg/m}^3$ 时，即可发现儿童患氟斑牙，尿氟量也较对照区高 $1\sim2$ 倍；当大气中氟的浓度超过 12mg/m^3 时，就能刺激眼、鼻、咽喉、气管及支气管，引起眼、鼻、咽喉黏膜充血和炎症以及支气管炎。氟化氢具有特殊的刺激作用和强烈的腐蚀作用，是一种原浆毒，可直接作用于细胞的蛋白质而引起变性、坏死；氟化氢在体内有抑制酶的作用和影响钙、磷的正常代谢。长期吸入低浓度氟化物，可引起牙齿腐蚀症，易患牙龈炎。也可发生干燥性鼻炎，表现为鼻黏膜干燥容易出血、鼻甲萎缩、嗅觉失灵；严重者鼻黏膜溃疡出血。还可发生慢性咽喉炎，咽喉黏膜充血、声音嘶哑。

(3) **急性中毒** 吸入较高浓度氟化氢，可引起眼睛及呼吸道黏膜刺激症状，严重者可发生支气管炎、肺炎或肺水肿，甚至发生反射性窒息。眼接触轻者局部剧烈疼痛，重者角膜损伤，甚至发生穿孔。氢氟酸皮肤灼伤，初期皮肤潮红、干燥、创面苍白、坏死，继而呈紫黑色或灰黑色。深部灼伤或处理不当时，可形成难以愈合的深溃疡，损及骨膜和骨质。本品灼伤疼痛剧烈。

(4) **慢性影响** 慢性影响表现为眼和上呼吸道刺激症状，或嗅觉减退。可有牙齿酸蚀症。骨骼 X 射线异常与工业性氟病少见。

4.4 接触控制标准

中国 MAC（mg/m^3）：2。
中国 PC-TWA（mg/m^3）：—。
中国 PC-STEL（mg/m^3）：—。
美国 TLV-TWA：ACGIH 0.5ppm（F）。
美国 TLV-STEL：ACGIH C 2ppm，C 1.67mg/m^3。
氟化氢生产及应用相关环境标准见表 13-3。

表 13-3 氟化氢生产及应用相关环境标准

标准编号	限制要求	标准值
《石油化学工业污染物排放标准》(GB 31571—2015)	石油化学工业企业及其生产设施大气污染物排放限值	大气污染物排放限值、特别排放限值：5.0mg/m^3（含卤代烃有机废气）
《危险废物焚烧污染控制标准》(GB 18484—2010)	危险废物焚烧炉大气污染物排放限值	①焚烧容量≤300kg/h，最高允许排放浓度为 9.0mg/m^3 ②焚烧容量 300～2500kg/h，最高允许排放浓度为 7.0mg/m^3 ③焚烧容量≥2500kg/h，最高允许排放浓度为 5.0mg/m^3
《水泥窑协同处置固体废物污染控制标准》(GB 30485—2013)	协同处置固体废物水泥窑大气污染物最高允许排放浓度	1mg/m^3
《合成树脂工业污染物排放标准》(GB 31572—2015)	合成树脂工业企业及其生产设施大气污染物排放限值	大气污染物排放限值、特别排放限值：5mg/m^3

5 环境监测方法

5.1 现场应急监测方法

(1) **溴酚蓝检测管法** 氟化氢气体和吸附有溴酚蓝溶液的指示粉作用,生成黄色的变色柱。根据变色柱长度做出判断。

(2) **茜素磺酸锆指示液法** 氟化氢能与茜素磺酸锆指示剂反应,使溶液变黄。将所变颜色和标准色阶比较,确定浓度。

(3) **对二甲氨基偶氮苯胂酸指示纸法** 把氟化氢气体抽经此试纸时会析出红色的二甲氨基偶氮苯胂酸,依据采样体积确定氟化氢的浓度。

5.2 实验室监测方法

氟化氢实验室监测方法见表 13-4。

表 13-4 氟化氢实验室监测方法

监测方法	来源	类别
石灰滤纸采样氟离子选择电极法	《环境空气 氟化物的测定 石灰滤纸采样氟离子选择电极法》(HJ 481—2009)	环境空气
滤膜采样氟离子选择电极法	《环境空气 氟化物的测定 滤膜采样氟离子选择电极法》(HJ 480—2009)	
离子选择电极法	《大气固定污染源 氟化物的测定 离子选择电极法》(HJ/T 67—2001)	大气固定污染源
离子色谱法	《固定污染源废气 氟化氢的测定 离子色谱法(暂行)》(HJ 688—2013)(现行)	固定污染源废气
离子选择性电极法	《工作场所空气中氟化物的测定方法》(GBZ/T 160.36—2004)	工作场所空气
	《水质 氟化物的测定 离子选择电极法》(GB 7484—1987)	水质
茜素磺酸锆目视比色法	《水质 氟化物的测定 茜素磺酸锆目视比色法》(HJ 487—2009)	
氟试剂分光光度法	《水质 氟化物的测定 氟试剂分光光度法》(HJ 488—2009)	
新氟试剂光度法	《大气降水中氟化物的测定 新氟试剂光度法》(GB/T 13580.10—1992)	大气降水
离子选择性电极法	《固体废物 氟化物的测定 离子选择性电极法》(GB/T 15555.11—1995)	固体废物
	《土壤质量 氟化物的测定 离子选择电极法》(GB/T 22104—2008)	土壤质量

6 应急处理处置方法

6.1 泄漏应急处理

(1) **应急行为** 迅速撤离泄漏污染区人员至安全区,并进行隔离 150m,严格限制出入。

(2) **应急人员防护**　处理人员戴自给正压式呼吸器，穿防酸碱工作服。

(3) **环保措施**　尽可能切断泄漏源，防止进入下水道、排洪沟等限制性空间。若是气体合理通风，加速扩散。喷氨水或其他稀碱液中和。构筑围堤或挖坑收容产生的大量废水。也可以将残余气或漏出气用排风机送至水洗塔或与塔相连的通风橱内。漏气容器要妥善处理，修复、检验后再用。若是液体，用砂土或其他不燃烧材料吸附或吸收。也可以用大量水冲洗，洗水稀释后放入废水系统。若大量泄漏，构筑围堤或挖坑收容。

(4) **消除方法**　用泵转移至槽车或专用收集器内，回收或运至废物处置场所处置。

6.2　个体防护措施

(1) **工程控制**　密闭操作，全面通风。尽可能机械化、自动化。提供安全淋浴和洗眼设备。

(2) **呼吸系统防护**　可能接触其烟雾时，佩戴自吸过滤式防毒面具（全面罩）或空气呼吸器。紧急事态抢救或撤离时，建议佩戴自给式氧气呼吸器。

(3) **眼睛防护**　呼吸系统防护中已作防护。

(4) **身体防护**　穿橡胶耐酸碱服。

(5) **手防护**　戴橡胶耐酸碱手套。

(6) **其他**　工作现场禁止吸烟、进食和饮水。工作完毕，淋浴更衣。保持良好的卫生习惯。

6.3　急救措施

(1) **皮肤接触**　立即脱去被污染的衣着，用大量的流动清水冲洗至少15min，就医。

(2) **眼睛接触**　提起眼睑，用流动清水或生理盐水彻底冲洗至少15min，就医。

(3) **吸入**　迅速脱离现场至空气新鲜处。保持呼吸道通畅。如呼吸困难，给输氧。如呼吸停止，立即进行人工呼吸，就医。

(4) **食入**　用水漱口，给饮牛奶或蛋清，就医。

6.4　应急医疗

(1) **诊断要点**

① 急性中毒：氟化氢属高毒类，接触氟化氢或氢氟酸烟雾 $25mg/m^3$ 浓度即使人感到刺激，$400 \sim 430mg/m^3$ 可引起急性中毒致死。在 $5mg/m^3$ 时产生流泪、流涕、喷嚏、鼻塞，浓度增高则引起鼻、喉、胸骨后烧灼感，嗅觉丧失，咳嗽，声嘶，严重时引起眼结膜、鼻黏膜、口腔黏膜顽固性溃疡，鼻衄，甚至鼻中隔穿孔，支气管炎或肺炎。有时有恶心、呕吐、腹痛、气急及中枢神经系统症状。吸入高浓度，甚至可引起反射性窒息、中毒性肺水肿、手足抽搐、心律失常、低血钙、低血镁、高血钾，心电图检查示 Q-T 间期（心电图中从 QRS 波群的起点至 T 波终点）延长、ST-T 变化，严重者心室纤颤死亡。

② 慢性影响：长期接触超浓度氟化氢和氢氟酸酸雾，可引起牙齿酸蚀症，表现为牙齿对冷、热、酸、甜刺激敏感，牙痛、牙松动症、牙齿粗糙无光泽、边缘呈锯齿状等。严重者牙冠大部分缺损，或仅留下残根，可有牙髓腔暴露和牙髓病变。同时常伴有牙龈出血、干燥性鼻炎、鼻衄、嗅觉减退、慢性咽喉炎及支气管炎等。氢氟酸蒸气可引起皮肤瘙痒和皮炎。

若从幼年开始摄入过量氟的地方性氟病患者可出现氟斑牙，初期表现为牙表釉质失去光泽，苍白似粉笔（白垩期）；渐渐牙齿出现小凹陷，内有黄色、褐色、黑色的色素沉着；后期则牙齿松脆，易碎裂，常有缺损。氟化氢接触者的骨骼 X 射线异常改变比工业性氟病者少见。

③ 氢氟酸灼伤诊断原则：需有确定的氢氟酸接触史，及接触后短时间内所产生的皮肤或眼部损害或伴全身中毒的毒性特点，结合血清钙降低和尿氟含量增高表现，即可确诊，依据《职业性化学性皮肤灼伤诊断标准及处理原则》（GB 16371—1996）进行分级与处理。

(2) 处理原则

① 密切观察和防止喉头水肿及肺水肿发生，并积极治疗低血钙症，严密心电图监护，防止并及时处理心室纤颤。

② 皮肤和眼部灼伤后立即用大量流动清水持续彻底冲洗，一般不少于 20min。局部选用中和剂浸泡或湿敷，也可制成霜剂外涂包扎。常用中和剂有 25％硫酸镁溶液；10％葡萄糖酸钙溶液；季铵化合物——氯化苯甲烃铵溶液；氢氟酸灼伤治疗液（5％氯化钙 20mL，2％利多卡因 20mL，地塞米松 5mg，二甲基亚砜 60mL）。为防止氢氟酸经呼吸道、皮肤吸收中毒，视接触量及病情，在心电图监测及血钙检测下，早期及时全身给予钙剂，如 10％葡萄糖酸钙 10～20mL，静注或静滴，同时应用早期、足量的糖皮质激素。灼伤创面应彻底清创，有局部水疱形成时，清除渗液坏死组织。创面腐蚀深，达深Ⅱ～Ⅲ度灼伤者，应选择时机，尽量早期切痂植皮。对于创面钙离子透入或创面基底部和周围用 10％葡萄糖酸钙封闭等措施，现认为可能引起循环阻塞，组织坏死，多主张不用。

(3) 预防措施 密闭系统，防止产生烟雾。防火防爆。

7 储运注意事项

7.1 储存注意事项

氟化氢为不然有毒压缩气体。储存于阴凉、通风仓间内。仓间温度不宜超过 30℃。远离火种、热源。防止阳光直射。包装要求密封，不可与空气接触。应与易燃物、可燃物分开存放。验收时要注意品名，注意验瓶日期，先进仓的先发用。搬运时要轻装轻卸，防止钢瓶及附件破损。运输按规定路线行驶，勿在居民区和人口稠密区停留。

7.2 运输信息

危险货物编号：81015。

UN 编号：1052。

包装类别：Ⅰ。

包装方法：包装采用安瓿瓶外木板箱；钢制气瓶。

包装标志：20，14。

运输注意事项：铁路运输时应严格按照铁道部《危险货物运输规则》中的危险货物配装表进行配装。起运时包装要完整，装载应稳妥。运输过程中要确保容器不泄漏、不倒塌、不坠落、不损坏。严禁与易燃物或可燃物、食用化学品等混装混运。运输时运输车辆应配备泄漏应急处理设备。运输途中应防曝晒、雨淋，防高温。公路运输时要按规定路线行驶，勿在居民区和人口稠密区停留。

7.3　废弃

（1）**废弃处置方法**　用过量石灰水中和，析出的沉淀填埋处理或回收利用，上清液稀释后排入废水系统。

（2）**废弃注意事项**　根据国家和地方有关法规的要求处置。或与厂商、制造商联系，确定处置方法。

8　参考文献

［1］　陆祖勋.论萤石和硫酸的反应及其工艺［J］.轻金属，2006，（4）：9-13.

［2］　危险化学品环境数据手册（第2部分）.

［3］　安全管理网.MSDS查询网 http：//www.somsds.com/［DB］.2016.

［4］　王占前，旷戈，林诚，等.氟化氢生产技术进展［J］.化工生产与技术，2009，16（6）：1-5.

［5］　江苏省环境监测中心.突发性污染事故中危险品档案库［DB］.

［6］　陈业鸿.氟化氢泄漏危险有害因素分析及中毒模型评价［J］.石油化工安全环保技术，2010，（6）：19-21.

［7］　北京化工研究院环境保护所/计算中心.国际化学品安全卡（中文版）查询系统 http：//icsc.brici.ac.cn/［DB］.2016.

汞

1　名称、编号、分子式

汞是一种金属元素，俗称水银，是地壳中相当稀少的一种元素。极少数的汞在自然中以纯金属的状态存在于地壳中，多以化合物形式存在。将朱砂矿石经粉碎，浮选富集之后，在空气中焙烧或与生石灰共热，使汞蒸馏出来是工业上较为常用的汞制备方式；高纯度汞的制备则需采用原料为国产纯度 5N～6N 的纯汞，用多级真空蒸馏的方法提纯制得。汞基本信息见表 14-1。

表 14-1　汞基本信息

中文名称	汞
中文别名	水银
英文名称	mercury
英文别名	quicksilver；hydrargyrum
UN 号	2809
CAS 号	7439-97-6
ICSC	56
RTECS	OV4550000
EC 编号	080-001-00-0
分子式	Hg
原子量	200.59

2　理化性质

元素汞为银白色有金属光泽的液体，是在常温下唯一呈液体状态的金属，其导热性能差，而导电性能较佳，在常温下能蒸发。纯汞在常温、干燥空气中比较稳定，不易发生化学变化，加热可与氧反应而发生化学变化；常温下也易与氯、硫黄发生反应。汞理化性质一览表见表 14-2。

表 14-2　汞理化性质一览表

外观与性状	银白色液态金属，在常温下可挥发
熔点/℃	−38.87

沸点/℃	356.6
相对密度(水=1)	13.55
相对蒸气密度(空气=1)	7.0
饱和蒸气压(126.2℃)/kPa	0.13
熔化热/(kJ/mol)	2.29
三相点/kPa	1.65×10^{-7}
临界压力/MPa	172.00
汽化热/(kJ/mol)	59.11
膨胀系数(25℃)/[μm/(m·K)]	60.4
热导率/[W/(m·K)]	8.30
电阻率(25℃)/(nΩ·m)	961
溶解性	不溶于水、盐酸、稀硫酸,溶于浓硝酸,易溶于王水及浓硫酸
化学性质	常温下能与氯、硫黄反应;加热后可与氧反应;湿气中,不纯的汞在常温下也可氧化;能与多种金属制成合金(汞齐)
稳定性	纯汞在常温、干燥空气中比较稳定

3 毒理学参数

(1) **急性毒性** LC_{10} 为 $29mg/m^3$,30h(兔子,吸入)。动物试验表明,$0.005mg/m^3$ 金属汞蒸气能引起大鼠行为的改变;狗、兔、大鼠吸入 $0.1 \sim 30mg/m^3$ 金属汞蒸气时,能使各器官产生形态学改变。对于人体而言,暴露于 $1 \sim 44mg/m^3$ 汞蒸气下 $4 \sim 8h$ 引起胸部痛、血压升高、肺部功能受阻、肺部发炎,可能发生致命的肺水肿。

(2) **亚急性和慢性毒性** 实验证明,大鼠吸入 $0.1 \sim 0.3mg/m^3$ 金属汞蒸气 100d 以上,使甲状腺对放射性碘的摄取率增加。狗、兔、大鼠吸入 $0.9mg/m^3$ 汞蒸气 12 周后,可见肾脏和脑中有严重损害。长期吸入 $0.1mg/m^3$ 汞蒸气,没有看到明显的形态学改变。而液体金属汞因从肠胃道吸收甚微,因此经口投给数克也不会引起中毒。

(3) **代谢** 汞能经呼吸道、消化道及皮肤进入机体。当人体吸入汞蒸气或摄入无机汞盐后,汞在体内的主要积存器官是肾脏。用同位素汞进行整体放射性自显影术证明,对大鼠皮下注射汞 $0.1mg/d$,经 2 周后,大鼠组织中汞的平均含量体内分布的递减顺序是:肾>肝>血液>脑>末梢神经。但是,随着时间变化,不同汞化合物在体内的分布存在明显的差别。人体内的汞主要经肾脏和肠道由尿、粪排出。给大鼠一次吸入汞蒸气后,其粪便中汞的排出量较尿中多 4 倍,长期吸入汞蒸气后,则尿中排出量增多。接触汞蒸气的工人,其尿汞排泄量因人、因时间而异,波动范围较大,但是以群体为单位,则尿汞排泄量与其接触的汞蒸气浓度大致呈平行关系。当空气汞浓度平均为 $0.05\mu g/m^3$ 时,每周接触 5d,接触 6 个月以后,可使尿汞浓度达到 $150\mu g/L$。汞还可以经呼吸道排出,用同位素示踪研究证明,吸入汞蒸气后由呼气排出的汞约占总排泄量的 7%。

(4) **中毒机理** 汞中毒的机理目前尚未完全清楚,目前已知的是,Hg-S 反应是汞产生毒性的基础。金属汞进入人体后很快被氧化成汞离子,汞离子可与体内酶或蛋白质中许多带负电的基团如硫基等结合,使细胞内许多代谢途径,如能量的生成、蛋白质和核酸的合成受到影响,从而影响了细胞的功能。

此外汞能与细胞膜上的巯基结合，引起细胞膜通透性的改变，导致细胞膜功能的严重障碍。位于细胞膜上的腺苷酸环化酶 Mg、Ca-ATP 酶及 Na-ATP 酶、K-ATP 酶的活性都受到强烈抑制，进而影响一系列生物化学反应和细胞的功能，甚至导致细胞坏死。

(5) **致畸性**　大量体内体外动物致畸实验及人群流行病学调查均证明甲基汞能诱发胚胎和胎儿畸形，其毒性作用的靶器官主要是胚胎和胎儿神经系统。在法罗群岛等地进行的研究和流行病学调查也发现，母亲发汞含量 $1\mu g/m$ 时，胎儿即有神经系统受损的征象；母亲发汞含量 $4.5\mu g/m$ 时，胎儿的听觉脑干诱发电位Ⅲ峰延迟，出生后有神经、心理功能障碍，特别是语言功能区、注意力、记忆力、视觉、空间运动功能障碍；母亲发汞为 $10\sim20\mu g/m$ 时，即可引起儿童神经系统发育受损；当母亲发汞达到 $13\sim15\mu g/m$ 时，儿童的智商开始下降，随着母亲发汞含量的增加，胎儿神经系统损害程度加重。

(6) **生殖毒性**　汞能够透过血-睾屏障，在睾丸组织中蓄积，从而影响精子数量、质量以及生精过程，降低雄鼠的交配率和雌鼠的受孕率。小鼠经口投以甲基汞，其体重和附睾重量进行性减轻，睾丸组织中标志小鼠生殖能力的乳酸脱氢酶（LDH-x）活性受到抑制，生殖细胞膜发生变化，直接影响细胞生理功能，导致其他依赖细胞膜完整性的酶活性也降低甚至是完全丧失。

(7) **危险特性**　常温下有蒸气挥发，高温下能迅速挥发。不可燃，在火焰中会释放出刺激性或有毒烟雾（或气体）。有着火和爆炸危险，与叠氮化物、乙炔或氨反应可生成爆炸性化合物，与氯酸盐、硝酸盐、热硫酸等混合可发生爆炸。与乙烯、氮、三氮甲烷、碳化钠接触会引起剧烈反应。

4　对环境的影响

4.1　主要用途

汞及其化合物的用途非常广泛，主要用于化工、冶金、电子、轻工、医药、医疗器械等多种行业。在汞的总用量中，金属汞占 30%，化合物状态的汞约占 70%。

纯汞可用于制造温度计、气压计、血压计、交通信号自动控制器、水银灯等各类电器、仪器；化学工业用汞作阴极以电解食盐溶液制取高纯度的氯气和烧碱；冶金、铸造工业可用汞提取有色金属，如用混汞法提取金、银，从炼铝的烟尘中提取铊，也可提取金属铝；在医药领域，汞的一些化合物具有消毒、利尿和镇痛作用，汞铟合金是良好的牙科材料；在军工领域，汞还可用作钚原子反应堆的冷却剂。此外，汞在电子开关、杀虫剂、氯和氢氧化钾、防腐剂、一些电解设备中的电极、电池、催化剂生产中也有广泛的应用。

4.2　环境行为

(1) **代谢和降解**　汞在自然界中经生物转化成甲基汞，而某些特殊细菌则能分解甲基汞使其还原成元素汞；汞在水体中将会附着于不溶于水的物质或微粒并跟随水体流动，最终沉积于水体底泥中；挥发至空气中的汞，约一半氧化成无机汞，另一半经生物转化成有机汞，空气中的汞也会附着于空气悬浮微粒上而在环境中流动。

(2) **残留与蓄积**　元素汞在小白鼠体内的半衰期约为 3d。由于汞离子由脑和肾脏释放入血的速度远比其由血液进入组织的速度慢，重复接触汞后，汞极易蓄积于脑及肾脏中，且储存时间较久。动物停止接触汞 6 个月后，20％的汞尚存留于脑内，而肾中的汞仅占2.5％，反映汞在脑内的储存时间比在肾中长。

汞离子主要经肾脏及肠道由尿、粪排泄。动物实验观察，粪汞比尿汞排出较多或大致相等。肠道排汞是由十二指肠、空肠及结肠释出，而肾脏排汞的机理尚未完全阐明，可能主要靠肾小管直接由血液摄取汞后经尿排出，但尿汞和肾脏的储汞并无平行关系。尿汞与粪汞的排泄个体间的差异甚大，机体内汞的储存也因人而异。汞离子还可以还原为元素汞经肺呼出，约占动物排汞总量的 4％。唾液排汞曾被认为是汞中毒口腔炎的局部病因；通过乳汁、汗液也可排泄少量的汞。

（3）**迁移转化** 由于天然本底情况下汞在大气、土壤和水体中均有分布，所以汞的迁移转化也在陆、水、空之间发生。大气中气态和颗粒态的汞随风飘散，一部分通过湿沉降或干沉降落到地面或水体中。土壤中的汞可挥发进入大气，也可被降水冲洗进入地面水和地下水中。地面水中的汞一部分由于挥发而进入大气，大部分则沉降进入底泥。底泥中的汞，不论呈何种形态，都会直接或间接地在微生物的作用下转化为甲基汞或二甲基汞（见汞的生物甲基化）。二甲基汞在酸性条件下可分解为甲基汞。甲基汞可溶于水，因此又从底泥回到水中。水生生物摄入的甲基汞，可在体内积累，并通过食物链不断富集。受汞污染水体中的鱼，体内甲基汞浓度可比水中高上万倍。通过挥发、溶解、甲基化、沉降、降水冲洗等作用，汞在大气、土壤、水之间不断进行着交换和转移。

4.3 人体健康危害

（1）**暴露/侵入途径** 暴露/侵入途径有吸入、食入、经皮吸收。

（2）**健康危害** ①急性中毒：病人有头痛、头晕、乏力、多梦、发热等全身症状，并有明显口腔炎表现。可有食欲不振、恶心、腹痛、腹泻等。部分患者皮肤出现红色斑丘疹，少数严重者可发生间质性肺炎及肾脏损伤。②慢性中毒：最早出现头痛、头晕、乏力、记忆力减退等神经衰弱综合征，汞毒性震颤，另外可有口腔炎，少数病人有肝、肾损伤。

4.4 接触控制标准

中国 MAC（mg/m^3）：无。

中国 PC-TWA（mg/m^3）：0.02。

中国 PC-STEL（mg/m^3）：0.04。

美国 TLV-TWA：—。

美国 TLV-STEL：—。

汞生产及应用相关环境标准见表 14-3。

表 14-3 汞生产及应用相关环境标准

| 《大气污染物综合排放标准》（GB 16297—1996） | 大气污染物排放限值 | ①最高允许排放浓度：0.015mg/m^3；0.012mg/m^3
 ②最高允许排放速率：二级 $1.8 \times 10^{-3} \sim 39 \times 10^{-3}$kg/h；$1.5 \times 10^{-3} \sim 33 \times 10^{-3}$kg/h；三级 $2.8 \times 10^{-3} \sim 59 \times 10^{-3}$kg/h；$2.4 \times 10^{-3} \sim 50 \times 10^{-3}$kg/h
 ③无组织排放监控浓度限值：0.0012mg/m^3；0.0015mg/m^3 |

《石油炼制工业污染物排放标准》(GB 31571—2015)	石油炼制工业企业及其生产设施的水污染物排放限值	①水污染物排放限值:0.05mg/L(直接/间接排放) ②水污染物特别排放限值:0.05mg/L(直接/间接排放)				
《石油化学工业污染物排放标准》(GB 31571—2015)	石油化学工业企业及其生产设施的水污染物排放限值					
《合成树脂工业污染排放标准》(GB 31572—2015)	合成树脂工业企业及其生产设施的水污染物排放限值					
《锅炉大气污染物排放标准》(GB 13271—2014)	锅炉烟气中污染物最高允许排放浓度	①在用锅炉大气污染排放浓度限值:0.05mg/m³ ②新建锅炉大气污染排放浓度限值:0.05mg/m³ ③大气污染物特别排放浓度限值:0.05mg/m³				
《污水综合排放标准》(GB 8978—1996)	第一类污染物最高允许排放浓度	0.05mg/L				
《生活饮用水卫生标准》(GB 5749—2006)	水质常规指标及限值	0.001mg/L				
《地下水质量标准》(GB/T 14848—93)	地下水质量分类指标	Ⅰ类 0.00005 mg/L	Ⅱ类 0.0005 mg/L	Ⅲ类 0.001 mg/L	Ⅳ类 0.001 mg/L	Ⅴ类 0.001 mg/L 以上
《地表水环境质量标准》(GB 3838—2002)	地表水环境质量标准基本项目标准限值	Ⅰ类 0.00005 mg/L	Ⅱ类 0.00005 mg/L	Ⅲ类 0.0001 mg/L	Ⅳ类 0.001 mg/L	Ⅴ类 0.001 mg/L
《渔业水质标准》(GB 11607—89)	渔业水水质要求	≤0.0005mg/L				
《海水水质标准》(GB 3097—1997)	海水水质要求	第一类:≤0.00005mg/L 第二、三类:≤0.0002mg/L 第四类:≤0.0005mg/L				
《城市供水水质标准》(CJ/T 206—2005)	城市供水水质常规检验项目及限值	≤0.001mg/L				
《城镇污水处理厂污染物排放标准》(GB 18918—2002)	部分一类污染物最高允许排放浓度(日均值)	0.001mg/L				
《污水排入城市下水道水质标准》(GB/T 3192—2015)	污水排入城镇下水道水质控制项目限值	A、B、C 级:0.05mg/L				
《农用污泥中污染物控制标准》(GB 4284—84)	农田设施用污泥中污染物的最高容许含量	①在酸性土壤上(pH<6.5):5mg/kg; ②在中性和碱性土壤上(pH≥6.5):15mg/kg				
《城镇垃圾农用控制标准》(GB 8172—87)	农田设施用城镇垃圾控制标准值	≤3mg/kg				
《生活垃圾填埋场污染控制标准》(GB 16889—2008)	浸出液污染物质量浓度限值	0.05mg/L				
《危险废物焚烧污染控制标准》(GB 18484—2001)	危险废物焚烧炉大气污染物排放限值	0.1mg/m³				
《危险废物鉴别标准 浸出毒性鉴别》(GB 5085.3—2007)	浸出毒性鉴别标准值	0.1mg/L				
《生活垃圾焚烧污染物控制标准》(GB 18485—2014)	生活垃圾焚烧炉排放烟气中污染物限值(测定均值)	0.005mg/m³				

《水泥窑协同处置固体废物污染控制标准》(GB 30485—2013)	协同处置固体废物水泥窑大气污染物最高允许排放浓度	0.05mg/m³
《土壤环境质量标准》(GB 15618—1995)	土壤环境质量标准值	一级:≤0.15mg/L 二级:0.3~1.0mg/L 三级:>1.5mg/L
《展览会用地土壤环境质量评价标准(暂行)》(HJ 350—2007)	土壤环境质量评价标准限值	A 级:1.5mg/kg B 级:50mg/kg
《食用农产品产地环境质量评价标准》(HJ/T 332—2006)	土壤环境质量评价标准限值	①pH 值<6.5 水作、旱作、果树等:≤3.0mg/kg 蔬菜:≤0.25mg/kg ②pH 值 6.5~7.5 水作、旱作、果树等:≤0.50mg/kg 蔬菜:≤0.30mg/kg ③pH 值>7.5 水作、旱作、果树等:≤1.0mg/kg 蔬菜:≤0.35mg/kg
《温室蔬菜产地环境质量评价标准》(HJ/T 333—2006)	土壤环境治理评价指标限值	同食用农产品产地环境质量评价标准中蔬菜的标准限值
《工业企业土壤环境质量风险评价基准》(HJ/T 25—1999)	工业企业通用土壤环境质量风险评价基准值	土壤基准(直接接触):(以非致癌作用为依据)1140mg/kg 土壤基准(迁移至地下水):88mg/kg

5 环境监测方法

5.1 现场应急监测方法

(1) 气体快速检测管法 采用气体快速检测管进行现场测定。

(2) 阳极溶出伏安法 配备便携式数字伏安仪进行测定。

5.2 实验室监测方法

汞的实验室监测方法见表 14-4。

表 14-4 汞的实验室监测方法

监测方法	来源	类别
高锰酸钾-过硫酸钾消解法	《水质 总汞的测定 高锰酸钾-过硫酸钾消解法 双硫腙分光光度法》(GB/T 7469—1987)	水质
双硫腙分光光度法		
冷原子吸收光谱法	《工作场所空气有毒物质测定 汞及其化合物》(GBZ/T 160.14—2004)	工作场所空气
原子荧光光谱法		

监测方法	来源	类别
原子荧光法	《土壤质量　总汞、总砷、总铅的测定　原子荧光法　第1部分：土壤中总汞的测定》(GB/T 22105.1—2008)	土壤
冷原子吸收分光光度法	《土壤质量　总汞的测定　冷原子吸收分光光度法》(GB/T 17136—1997)	
	《固体废物　总汞的测定　冷原子吸收分光光度法》(GB/T 15555.1—1995)	固体废物浸出液
金汞齐富集/原子吸收法	《居住区大气中汞卫生标准检验方法　金汞齐富集/原子吸收法》	居住区大气

6　应急处理处置方法

6.1　泄漏应急处理

(1) 应急行为　迅速撤离泄漏污染区人员至安全处，并进行隔离，严格限制出入。建议应急处理人员戴自给正压式呼吸器，穿防毒服。尽可能切断泄漏源。小量泄漏时应对储罐进行转移回收。可用多硫化钙或过量的硫黄处理。大量泄漏时可构筑围堤或挖坑收容。收集回收或运至废物处理场所处置。

(2) 应急人员防护　消防人员必须穿戴氧气防毒面具及全身防护服。

(3) 环保措施　对泄漏物须尽量清除干净，对泄漏至地板缝隙的汞滴可撒上锌粉或硫黄粉，生成不挥发的汞齐或硫化汞，数小时后再清扫，然后用大量水冲洗。

(4) 消除方法　可用泵吸取汞的液滴，对泄漏至地板缝隙的汞滴可撒上锌粉或硫黄粉，生成不挥发的汞齐或硫化汞，数小时后再清扫，然后用大量水冲洗。

6.2　个体防护措施

(1) 工程控制　应当使用抗腐蚀的局部排气通风系统；受污染的废气排出前可能需要清洗；供给充分的新鲜空气以补充排气系统抽出的空气。

(2) 呼吸系统防护　当空气中汞蒸气浓度不超过 $0.5mg/m^3$ 时，建议佩戴化学滤罐式呼吸防护具或供氧式呼吸防护具；汞蒸气浓度在 $0.5\sim1.25mg/m^3$ 之间时，需佩戴含紧密面罩及防汞滤材的动力型空气净化式、全面性自携式或供氧式呼吸防护具；汞蒸气浓度在 $10mg/m^3$ 以下时，建议佩戴正压供氧式呼吸防护具。如若空气中的汞蒸气浓度未知，建议佩戴正压自携式呼吸防护具、正压全面型供氧式呼吸防护具辅以正压自携式呼吸防护具。逃生时则建议佩戴含汞滤罐的氧气面罩、逃生型自携式呼吸防护具。

(3) 眼睛防护　佩戴安全眼镜及面罩（至少8寸）。

(4) 身体防护　应穿着连身式防护衣、工作靴、围裙、实验衣。

(5) 手防护　戴防渗手套，建议 Barricade、Saranex 为佳。

(6) 其他　工作后尽快脱掉污染的衣物，洗净后才可以再穿戴或丢弃，且须告知洗衣人员污染物的危害性；工作场所严禁抽烟或饮食；处理此物后，必须彻底洗手；维持工作场所的清洁。

6.3 急救措施

(1) 皮肤接触 必要时应佩戴防渗手套以避免触及该化学品。皮肤接触到该化学品时应立即缓和地吸掉或刷掉多余的化学品，并用水和非摩擦性肥皂进行彻底但缓和地清洗 5min或直到污染物去除；冲水时应脱掉受污染的衣物、鞋子和皮饰品；立即就医；需将污染的衣服、鞋子以及皮饰品完全洗净除污后才可再用或丢弃。

(2) 眼睛接触 必要时应佩戴防渗手套以避免触及该化学品。眼睛不慎接触到该化学品时应立即缓和地吸掉或刷掉多余的化学品，即撑开眼皮，以缓和流动的温水冲洗被污染的眼睛 5min 或直至污染物洗净；立即就医。

(3) 吸入 施救前先做好自身的防护措施，以确保自身安全。移除污染源或将患者转移至新鲜空气处；如果呼吸困难，应在医生指示下由受过训练的人供给氧气；禁止患者不必要的移动；肺水肿的症状可能延迟发生；立即就医。

(4) 食入 若患者即将丧失意识、已失去意识或出现痉挛症状，不可经口喂食任何东西；若患者意识清晰，让其以水彻底漱口，切勿催吐；立即就医。

(5) 灭火方法 遇火灾时，货场中可能形成毒性的汞蒸气和汞氧化物，因此灭火时消防人员应佩戴空气呼吸器及防护手套、消防衣，并尽快隔离未着火的物质且保护人员安全；在保证安全的情况下将容器搬离火场；以水雾冷却暴露火场的储槽或容器。

6.4 应急医疗

(1) 诊断要点

① 金属汞中毒。由于金属汞在肠道中难以被吸收，需要大量食入才有可能产生中毒现象。所以常见的金属汞中毒是吸入性的。长期汞蒸气被吸入肺部后会造成慢性中毒，产生失眠、记忆衰退、情绪不稳、神经质及食欲低落等症状，严重者将产生周边神经病变。而大量吸入导致的急性中毒，则表现为肠道黏膜溃疡、咳嗽、呼吸困难、肠胃绞痛、呕吐、头痛、肺水肿，呼吸衰竭甚至死亡。

② 无机汞中毒。常见于工业过程中，如皮革工业的硝酸汞。无机汞中毒分为食入性和吸入性或是经皮吸收。长期暴露在无机汞环境下的工人容易产生腹痛、呕吐、急性肾衰竭、胃肠道侵蚀出血、休克、急性呼吸窘迫症候群、手抖及神经病变等症状，或导致痴呆等方面的问题。

③ 有机汞中毒。一般是汞经由生物食用，借细菌转换成的有机汞化合物，再经由食物链的生物聚积效应最后被人类服食，即吸入性与食入性都将造成人体伤害。短键的有机汞具有高脂溶性，可以快速深入细胞。有机汞中毒部分症状表现为腹痛、肾衰竭等，与金属汞、无机汞中毒相似，但最主要的严重病症为神经系统的破坏，包括视觉障碍、平衡失调、知觉记忆异常、四肢末梢麻痹、肌肉萎缩等。甲基汞是最常见的形态，水俣病即属于这一类。甲基汞可以透过胎盘或母体的分泌传导，直接积聚于胎儿脑部，导致新生儿智障或脑性麻痹。

(2) 处理原则 对于汞中毒的病患，若已有呼吸衰竭或休克情形，首先基于各种急救措施及加护照顾，即立即停止暴露、肠胃排毒（口服中毒时）、给予解毒剂（金属螯合剂）及支持性治疗。严重中毒病患需接受加护照顾。肠胃排毒方法包括早期洗胃（食入 2h 内），然后给予蛋清或牛奶以延缓吸收，必要时也可给予泻剂。若病人产生肾衰竭，必要时将安排血液透析治疗。

对于有机汞造成的慢性中毒，当累计浓度超过人体容忍限值时则可能产生水俣病症状。日本国立水俣病综合研究所研究认为，水俣病治疗方式可分为初期治疗以及长期治疗。对于急毒性或是立即性症状需要采取初期治疗，主要原则是：①寻找并切断进入身体的途径；②促进进入体内汞的代谢：透过螯合剂投药，与体内汞结合代谢到尿中排出体外；借由口服具有硫醇基的树脂，预防肠管的再度吸收；血液透析；交换输血。③口服抗氧化剂：甲基汞在细胞内会促使活性氧增加，引起体内细胞的伤害，可以汞代谢法与口服抗氧化剂平行治疗。④对症疗法：为镇定减轻痉挛等激烈症状，给予对症治疗的药物。对于水俣病患长期性的治疗方式则以恢复机能及维持机能为目的，进行物理疗法、作业疗法等复健治疗，或是对于中毒造成全身强直性痉挛、不自主运动及肌筋紧张异常等症状，使用药物治疗减缓症状。

(3) 预防措施 为预防汞中毒，需做好个人卫生防护，孕妇和儿童严格预防汞暴露。汞作业者应注意穿着佩戴相应防护服饰，增加维生素 E、硒、果胶、蛋白质等营养素的摄入。

7　储运注意事项

7.1　储存注意事项

储存于干燥、通风且温度不高于 40℃ 的室内，并按 GB 15603 的规定执行；远离火种、热源。应与易（可）燃物、酸类等分开存放，切忌混储。储区应备有泄漏应急处理设备和合适的收容材料。

7.2　运输信息

危险货物编号：83505。

UN 编号：2809。

包装类别：Ⅲ。

包装方法：高纯汞装在容积为 100mL（每瓶净 1kg）的陶瓷瓶或聚乙烯瓶或聚丙烯瓶里或不透明的玻璃瓶中，充入氮气或氩气，瓶口用 T 型丁基橡胶内塞或翻口丁基橡胶内塞或塑料薄膜套翻口天然橡胶内塞，外用铝塑复合盖密封或热塑收缩套密封。内垫废纸屑或成型泡沫塑料，装在坚固的木箱中，木箱用钢带加钉。包装规格为 1kg×20 瓶/箱［单重（1±0.002）kg］。零号汞和一号汞装在内衬搪瓷的钢罐或聚乙烯罐中，并装在坚固的木箱中，木箱用钢带加钉。净重为（34.5±0.030）kg。工业粗汞装在钢罐中，单重为（38.0±0.030）kg。

运输注意事项：起运时包装要完整，装载应稳妥。运输过程中要确保容器不泄漏、不倒塌、不坠落、不损坏。严禁与易燃物或可燃物、酸类、食用化学品等混装混运。运输时车辆应配备泄漏应急处理设备。运输途中应防曝晒、雨淋，防高温。公路运输时要按规定路线行驶，勿在居民区和人口稠密区停留。

7.3　废弃

(1) 废弃处置方法 根据国家和地方有关法规的要求处置。或与厂商或制造商联系，确定处置方法。

（2）**废弃注意事项**　处置前应参阅国家和地方有关法规。废物储存参见"储存注意事项"。

8　参考文献

［1］　郑徽，金银龙.汞的毒性效应及作用机制研究进展［J］.卫生研究，2006，5：663-666.

［2］　刘昌汉，毛乾荣.汞的环境毒理学［J］.环境科学研究，1979，Z2：23-51.

［3］　何风生.金属汞中毒的毒理、诊断与治疗（近年来国内外研究动态）［J］.卫生研究，1975，2：154-168.

［4］　解军，程磊.汞污染的危害及其环境标准//中国环境科学学会.2010中国环境科学学会学术年会论文集（第四卷）［C］.中国环境科学学会，2010：4.

［5］　江苏省环境监测中心.突发性污染事故中危险品档案库［DB］.

［6］　环境保护部.国家污染物环境健康风险名录（化学第一分册）［M］.北京：中国环境科学出版社，2011.

［7］　危险化学品环境数据手册（第2部分）.

［8］　北京化工研究院环境保护所/计算中心.国际化学品安全卡（中文版）查询系统 http：//icsc. brici. ac. cn/［DB］.2016.

［9］　安全管理网.MSDS查询网 http：//www. somsds. com/［DB］.2016.

［10］　王家庆.汞之危害与作业场所人员健康管理［OL］.桃源县大学院产业环保技术服务园环保简讯，2011.

过氧化氢

1 名称、编号、分子式

过氧化氢俗称双氧水。外观为无色透明液体，是一种强氧化剂，其水溶液适用于医用伤口消毒及环境消毒和食品消毒。在一般情况下会分解成水和氧气，但分解速度极其慢，加快其反应速度的办法是加入催化剂——二氧化锰或用短波射线照射。通常电解 60% 的硫酸得到过二硫酸，再经水解可得浓度为 95% 的双氧水。在工业中规模生产的主要方法为 2-乙基蒽醌（EAQ）法。实验中可用稀硫酸与 BaO_2 或 Na_2O_2 反应来制备过氧化氢。过氧化氢基本信息见表 15-1。

表 15-1 过氧化氢基本信息

中文名称	过氧化氢
中文别名	双氧水
英文名称	hydrogen peroxide
英文别名	hydrogen peroxide solution
UN 号	2015
CAS 号	7722-84-1
ICSC 号	0164
RTECS 号	MX900000 指 90% 的溶液 MX0887000 指 30% 的溶液
EC 编号	008-003-00-9
分子式	H_2O_2
分子量	34.01
规格	工业级分为 27.5%、35% 两种

2 理化性质

水溶液为无色透明液体，溶于水、醇、乙醚，不溶于苯、石油醚。纯过氧化氢是淡蓝色的黏稠液体，其分子构型会改变，所以熔沸点也会发生变化。凝固点时固体密度为 $1.71g/m^3$，密度随温度升高而减小。它的缔合程度比 H_2O 大，所以它的介电常数和沸点比水高。纯过氧化氢比较稳定，加热到 153℃ 便猛烈地分解为水和氧气，值得注意的是，过氧化氢中不存在分子间氢键。过氧化氢对有机物有很强的氧化作用，一般作为氧化剂使用。过氧化氢是一种极弱的酸，因此金属的过氧化物可以看作是它的盐。过氧化氢理化性质一览表见表 15-2。

表 15-2　过氧化氢理化性质一览表

外观与性状	无色透明液体,有微弱的特殊气味
熔点/℃	−2
沸点/℃	158
相对密度(水＝1)	1.46
饱和蒸气压(15.3℃)/kPa	0.13
溶解性	溶于水、醇、醚,不溶于苯、石油醚
化学性质	具有氧化性、还原性,遇有机物、受热分解放出氧气和水,遇铬酸、高锰酸钾、金属粉末反应剧烈

3 毒理学参数

(1) **急性毒性**　LD_{50} 为 4060mg/kg（大鼠经皮）；LC_{50} 为 2000mg/m^3（大鼠吸入，4h）。人吸入高浓度下蒸气或烟雾可引起肺水肿及迟发性反应，170mg/m^3（饱和蒸气浓度）的浓度对老鼠无致死性。人体吞食灼伤口腔、食管和胃。通过快速的氧气释放，可引起胃扩张和出血，导致严重损伤甚至死亡。动物皮肤接触有轻微损害，以 35% 以上浓度的过氧化氢溶液用于家兔，表皮坏死，但无致死性。

(2) **亚急性和慢性毒性**　通过在饮水中给予。刺激胃黏膜分泌。无影响作用剂量（老鼠/3 个月）为 0.01%［26mg/(kg・d)］。

(3) **代谢**　人体摄入过氧化氢溶液后，在体内会产生一定量的氧气，通过人体的呼吸系统代谢排出。

(4) **中毒机理**　过氧化氢中毒有三种主要机制：腐蚀、氧气生成和脂质过氧化。吸收浓度 35% 的过氧化氢会导致大量氧气产生。若氧气释放量超过血液中最大溶解量，静脉或动脉血中可能产生气体栓塞。人体摄入过量过氧化氢溶液后，血液中产生的大量氧气泡沫，影响血液循环，合并喉头水肿、支气管痉挛等导致氧气摄入不足，中枢神经系统由于缺氧引起直接损害或皮质缺氧，出现神经系统受损表现。

(5) **刺激性**　观察 48h，3 只试验兔的皮肤均未出现红斑、水肿，属无刺激性。

(6) **致癌性**　啮齿动物实验：反复强制喂食本品，由于胃黏膜的局部刺激，可引起胃肿瘤。在比人们正常使用所接触的剂量高得多的情况下，在动物体内已观察到了有不良影响的试验结果。

(7) **诱变性**　在玻璃试管内：基因毒性。在体内：非基因毒性。

(8) **生殖毒性**　过氧化氢是体内最常见的氧自由基，若过多时，会抑制相关酶的活性，使生殖细胞的凋亡率升高。

(9) **危险特性**　爆炸性强氧化剂。过氧化氢本身不燃，但能与可燃物反应放出大量热量和氧气而引起爆炸。过氧化氢在 pH 值为 3.5～4.5 时最稳定，在碱性溶液中极易分解，在遇强光特别是短波射线照射时也能发生分解。当加热到 100℃ 以上时，开始急剧分解。它与许多有机物如糖、淀粉、醇类、石油产品等形成爆炸性混合物，在撞击、受热或电火花作用下能发生爆炸。过氧化氢与许多无机化合物或杂质接触后会迅速分解而导致爆炸，放出大量的热量、氧和水蒸气。大多数重金属（如铁、铜、银、铅、汞、锌、钴、镍、铬、锰等）及其氧化物和盐类都是活性催化剂，尘土、香烟灰、碳粉、铁锈等也能加速其分解。浓度超过74％的过氧化氢，在具有适当的点火源或温度的密闭容器中，能产生气相爆炸。

4 对环境的影响

4.1 主要用途

双氧水的用途分医用、军用和工业用三种，日常消毒的是医用双氧水，医用双氧水可杀灭肠道致病菌、化脓性球菌、致病酵母菌，一般用于物体表面消毒。双氧水具有氧化作用，但医用双氧水浓度等于或低于3％，擦拭到创伤面，会有灼烧感、表面被氧化成白色并冒气泡，用清水清洗一下就可以了，过3～5min就恢复原来的肤色。

化学工业中用作生产过硼酸钠、过碳酸钠、过氧乙酸、亚氯酸钠、过氧化硫脲等的原料，酒石酸、维生素等的氧化剂。医药工业用作杀菌剂、消毒剂，以及生产福美双杀虫剂和401抗菌剂的氧化剂。印染工业用作棉织物的漂白剂，还原染料染色后的发色剂。用于生产金属盐类或其他化合物时除去铁及其他重金属。也用于电镀液，可除去无机杂质，提高镀件质量。还用于羊毛、生丝、象牙、纸浆、脂肪等的漂白。高浓度的过氧化氢可用作火箭动力燃料。

民用：处理厨房下水道的异味，到药店购买双氧水加水加洗衣粉倒进下水道可去污、消毒、杀菌；3％的过氧化氢（医用级）可供伤口消毒。

4.2 环境行为

(1) **代谢和降解** 过氧化氢对水生生物有一定的毒害作用，存在于自然界中的过氧化氢经某些生物体吸收后，体内的一定量的过氧化氢酶将过氧化氢进行代谢，而在水体环境中也会存在一些能够降解过氧化氢的物质，进而进行降解。

(2) **残留与蓄积** 过氧化氢极易分解，当有一些杂质存在时，其就会分解，因此不会发生残留或残留达到有害量。

(3) **迁移转化** 环境中的过氧化氢一般通过各种酶以及一些生物抗氧化剂，一般情况会转化成 HO_2^-、HO^-、O_2^{2-} 等。

4.3 人体健康危害

(1) **暴露/侵入途径** 暴露/侵入途径包括吸入、食入。

(2) **健康危害** 吸入本品蒸气或雾对呼吸道有强烈刺激性。眼直接接触液体可致不可逆损伤甚至失明。口服中毒出现腹痛、胸口痛、呼吸困难、呕吐、一时性运动和感觉障碍、体温升高等。个别病例出现视力障碍、癫痫样痉挛、轻瘫。长期接触本品可致接触性皮炎。

4.4 接触控制标准

中国 MAC（mg/m^3）：—。

中国 PC-TWA（mg/m^3）：1.5。

中国 PC-STEL（mg/m^3）：—。

美国 TLV-TWA：ACGIH 1ppm，$1.4mg/m^3$。

美国 TLV-STEL：—。

5 环境监测方法

5.1 现场应急监测方法

现场应急监测可采用快速检测管法、便携式气相色谱法。

5.2 实验室监测方法

过氧化氢实验室监测方法见表 15-3。

表 15-3 过氧化氢实验室监测方法

监测方法	来源	类别
四氯化钛分光光度法	《工作场所空气 有毒物质测定 氧化物》(GBZ/T 160.32—2014)	工作场所空气

6 应急处理处置方法

6.1 泄漏应急处理

（1）**应急行为** 迅速撤离泄漏污染区人员至安全区，并进行隔离，严格限制出入。

（2）**应急人员防护** 建议应急处理人员戴自给正压式呼吸器，穿防毒服。

（3）**环保措施** 尽可能切断泄漏源。防止流入下水道、排洪沟等限制性空间。小量泄漏：用砂土、蛭石或其他惰性材料吸收，也可以用大量水冲洗，洗水稀释后放入废水系统。大量泄漏：构筑围堤或挖坑收容。喷雾状水冷却和稀释蒸气、保护现场人员、把泄漏物稀释成不燃物。

（4）**消除方法** 用泵转移至槽车或专用收集器内，回收或运至废物处理场所处置。

6.2 个体防护措施

（1）**呼吸系统防护** 可能接触其蒸气时，应该佩戴自吸过滤式防毒面具（全面罩）。

（2）**眼睛防护** 呼吸系统防护中已作防护。

（3）**身体防护** 穿聚乙烯防毒服。

（4）**手防护** 戴氯丁橡胶手套。

（5）**其他** 工作现场严禁吸烟。工作完毕，淋浴更衣。注意个人清洁卫生。

6.3 急救措施

（1）**皮肤接触** 脱去污染的衣着，用大量流动清水冲洗。

（2）**眼睛接触** 立即提起眼睑，用大量流动清水或生理盐水彻底冲洗至少 15min。就医。

（3）**吸入** 迅速脱离现场至空气新鲜处。保持呼吸道通畅。如呼吸困难，给输氧。如呼吸停止，立即进行人工呼吸。就医。

（4）**食入** 饮足量温水，催吐，就医。

6.4 应急医疗

（1）**诊断要点**

① 口服中毒：人体摄入过量过氧化氢溶液后，血液中产生的大量氧气泡沫，影响血液循环，合并喉头水肿、支气管痉挛等导致氧气摄入不足，中枢神经系统由于缺氧引起直接损害或皮质缺氧，出现神经系统受损表现。

② 皮肤损害：皮肤接触局部可有烧灼感，进而腐蚀皮肤等。

（2）**处理原则**

① 目前尚无特效解毒剂，主要采取对症、支持治疗。

② 口服中毒者，酌情给予催吐、洗胃和导泻。眼睛及皮肤被污染时，皮肤局部即用清水或肥皂水充分冲洗；眼睛可用清水、生理盐水充分冲洗。

（3）**预防措施** 密闭操作，局部排风。建议操作人员佩戴直接式防毒面具（半面罩），戴化学安全防护眼镜，穿防毒物渗透工作服，戴防化学品手套。防止蒸气泄漏到工作场所空气中。避免与碱类、铝接触。搬运时要轻装轻卸，防止包装及容器损坏。配备泄漏应急处理设备。倒空的容器可能残留有害物。

7 储运注意事项

7.1 储存注意事项

储存于阴凉、通风的库房。远离火种、热源。库温不宜超过 30℃。保持容器密封。应与易（可）燃物、还原剂、活性金属粉末等分开存放，切忌混储。储区应备有泄漏应急处理设备和合适的收容材料。

7.2 运输信息

危险货物编号：51001。

UN 编号：2015。

包装类别：Ⅰ类包装。

包装方法：大包装采用塑料桶（罐），容器上部应有减压阀或通气口，容器内至少有10%余量，每桶（罐）净重不超过 50kg。试剂包装采用塑料瓶，再单个装入塑料袋内，合装在钙塑箱内。

运输注意事项：双氧水应添加足够的稳定剂。含量≥40%的双氧水，运输时须经铁路局批准。双氧水限用全钢棚车按规定办理运输。试剂包装（含量＜40%），可以按零担办理。设计的桶、罐、箱，须包装试验合格，并经铁路局批准。含量≤3%的双氧水，可按普通货物条件运输。铁路运输时应严格按照铁道部《危险货物运输规则》中的危险货物配装表进行配装。运输时单独装运，运输过程中要确保容器不泄漏、不倒塌、不坠落、不损坏。严禁与酸类、易燃物、有机物、还原剂、自燃物品、遇湿易燃物品等并车混运。运输时车速不宜过快，不得强行超车。公路运输时要按规定路线行驶。运输车辆装卸前后，均应彻底清扫、洗净，严禁混入有机物、易燃物等杂质。

7.3　废弃

（1）**废弃处置方法**　经水稀释后，发生分解放出氧气，待充分分解后，把废液排入废水系统。

（2）**废弃注意事项**　处置前应参阅国家和地方有关法规。废物储存参见"储存注意事项"。

8　参考文献

［1］　环境保护部.国家污染物环境健康风险名录（化学第一分册）［M］.北京：中国环境科学出版社，2009：369-373.

［2］　Chemical book. CAS 数据库 http：//www.chemicalbook.com/ProductMSDSDetailCB5413313.htm.

［3］　Humberston C L，Dean B S，Krenzelok E P. Ingestion of 35％ hydrogen peroxide. J Toxicol Clin Toxicol，1990，28：95-100.

［4］　Watt B E，Proudfoot A T，Vale J A. Hydrogen peroxide poi-soning. Toxicol Rev，2004，23：51-57.

［5］　安全管理网.MSDS 查询网 http：//www.somsds.com/［DB］.2016.

黄　磷

1　名称、编号、分子式

黄磷又称白磷，几乎不溶于水，难溶于乙醇和甘油，较易溶于乙醚、苯、二硫化碳等。黄磷为白色至黄色略脆的蜡状固体，分子式 P_4，质软，有剧毒，致死量大约为 0.1g。实验室置于冷水中保存。常用于化学武器、制备磷酸及其化合物和制备杀虫剂等。黄磷基本信息见表 16-1。

表 16-1　黄磷基本信息

中文名称	黄磷
中文别名	白磷
英文名称	phosphorus yellow
英文别名	phosphorus white
UN 号	1381
CAS 号	7723-14-0
ICSC 号	0628
RTECS 号	TH3500000
EC 编号	015-001-00-1
分子式	P_4
原子量	123.88

2　理化性质

黄磷难溶于水，可溶于醚、苯、二硫化碳中。黄磷为非常易燃的结晶物，其蒸气在空气中亦能自燃，在暗处与空气接触时，因徐徐燃烧能发出蓝紫色磷光。黄磷有几种异构体；赤磷相对密度 2.31，熔点 590℃，黑磷相对密度 2.25。黄磷非常不稳定，易形成各种化合物，因光和热的作用在隔绝空气情况下变成赤磷。除碳及氮外，几乎能与所有元素直接化合。因黄磷易于氧化，常被用作还原剂。黄磷置于空气中则缓慢氧化发生白烟，继续放置则温度逐渐升高而燃烧。黄磷与氧的反应为链反应，不充分燃烧时生成 P_2O_3，充分燃烧时生成 P_2O_5。有水存在时，磷的氧化物就生成磷酸。黄磷与氯酸盐、硝酸等氧化剂接触立即发生爆炸与燃烧。黄磷能和水或强磷反应生成极毒的磷化氢（PH_3）。赤磷无毒，且在300℃以下是稳定的。黄磷理化性质一览表见表16-2。

表 16-2　黄磷理化性质一览表

外观与性状	无色至黄色蜡状固体，有蒜臭味，在暗处发出淡绿色磷光
熔点/℃	44.1
沸点/℃	280.5
相对密度(水=1)	1.82
相对蒸气密度(空气=1)	4.42
饱和蒸气压(20℃)/kPa	1.3
稳定性	在空气隔绝下稳定。在空气中易燃,产生白色烟雾
闪点/℃	<23

3　毒理学参数

（1）**急性毒性**　LD_{50} 为 3.03mg/kg（大鼠经口）。

（2）**亚急性和慢性毒性**　0.3mg/kg，117d，兔经口，骨骼系统生长障碍；150mg/m³，60d，大鼠吸入，骨骼系统生长障碍，死亡；150mg/m³，60d，家兔吸入，血液系统、循环系统发生结构和生化变化，死亡。长期接触元素磷的工人，开始消化不良，身体虚弱，贫血，呼吸有大蒜味，后期出现黄疸症、黏膜出血、尿蛋白等症状直至死亡，尸体解剖发现肝、肾的破坏极为严重。我国发现的元素磷慢性中毒以肝的病变比较突出，抑制酶的生长。国外的结论是肝、肾、血液系统、神经系统、消化系统多种症状并发，尤以肝、肾的病变最为突出。致畸性：未见有关报道。致突变：哺乳动物细胞培养遗传表型试验，多方面变化。

（3）**代谢**　黄磷进入哺乳动物体内后大部分仍以元素磷状态存在，小部分被氧化为磷的低级氧化物循环于血液中，并逐渐代谢为有机磷和无机磷酸盐。

（4）**中毒机理**　进入人体的元素磷大部分仍以原状储存于骨骼和肝脏内，干扰细胞内酸性磷酸酶和碱性磷酸酶的功能。磷中毒后，人体内磷的含量增高，造成钙、磷酸盐与乳酸的排出增加，从而导致骨骼缺钙。

（5）**刺激性**　家兔经眼40mg，产生重度刺激。家兔经皮开放性刺激试验：500mg，轻度刺激。

（6）**致突变性**　哺乳动物细胞培养遗传表型试验显示出多方面变化。

（7）**生殖毒性**　大鼠经口最低中毒剂量（TDL_0）：11μg/kg（孕妇1~22d），对雄性生育指数有影响，注入后死亡率升高和每窝胎数改变。

（8）**危险特性**　白磷接触空气能自燃并引起燃烧和爆炸。在潮湿空气中的自燃点低于在干燥空气中的自燃点。与氯酸盐等氧化剂混合发生爆炸。其碎片和碎屑接触皮肤干燥后即着火，可引起严重的皮肤灼伤。燃烧产物为氧化磷。

4 对环境的影响

4.1 主要用途

白磷虽然危险，但也有很多用途。在工业上用白磷制备高纯度的磷酸。利用白磷易燃产生烟（P_4O_{10}）和雾（P_4O_{10} 与水蒸气形成 H_3PO_4 等雾状物质），在军事上常用来制烟幕弹、燃烧弹。还可用白磷制造赤磷、三硫化四磷、有机磷酸酯、杀鼠剂等。

4.2 环境行为

(1) 代谢和降解 磷的化学性质不稳定，在环境中与空气中氧接触即被氧化生成 P_2O_5、P_2O_3，遇水生成 H_3PO_4、H_3PO_3 和 PH_3（大部分是 P_2O_5），毒性下降。

(2) 残留与蓄积 中毒的动物病理解剖可见肝、肾和骨骼中的元素磷含量偏高。残留于人体的元素磷排出缓慢，小部分以代谢物磷酸盐形式随尿、粪便、汗液排出，也可能以元素磷形式由呼气与粪便中排出。但大部分仍残留在人体内。水生生物能富集水体中的元素磷，鱼对元素磷的富集系数至少为 20 倍以上，甲壳类水生生物的富集倍数甚至高达 100 倍以上。而鱼体内元素磷的排出速率据报道为 50%/5.3h。

(3) 迁移转化 据《国际常见有毒化学品资料简明手册》引用瑞典《生态学通报》的资料，地球上磷的总体环境转移情况大致为：全世界从空气转移到土壤的量是 360 万～390 万吨/年；从空气到海洋的量 260 万～1230 万吨/年。从土壤到淡水 250 万～1230 万吨/年；底泥到淡水 100 万吨/年；淡水到底泥 100 万吨/年。从淡水到生物体 1000 万吨/年；生物体到淡水 1000 万吨/年。从淡水到海水 1740 万吨/年。大量磷进入海洋后被海洋生物吸收然后通过食物链回归。该资料未对元素磷进行单独统计，只提出元素磷主要通过大气和废水进入环境。废气中的黄磷大部分被氧化，小部分随降尘降到地面，经大气降水冲刷后进入水体；废水中的黄磷则直接进入地面水，黄磷进入水体后，大部分吸附在颗粒物上沉入水底与底泥混合，其中少量黄磷慢慢向水体释放，并被水中的溶解氧氧化。底泥中的黄磷则可残留很长时间不变。

4.3 人体健康危害

(1) 暴露/侵入途径 暴露/侵入途径包括吸入、食入、经皮吸收。

(2) 健康危害 急性吸入中毒表现有呼吸道刺激症状、头痛、头晕、全身无力、呕吐、心动过缓、上腹疼痛、黄疸、肝肿大。重症出现急性肝坏死、中毒性肺水肿等。口服中毒出现口腔糜烂、急性胃肠炎，甚至发生食管、胃穿孔。数天后出现肝、肾损害，重者发生肝、肾功能衰竭等。本品可致皮肤灼伤，磷经灼伤皮肤吸收引起中毒，重者发生中毒性肝病、肾损害、急性溶血等，以致死亡。

4.4 接触控制标准

中国 MAC（mg/m^3）：—。
中国 PC-TWA（mg/m^3）：0.05。
中国 PC-STEL（mg/m^3）：0.1。

美国 TVL-TWA：ACGIH 0.1mg/m³。

美国 TVL-STEL：—。

黄磷生产及应用相关环境标准见表16-3。

表16-3　黄磷生产及应用相关环境标准

标准编号	限制要求	标准值				
《污水综合排放标准》（GB 8978—1996）	元素磷	一级：0.1mg/L 二级：0.1mg/L 三级：0.3mg/L				
	总磷	一级：0.5mg/L 二级：1.0mg/L				
《城镇污水处理厂污染物排放标准》（GB 18918—2002）	基本控制项目最高允许排放浓度（总磷，以P计）	①2005.12.31前建设的 一级A标准：1mg/L 一级B标准：1.5mg/L 二级标准：3mg/L 三级标准：5mg/L ②2006.1.1起建设的 一级A标准：0.5mg/L 一级B标准：1mg/L 二级、三级标准同①				
《污水排入城镇下水道水质标准》（GB/T 31962—2015）	污水排入城镇下水道水质控制项目限值（总磷，以P计）	A级：8mg/L B级：8mg/L C级：5mg/L				
《地表水环境质量标准》（GB 3838—2002）	地表水环境质量标准基本项目标准限值（总磷，以P计）	Ⅰ	Ⅱ	Ⅲ	Ⅳ	Ⅴ
		0.02mg/L	0.1mg/L（湖、库0.025）	0.2mg/L（湖、库0.05）	0.2mg/L	0.2mg/L
《渔业水质标准》（GB 11607—89）	渔业水质标准	≤0.001mg/L				
《海水水质标准》（GB 3097—1997）	海域各类使用功能的水质要求（活性磷酸盐，以P计）	第一类：0.015mg/L 第二、三类：0.003mg/L 第四类：0.045mg/L				
《城镇垃圾农用控制标准》（GB 8172—87）	城镇垃圾农用控制标准值（总磷，以P_2O_5计）	≥0.3%				
《生活垃圾填埋场污染控制标准》（GB 16889—2008）	现有和新建生活垃圾填埋场水污染物排放质量浓度限值（总磷）	3ng/L				
	现有和新建生活垃圾填埋场水污染物特别排放质量浓度限值（总磷）	1.5ng/L				
《石油炼制工业污染物排放标准》（GB 31570—2015）	石油炼制工业企业及其生产设施的水污染物排放限值（总磷）	①水污染物排放限值：1.0mg/L ②水污染物特别排放值：0.5mg/L				
《石油化学工业污染物排放标准》（GB 31571—2015）	石油化学工业企业及其生产设施的水污染物排放限值					
《合成树脂工业污染物排放标准》（GB 31572—2015）	合成树脂工业企业及其生产设施的水污染物排放限值					

5 环境监测方法

5.1 现场应急监测方法

现场应急监测采用便携式气相色谱法。

5.2 实验室监测方法

黄磷的实验室监测方法见表16-4。

表 16-4 黄磷的实验室监测方法

监测方法	来源	类别
钼酸铵分光光度法	《水质 总磷的测定 钼酸铵分光光度法》(GB 11893—1989)	水质
连续流动-钼酸铵分光光度法	《水质 磷酸盐和总磷的测定 连续流动-钼酸铵分光光度法》(HJ 670—2013)	
流动注射-钼酸铵分光光度法	《水质 总磷的测定 流动注射-钼酸铵分光光度法》(HJ 671—2013)	
钼-锑抗分光光度法	《地表水和污水监测技术规范》(HJ/T 91—2002)	地表水和污水
孔雀绿-磷钼杂多酸分光光度		
氯化亚锡还原光光度法		
离子色谱法		
碱熔-钼锑抗分光光度法	《土壤 总磷的测定 碱熔-钼锑抗分光光度法》(HJ 632—2011)	土壤
偏钼酸铵分光光度法	《固体废物 总磷的测定偏钼酸铵分光光度法》(HJ 712—2014)	固体废物
硝酸银比色法	《化工企业空气中有害物质测定方法》,化学工业出版社	化工企业空气
气相色谱法	《作业环境空气中有毒物质检测方法》,陈安之主编	作业环境空气

6 应急处理处置方法

6.1 泄漏应急处理

(1) **应急行为** 隔离泄漏污染区,限制出入。切断火源。

(2) **应急人员防护** 建议应急处理人员戴自给正压式呼吸器,穿防毒服。

(3) **环保措施** 不要直接接触泄漏物。

(4) **消除方法** 小量泄漏:用水、潮湿的沙或泥土覆盖。收入金属容器并保存于水或矿物油中。大量泄漏:在专家指导下清除。

6.2 个体防护措施

（1）**工程控制** 严加密闭，提供充分的局部排风。尽可能机械化、自动化。提供安全淋浴和洗眼设备。

（2）**呼吸系统防护** 当可能接触毒物时，应该佩戴自吸过滤式防毒面具（全面罩）。

（3）**眼睛防护** 呼吸系统防护中已作防护。

（4）**身体防护** 穿胶布防毒衣。

（5）**手防护** 戴橡胶手套。

（6）**其他** 工作现场禁止吸烟、进食和饮水。工作完毕，彻底清洗。实行就业前和定期的体检。

6.3 急救措施

（1）**皮肤接触** 脱去被污染的衣着，用大量流动清水冲洗。立即涂抹 2%～3% 硝酸银灭磷火。就医。

（2）**眼睛接触** 立即提起眼睑，用大量流动清水或生理盐水彻底冲洗至少 15min。就医。

（3）**吸入** 迅速脱离现场至空气新鲜处。保持呼吸道通畅。如呼吸困难，给输氧。如呼吸停止，进行人工呼吸。就医。

（4）**食入** 立即用 2% 硫酸铜洗胃，或用 1∶5000 高锰酸钾洗胃。洗胃及导泻应谨慎，防止胃肠穿孔或出血。就医。

（5）**灭火方法** 消防人员必须穿橡胶防护服、胶鞋，并佩戴过滤式防毒面具（全面罩）或自给式呼吸器灭火。适用灭火剂为雾状水。

6.4 应急医疗

（1）**诊断要点** 蒸汽能刺激眼睛、鼻、喉黏膜及肺部。固体能严重灼伤眼睛与皮肤，伤口不易愈合。误服会造成严重中毒。急性中毒的主要表现在胃肠道、肝和肾；其组织反应包括严重的局部刺激，以及主要脏器，特别是肝、肾功能障碍。患者常因严重尿毒症而死亡。慢性中毒主要表现为颌骨坏死性损伤。

磷接触皮肤可引起化学烧伤。黄磷进入体内，可使血磷增加，并加速体内排钙，引起骨骼脱钙。磷能抑制体内的氧化过程，可减少蛋白、脂肪代谢障碍，抑制血中乳酸的增加。

误食入黄磷后约经 2h 即被吸收，初期症状为恶心，呕吐或剧烈腹痛。24～36h 后症状一度减轻，数小时后再度产生恶心、呕吐、泻痢等症状，平均 8d 即死亡。致死量约 100mg，即使 15mg 已具强烈毒性。

吸入黄磷蒸气时，引起急性肝坏死，发生呕吐或昏迷。长时期少量吸入黄磷，将引起上颚或下颚坏死，牙龈脓肿。空气中最高容许浓度为 0.03mg/m³。

（2）**处理原则** 迅速脱离现场至空气新鲜处。保持呼吸道通畅。如呼吸困难，给输氧。如呼吸停止，进行人工呼吸。就医。立即用 2% 硫酸铜洗胃，或用 1∶5000 高锰酸钾洗胃。洗胃及导泻应谨慎，防止胃肠穿孔或出血。就医。

（3）**预防措施** 为预防黄磷中毒，需做好个人卫生防护。黄磷作业者应注意穿着佩戴相应防护服饰。

7 储运注意事项

7.1 储存注意事项

应保存在水中,且必须浸没在水下,隔绝空气。储存于阴凉、通风仓间内。远离火种、热源,防止阳光直射。应与氧化剂、H 发泡剂、卤素(氟、氯、溴)、金属粉末等分开存放。切忌混储混运。应经常检查润湿剂干燥情况,必要时增加润湿剂。搬运时要轻装轻卸,防止包装及容器损坏。

7.2 运输信息

危险货物编号:42001。

UN 编号:2447。

包装类别:Ⅲ。

包装方法:包装采用小开口钢瓶(黄磷顶面须用厚度为 15cm 以上的水层覆盖);装入盛水的玻璃瓶、塑料瓶或金属容器(用塑料瓶时必须再装入金属容器内)。物品必须完全浸没在水中,严封后再装入坚固木箱。

运输注意事项:铁路运输时若使用小开口钢桶包装,须经铁路局批准。运输时运输车辆应配备相应品种和数量的消防器材及泄漏应急处理设备。装运本品的车辆排气管须有阻火装置。运输过程中要确保容器不泄漏、不倒塌、不坠落、不损坏。严禁与氧化剂、酸类、卤素、食用化学品等混装混运。运输途中应防曝晒、雨淋、防高温。中途停留时应远离火种、热源。车辆运输完毕应进行彻底清理。铁路运输时禁止溜放。

7.3 废弃

(1) **废弃处置方法** 用控制焚烧法处置。焚烧系统要安装碱洗涤器和除尘设备。

(2) **废弃注意事项** 处置前应参阅国家和地方有关法规。废物储存参见"储存注意事项"。

8 参考文献

[1] 江苏省环境监测中心.突发性污染事故中危险品档案库 [DB].

[2] 环境保护部.国家污染物环境健康风险名录(化学第一分册)[M].北京:中国环境科学出版社,2011.

[3] 危险化学品环境数据手册(第 2 部分).

[4] 北京化工研究院环境保护所/计算中心.国际化学品安全卡(中文版)查询系统 http://icsc.brici.ac.cn/[DB].2016.

[5] 安全管理网.MSDS 查询网 http://www.somsds.com/[DB].2016.

甲 苯

1 名称、编号、分子式

甲苯是芳香族碳氢化合物的一员，它的很多性质与苯相像，在实际应用中常常替代有相当毒性的苯作为有机溶剂使用。甲苯在工业生产中主要由催化重整轻石油馏分经蒸馏分离制得，也可从煤焦化副产品粗苯馏分中提取。甲苯基本信息见表 17-1。

表 17-1 甲苯基本信息

中文名称	甲苯
中文别名	甲基苯；苯基甲烷
英文名称	toluene
英文别名	methylbenzene；toluol；phenylmethane
UN 号	1294
CAS 号	108-88-3
ICSC 号	0078
RTECS 号	XS5250000
EC 编号	601-021-00-3
分子式	C_7H_8，$CH_3C_6H_5$
分子量	92.14

2 理化性质

甲苯是一种无色，带特殊芳香气味的易挥发液体。它是最简单、最重要的芳烃化合物之一。甲苯化学性质活泼，类似于苯酚和苯，反应活性则介于两者之间，可进行氧化、磺化、硝化和歧化反应以及侧链氯化反应。甲苯理化性质一览表见表 17-2。

表 17-2 甲苯理化性质一览表

外观与性状	无色透明液体,有类似苯的芳香气味,易挥发
熔点/℃	$-95 \sim -94.5$
沸点/℃	110.6
相对密度（水＝1）	0.87
相对蒸气密度（空气＝1）	3.14

饱和蒸气压(30℃)/kPa	4.89
燃烧热/(kJ/mol)	3905.0
临界温度/℃	318.6
临界压力/MPa	4.11
辛醇/水分配系数的对数值	2.69
闪点(闭杯)/℃	4
引燃温度/℃	535
爆炸上限(体积分数)/%	7.1
爆炸下限(体积分数)/%	1.2
溶解性	不溶于水,可混溶于苯、醇、醚等多数有机溶剂
化学性质	化学性质活泼,类似于苯酚和苯,反应活性则介于两者之间,可进行氧化、磺化、硝化、歧化反应及侧链氯化反应
稳定性	在一般条件下性质十分稳定

3 毒理学参数

(1) **急性毒性** LD$_{50}$：5000mg/kg（大鼠，口服）；14000mg/m^3（大鼠，吸入）；1782.38mg/kg（小鼠，腹腔注射）；12124mg/kg（兔经皮）。LC$_{50}$：30.4mg/L，4h（大鼠吸入）；20003mg/m^3，8h（小鼠吸入）。人吸入71.4g/m^3，短时致死；人吸入3g/m^3×(7~8)h，急性中毒；人吸入(0.2~0.3)g/m^3×8h，中毒症状出现。

(2) **亚急性和慢性毒性** 大鼠、豚鼠吸入390mg/m^3×8h/d×(90~127)d，引起造血系统和实质性脏器改变。大鼠注射0.056mL/d×28d，见肝细胞核和线粒体可逆的形态学变化。

(3) **代谢** 甲苯主要经呼吸道吸入，皮肤吸收较少。吸收在体内的甲苯，80%在NADP（转酶Ⅱ）的存在下，被氧化为苯甲醇，再在NAD（转酶Ⅰ）的存在下氧化为苯甲酸。然后在转酶S及三磷酸腺苷存在下与甘氨酸结合成马尿酸。人体吸收的甲苯16%~20%由呼吸道以原形呼出，80%转化为马尿酸，经肾的近曲小管分泌，从尿中排出。所以人体接触甲苯后，2h后尿中马尿酸迅速升高，以后上升变慢，脱离接触后16~24h恢复正常。

(4) **中毒机理** 属低毒类，主要对神经系统具有麻醉作用和皮肤黏膜的刺激作用。高浓度中毒时可发生肾、肝和脑细胞的坏死和退行性变。纯甲苯对血液系统基本无毒性作用。进入体内的甲苯主要分布于富含脂的组织，肾上腺、脑、骨髓和肝最多。80%~90%氧化成苯甲酸，并与甘氨酸结合形成马尿酸随尿排出。少量苯甲酸与葡萄糖醛酸结合由尿排出。

(5) **刺激性** 人经眼：300ppm，引起刺激。家兔经皮：500mg，中度刺激。亚急性与慢性毒性：大鼠、豚鼠吸入390mg/m^3，8h/d，90~127d，引起造血系统和实质性脏器改变。

(6) **致癌性** IARC-3（动物可疑）。

(7) **致突变性** 微核试验：小鼠经口200mg/kg。细胞遗传学分析：大鼠吸入5400μg/m^3×16周（间歇）。

（8）**生殖毒性** 大鼠吸入最低中毒浓度（TCL_0）：$1.5g/m^3 \times 24h$（孕 $1 \sim 18d$ 用药），致胚胎毒性和肌肉发育异常。小鼠吸入最低中毒浓度（TCL_0）：$500mg/m^3 \times 24h$（孕 $6 \sim 13d$ 用药），致胚胎毒性。

（9）**危险特性** 与氧化剂能发生强烈反应。其蒸气比空气密度大，能在较低处扩散到相当远的地方，遇明火会引起回燃。流速过快，容易产生和聚集静电。

4 对环境的影响

4.1 主要用途

甲苯作为一种重要的有机化工原料，由分馏煤焦油的轻油部分或由催化重整轻汽油馏分而制得，广泛应用于炸药、农药、树脂等与大众息息相关的行业中，国际上其主要用途是提高汽油辛烷值或用于生产苯以及二甲苯，而在我国其主要用途是化工合成和溶剂。其在化工合成方面的用途包括生产硝基甲苯、苯甲酸、甲苯二异氰酸酯、甲苯胺、氯化甲苯、甲酚、对甲苯磺酸等；在溶剂方面，主要用于生产农药、涂料等。

4.2 环境行为

（1）**代谢和降解** 环境中的甲苯主要来自两个方面：一是自然来源，自然界中的火山爆发、森林火灾、原油和一些植物均释放甲苯；二是人类活动，主要源于汽油、交通及有机溶剂，大部分直接进入环境空气中，少部分通过垃圾和石油污染等途径进入到水体和土壤中。

进入环境空气中的甲苯，由于空气的运动使其广泛分布在环境中，并且通过降雨和从水表面的蒸发使其在空气和水体之间不断地再循环，最终可能因生物和微生物的氧化而被降解。生物降解可视为甲苯在迁移过程中自然衰减最主要的影响因素。

研究表明，甲苯的生物降解在有氧和无氧的条件下均能进行。在有氧的情况下先进行有氧代谢，由于氧气消耗的速率比其从大气或周围区域扩散到反应区域的速率小，一般都转入了厌氧代谢。而厌氧条件下添加硫酸盐、硝酸盐等都会提高甲苯的厌氧降解。

（2）**残留与蓄积** 由于甲苯具有挥发性，地表水中的甲苯会挥发进入大气中，残留的小部分可以被生物降解。进入大气环境中的甲苯，会与 HO、NO_3 和 O_3 自由基反应，并以与 HO 自由基反应为主，其反应降解的周期约为 $1.9d$。

此外，甲苯在土壤中较稳定，挥发慢、残留时间长。实验表明，甲苯在干、湿土壤中残留半衰期分别为 $70d$ 和 $22d$。

（3）**迁移转化** 甲苯主要通过化工生产的废水和废气进入水环境和大气环境。由于甲苯微溶于水，在自然界也能通过蒸发和降水循环，最后挥发至大气中被光解，这是主要的迁移过程。另外的转移转化过程包括生物降解和化学降解，但这种过程的速率比挥发过程的速率低。

随工业废水排出进入水体中的甲苯能相当持久地存于饮水中，但由于甲苯在水溶液中挥发的趋势较强，因此可以认为其在地表水中不是持久性污染物。

甲苯在土壤中较稳定，不易挥发，较易迁移，且其在土壤中随水迁移速度较一般有机物快，色谱试验 24h 内可上行 12cm 以上。此外，当其随污水进入土壤中后可向下层渗透，造成下层土壤污染，以致污染地下水，故应对甲苯污染加以控制。

4.3 人体健康危害

(1) 暴露/侵入途径 暴露/侵入途径包括吸入、食入、经皮吸收。

(2) 健康危害 对皮肤、黏膜具有刺激性，对中枢神经系统有麻醉作用。①急性中毒：短时间内吸入较高浓度本品可出现眼及上呼吸道明显的刺激症状、眼结膜及咽部充血、头晕、头痛、恶心、呕吐、胸闷、四肢无力、步态蹒跚、意识模糊。重症者可有躁动、抽搐、昏迷。②慢性中毒：长期接触可发生神经衰弱综合征，肝肿大，女工月经异常等。皮肤干燥、皲裂、皮炎。

4.4 接触控制标准

中国 MAC（mg/m³）：—。

中国 PC-TWA（mg/m³）：50。

中国 PC-STEL（mg/m³）：100。

美国 TLV-TWA：OSHA 200ppm，754mg/m³。

美国 TLV-STEL：—。

甲苯生产及应用相关环境标准见表17-3。

表 17-3　甲苯生产及应用相关环境标准

标准编号	限制要求	标准值
《大气污染物综合排放标准》（GB 16297—1996）	大气污染排放限值	①最高允许排放浓度：40mg/m³；60mg/m³ ②最高允许排放速率：二级 3.1～30kg/h；3.6～36kg/h；三级 4.7～46kg/h；5.5～54kg/h ③无组织排放监控浓度限值：3.0mg/m³；2.4mg/m³
《石油化学工业污染物排放标准》（GB 31571—2015）	废水、废气中有机特征污染物排放限值	废水：0.1mg/L 废气：15mg/m³
《长途客车内空气质量要求》（GB/T 17729—2009）	长途车内空气甲苯标准值（1h均值）	≤0.24mg/m³
《乘用车内空气质量评价指南》（GB/T 27630—2011）	车内空气中有机物浓度要求	≤1.10mg/m³
《室内空气质量标准》（GB/T 18883—2002）	室内空气质量标准（1h均值）	0.20mg/m³
《乘用车内空气质量评价指南》（GB/T 27630—2011）	乘用车内空气中有机物浓度要求	≤1.10mg/m³
《城市供水水质标准》（CJ/T 206—2005）	城市供水水质非常规检验项目及限值	0.7mg/L
《地表水环境质量标准》（GB 3838—2002）	集中式生活饮用水地表水源地特定项目标准限值	0.7mg/L
《生活饮用水卫生标准》（GB 5749—2006）	水质非常规指标及限值	0.7mg/L

标准编号	限制要求	标准值
《污水综合排放标准》(GB 8978—1996)	第二类污染物最高允许排放浓度	一级：0.1mg/L 二级：0.2mg/L 三级：0.5mg/L
《城镇污水处理厂污染物排放标准》(GB 18918—2002)	选择控制项目最高允许排放浓度(日均值)	0.1mg/L
《污水排入城镇下水道水质标准》(GB/T 31962—2015)	污水排入城镇下水道水质控制项目限值	苯系物 A 级：2.5mg/L B 级：2.5mg/L C 级：1mg/L
《石油炼制工业污染物排放标准》(GB 31570—2015)	水污染物排放限值	直接排放：0.1mg/L 间接排放：0.2mg/L
	水污染物特别排放限值	直接排放：0.1mg/L 间接排放：0.1mg/L
	大气污染物排放限值	废水处理有机废气收集处理装置：15mg/m³
	大气污染物特别排放限值	废水处理有机废气收集处理装置：15mg/m³
	企业边界大气污染物浓度限值	0.8mg/m³
《合成树脂工业污染物排放标准》(GB 31572—2015)	水污染物排放限值	直接排放：0.1mg/L 间接排放：0.2mg/L
	水污染物特别排放限值	直接排放：0.1mg/L 间接排放：0.1mg/L
	大气污染物排放限值、特别排放限值	15mg/m³
《展览会用地土壤环境质量评价标准(暂行)》(HJ 350—2007)	土壤环境质量评价标准限值	A 级：26mg/kg B 级：520mg/kg
《工业企业土壤环境质量风险评价基准》(HJ/T 25—1999)	工业企业通用土壤环境质量风险评价基准(以非致癌作用为依据)	直接接触：543000mg/kg
《危险废物鉴别标准 浸出毒性鉴别》(GB 5085.3—2007)	浸出毒性鉴别标准值	1mg/L

5 环境监测方法

5.1 现场应急监测方法

(1) **便携式气相色谱法** 用专用注射器采集现场气样，注入便携式气相色谱仪，可在现场用外标法进行定性定量测定。

(2) **气体快速检测管法** 使用苯蒸气快速检测管，抽取事故现场空气，在甲苯浓度 $20\sim800\text{mg/m}^3$ 时，检测管由白色变为褐色。

5.2 实验室监测方法

甲苯的实验室监测方法见表 17-4。

表 17-4 甲苯的实验室监测方法

监测方法	来源	类别
气相色谱法	《居住区大气中苯、甲苯和二甲苯卫生检验标准方法 气相色谱法》(GB/T 11737—1989)	居住区大气
溶剂解析-气相色谱法	《工作场所空气有毒物质测定 芳香烃类化合物》(GBZ/T 160.42—2007)	工作场所空气
无泵型采样-气相色谱法		
热解吸-气相色谱法		
罐采样气相色谱-质谱法	《环境空气 挥发性有机物的测定 罐采样气相色谱-质谱法》(HJ 759—2015)	环境空气
固体吸附/热脱附-气相色谱法	《环境空气 苯系物的测定 固体吸附/热脱附-气相色谱法》(HJ 583—2010)	
吸附管采样-热脱附/气相色谱-质谱法	《环境空气 挥发性有机物的测定 吸附管采样-热脱附/气相色谱-质谱法》(HJ 644—2013)	
活性炭吸附/二硫化碳解吸-气相色谱法	《环境空气 苯系物的测定 活性炭吸附/二硫化碳解吸-气相色谱法》(HJ 584—2010)	
毛细管气相色谱法	《室内环境空气质量监测技术规范》(HJ/T 167—2004)	室内环境空气
光离子化气相色谱法		
固相吸附-热脱附/气相色谱-质谱法	《固定污染源废气 挥发性有机物的测定 固相吸附-热脱附/气相色谱-质谱法》(HJ 734—2014)	固定污染源废气
吹扫捕集/气相色谱-质谱法	《水质 挥发性有机物的测定 吹扫捕集/气相色谱-质谱法》(HJ 639—2012)	水质
吹扫捕集/气相色谱法	《水质 挥发性有机物的测定 吹扫捕集/气相色谱法》(HJ 686—2014)	
顶空/气相色谱-质谱法	《水质 挥发性有机物的测定 顶空/气相色谱-质谱法》(HJ 810—2016)	
	《土壤和沉积物 挥发性有机物的测定 顶空/气相色谱-质谱法》(HJ 741—2015)	土壤和沉积物

6 应急处理处置方法

6.1 泄漏应急处理

(1) 应急行为 迅速撤离泄漏污染区人员至安全处，并进行隔离，严格限制出入。切断火源。

(2) **应急人员防护** 戴自给正压式呼吸器，穿消防防护服。

(3) **环保措施** 尽可能切断泄漏源，防止进入下水道、排洪沟等限制性空间。小量泄漏：用砂土或其他不燃材料吸附或吸收。也可用大量水冲洗，洗水稀释后放入废水系统。大量泄漏：构筑围堤或挖坑收容；用泡沫覆盖，降低蒸气灾害。喷雾状水冷却和稀释蒸气，保护现场人员，把泄漏物稀释成不燃物。

(4) **消除方法** 用防爆泵转移至槽车或专用收集器内，回收或运至废物处理所处置。

6.2　个体防护措施

(1) **工程控制** 密闭操作，全面通风。提供安全淋浴和洗眼设备。

(2) **呼吸系统防护** 空气中浓度超标时，佩戴过滤式防毒面具（半面罩）。

(3) **眼睛防护** 戴化学安全防护眼镜。

(4) **身体防护** 穿防静电工作服。

(5) **手防护** 戴橡胶手套。

(6) **其他** 工作现场禁止吸烟、进食和饮水。工作完毕，淋浴更衣。保持良好的卫生习惯。

6.3　急救措施

(1) **皮肤接触** 脱去被污染的衣着，用肥皂水和清水彻底冲洗皮肤。

(2) **眼睛接触** 提起眼睑，用流动清水或生理盐水冲洗。就医。

(3) **吸入** 迅速脱离现场至空气新鲜处。保持呼吸道通畅。如呼吸困难，给输氧。如呼吸停止，立即进行人工呼吸。就医。

(4) **食入** 饮足量温水，催吐，就医。

(5) **灭火方法** 遇到大火，消防人员须在有防爆掩蔽处操作。适用灭火剂有抗溶性泡沫、干粉、二氧化碳、砂土。用水灭火无效。

6.4　应急医疗

(1) **诊断要点** 急性甲苯中毒主要依据接触史，现场卫生学调查，中枢神经系统改变及黏膜刺激症状等作出诊断。重度中毒时，或呈兴奋状态，表现为躁动不安、幻觉、多语、哭笑无常，并可有癫症样抽搐发作，血压增高；或呈抑制状态，表现为表情淡漠、闭目寡言或嗜睡以及呈木僵状态。

慢性中毒主要表现为神经衰弱症候群和植物神经功能紊乱，可出现咽喉刺痛感、痒感及烧灼感。

甲苯蒸气对皮肤黏膜有较强的刺激作用，可致慢性皮炎和皲裂等，眼睛流泪、充血、偶尔可见小泡性角膜炎。甲苯溅在皮肤上，局部可以发红、刺痛及出现疱疹等。长期吸入低浓度甲苯蒸气，可见全身软弱、头昏、头痛、恶心、食欲不振、月经异常、失眠及感觉异常等。

(2) **处理原则**

① 急性甲苯及其同系物中毒者，应立即施行人工呼吸，同时输入氧气，并注射盐酸山

梗菜碱与尼可刹米（忌用肾上腺素），给以热饮料。

② 慢性贫血者，内服硫酸铁，注射肝精、维生素 B_{12}，或少量多次输血。

③ 颗粒性白细胞减少者，用各种核苷酸（计量 0.2mg，每天 3 次）。

④ 内服与注射大量维生素 C，并给予含钙量高的营养食物。

⑤ 全身性甲苯中毒者。静脉注射 10％硫代硫酸钠。

⑥ 伴有继发感染时，可用磺胺或青霉素注射。

⑦ 皮肤损害者，可清水多次洗涤。涂敷白色洗剂或炉甘石洗剂。

(3) 预防措施 工作场所加强防护设备和通风，在有甲苯发生的地方采用隔离、密闭设备，或采用局部抽风排毒，车间内加强自然通风等。工人在进入高浓度环境时要戴防毒面具，穿工作服等；就业前进行体格检查及定期健康检查。凡患有神经系统、血液及肝、肾疾患者不能参加甲苯相关生产作业。

7 储运注意事项

7.1 储存注意事项

储存在阴凉、通风处，并远离火种、热源，库温不宜超过 30℃，容器密封。与氧化剂分开存放，采用防爆型照明、通风设施。禁止使用易产生火花的机械设备和工具。

7.2 运输信息

危险货物编号：32052。

UN 编号：1294。

包装类别：Ⅱ。

包装方法：包装采用小开口钢桶；螺纹口玻璃瓶、铁盖压口玻璃瓶、塑料瓶或金属桶（罐）外加木板箱。

运输注意事项：轻装轻卸，防止包装及容器损坏。

7.3 废弃

(1) 废弃处置方法 用控制焚烧法处置。

(2) 废弃注意事项 处置前应参阅国家和地方有关法规。废物储存参见"储存注意事项"。

8 参考文献

［1］ 胡望钧.常见有毒化学品环境事故应急处置技术与监测方法［M］.北京：中国环境科学出版社，1993.

［2］ 卢伟.工作场所有害因素危害特性实用手册［M］.北京：化学工业出版社，2008.

［3］ 王林宏，许明.危险化学品速查手册［M］.北京：中国纺织出版社，2007.

［4］ 环境保护部.国家污染物环境健康风险名录（化学第一分册）［M］.北京：中国环境科学出版社，2011.

［5］ 陈敏娴.甲苯毒理学综述［J］.中华劳动卫生与职业病杂志，1984，（5）：219.

［6］　章文英，吴增新.甲苯在土壤中的吸附、迁移及残留的研究［J］. 同位素，1989，（4）：216-222.

［7］　徐蓉.小鼠甲苯急性毒性实验研究［D］. 合肥：安徽医科大学，2006.

［8］　范亚维，周启星.BTEX 的环境行为与生态毒理［J］. 生态学杂志，2008，（4）：632-639.

［9］　北京化工研究院环境保护所/计算中心.国际化学品安全卡（中文版）查询系统 http：//icsc. brici. ac. cn/［DB］. 2016.

甲 醇

1 名称、编号、分子式

甲醇系结构最为简单的饱和一元醇，又称"木醇"或"木精"，用于制造甲醛、香精、染料、医药、火药、防冻剂和农药等，并用作有机物的萃取剂和酒精的变性剂等。通常由一氧化碳与氢气反应制得。甲醇基本信息见表 18-1。

表 18-1　甲醇基本信息

中文名称	甲醇
中文别名	木酒精
英文名称	methanol
英文别名	methyl alcohol
UN 号	1230
CAS 号	67-56-1
ICSC 号	0057
RTECS 号	PC1400000
EC 编号	603-001-00-X
分子式	CH_3OH
分子量	32

2 理化性质

甲醇是最简单的饱和脂肪酸。甲醇分子中的碳原子和氧原子的成键轨道为四面体结构的 sp^3 杂化轨道，相互重叠结合成 C—O 键。而 O—H 键是氧原子的一个 sp^3 杂化轨道和氢原子的 1s 轨道相互重叠，氧原子的两对未共用电子对分别占据其他两个 sp^3 杂化轨道。甲醇易燃，其蒸气与空气可形成爆炸性混合物。遇明火、高热能引起燃烧爆炸。与氧化剂接触发生化学反应或引起燃烧。在火场中，受热的容器有爆炸危险。能在较低处扩散到相当远的地方，遇明火会引着回燃。燃烧分解一氧化碳、二氧化碳。有剧毒。甲醇理化性质一览表见表 18-2。

表 18-2 甲醇理化性质一览表

外观与性状	无色澄清液体,有刺激性气味
熔点/℃	-97.8
沸点/℃	64.8
密度(25℃)/(g/mL)	0.791
闪点/℃	11
相对蒸气密度(空气=1)	1.11
饱和蒸气压(50℃)/kPa	55.53
爆炸上限(体积分数)/%	44.0
爆炸下限(体积分数)/%	5.5
溶解性	溶于水,可混溶于醇、醚等多数有机溶剂
稳定性	稳定
自燃温度/℃	464
辛醇/水分配系数的对数值	$-0.82/-0.66$

3 毒理学参数

(1) **急性毒性** LD_{50}：5628mg/kg（大鼠经口）；15800mg/kg（兔经皮）。LC_{50}：82776mg/kg，4h（大鼠吸入）。人经口 5~10mL，潜伏期 8~36h，致昏迷；人经口 15mL，48h 内产生视网膜炎，失明；人经口 30~100mL 导致中枢神经系统严重损害，呼吸衰弱，死亡。

(2) **亚急性和慢性毒性** 大鼠吸入 $50mg/m^3$，12h/d，3 个月，在 8~10 周内可见气管、支气管黏膜损害，大脑皮质细胞营养障碍等。

(3) **代谢** 甲醇吸收至体内后，可迅速分布在机体各组织内，其中，以脑脊液、血、胆汁和尿中的含量最高，眼房水和玻璃体液中的含量也较高，骨髓和脂肪组织中最低。甲醇在肝内代谢，经醇脱氢酶作用氧化成甲醛，进而氧化成甲酸。甲醇在体内氧化缓慢，仅为乙醇的 1/7，排泄也慢，有明显的蓄积作用。未被氧化的甲醇经呼吸道和肾脏排出体外，部分经胃肠道缓慢排出。

(4) **中毒机理** 甲醇经人体代谢产生甲醛和甲酸（俗称蚁酸），然后对人体产生伤害。常见的症状是，先是产生喝醉的感觉，数小时后头痛、恶心、呕吐以及视线模糊。严重者会失明乃至丧命。失明的原因是，甲醇的代谢产物甲酸会累积在眼睛部位，破坏视觉神经细胞。脑神经也会受到破坏，产生永久性损害。甲酸进入血液后，会使组织酸性越来越强，损害肾脏导致肾衰竭。甲醇主要作用于神经系统，具有明显的麻醉作用，可引起脑水肿。甲醇蒸气对呼吸道黏膜有强烈刺激作用。甲醇的毒性与其代谢产物甲醛和甲酸的蓄积有关。以前认为毒性作用主要为甲醛所致，甲醛能抑制视网膜的氧化磷酸化过程，使膜内不能合成三磷酸腺苷，细胞发生变性，最后引起视神经萎缩。近年研究表明，甲醛很快代谢成甲酸，代谢性酸中毒和眼部损害，主要与甲酸含量有关。甲醇在体内抑制某些氧化酶系统，抑制糖的需氧分解，造成乳酸和其他有机酸积累以及甲酸积累，引起酸中毒。

(5) **刺激性** 吸入甲醇蒸气可引起眼和呼吸道黏膜刺激症状。

（6）**致突变性** 微生物致突变：啤酒酵母菌 12ppb。DNA 抑制：人类淋巴细胞 300mmol/L。

（7）**生殖毒性** 大鼠经口最低中毒浓度（TDL$_0$）：7500mg/kg（孕 7～19d），对新生鼠行为有影响。大鼠吸入最低中毒浓度（TCL$_0$）：20000ppm（7h），（孕 1～22d），引起肌肉骨骼、心血管系统和泌尿系统发育异常。

（8）**危险特性** 易燃，其蒸气与空气可形成爆炸性混合物。遇明火、高热能引起燃烧爆炸。与氧化剂接触发生化学反应或引起燃烧。在火场中，受热的容器有爆炸危险。其蒸气比空气密度大，能在较低处扩散到相当远的地方，遇明火会引着回燃。燃烧（分解）产物为一氧化碳、二氧化碳。

4 对环境的影响

4.1 主要用途

甲醇用途广泛，是基础的有机化工原料和优质燃料。主要应用于精细化工、塑料等领域，用来制造甲醛、乙酸、氯甲烷、甲胺、硫二甲酯等多种有机产品，也是农药、医药的重要原料之一。甲醇在深加工后可作为一种新型清洁燃料，也加入汽油掺烧，甲醇和氨反应可以制造甲胺。

4.2 环境行为

（1）**代谢和降解** 甲醇为无色易挥发的液体有机物且易燃、易爆、有毒，在高温情况下分解为水和一氧化碳。

（2）**残留与蓄积** 甲醇易挥发溶于水，因此在土壤中不易残留，在水中有部分残留，在空气中残留的甲醇会对人体的视神经系统产生危害。

（3）**迁移转化** 在一般情况下甲醇较少进行迁移转化。在特定情况下转化为无毒无害的产物。

4.3 人体健康危害

（1）**暴露/侵入途径** 暴露/侵入途径包括吸入、食入、经皮吸收。

（2）**健康危害** 对中枢神经系统有麻醉作用；对视神经和视网膜有特殊的选择作用，引起病变；可致代谢性酸中毒。急性中毒：短时大量吸入出现轻度眼上呼吸道刺激症状（口服有胃肠道刺激症状）；经一段时间潜伏期后出现头痛、头晕、乏力、眩晕、酒醉感、意识蒙眬，甚至昏迷。导致视神经及视网膜病变，可有事物模糊、复视等，重者失明。代谢性酸中毒时出现二氧化碳结合力下降、呼吸加速等。慢性影响：出现神经衰弱综合征，植物神经功能失调，黏膜刺激，视力减退等。皮肤出现脱脂、皮炎等。

4.4 接触控制标准

中国 MAC（mg/m^3）：—。

中国 PC-TWA（mg/m^3）：25 ［皮］。

中国 PC-STEL（mg/m^3）：50 ［皮］。

美国 TLV-TWA：OSHA 200ppm，262mg/m³；ACGIH 200ppm，262mg/m³［皮］。

美国 TLV-STEL：ACGIH 250ppm，328mg/m³［皮］。

甲醇生产及应用相关环境标准见表 18-3。

表 18-3　甲醇生产及应用相关环境标准

标准编号	限制要求	标准值
《大气污染的综合排放标准》(GB 16297—1996)	大气污染物综合排放标准	①最高允许排放浓度:190mg/m³;220mg/m³ ②最高允许排放速率:二级 6.1～100kg/h;5.1～100kg/h;三级 9.2～200kg/h;7.8～170kg/h ③无组织排放监控浓度限值:12mg/m³;15mg/m³
《石油化学工业污染物排放标准》(GB 31571—2015)	废气中有机特征污染物排放限值	50mg/m³

5　环境监测方法

5.1　现场应急监测方法

甲醇的实验室监测方法有气体快速检测管法。

5.2　实验室监测方法

甲醇的实验室监测方法见表 18-4。

表 18-4　甲醇的实验室监测方法

监测方法	来源	类别
气相色谱法	《固定污染源排气中甲醇的测定　气相色谱法》(HJ/T 33—1999)	固定污染源排气
	《居住区大气中甲醇、丙酮卫生检验标准方法　气相色谱法》(GB/T 11738—1989)	居住区大气
溶剂解析-气相色谱法	《工作场所空气　有毒物质测定-醇类化合物》(GBZ/T 160.48—2007)	工作场所空气
热解吸-气相色谱法		
变色酸比色法	《空气中有害物质的测定方法》(第二版),杭士平主编	空气
气相色谱法		
品红亚硫酸法	《化工企业空气中有害物质测定方法》,化学工业出版社	化工企业空气

6　应急处理处置方法

6.1　泄漏应急处理

(1) **应急行为**　迅速撤离泄漏污染区人员至安全区，并进行隔离，严格限制出入。切断火源。

（2）**应急人员防护**　建议应急处理人员戴自给正压式呼吸器，穿防毒服。

（3）**环保措施**　不要直接接触泄漏物。尽可能切断泄漏源，防止进入下水道、排洪沟等限制性空间。小量泄漏：用砂土或其他不燃材料吸附或吸收。也可以用大量水冲洗，洗液稀释后放入废水系统。大量泄漏：构筑围堤或挖坑收容；用泡沫覆盖，降低蒸气灾害。

（4）**消除方法**　用防爆泵转移至槽车或专用收集器内。回收或运至废物处理场所处置。

6.2　个体防护措施

（1）**工程控制**　生产过程密闭，加强通风。提供安全淋浴和洗眼设备。

（2）**呼吸系统防护**　可能接触其蒸气时，应该佩戴过滤式防毒面罩（半面罩）。紧急事态抢救或撤离时，建议佩戴空气呼吸器。

（3）**眼睛防护**　佩戴化学安全眼镜。

（4）**身体防护**　穿防静电工作服。

（5）**手防护**　戴橡胶手套。

（6）**其他**　工作现场禁止吸烟、进食和饮水。工作完毕，淋浴更衣。实行就业前和定期的体检。

6.3　急救措施

（1）**皮肤接触**　脱去被污染的衣着，用肥皂水和清水彻底清洗皮肤。

（2）**眼睛接触**　提起眼睑，用流动清水或生理盐水冲洗。就医。

（3）**吸入**　迅速脱离现场至空气新鲜处。保持呼吸道通畅。如呼吸困难，给输氧。如呼吸停止，立即进行人工呼吸。就医。

（4）**食入**　饮足量温水，催吐，用清水或1％硫代硫酸钠溶液洗胃。就医。

（5）**灭火方法**　尽可能将容器从火场移至空旷处。喷水保持火场容器冷却，直至灭火结束。处在火场中的容器若已变色或从安全泄压装置中产生声音，必须马上撤离。适用灭火剂有抗溶性泡沫、干粉、二氧化碳、砂土。

6.4　应急医疗

（1）**诊断要点**　甲醇属剧毒化合物，口服5～10mL可以引起严重中毒，10mL以上造成失明，60～250mL致人死亡。甲醇可以通过消化道、呼吸道和皮肤等途径进入人体。轻度中毒，可出现头痛、头晕、失眠、乏力、咽干、胸闷、腹痛、恶心、呕吐及视力减退；中度中毒表现为神志模糊、眼球疼痛，由于视神经萎缩而导致失明；重度中毒时可发生剧烈头痛、头昏、恶心、意识模糊、双目失明，具有癫痫样抽搐、昏迷，最后因呼吸衰竭而死亡。一般认为甲醇是一种强烈的神经和血管毒物。甲醇进入人体后，由于甲醇脱氧酶的作用，甲醇转化为甲醛，再经甲醛脱氧酶的作用，氧化为甲酸。甲酸抑制了氧化磷酸化过程，干扰了线粒体传递，三磷酸腺苷（ATP）合成受到限制，致使细胞发生退行性变化，从而引起细胞的变性坏死，组织缺氧，发生病变。

（2）**处理原则**　甲醇中毒，通常可以用乙醇解毒法。其原理是，甲醇本身无毒，而代谢产物有毒，因此可以通过抑制代谢的方法来解毒。甲醇和乙醇在人体的代谢都是靠同一种酶，而这种酶和乙醇更具亲和力。因此，甲醇中毒者，可以通过饮用烈性酒（酒精度通常在60度以上）的方式来缓解甲醇代谢，进而使之排出体外。而甲醇已经代谢产生的甲酸，可以通过服用小苏打（碳酸氢钠）的方式来中和。

（3）预防措施 为预防甲醇中毒，各酒类生产经营单位必须严把进货渠道，严禁用工业酒精勾兑白酒，严禁未取得卫生许可证非法生产、销售白酒；同时提醒消费者不要饮用私自勾兑和来源不明的散装白酒，以防甲醇中毒。对于职业性甲醇中毒应加强密闭、通风排毒设施，加强管理，防止误服。

7　储运注意事项

7.1　储存注意事项

储存于阴凉、通风的库房。远离火种、热源。库温不宜超过30℃。保持容器密闭。应与氧化剂、酸类、碱金属等分开存放，切忌混储。采用防爆型照明、通风设施。禁止使用易产生火花的机械设备和工具。储区应备有泄漏应急处理设备和合适的收容材料。

7.2　运输信息

危险货物编号：32058。

UN编号：1230。

包装类别：052。

包装方法：包装采用小开口钢桶；安瓿瓶外加普通木箱；螺纹口玻璃瓶、铁盖压口玻璃瓶、塑料瓶和金属桶外加普通木箱。

运输注意事项：本品铁路运输时限使用钢制企业自备罐车装运，装运前需报有关部门批准。运输时运输车辆应配备相应品种和数量的消防器材及泄漏应急处理设备。夏季最好早晚运输。运输时所用的槽车应有接地链，槽内可设孔隔板以减少振荡产生的静电。严禁与氧化剂、酸类、碱金属、食用化学品等混装混运。运输途中应防曝晒、雨淋、防高温。中途停留时应远离火种、热源、高温区。装运该物品的车辆排气管必须配备阻火装置，禁止使用易产生火花的机械设备和工具装卸。公路运输时要按规定路线行驶，勿在居住区和人口稠密区停留。铁路运输时禁止溜放。严禁用木船、水泥船散装运输。

7.3　废弃

（1）废弃处置方法 用焚烧法进行处置。

（2）废弃注意事项 处置前应参阅国家和地方有关法规。废物储存参见"储存注意事项"。

8　参考文献

［1］ 江苏省环境监测中心.突发性污染事故中危险品档案库［DB］.

［2］ 环境保护部.国家污染物环境健康风险名录（化学第一分册）［M］.北京：中国环境科学出版社，2011.

［3］ 危险化学品环境数据手册（第2部分）.

［4］ 北京化工研究院环境保护所/计算中心.国际化学品安全卡（中文版）查询系统 http：//icsc.brici.ac.cn/［DB］.2016.

［5］ 安全管理网.MSDS查询网 http：//www.somsds.com/［DB］.2016.

甲基肼

1 名称、编号、分子式

甲基肼（methyldrazine），又称一甲基肼，为无色液体。工业上甲基肼的制备以水合肼、苯甲醛为原料，经缩合、甲基化反应而得。亦可先用次氯酸钠将氨氧化成氯氨，继而使其与一甲胺反应制得甲基肼水溶液，再经分离、除盐、浓缩、蒸馏等步骤制得纯品。甲基肼基本信息见表 19-1。

表 19-1 甲基肼基本信息

中文名称	甲基肼
中文别名	甲基联胺；一甲基肼
英文名称	methyldrazine
英文别名	monomethylhydrazine 1-methylhydrazine；hydrazine
UN 号	1244
CAS 号	60-34-4
ICSC 号	0180
RTECS 号	MV5600000
分子式	CH_6N_2/CH_3NHNH_2
分子量	46.07

2 理化性质

甲基肼为无色液体，有氨的气味。甲基肼极其易燃，其蒸气与空气可形成爆炸性混合物，遇明火、高热极易燃烧爆炸。具有腐蚀性。易吸湿，易吸收空气中的二氧化碳生成盐，导致沉淀，遇氧可缓缓氧化。甲基肼遇氧化剂或金属氧化物反应剧烈，可自燃甚至爆炸。甲基肼理化性质一览表见表 19-2。

表 19-2 甲基肼理化性质一览表

外观与性状	无色吸湿性液体,有氨的气味
熔点/℃	-52.4
沸点/℃	87.5

相对密度(水＝1)	0.874
相对蒸气密度(空气＝1)	1.6
饱和蒸气压(20℃)/kPa	4.8kPa
燃烧热/(kJ/mol)	1304.2
临界温度/℃	312
临界压力/MPa	8.24
辛醇/水分配系数的对数值	−1.05
闪点(闭杯)/℃	−8.3
引燃温度/℃	194
爆炸上限(体积分数)/%	98
爆炸下限(体积分数)/%	2.5
溶解性	微溶于水,可溶于乙醇和乙醚
化学性质	易燃、易爆;易吸收空气中的二氧化碳生成盐,导致沉淀;遇氧可缓缓氧化;与酸生成盐如甲基肼硫酸盐
稳定性	不稳定

3 毒理学参数

(1) **急性毒性** LD_{50}:183mg/kg(大鼠经皮);71mg/kg(大鼠经口);33mg/kg(小鼠经口);95mg/kg(兔经皮)。LC_{50}:64mg/m³,4h(大鼠吸入);30~60mg/m³,4h(狗吸入)。IDLH:20ppm。

(2) **亚急性和慢性毒性** 大鼠、狗和猴吸入0.4~9.4mg/m³,6h/d,6个月,大鼠生长迟缓,狗和猴有溶血,骨髓母细胞数有变化。

(3) **代谢** 于人体而言,甲基肼吸收后分布到全身各器官、组织中,但以肝、肾、膀胱、胰及血浆中浓度较高。在体内与醛或酮反应生成腙。部分生成甲烷或氧化成二氧化碳。25%~48%甲基肼在24h内以原形由尿排出,45%则以CO_2、CH_4形式由呼气中排出。另有研究表明,家兔吸入(111±4)mg/m³和(162±12)mg/m³甲基肼,经呼吸道的滞留率高、稳定、不受吸收气中甲基肼浓度和动物通气量变化的影响。甲基肼在家兔体内分布快,呈周身分布,周室稍富集,消除较快,物质蓄积性弱;消除速度与染毒水平有一定的依赖关系,呈现出消除饱和的趋势,肾清除只占机体总清除量的50%左右。

(4) **中毒机理** 属高毒类。甲基肼的主要作用是抑制新陈代谢过程中的酶系统,也是弱的高铁血红蛋白形成剂,并能引起溶血。

(5) **致畸性** Keller WC等给大鼠5~10mg/kg甲基肼,发现对母鼠有轻度毒性,但无致畸胎作用。廖明阳等的实验研究表明,给妊娠大鼠(6~15d)腹腔注射甲基肼,未引起内脏、外观和骨骼畸形,但可引起胎鼠矢状缝增宽,说明甲基肼对胎鼠骨化过程有一定影响。

(6) **致癌性** 小鼠经口最低中毒剂量(TDL_0)为715mg/kg(36周,连续),致肿瘤阳性。AGGIH-A3(动物致癌物)。

(7) **危险特性** 蒸气能与空气形成爆炸性混合物。在空气中遇尘土、石棉、木材或布等疏松物质能自燃，遇到过氧化氢或硝酸等氧化剂，也能自燃。高温时其蒸气能发生爆炸。

4 对环境的影响

4.1 主要用途

甲基肼可作为有机合成的中间体。硫酸甲肼经酰化反应可制得 N-甲基二甲酰肼。将甲酸、甲酸钠、硫酸甲肼加入搪瓷玻璃反应锅内，慢慢升温至 $110\sim115℃$，搅拌 1.5h。冷却至 5℃，过滤，并用无水乙醇洗涤，合并洗滤液，减压浓缩后用氯仿提取，过滤除去硫酸钠，用氯仿洗涤。进取液减压蒸去氯仿，放冷，加入无水乙醇及乙醚。析出固体，过滤，用少量乙醚洗涤，真空干燥，即得 N-甲基二甲酰肼。熔点 $50\sim51℃$。收率 $70\%\sim80\%$。

甲基肼亦用于药物甲基苯肼的生产，同时由于其良好的能量性能，也被用作火箭燃料。

4.2 环境行为

(1) **代谢和降解** 甲基肼用作火箭燃料时，在大气中能与 O_2、O_3、NO_x 等组分发生反应；在 <290nm 的紫外线照射下发生光解，在光照下还会与 NO_x 发生光化学反应。甲基肼在 O_3 或 OH 自由基存在时衰变加快，其主要产物有 N_2、CH_4，可能产生的附加产物包括一甲腙、肼腙、三甲肼、过氧甲酸、三甲基呱嗪等。

Braun 和 Zirrdli 对水溶液类燃料的降解进行了研究，发现甲基肼在蒸馏水、海水和池水中很稳定，在池水和海水中的半衰期为 $10\sim14d$，甲基肼在没有催化金属离子或曝气的情况下分解很慢。

任向红对包括甲基肼在内的肼类燃料在土壤环境中的吸附、降解、迁移转化模型进行了论述。结论表明肼类燃料在土壤环境中与黏土的作用最强，主要存在着物理吸附和化学降解两个方面。pH 值较低时，在黏土中主要是可逆离子交换；pH 值较高时，在土壤表面形成不溶的氢氧化物，通过氢键和离子作用结合大量肼类燃料。如果黏土中存在 Cu^{2+} 催化剂且充分曝气，肼在土壤中的降解则非常迅速。

(2) **残留与蓄积** Street 对甲基肼在 Arredondo 土壤中的残留性及对土壤微生物作用进行了研究，结论表明，甲基肼在 Arredondo 土壤中降解非常迅速，甲基肼在土壤中降解为 CO_2，这种降解是微生物的作用。$10\mu g/g$ 和 $100\mu g/g$ 的甲基肼不会对土壤的呼吸作用产生抑制，对土壤中细菌和真菌不会有任何毒性。*Achromobacter* 对甲基肼的降解能力也很强。从土壤中分离出的另一种细菌 *Pseudomonas* 也可降解甲基肼。

(3) **迁移转化** 甲基肼由于其良好的能量性能被广泛地用作航天和导弹燃料。这些燃料废气的主要来源有甲基肼燃料及其废液中易挥发组分的挥发、火箭发动机试车或发射废气、推进剂的渗漏、槽车及管道残液、爆炸事故等。当甲基肼燃料挥发至大气中，能与大气中的 O_2、CO_2、H_2O、O_3、NO_x、SO_2 等发生氧化还原反应、自由基及光化学反应，有些反应能使甲基肼自然降解，但有些反应的产物的毒性甚至高于甲基肼燃料本身。产物的成分与多种因素有关，对环境造成的污染亦是多方面的。

另一方面，排入到自然水体中的燃料废水，能在水体中氧气、光、金属离子及微生物的作用下降解，但是其降解后产物的毒性可能更大。

而当燃料污水排入地面后，由于土壤中存在着气、液、固相，甲基肼与土壤的相互作用主要表现为在土壤中的化学吸附及物理吸附。土壤的吸附作用会使得甲基肼燃料所带来的污染在长时间难以消除，且会对生存与其中的生物造成极大的危害。

4.3 人体健康危害

（1）**暴露/侵入途径** 暴露/侵入途径包括吸入、食入、经皮吸收。

（2）**健康危害** 吸入甲基肼蒸气可出现流泪、喷嚏、咳嗽，以后可见眼充血、支气管痉挛、呼吸困难，继之恶心、呕吐。皮肤接触可引起灼伤。慢性吸入甲基肼可致轻度高铁血红蛋白形成，可引起溶血。

甲基肼被列入《剧毒化学品目录》。

职业接触限值：MAC（最高容许浓度）（mg/m^3）：0.08 [皮]。

4.4 接触控制标准

中国 MAC（mg/m^3）：0.08 [皮]。

中国 PC-TWA（mg/m^3）：—。

中国 PC-STEL（mg/m^3）：—。

美国 TLV-TWA：OSHA 0.35mg/m^3 [皮] [上限值]，ACGIH 0.01ppm，0.019mg/m^3 [皮]。

美国 TLV-STEL：—。

甲基肼生产及应用相关环境标准见表 19-3。

表 19-3 甲基肼生产及应用相关环境标准

标准名称	限制要求	标准值
《居住区大气中一甲基肼卫生标准》（GB 18058—2000）	居住区大气中一甲基肼卫生标准	日平均浓度：≤0.006mg/m^3 任一次：≤0.015mg/m^3
《水源水中肼卫生标准》（GB 18062—2000）	水源水中一甲基肼卫生标准	最高容许浓度：0.04mg/L

5 环境监测方法

5.1 现场应急监测方法

现场应急监测采用气体快速检测管法。

5.2 实验室监测方法

甲基肼的实验室监测方法见表 19-4。

表 19-4 甲基肼的实验室监测方法

监测方法	来源	类别
对二甲氨基苯甲醛分光光度法	《水质 肼和甲基肼的测定 对二甲氨基苯甲醛分光光度法》（HJ 674—2013）	水质
对二甲氨基苯甲醛分光光度法	《水源水中一甲基肼卫生标准》（GB 18062—2000）	水源水

Continued.

监测方法	来源	类别
对二甲氨基苯甲醛比色法	《居住区大气中一甲基肼卫生标准》(GB 18058—2000)	居住区大气
气相色谱法		
溶剂解吸-气相色谱法	《工作场所空气中肼类化合物的测定方法》(GBZ/T 160.71—2004)	工作场所空气
对二甲氨基苯甲醛分光光度法		

6 应急处理处置方法

6.1 泄漏应急处理

(1) **应急行为** 消除所有点火源。禁止接触或跨越泄漏物。尽可能切断泄漏源。根据液体流动和蒸气扩散的影响区域划定警戒区，无关人员从侧风、上风向撤离至安全区。隔离与疏散距离：小量泄漏，初始隔离 30m，下风向疏散白天 300m、夜晚 700m；大量泄漏，初始隔离 150m，下风向疏散白天 1500m、夜晚 2500m。

(2) **应急人员防护** 建议应急处理人员戴正压自给式空气呼吸器，穿防静电、防腐、防毒服。

(3) **环保措施** 防止泄漏物进入水体、下水道、地下室或密闭性空间。

(4) **消除方法** 小量泄漏：用砂土或其他不燃材料吸收。使用洁净的无火花工具收集吸收材料。大量泄漏：构筑围堤或挖坑收容。用抗溶性泡沫覆盖，减少蒸发。喷水雾能减少蒸发，但不能降低泄漏物在受限制空间内的易燃性。用防爆、耐腐蚀泵转移至槽车或专用收集器内。喷雾状水驱散蒸气、稀释液体泄漏物。

6.2 个体防护措施

(1) **工程控制** 操作人员必须经过专门培训，严格遵守操作规程，熟练掌握操作技能，具备应急处置知识。生产区域内，严禁明火和可能产生明火、火花的作业。生产需要或检修期间需动火时，必须办理动火审批手续。生产过程密闭，加强通风。生产、使用及储存场所应设置泄漏检测报警仪，使用防爆型的通风系统和设备，配备两套以上重型防护服。

(2) **呼吸系统防护** 正常工作情况下，佩戴过滤式防毒面具（全面罩）。高浓度环境中，必须佩戴正压自给式空气呼吸器、氧气呼吸器或长管面具。紧急事态抢救或撤离时，建议佩戴正压自给式空气呼吸器。

(3) **眼睛防护** 佩戴安全眼镜及面罩（至少8寸）。

(4) **身体防护** 穿着连衣式胶布防毒衣。

(5) **手防护** 戴耐油橡胶手套。

(6) **其他** 工作现场禁止吸烟、进食和饮水。提供安全淋浴和洗眼设备。储罐等容器和设备应设置液位计、温度计，并应装有带液位、温度远传记录和报警功能的安全装置，重点储罐需设置紧急切断装置。避免与强氧化剂、氧、过氧化物接触。生产、储存区域应设置安全警示标志。搬运时要轻装轻卸，防止包装及容器损坏。

6.3 急救措施

(1) **皮肤接触** 立即脱去污染的衣着，用大量流动清水冲洗至少15min。就医。

(2) **眼睛接触** 立即提起眼睑，用大量流动清水或生理盐水彻底冲洗至少15min。就医。

(3) **吸入** 迅速脱离现场至空气新鲜处。保持呼吸道通畅。如呼吸困难，给输氧。如停止呼吸，立即进行人工呼吸。就医。

(4) **食入** 用水漱口，给饮牛奶或蛋清。就医。

(5) **灭火方法** 消防人员必须佩戴过滤式防毒面具（全面罩）或隔离式呼吸器、穿全身防火防毒服，在上风向灭火。遇大火，消防人员须在有防护掩蔽处操作。适用灭火剂有抗溶性泡沫、雾状水、二氧化碳、干粉。禁止用砂土压盖。

6.4 应急医疗

(1) **诊断要点**

① 吸入蒸气后，可产生眼和上呼吸道刺激症状。数天后，检查血红细胞可见赫恩兹小体。

② 误服某些含甲基肼的毒蕈，如马鞍蕈等，可在服后6～12h出现呕吐、腹泻等胃肠道症状，并有抽搐、溶血、高铁血红蛋白血症和肝损害。

(2) **处理原则**

① 吸入中毒者需迅速脱离现场。眼和皮肤污染时，用大量清水冲洗15min以上。

② 口服者尽快用清水洗胃，但有消化道腐蚀症状者洗胃需谨慎。

③ 误服中毒者出现抽搐时，可给维生素 B_6 20～30mg/kg静脉注射，必要时可重复应用。或给予大量谷氨酸或是 γ-氨基丁酸等单氨基脂肪酸。

④ 对症治疗。注意防治肺水肿和肝、肾损害。

(3) **预防措施** 加强安全生产教育，厂房注意通风换气，容器必须密闭，严防泄漏事故的发生，并做好防火防爆工作。作业人员应加强个人防护措施，做好呼吸防护，戴防护手套，穿防护服，必要时应佩戴面罩。工作时不得进食、饮水或吸烟。餐前必须洗手。工作人员平时口服维生素 B_6 可预防肝脏和神经系统损害。严格控制工作场所甲基肼的浓度。作业人员上岗前应进行体检，在岗期间每年体检一次。凡查出职业禁忌证者（肝炎、脂肪肝和其他肝脏疾患及神经系统疾患者）应禁止或脱离本作业岗位。

7 储运注意事项

7.1 储存注意事项

① 储存于阴凉、通风的仓库内。远离火种、热源。库房温度不宜超过30℃。防止阳光直射。包装要求密封，不可与空气接触。

② 应与氧化剂、酸类分开存放。储存间内的照明、通风等设施应采用防爆型，开关设在仓外。配备相应品种和数量的消防器材。禁止使用易产生火花的机械设备和工具。定期检查是否有泄漏现象。在氮气中操作处置。

③ 应严格执行剧毒化学品"双人收发，双人保管"制度。

7.2　运输信息

危险货物编号：32183。

UN 编号：1244。

包装类别：Ⅰ。

包装方法：玻璃瓶外木箱或钙塑箱加固，内衬垫料或不锈钢桶（所用不锈钢须含 0.5% 以上钼）。

运输注意事项：①运输车辆应有危险货物运输标志、安装具有行驶记录功能的卫星定位装置。未经公安机关批准，运输车辆不得进入危险化学品运输车辆限制通行的区域。②运输时所用的槽（罐）车应有接地链，槽内可设孔隔板以减少振荡产生的静电。运输时运输车辆应配备相应品种和数量的消防器材及泄漏应急处理设备。装运该物品的车辆排气管必须配备阻火装置，禁止使用易产生火花的机械设备和工具装卸。严禁与氧化剂、过氧化物、食用化学品等混装混运。公路运输时要按规定路线行驶，运输途中应防曝晒、防雨淋、防高温。中途停留时应远离火种、热源、高温区，勿在居民区和人口稠密区停留。

7.3　废弃

(1) 废弃处置方法　根据国家和地方有关法规的要求处置。或与厂商或制造商联系，确定处置方法。

(2) 废弃注意事项　处置前应参阅国家和地方有关法规。废物储存参见"储存注意事项"。

8　参考文献

[1]　卢伟.工作场所有害因素危害特性实用手册 [M]．北京：化学工业出版社，2008.

[2]　张寿林，等.急性中毒诊断与急救 [M]．北京：化学工业出版社，1996.

[3]　廖明阳，王治乔.肼和甲基肼对大鼠致畸胎研究 [J]．军事医学科学院院刊，1989，3：218-220.

[4]　任向红.肼类燃料在土壤中迁移转化 [J]．农业环境保护，2001，1：31-33，54.

[5]　任向红.肼类燃料与环境污染 [J]．内蒙古环境保护，2001，4：36-38.

[6]　任向红.肼类燃料在大气中的迁移转化 [J]．新疆环境保护，2001，3：37-40.

[7]　关勇彪，徐茉，张宝真.吸入的甲基肼在家兔体内的毒代动力学 [J]．中国药理学与毒理学杂志，1991，2：139-143.

[8]　北京化工研究院环境保护所/计算中心．国际化学品安全卡（中文版）查询系统 http：//icsc.brici.ac.cn/[DB]．2016.

甲　醛

1　名称、编号、分子式

甲醛亦称蚁醛，是最简单的醛类，通常情况下是一种可燃、无色及有刺激性的气体。35%~40%的甲醛水溶液称为福尔马林，是一种重要的有机原料，主要用于塑料工业（如制酚醛树脂、脲醛塑料）、合成纤维（如合成维尼纶——聚乙烯醇缩甲醛纤维）、皮革工业、医药、染料、农药和消毒剂等的原料。甲醛可由甲醇在银、铜等金属催化下脱氢或氧化制得，也可由烃类氧化产物分出。甲醛基本信息见表20-1。

表 20-1　甲醛基本信息

中文名称	甲醛
中文别名	福尔马林；蚁醛
英文名称	formaldehyde
英文别名	methanal；formicaldehyde；methylene oxide
UN 号	1198
CAS 号	50-00-0
ICSC 号	0275
RTECS 号	LP8925000
EC 编号	605-001-00-5
分子式	HCHO
分子量	30.0

2　理化性质

无色水溶液或气体，有刺激性气味。能与水、乙醇、丙酮等有机溶剂按任意比例混溶。液体在较冷时久储易浑浊，在低温时则形成三聚甲醛沉淀。蒸发时有一部分甲醛逸出，但多数变成三聚甲醛。该品为强还原剂，在微量碱性时还原性更强。在空气中能缓慢氧化成甲酸。易溶于水和乙醚，水溶液浓度最高可达55%。能与水、乙醇、丙酮以任意比例混溶。其蒸气与空气形成爆炸性混合物，遇明火、高热能引起燃烧爆炸。在一般商品中，都加入10%~12%的甲醇作为抑制剂，否则会发生聚合。甲醛自身能缓慢进行缩合反应，特别容易发生聚合反应。甲醛理化性质一览表见表20-2。

表 20-2　甲醛理化性质一览表

外观与性状	无色可燃气体,具有刺激性和窒息性气味
熔点/℃	−92
沸点/℃	−21
密度(−20℃)/(g/cm³)	0.815
相对密度(水=1)	0.82
相对蒸气密度(空气=1)	1.07
饱和蒸气压(−57.3℃)/kPa	13.33
闪点/℃	−60
爆炸上限(体积分数)/%	73
爆炸下限(体积分数)/%	7
溶解性	易溶于水、溶于乙醇、乙醚、丙酮等多数有机溶剂
自燃温度/℃	300
可燃范围(体积分数,25℃)/%	7~73
稳定性	稳定
临界温度/℃	137.2
临界压力/MPa	6.81
辛醇/水分配系数对数值	0.35
折射率(20℃)	1.3755~1.3775
黏度(−20℃)/(mPa·s)	0.242

3　毒理学参数

(1) **急性毒性**　LD_{50} 为 800mg/kg（大鼠经口），2700mg/kg（兔经皮）；LC_{50} 为 590mg/m³（大鼠吸入）；人吸入 60~120mg/m³，发生支气管炎、肺部严重损害；人吸入 12~24mg/m³，鼻、咽黏膜严重灼伤、流泪、咳嗽；人经口 10~20mL，致死。

(2) **亚急性和慢性毒性**　实验证明，大鼠吸入 50~70mg/m³，1h/d，3d/周，35 周，发现气管及支气管基底细胞增生及生化改变。人吸入 20~70mg/m³ 长期接触，食欲丧失、体重减轻、无力、头痛、失眠；人吸入 12mg/m³ 长期接触，出现嗜睡、无力、头痛、手指震颤、视力减退等症状。

(3) **代谢**　在体内甲醛首先被氧化为甲酸，再进一步转化为 CO_2 和甲酸盐。甲醛代谢为甲酸的过程中最主要的酶类为甲醛脱氢酶，现已发现人类的肝细胞、红细胞以及大鼠的呼吸道上皮细胞、嗅觉上皮细胞和肾、脑中都有甲醛脱氢酶存在。甲醛在甲醛脱氢酶和其他酶的作用下通过利用辅酶Ⅰ（NAD）和还原型谷胱甘肽形成中间产物 S2 甲酰谷胱甘肽，然后谷胱甘肽被释放形成甲酸。甲酸经代谢后，以 CO_2 形式呼出，或以甲酸盐的形式从尿中排出。从甲酸代谢为 CO_2 的过程是甲醛代谢的限速步骤。这一过程主要通过两个途径：其中主要途径为甲酸与四氢叶酸在胞浆中经甲酸四氢叶酸合成酶的作用被催化生成甲酰四氢叶酸，后者再被氧化为 CO_2 和水；另一途径是在过氧化物酶作用下的过氧化反应，这一反应依靠生成 H_2O_2 的速度。另外甲酸也可用于体内甘氨酸、组氨酸和丝氨酸的生物合成。甲醛主要沉积在呼吸道并且代谢迅速，人暴露于 2.3mg/m³ 甲醛 40min、F344 大鼠暴露于 17.3mg/m³ 甲醛 2h、猴暴露于甲醛 7.2mg/m³ 4 周（每天 6h，每周 5d）均未发现血液中甲醛浓度显著升高。

(4) **中毒机理**　甲醛的中毒机理为甲醛溶液口服后，其溶液中的甲醛分子立刻与消化道和呼吸黏膜发生反应，体内实验与体外实验均表明，甲醛能与细胞分子中的多功能团相结合，形成一种加成化合物或诱发产生一系列的聚合反应，甲醛在动物体内的组织中均被迅速氧化成甲酸，而后大部分甲酸盐最终被氧化为 CO_2 和水。在此过程中由于大量甲酸分子的形成和乳酸血症，中毒者必定发生代谢性酸中毒，加之代偿性作用而引发中枢神经系统紊乱症。

(5) **刺激性**　家兔经眼 40mg，产生重度刺激。家兔经皮开放性刺激试验：500mg，轻度刺激。

(6) **致癌性**　甲醛与人类肿瘤之间关系的研究多是在甲醛接触工人、病理工作者和尸体防腐者等职业人群中进行的。1986—1996 年的 21 个病例对照研究中，有 5 个研究显示甲醛与人类肿瘤有关。1986—1996 年的 24 个队列研究中，有 15 个研究显示甲醛与人类肿瘤有关。对 1975—1991 年间进行的甲醛与人类肿瘤的流行病学研究进行了元分析（meta analysis），结果表明甲醛的高浓度和低浓度暴露均不能增加患鼻腔癌的危险，相对危险度（RR）分别为 0.8 和 1.1。而其他研究发现甲醛的暴露能增加患鼻窦癌的危险性，RR＝1.75。甲醛最高浓度暴露组患鼻咽癌的危险性增高，RR 值为 2.1～2.74。研究人员对 1975—1995 年间发表的甲醛与鼻窦癌、鼻咽癌、肺癌关系的文章进行元分析。结果显示，对于鼻窦癌，基于病例对照研究的 RR 为 0.3，95％可信区间（CI）为 0.1～0.9，基于队列研究的 RR 为 1.8，95％CI 为 1.4～2.3。但未发现甲醛暴露能导致鼻咽癌的危险性增加。除了呼吸道肿瘤之外，还有许多关于甲醛与其他系统肿瘤关系的研究。其结果发现甲醛暴露与胰腺癌之间有微弱的联系，RR＝1.1，95％CI 为 1.0～1.3。但是联系只限于尸体防腐者（RR＝1.3，95％CI 为 1.0～1.6）和病理解剖人员（RR＝1.3，95％CI 为 1.0～1.7），在甲醛暴露工人中未发现联系（RR＝0.9，95％CI 为 0.8～1.1）。综上所述，甲醛与人类肿瘤之间的因果关系尚不能确定，还有待于更多的流行病学研究加以验证。

(7) **生殖毒性**　大鼠经口最低中毒剂量（TDL$_0$）：200mg/kg（1d，雄性），对精子生存有影响。大鼠吸入最低中毒浓度（TCL$_0$）：12pg/m³，24h（孕 1～22d），引起新生鼠生化和代谢改变。

(8) **危险特性**　其蒸气与空气形成爆炸性混合物，遇明火、高热能引起燃烧爆炸。若遇高热，容器内压增大，有开裂和爆炸的危险。与氧化剂接触发生猛烈反应。

4　对环境的影响

4.1　主要用途

甲醛除可直接用作消毒、杀菌、防腐剂，35％～40％的甲醛水溶液俗称福尔马林，广泛用来浸制生物标本，给种子消毒等，在食品行业也用于水产品等不易储存的食品防腐。甲醛在有机合成、合成材料、表面活性剂、塑料、橡胶、皮革、造纸、染料、制药、农药、涂料、照相胶片、炸药等行业用途广泛，其衍生产品主要有多聚甲醛、聚甲醛、酚醛树脂、脲醛树脂、氨基树脂、乌洛托品及多元醇类等。以甲醛为原料生产的树脂主要用作黏合剂，在各种人造板中大量使用。脲醛树脂制成的脲-甲醛泡沫树脂是一种隔热材料，用于制成预制板作建筑物的围护结构，也可作填充材料起隔热保暖作用，可移动房屋就是使用脲-甲醛泡沫树脂隔热材料（UFFI）作为建筑材料的。纺织业中甲醛用于服装面料的树脂整理，起到防皱、防缩、阻燃等作用，或保持印花、染色的耐久性，或改善手感。目前用甲醛印染助剂比较多的是纯棉纺织品，以提高棉布的硬挺度。

4.2 环境行为

(1) **代谢和降解** 环境中甲醛的主要污染来源是有机合成、化工、合成纤维、染料、木材加工及制涂料等行业排放的废水、废气等。某些有机化合物在环境中降解也产生甲醛，如氯乙烯的降解产物也包含甲醛。由于甲醛有强的还原性，在有氧化性物质存在条件下，能被氧化为甲酸。例如进入水体环境中的甲醛可被腐生菌氧化分解，因而能消耗水中的溶解氧。甲酸进一步的分解产物为二氧化碳和水。进入环境中的甲醛在物理、化学和生物等的共同作用下，被逐渐稀释氧化和降解。

(2) **残留与蓄积** 资料记载，工业企业区土壤中吸附的甲醛含量可达 $180 \sim 720 mg/kg$（以干土计）。土壤的污染可导致地下水污染，水中甲醛含量可以比表层土高出 $10 \sim 20$ 倍。

(3) **迁移转化** 甲醛沸点低又易溶于水，主要通过大气和水排放进入环境。大气中的甲醛可被直接光解或被光化学反应生成的羟基自由基和硝酸自由基氧化分解，甲醛在大气中的生存时间长短取决于辐射强度、其他污染物的浓度及其他环境条件，半衰期为 $1.6 \sim 1.9h$。甲醛进入水体后发生水合反应，由于没有发色基团吸收辐射能，不会发生光降解，主要依赖于生物降解作用。有研究发现当水中甲醛浓度（20℃）为 $5mg/L$ 时，$5d$ 内可以保持甲醛浓度稳定。水中甲醛浓度低于 $20mg/L$ 时，数天内可以被曝气池中经驯化的微生物降解。而含量为 $100mg/L$ 时，能抑制微生物对有机物的氧化。当水中甲醛含量为 $500mg/L$ 时，生物耗氧过程全部中止，水中微生物被杀死。

4.3 人体健康危害

(1) **暴露/侵入途径** 暴露/侵入途径包括吸入、食入、经皮吸收。

(2) **健康危害** 本品对黏膜、上呼吸道、眼睛和皮肤有强烈的刺激性。接触其蒸气，引起结膜炎、角膜炎、鼻炎、支气管炎；重者发生喉痉挛、声门水肿和肺炎等。肺水肿较少见。对皮肤有原发性刺激和致敏作用，可致皮炎；浓溶液可引起皮肤凝固性坏死。口服会灼伤口腔和消化道，可发生胃肠道穿孔、休克、肾和肝脏损害。

(3) **慢性影响** 长期接触低浓度甲醛可有轻度眼、鼻、咽喉刺激症状，导致皮肤干燥、皲裂、指甲软化等。

4.4 接触控制标准

中国 MAC（mg/m^3）：0.5（敏，G1）。
中国 PC-TWA（mg/m^3）：—。
中国 PC-STEL（mg/m^3）：—。
美国 TVL-TWA：OSHA 3ppm。
美国 TLV-STEL：ACGIH C 0.3ppm，$0.37mg/m^3$（C）。

甲醛生产及应用相关环境标准见表20-3。

表 20-3　甲醛生产及应用相关环境标准

标准编号	限制要求	标准值
《室内空气质量标准》（GB/T 18883—2002）	室内空气质量标准（1h均值）	$0.10mg/m^3$
《大气污染物综合排放标准》（GB 16297—1996）	现有污染源大气污染物排放限值	无组织排放监控浓度限值：$0.25mg/m^3$；$0.20mg/m^3$
《乘用车内空气质量评价指南》（GB/T 27630—2011）	车内空气中有机物浓度要求	$\leqslant 0.10mg/m^3$
《长途客车内空气质量要求》（GB/T 17729—2009）	长途车内甲醛的标准值（1h均值）	$\leqslant 0.12mg/m^3$
《民用建筑工程室内环境污染控制规范》（GB 50325—2010）	民用建筑工程室内环境污染物浓度限值	Ⅰ类民用建筑工程：$\leqslant 0.08mg/m^3$；Ⅱ类民用建筑工程：$\leqslant 0.10mg/m^3$
《地表水环境质量标准》（GB 3838—2002）	集中式生活饮用水地表水源特定项目标准限值	0.9mg/L
《污水综合排放标准》（GB 8978—1996）	第二类污染物最高允许排放浓度	一级：1.0mg/L；二级：2.0mg/L；三级：5.0mg/L
《城市供水水质标准》（CJ/T 206—2005）	城市供水水质常规检验项目及限值	0.9mg/L
《城镇污水处理厂污染物排放标准》（GB 18918—2002）	选择控制项目最高允许排放浓度（日均值）	1.0mg/L
《污水处理厂排入城镇下水道水质标准》（GB/T 31962—2015）	污水排入城镇下水道水质控制项目限值	A级：5mg/L；B级：5mg/L；C级：2mg/L
《石油化学工业污染物排放标准》（GB 31571—2015）	废水、废气中有机特征污染物及排放限值	废水：1mg/L；废气：$5mg/m^3$

注：民用建筑工程室内环境污染控制规范中规定的甲醛浓度限值适用于民用建筑工程验收的室内环境污染物浓度检测，而住宅、办公建筑物等室内环境中甲醛浓度要求应参照 GB/T 1883—2002。

5　环境监测方法

5.1　现场应急监测方法

现场应急监测采用气体快速检测管法。

5.2　实验室监测方法

甲醛的实验室监测方法见表20-4。

表 20-4　甲醛的实验室监测方法

监测方法	来源	类别
AHMT 分光光度法	《居住区大气中甲醛卫生检验标准方法　分光光度法》（GB/T 16129—1995）	居住区大气

监测方法	来源	类别
酚试剂分光光度法	《工作场所空气有毒物质测定　脂肪族醛类化合物》(GBZ/T 160.54—2007)	工作场所空气
气相色谱法	《公共场所空气中甲醛的测定方法》(GB/T 18204.26—2000)	公共场所空气
乙酰丙酮分光光度法	《空气质量　甲醛的测定　乙酰丙酮分光光度法》(GB/T 15500—1995)	空气
	《水质　甲醛的测定　乙酰丙酮分光光度法》(HJ 601—2011)	水质
气相色谱法	《空气中有害物质的测定方法》杭士平主编，第二版	空气、水质
变色酸光度法	《水和废水监测分析方法》国家环保总局编	水和废水
电化学传感器法	《室内环境空气质量监测技术规范》(HJ/T 167—2004)	室内环境空气

6　应急处理处置方法

6.1　泄漏应急处理

(1) **应急行为**　迅速撤离泄漏污染区人员至安全区，并进行隔离，严格限制出入。切断火源。

(2) **应急人员防护**　应急处理人员戴自给正压式呼吸器，穿防毒服。从上风处进入现场。

(3) **环保措施**　尽可能切断泄漏源。防止进入下水道、排洪沟等限制性空间。小量泄漏：用砂土或其他不燃材料吸附或吸收，也可以用大量水冲洗，洗水稀释后放入废水系统。大量泄漏：构筑围堤或挖坑收容；用泡沫覆盖；降低蒸气灾害。喷雾状水冷却和稀释蒸气、保护现场人员、把泄漏物稀释成不燃物。

(4) **消除方法**　用泵转移至槽车或专用收集器内，回收或运至废物处理场所处置。

6.2　个体防护措施

(1) **工程控制**　严加密闭，提供充分的局部排风。提供安全淋浴和洗眼设备。

(2) **呼吸系统防护**　可能接触其蒸气时，建议佩戴自吸过滤式防毒面具（全面罩）。紧急事态抢救或撤离时，佩戴隔离式呼吸器。

(3) **眼睛防护**　呼吸系统防护中已作防护。

(4) **身体防护**　穿橡胶耐酸碱服。

(5) **手防护**　戴橡胶手套。

(6) **其他**　工作现场禁止吸烟、进食和饮水。工作完毕，彻底清洗。注意个人清洁卫生。实行就业前和定期的体检。进入罐、限制性空间或其他高浓度区作业，须有人监护。

6.3　急救措施

(1) **皮肤接触**　脱去污染的衣物，用肥皂水及清水彻底冲洗。或用2%碳酸氢钠溶液冲洗。冲洗结束时，利用干净衣物覆盖受伤部位。

(2) **眼睛接触**　立即提起眼睑，用流动清水或生理盐水冲洗至少15min；必先除去隐形眼镜或用水将它冲出来；用湿润棉棒将异物移除；冲洗完毕用干净的纱布覆盖，并用纸胶布固定。

(3) **吸入**　迅速脱离现场至空气新鲜处。保持呼吸道通畅。若呼吸停止，施予人工呼吸（不宜用口对口人工呼吸，可用口用单向活瓣口袋式面罩）；若心跳停止，立即施行体外心脏按摩。就医。

(4) **食入**　切勿催吐，若有意识，用水彻底润洗口腔；食入10min内，患者意识丧失或呕吐，可给予240～300mL的水或牛奶口服，以稀释其浓度；无法呼吸，立即人工呼吸。就医。

(5) **灭火方法**　适用灭火剂有雾状水、泡沫、二氧化碳、砂土。

6.4　应急医疗

(1) **诊断要点**

① 职业性急性中毒。短期内接触高浓度甲醛蒸气可引起以眼、呼吸系统损害为主的全身性疾病。轻度中毒有视物模糊、头晕、头痛、乏力等症状，检查可见结膜、咽部明显充血、胸部听诊呼吸音粗糙或闻及干性啰音。X射线检查无重要阳性发现。

② 中度中毒表现为持续咳嗽、声音嘶哑、胸痛、呼吸困难，胸部听诊有散在的干、湿啰音。可伴有体温增高和白细胞增多。胸部X射线检查有散在的点状或斑片状阴影。

③ 重度中毒时可出现喉水肿及窒息、肺水肿、昏迷、休克。急性经口中毒：口服福尔马林后，口、咽、食管和胃部立即有烧灼感，口腔黏膜糜烂、上腹剧痛，有血性呕吐物，有时伴腹泻、血便、里急后重及蛋白尿。严重者可发生胃肠道糜烂、溃疡、穿孔，以及呼吸困难、休克、昏迷、尿闭、尿毒症和肝脏损害，可死于呼吸衰竭。皮肤接触本品后出现急性皮炎，表现为粟粒至米粒大小红色丘疹，周围皮肤潮红或轻度红肿，皲裂部位可见湿润现象，瘙痒明显。部分患者皮肤斑贴试验阳性、嗜酸粒细胞增多，可能与过敏有关。可引起支气管哮喘。

(2) **处理原则**　吸入大量甲醛蒸气后，迅速脱离现场，保暖，避免活动。有呼吸道刺激症状者至少观察24h。防止肺水肿，必要时可早期应用糖皮质激素。应用抗生素预防感染。忌用磺胺类药物，以防在肾小管形成不溶性甲酸盐而致尿闭。甲醛溅在皮肤或眼内时，用大量清水冲洗。口服后尽快用水洗胃，但需谨慎以防穿孔，或给豆浆、牛奶等。洗胃后给3%碳酸铵或15%乙酸铵100mL，使甲醛变为毒性较小的六亚甲基四胺。并给止痛剂、抗休克、纠正酸中毒以及维持呼吸功能等。

(3) **预防措施**　装修后要保持通风，最好能通风半年以后再入住。在室内养一些绿色植物，如绿萝、吊兰等，可适当吸附甲醛。

7　储运注意事项

7.1　储存注意事项

储存于阴凉、通风仓间内。远离火种、热源，防止阳光直射。保持容器密封。应与氧化剂、酸类、碱类分开存放。储存间内的照明、通风等设施应采用防爆型，开关设在仓外。配备相应品种和数量的消防器材。禁止使用易产生火花的机械设备和工具。搬运时要轻装轻卸，防止包装及容器损坏。

7.2 运输信息

危险货物编号：83012。

UN 编号：1198。

包装类别：Ⅲ。

包装标志：20。

包装方法：包装可采用小开口钢桶；小开口塑料桶；螺纹口玻璃瓶、铁盖压口玻璃瓶、塑料瓶或金属桶（罐）外加木板箱；安瓿瓶外加木板箱；塑料瓶、镀锡薄钢板桶外加满底板花格箱。

运输注意事项：铁路运输时严格按照铁道部《危险货物运输规则》中的危险货物配装表进行配装。运输时运输车辆应配备相应品种和数量的消防器材和泄漏应急处理设备。夏季最好早晚运输。运输时所用的槽（罐）车应有接地链，槽内可设孔隔板以减少振荡产生的静电。严禁与氧化剂、碱类、酸类、食用化学品等混装混运。运输途中应防曝晒。中途停留时应远离火种、热源、高温区。装运该物品的车辆排气管必须配备阻火装置，禁止使用易产生火花的机械设备和工具装卸。公路运输时要按规定路线行驶。

7.3 废弃

(1) **废弃处置方法**　根据国家和地方有关法规的要求处置。或与厂商或制造商联系，确定处置方法。

(2) **废弃注意事项**　处置前应参阅国家和地方有关法规。废物储存参见"储存注意事项"。

8 参考文献

[1] 周国泰，吕海燕，张海峰.危险化学品安全技术全书.北京：化学工业出版社，1997.

[2] 新编危险物品安全手册编委会.新编危险物品安全手册.北京：化学工业出版社，2001.

[3] 江苏省环境监测中心.突发性污染事故中危险品档案库 [DB].

[4] 环境保护部.国家污染物环境健康风险名录（化学第一分册）[M].北京：中国环境科学出版社，2011.

[5] 危险化学品环境数据手册（第2部分）.

[6] 北京化工研究院环境保护所/计算中心.国际化学品安全卡（中文版）查询系统 http：//icsc. brici. ac. cn/[DB]. 2016.

[7] 安全管理网.MSDS 查询网 http：//www. somsds. com/[DB]. 2016.

氯乙烯

1 名称、编号、分子式

氯乙烯（vinyl chloride）也称乙烯基氯，是卤代烃的一种，工业上大量用作生产聚氯乙烯（PVC）的单体。工业上，常用乙烯氧氯化法制备氯乙烯，也可在气相或液相下加氯化氢于乙炔制得。氯乙烯基本信息见表 21-1。

表 21-1　氯乙烯基本信息

中文名称	氯乙烯
中文别名	乙烯基氯；氯乙烯(钢瓶)
英文名称	vinyl chloride
英文别名	chloroethene；chloroethylene；VCM (cylinder)
UN 号	1086
CAS 号	75-01-4
ICSC 号	0082
RTECS 号	KU9625000
EC 编号	602-023-00-7
分子式	$C_2H_3Cl/H_2C=CHCl$
分子量	62.5

2 理化性质

氯乙烯是一种无色易液化的气体或易燃液体，有微甜的气味。有氯原子和双键两个官能团，因此当氯乙烯和有机酸取代衍生物的盐类一同加热时，能产生乙烯酯和金属氯化物，也能和卤化氢发生加成反应生成二卤乙烷。同时，氯乙烯在各种不同的条件下都可以迅速聚合。氯乙烯理化性质一览表见表 21-2。

表 21-2　氯乙烯理化性质一览表

外观与性状	无色液体或气体,有微甜的气味
官能团	—Cl，$\diagup\!\!\!\diagdown C=C\diagdown\!\!\!\diagup$

熔点/℃	−159.7
沸点/℃	−13.9
相对密度(水＝1)	0.91
相对蒸气密度(空气＝1)	2.15
饱和蒸气压(20℃)/kPa	307
临界温度/℃	158.4
临界压力/MPa	5.67
辛醇/水分配系数的对数值	1.38
闪点(克利夫兰开口杯)/℉	17.6
自燃温度/℃	472.2
爆炸上限(体积分数)/%	22
爆炸下限(体积分数)/%	4
溶解性	微溶于水,溶于乙醇和乙醚、四氯化碳、苯
化学性质	能聚合,与其他不饱和化合物可共聚。遇氧化剂易燃易爆炸,其热分解产物有氯化氢、光气、一氧化碳等,遇光或催化剂会发生聚合并放热

3 毒理学参数

(1) **急性毒性** LD_{50}：500mg/kg，1 次（大鼠，吞食）；LC_{50}：130000ppm，2h（小鼠，吸入）。小鼠吸入最低麻醉浓度为 $199.7\sim286.7g/m^3$，10min；小鼠吸入 MLC 为 $573.4\sim691.2g/m^3$；小鼠吸入 $768g/m^3$，30min，深度麻醉，死亡。

(2) **亚急性和慢性毒性** 家兔吸入 $(30\sim40)mg/m^3\times4h/d\times20d$，心电图有改变，类肾上腺物质明显增加。大鼠吸入 $(30\sim40)mg/m^3\times4h/d\times5d/周\times12$ 个月，出现脑、肝、肺、肾病变及肿瘤。大鼠口服 23400mg/kg 氯乙烯 13 周，其肝重量会发生变化，且会抑制转氨酶活性、改变转氨酶空间结构。

氯乙烯属职业性致癌物，能引起肝脏血管瘤，也与脑、肺、血液和淋巴系统的癌症有关联。1975 年间大多数研究是暴露于 20ppm 以上；1975 年后数个研究指出当暴露浓度降低到 12ppm 或以下，染色体改变的数目没有不同。过去长期暴露于数千 ppm 高浓度下会造成皮肤和骨的疾病，如今可通过控制暴露来预防。

(3) **代谢** 氯乙烯在体内的代谢转化与其浓度有关，浓度较低时（$<27.9mg/m^3$）主要通过肝乙醇脱氢酶（ADH2）代谢转化生成氯乙醛（CAA），经谷胱甘肽 S 转移酶（GST）代谢最终以 N-乙酰基化合物、氯乙酸等形式排出体外。当浓度较高时，主要经肝微粒体细胞色素 P450 酶氧化形成氯乙烯环氧化物（CEO），起主要作用的是 P450 同工酶 CYP2E1，一部分 CEO 又在谷胱甘肽转移酶（GSTs）作用下失活，以羟乙基半胱氨酸、羧乙基半胱氨酸、氯乙酸等形式经肾脏排出体外，另一部分则直接重排成 2-氯乙醛（2-CAA），经乙醛脱氢酶 2（ALDH2）氧化为氯乙酸，再和 GST 结合转化成无毒物质排出体外。

(4) **中毒机理** 短期接触氯乙烯的实验动物，谷胱甘肽酶活性和肝中非蛋白巯基上升，而接触高浓度氯乙烯的动物出现巯基进行性损耗。故认为肝非蛋白巯基在氯乙烯解毒、保护机体过程中起重要作用。尿中的硫化二乙醇酸可作为氯乙烯生物接触指标。

(5) **刺激性** 氯乙烯具有刺激性，短时间低浓度接触，能刺激眼和皮肤，与其液体接触后由于快速蒸发能引起冻伤。

(6) **致畸性** 以氯乙烯给予妊娠 6～8d 的小鼠、大鼠和兔，每天 7h，虽然观察到母体的毒性，但是单独氯乙烯并未造成显著的胚胎致畸或胎毒性。

(7) **生殖毒性** 关于氯乙烯生殖毒性的研究众多，但是仍未能对其生殖毒性得出一致结论，多数职业流行病学调查和试验研究提示氯乙烯有一定的胚胎毒性，可能威胁到下一代的健康，提示女工应加强职业防护和健康监测。

(8) **致突变性** 氯乙烯是一种间接的致突变物，动物实验研究表明，大鼠吸入 (1900 ± 50)ppm 的氯乙烯 2h 可引起肝实质性和肝非实质性细胞的 DNA 断裂损伤；还可引起外周血淋巴细胞 DNA 断裂损伤。

(9) **致癌性** 对人和动物有致癌作用，引起肝血管肉瘤。小鼠吸入 $1300mg/m^3 \times 4h/d \times 5d/$周$\times 34$ 周，致肝血管肉瘤。大鼠吸入 $640mg/m^3 \times 4h/d \times 135$ 周，致癌。人吸入 $1300mg/m^3 \times 4h/d \times 4$ 年，致癌。IARC 将其列为 Goup1：确定人体致癌。AGGIH 将其列为 A1：确定人体致癌。

(10) **危险特性** 燃烧或无抑制剂时可发生剧烈聚合。其蒸气比空气密度大，能在较低处扩散到相当远的地方，遇明火会引着回燃。

4 对环境的影响

4.1 主要用途

氯乙烯主要用于生产聚氯乙烯，并能与醋酸乙烯酯、丙烯腈、丙烯酸酯、偏二氯乙烯等共聚，制得各种性能的树脂。此外，还可用于合成 1,1,2-三氯乙烷及 1,1-二氯乙烯等。

4.2 环境行为

(1) **代谢和降解** 氯乙烯是由人工合成的化合物，作为一种烃类，当其释放于大气中时，预期会与氧气自由基反应（半衰期约为 1.5d），其氧化产物包括甲醛、甲酸和氯化氢。而释放于水或土壤中时，预期会很快地蒸发。

氯乙烯在空气中的半衰期为 9.7～97h，在水表面的半衰期为 672～4320h；在地下水中的半衰期为 1344～69000h；在土壤中的半衰期为 672～4320h。

(2) **残留与蓄积** 通常使用的以聚氯乙烯为基质的聚合物材料，在常温 18～22℃ 可有挥发性成分排出。在炎热和干燥气候条件下，有毒物质（包括氯乙烯）析出量增加。

以聚氯乙烯为基质的制品在食品工业中广泛用作包装材料或容器，在商业销售和食品保存过程中，氯乙烯随时可以逸出而进入食品中。如用聚氯乙烯制造的瓶子长期盛装酒精饮料，饮料中氯乙烯含量可以达到 10～20mg/kg；盛装一般饮料 40d 后也有 0.002～0.08mg/kg 的氯乙烯从数种饮料中检出。

(3) **迁移转化** 工业企业制取、生产和加工聚氯乙烯以及生产聚氯乙烯为基质的各种聚合物的过程，是氯乙烯析出并进入环境的主要来源，由于以氯乙烯为基质的各种聚合材料中，含有未参加聚合反应的氯乙烯单体，它在暴露过程中可逸出而进入环境。

4.3 人体健康危害

(1) 暴露/侵入途径 暴露/侵入途径包括吸入、眼睛接触及经皮吸收。

(2) 健康危害 ①急性中毒：轻度中毒时病人出现眩晕、胸闷、嗜睡、步态蹒跚等；严重中毒可发生昏迷、抽搐，甚至死亡。皮肤接触氯乙烯液体可致红斑、水肿或坏死。②慢性中毒：表现为神经衰弱综合征、水肿大、肝功能异常、消耗功能障碍、雷诺现象及肢端溶骨症。皮肤可出现干燥、皲裂、脱屑、湿疹等。本品为致癌物，可致肝血管肉瘤。

4.4 接触控制标准

中国 MAC（mg/m^3）：—。
中国 PC-TWA（mg/m^3）：10。
中国 PC-STEL（mg/m^3）：—。
前苏联 MAC（mg/m^3）：0.2。
美国 TLV-TWA：ACGIH 5ppm，10mg/m^3。
美国 TLV-STEL：—。
氯乙烯生产及应用相关环境标准见表 21-3。

表 21-3 氯乙烯生产及应用相关环境标准

标准名称	限制要求	标准值
《大气污染物综合排放标准》(GB 16297—1996)	大气污染物排放限值	①最高允许排放浓度：65mg/m^3；36mg/m^3 ②最高允许排放速率：二级 0.91～19kg/h；0.77～16kg/h；三级 1.4～29kg/h；1.2～25kg/h ③无组织排放监控浓度限值：0.60mg/m^3；0.75mg/m^3
《地表水环境质量标准》(GB 3838—2002)	集中式生活饮用水地表水源地特定项目标准限值	0.005mg/L
《烧碱、聚氯乙烯工业污染物排放标准》(GB 1558—2016)	烧碱、聚氯乙烯企业水和大气污染物排放限值	①水污染物排放限值： ≤0.5mg/L ≤0.5mg/L ②大气污染物排放浓度限值： ≤10mg/m^3 ≤10mg/m^3 ③企业边界大气污染物浓度限值： ≤0.15mg/m^3

注：本表所列标准均为国家标准，氯乙烯涉及行业标准，应当优先执行行业标准。

5 环境监测方法

5.1 现场应急监测方法

(1) 气体检测管法 在一个固定长度和内径的玻璃管内，装填一定量的检测剂，用塞料加以固定，再将玻璃管两端熔封，使用时将管子两端割断，让含有被测物质的气体定量地通过管子，被测物质即和管中检测剂发生定量化学反应，部分检测剂被染色，其染色长度与被测物浓度成正比，从检测管上已印制好的刻度即得知被测气体的浓度。

（2）**便携式气相色谱法**　使用专用的注射器采集事故现场样品，诸如便携式气相色谱仪，通过外标法进行定性定量测定。

5.2　实验室监测方法

氯乙烯的实验室监测方法见表21-4。

表 21-4　氯乙烯的实验室监测方法

监测方法	来　　源	类别
基于静态顶空气相色谱法	《塑料　氯乙烯均聚和共聚树脂　气相色谱法对干粉中残留氯乙烯单体的测定》(GB/T 29874—2013)	干粉中残留氯乙烯单体测定
液上顶空气相色谱法	《聚氯乙烯　残留氯乙烯单体的测定　气相色谱法》(GB/T 4615—2013)	聚氯乙烯中残留氯乙烯单体
吹扫捕集/气相色谱-质谱法	《水质　挥发性有机物的测定　吹扫捕集/气相色谱-质谱法》(HJ 639—2012)	水质
顶空/气相色谱-质谱法	《水质　挥发性有机物的测定　顶空/气相色谱-质谱法》(HJ 810—2016)	
气相色谱法	《固定污染源排气中氯乙烯的测定　气相色谱法》(HJ/T 34—1999)	环境空气
罐采样/气相色谱-质谱法	《环境空气　挥发性有机物的测定　罐采样/气相色谱-质谱法》(HJ 759—2015)	
顶空/气相色谱法	《土壤和沉积物　挥发性有机物的测定　顶空/气相色谱法》(HJ 741—2015)	土壤
吹扫捕集/气相色谱-质谱法	《土壤、沉积物　挥发性有机物的测定　吹扫捕集/气相色谱-质谱法》(征求意见稿)	
直接进样-气相色谱法	《工作场所　空气有毒物质测定　不饱和烃类化合物》(GBZ/T 160.64—2004)	工作场所空气

6　应急处理处置方法

6.1　泄漏应急处理

（1）**应急行为**　迅速撤离泄漏污染区人员至上风处，并进行隔离，严格限制出入。切断火源。用工业覆盖层或吸附/吸收剂盖住泄漏点附近的下水道等地方，防止气体进入。合理通风，加速扩散。喷雾状水稀释、溶解。构筑围堤或挖坑收容产生的大量废水。如有可能，将残余气或漏出气用排风机送至水洗塔或与塔相连的通风橱内。

（2）**应急人员防护**　消防人员必须穿戴气密式化学防护衣、化学鞋。

（3）**环保措施**　保持泄漏区通风换气；移开或远离引火源；搬离或隔离易燃物和可燃物。

（4）**消除方法**　不要触碰外泄物；避免外泄物进入下水道，在保证安全的情况下设法阻漏；可燃物必须远离泄漏物。大量泄漏时应联络消防队、紧急处理单位及供应商以寻求协助；小量泄漏时应隔离泄漏处且让泄漏物挥发掉。

6.2 个体防护措施

(1) **工程控制** 对本品实施严格管制；作业中不应产生火花、设备接地、环境维持良好的通风系统；排气口直接通到户外；供给充分新鲜空气以补充排气系统抽出的空气。

(2) **呼吸系统防护** 热区作业时应佩戴正压式全面型自携式呼吸防护具或正压式全面型供氧式呼吸防护具；温区作业时应使用防有机气体泄漏的呼吸全面罩或半面罩式防毒口罩。

(3) **眼睛防护** 佩戴安全护目镜、护目面罩。

(4) **身体防护** 穿着气密式化学防护衣、工作服。

(5) **手防护** 戴抗酸性及抗有机物、防渗手套，材质以 Barricade、Silver shield、4H、Tychem 10000 以上等级为佳。

(6) **其他** 工作后尽快脱掉污染的衣物，洗净后才可以再穿戴或丢弃，且须告知洗衣人员污染物的危害性；工作场所严禁抽烟或饮食；处理此物后，必须彻底洗手；维持工作场所的清洁。

6.3 急救措施

(1) **皮肤接触** 快速以温水缓和冲洗至少 10min 以上；冲洗时小心切掉黏在手上皮肤附近的衣服，并除去其他的外衣。立即就医。

(2) **眼睛接触** 立即撑开眼皮，用缓和和流动的温水冲洗污染的眼睛 20min。立即就医。

(3) **吸入** 施救前先做好自身的防护措施，以确保自身安全。移除污染源或将患者转移至新鲜空气处；如果无法呼吸，立即由受过训练的人施以人工呼吸，若心跳停止，施予心肺复苏术（避免口对口接触）；立即就医。

(4) **灭火方法** 当泄漏液体着火时，应先阻断气体来源，避免气体不断流出与空气形成爆炸性混合物。必要时直接关掉泄漏源，可用化学干粉或二氧化碳灭火。大多数情况是让它继续燃烧且喷水冷却四周与暴露火场的容器，以免破裂爆炸且保护止漏人员。适用灭火剂有雾状水、泡沫、二氧化碳。

6.4 应急医疗

(1) **诊断要点**

① 急性中毒。短时间吸入大剂量氯乙烯气体，常会出现头晕、恶心、胸闷、乏力、意识障碍等中枢神经系统麻醉现象。若为轻度中毒则表现出轻度意识障碍；当患者表现出中度以上意识障碍或呼吸循环衰竭则可判定为重度中毒。

② 慢性中毒。有长期接触氯乙烯的职业史，主要有肝脏、脾脏损害，肢端溶骨症及肝血管肉瘤等临床表现，结合实验室检查、现场危害调查与评价进行综合分析，排除其他疾病可诊断为慢性氯乙烯中毒。

轻度中毒的病患会出现乏力、恶心、食欲不振等全身症状且伴有下列表现之一：a.肝脏胀痛、肿大；b.肝功能试验轻变异常；c.雷诺症。

中度中毒的病患全身症状会加重，且具有下列表现之一：a.肢端溶骨症；b.肝脏进行性肿大；c.肝功能试验持续异常；d.脾脏肿大。

重度中毒表现为肝硬化。

（2）处理原则

① 急性中毒。应迅速将中毒者移至空气新鲜处，立即脱去被污染的衣服，用清水清洗被污染的皮肤，注意保暖、卧床休息。昏迷者可采用高压氧治疗。其他急救措施和对症治疗原则与内科相同。

② 慢性中毒。脱离毒物接触，可基于保肝对症治疗。符合外科手术指征者，可进行脾脏切除术。肢端溶骨症患者应尽早脱离毒物接触，对症处理。神经系统器质性症状及明显的心、肝、肾疾病以及眼底病变为职业禁忌证。

（3）预防措施　本品的生产车间，必须做好设备及管道的密闭，注意防火，并加强设备维护保养。聚合釜出料时，宜先用局部抽风；清釜前，釜内先放水，待剩余的氯乙烯气体排出、釜温下降后方可进入，并减少清釜次数，尽量用机械代替手工操作，加强个人防护。患有精神神经系统疾患、肝脏病、肾脏病、慢性湿疹等，不宜从事本品的生产。有溶骨病变时也须调离。

7　储运注意事项

7.1　储存注意事项

储放于阴凉、通风仓间内。远离火种、热源。仓间温度不超过30℃。防止阳光直射。应与氧气、压缩空气、氧化剂等分开存放。储存间内的照明、通风等设施应采用防爆型，开关设在仓外。配备相应品种和数量的消防器材。罐储时要有防火防爆技术措施。露天储罐夏季要有降温措施。禁止使用易产生火花的机械设备和工具。

7.2　运输信息

危险货物编号：21037。

UN编号：1086。

包装类别：Ⅱ。

包装方法：钢制气瓶。

运输注意事项：铁路运输时应严格按照铁道部《危险货物运输规则》中的危险货物配装表进行配装。公路运输时要按规定路线行驶，禁止在居民区和人口稠密区停留。采用钢瓶运输时必须戴好钢瓶上的安全帽。运输时运输车辆应配备相应品种和数量的消防器材。严禁与氧化剂、食用化学品等混装、混运。夏季应早晚运输，防止日光曝晒。中途停留时应远离火种、热源。

7.3　废弃

（1）废弃处置方法　用控制焚烧法处置。焚烧炉排出的气体要通过酸洗涤器除去。

（2）废弃注意事项　处置前应参阅国家和地方有关法规。废物储存参见"储存注意事项"。

8　参考文献

［1］　刘易斯 R J，王绵珍.工作场所危险化学品速查手册，原著第 4 版［M］.王治明等译.北京：化学工业出版社，2008.

［2］　卢伟.工作场所有害因素危害特性实用手册［M］.北京：化学工业出版社，2008.

［3］　沙利特 H.氯乙烯［M］.李斌才等译.北京：科学出版社，1958.

［4］　陈志周，等.急性中毒［M］.北京：人民卫生出版社，1976.

［5］　胡望钧.常见有毒化学品环境事故应急处置技术与监测方法［M］.北京：中国环境科学出版社，1993.

［6］　王民生，蒋晓红，常元勋.氯乙烯致癌作用与危险度评价［J］.江苏预防医学，2012，（2）：39-42.

［7］　王笑笑，李斌，肖经纬.035 氯乙烯生殖毒性研究现状［J］.国外医学（卫生学分册），2008，（3）：147-150.

［8］　北京化工研究院环境保护所/计算中心.国际化学品安全卡（中文版）查询系统 http：//icsc. brici. ac. cn/［DB］.2016.

［9］　安全管理网.MSDS 查询网 http：//www. somsds. com/［DB］.2016.

萘

1 名称、编号、分子式

萘（naphthalene）是由两个苯环构成的最简单的稠环芳香烃，俗称"卫生球"，是一种无色或白色有光泽的鳞片状单斜结晶。在工业上，萘常以粗萘（工业萘和压榨萘）和精萘等产品形式出现，可由煤焦油分离和石油提炼制得。萘基本信息见表 22-1。

表 22-1　萘基本信息

中文名称	萘
中文别名	环烷；粗萘；精萘；骈苯；樟脑丸
英文名称	naphthalene
英文别名	bicyclo；decapentaene；tar camphor
UN 号	固体：1334 熔融：2304
CAS 号	1314-22-3
ICSC 号	0667
RTECS 号	QJ0525000
EC 编号	601-052-00-2
分子式	$C_{10}H_8$
分子量	128.18

2 理化性质

萘为无色或白色有光泽的鳞片状单斜结晶，有温和的芳香气味，粗萘有特殊的煤焦油样臭味。难溶于水，微溶于乙醇，易溶于醚及苯中。能挥发并易升华，能水蒸气蒸馏。与空气形成爆炸性混合物，爆炸极限为 0.9%～5.9%。正常情况下，萘易发生典型的芳香亲电取代反应（如卤化、磺化、硝化）以及氧化、加氢、加氯等反应。萘理化性质一览表见表 22-2。

表 22-2　萘理化性质一览表

外观与性状	有挥发性的白色结晶，粗萘呈灰棕色，有煤焦油臭味
熔点/℃	80.2
沸点/℃	218
相对密度（水＝1）	1.16

相对蒸气密度(空气=1)	4.42
饱和蒸气压(52.6℃)/kPa	0.13
燃烧热/(kJ/mol)	5148.9
临界温度/℃	457.2
临界压力/MPa	4.05
辛醇/水分配系数的对数值	3.35
闪点/℃	79～80
引燃温度/℃	526
爆炸上限(体积分数)/%	59
爆炸下限(体积分数)/%	蒸气:0.9;粉尘:2.5g/m³
溶解性	不溶于水,溶于苯、醚、无水乙醇;能与水蒸气一同挥发
化学性质	萘易发生典型的芳香亲电取代反应以及氧化、加氢、加氯等反应
稳定性	稳定

3 毒理学参数

(1) **急性毒性** LD_{50} 为 490mg/kg(大鼠经口);人经口 5g,引起白内障及肾损害;人经口 5～15g,致死;儿童经口 2.0g,2d,致死。

(2) **亚急性和慢性毒性** 兔经口 1g/(kg·d),3d,眼睛见晶状体浑浊,20d 后形成白内障。兔吸入饱和蒸气 2h/d,2～3 个月,红细胞先增多后减少;400～500mg/m³,4h/d,5 个月,见晶状体浑浊。小鼠吸入 60～500mg/m³,5 个月,条件反射紊乱,尸检见呼吸系统损害。

(3) **代谢** 萘为两环多环芳烃,经呼吸道、消化道及皮肤等途径进入人体后,首先在肝微粒体内经细胞色素 P450(CYP)代谢为萘的 1,2 位环氧化物(NPO),NPO 进一步代谢有三条途径,一条为在环氧化物水解酶的作用下催化水解为反-1,2-二氢-1,2-二羟基萘,失水为 2-萘酚,或者脱氢为邻萘醌或对萘醌;或是重排为 1-萘酚,与硫酸或葡糖醛酸结合;或是与谷胱甘肽结合,并最终以巯基尿酸的形式排出。

人体中的萘大部分以萘巯醇尿酸经肾排出,使尿液呈暗褐色,也可与葡萄糖醛酸和硫酸结合随尿排出。

(4) **中毒机理** 萘的毒理作用为对局部具有刺激作用,吸收后可使肝脏呈胆小管阻塞性"肝炎病变"。同时也可直接损害肝脏,引起局灶性肝组织坏死;尚可直接作用于红细胞,使之破坏,发生急性溶血现象;也可引起中毒性肾病、视神经病和晶状体浑浊。

(5) **致畸性** 在孕期的第 6～15 天给受孕大鼠分别以 60mg/kg、600mg/kg、1000mg/kg 的萘量染毒,实验结果各组均未见致畸效应。一项生殖毒理学试验表明,雌鼠在孕期的第 7～14 天时暴露萘,发现所生仔鼠存活率明显减少。兔给予 5925mg/kg(给药途径不详),发现胎儿的肌肉骨骼及心血管系统有畸变,说明萘有一定的致畸作用。

(6) **生殖毒性** 小鼠经口,最低中毒剂量(TDL_0)为 2400mg/kg(孕 7～14d),影响活产指数,影响存活指数(如活产在第 4 天时的存活数)。

(7) **致癌性** 大鼠皮下，最低中毒剂量（TDL_0）为 3500mg/kg（12 周，间歇），疑致肿瘤剂，致淋巴瘤，包括何杰金病，致子宫肿瘤。小鼠吸入最低中毒浓度（TCL_0）为 30ppm（6h），致肺肿瘤。

(8) **致突变性** 细胞遗传学分析：仓鼠卵巢 30mg/L。姐妹染色单体交换：仓鼠卵巢 15mg/L。

(9) **危险特性** 遇火、高热时可燃，放出有毒的刺激性烟雾，可能致癌，粉体与空气可形成爆炸性混合物，当达到一定浓度时，遇火星会发生爆炸。与强氧化剂如铬酸酐、氯酸盐和高锰酸钾等接触，能发生强烈反应，引起燃烧或爆炸。

4 对环境的影响

4.1 主要用途

萘是合成酞酸、氨茴酸、萘酚、萘胺、萘磺酸、赛璐珞、树脂等工业原料的中间体，也广泛用于制备蒽醌、靛青和水杨酸杀虫剂。在生产实践和生活中，萘常用作土壤熏蒸剂、驱虫剂（卫生球）和厕所的除臭剂，也是兽药和畜禽消毒剂的主要成分。萘也是基本化工原料，主要用于生产减水剂、扩散剂、分散剂、苯酐、各种萘酚、萘胺等，是生产合成树脂、增塑剂、橡胶防老剂、表面活性剂、合成纤维、染料、涂料、农药、医药和香料等的原料。

4.2 环境行为

环境中萘的来源主要有两个方面：一是来源于自然环境，如藻类、细菌和植物合成以及火山喷发等；二是来源于人类活动，主要由含碳物质的不完全燃烧所产生，如石油产品、木材、香烟和炭燃烧时所产生的烟尘，车辆排放的 2-甲基萘的转化等。此外，涉萘化工生产过程，如炼煤、炼焦、沥青制造等也是萘的长期来源。

萘易挥发，排放到环境中的萘绝大部分先进入大气，在大气里萘绝大部分以非颗粒结合的气态形式存在，在悬浮颗粒物中往往检测不到或只检出低浓度的萘。萘不易通过干湿沉降从大气中清除，研究表明杭州市一条交通干线空气、降尘、雨水和地表径流中萘占全部 PAHs 的比例分别是 74%、3.8%、1.9%和 2.5%。

而随着炼煤、炼焦、沥青生产等工业过程排放的废水进入水环境中的萘则由于其在水中的低溶解度、高脂溶性，易累积在底泥、有机质和生物体内。

此外，由于萘的丰度系数（土壤中的丰度与大气中的丰度的比值）为 372，远大于 1，表明萘进入土壤后很容易挥发返回大气，部分萘可以溶解后向下层迁移，在水稻土的下层萘含量仍可达到较高水平。土壤中粒径小于 2m 的颗粒对萘有较强的吸附能力，土壤微生物对萘有降解作用，受污染土壤中的微生物降解活性可能提高。进入土壤的萘也能被植物的地下部分吸收，从而进入食物链。生物体中的污染物则可以通过生物富集。

4.3 人体健康危害

(1) **暴露/侵入途径** 暴露/侵入途径包括吸入、食入、眼睛接触及经皮吸收。

(2) **健康危害** 具有刺激作用，高浓度致溶血性贫血及肝、肾损害。①急性中毒：吸入高浓度萘蒸气或粉尘时，出现眼及呼吸道刺激、角膜浑浊、头痛、恶心、呕吐、食欲减退、腰痛、尿频，尿中出现蛋白及红、白细胞；亦可发生视神经炎和视网膜炎，重者可发生中毒性脑病和肝损害。口服中毒主要引起溶血及黄疸，其他症状包括恶心、呕吐、腹泻及肠胃出血，甚至伤害肾脏、肝脏、影响神经系统而造成行为改变、痉挛及昏迷等。1.15×10^{-6} 的蒸气浓度会造成刺激，连续暴露于此浓度或更高浓度会严重伤害眼睛。②慢性中毒：反复接触萘蒸气，可引起头痛、恶心、呕吐和血液系统损害，可引起白内障、视神经炎和视网膜病变。皮肤接触可引起皮炎。

4.4 接触控制标准

中国 MAC (mg/m^3)：—。

中国 PC-TWA (mg/m^3)：50（皮，G2B）。

中国 PC-STEL (mg/m^3)：75（皮，G2B）。

美国 TLV-TWA：OSHA 10ppm，$52mg/m^3$；ACGIH 10ppm，$52mg/m^3$。

美国 TLV-STEL：ACGIH 15ppm，$79mg/m^3$。

萘生产及应用相关环境标准见表 22-3。

表 22-3　萘生产及应用相关环境标准

标准名称	限制要求	标准值	
《展览会用地土壤环境质量评价标准(暂行)》(HJ 350—2007)	土壤环境质量评价标准限值	A 级	B 级
		54mg/kg	530mg/kg

5　环境监测方法

5.1　现场应急监测方法

便携式气相色谱法：使用专用的注射器采集事故现场样品，诸如便携式气相色谱仪，通过外标法进行定性定量测定。

5.2　实验室监测方法

萘的实验室监测方法见表 22-4。

表 22-4　萘的实验室监测方法

监测方法	来源	类别
乙醚-乙醇比色法	《化工企业空气中有害物质测定方法》，化学工业出版社	化工企业空气
高效气相色谱法	《城市和工业废水中有机化合物分析》，王克欧等译	废水
气相色谱法	《空气中有害物质的测定方法》(第二版)，杭士平主编	空气
	《固体废弃物试验分析评价手册》，中国环境监测总站等译	固体废物
	《工业甲基萘　甲基萘和萘含量的测定　气相色谱法》(YB/T 5154—2016)[①]	工业萘
气相色谱-质谱法	《化妆品中萘、苯并[a]蒽等9种多环芳烃的测定　气相色谱-质谱法》(GB/T 29670—2013)	化妆品中的萘

监测方法	来源	类别
溶剂解吸-气相色谱法	《工作场所有害物质监测方法》,徐伯洪、闫慧芳主编	空气
色谱/质谱法	美国 EPA524.2(4.1 版)[②]	水质

① 适用于煤焦油经分馏所得的工业甲基萘和萘含量的测定。
② EPA 524.2（4.1版）是为配合美国国家饮用水的 EPA 标准而制定，在实际监测中优先执行我国标准。

6 应急处理处置方法

6.1 泄漏应急处理

（1）**应急行为** 隔离泄漏污染区，限制人员进入，直至外溢区完全清理干净为止；切断火源；由受训人员负责清理工作；应急处理人员必须穿戴个人防护装备。

（2）**应急人员防护** 戴自给式呼吸器，穿一般作业工作服。不要直接接触泄漏物。

（3）**环保措施** 小量泄漏时应避免扬尘，使用无水化工具收集于干燥、洁净、有盖的容器内并运至空旷处引爆；或在保证安全的情况下，就地焚烧。如遇大量泄漏应用塑料布、帆布覆盖，以减少飞散，并使用无火花工具收集、回收或运至废物处理场所处置。

（4）**消除方法** 不得触碰外泄物质，同时应避免外泄物质进入下水道或密闭的空间内；尽可能在保证安全的情况下设法阻漏或减漏；将外泄物铲入干净且干燥的容器内，加以标示并密封并用水冲洗外泄物区域；大量泄漏时，应及时联络消防部门或相关应急处理单位寻求协助。

6.2 个体防护措施

（1）**工程控制** 生产过程应密闭，且应使用局部排气或整体换气装置；若进行加热作业或有雾滴生成，宜采用局部排气装置；集尘容器应在法规容许范围内，安置于室外。

（2）**呼吸系统防护** 高浓度蒸气接触可应佩戴过滤式防毒面具（半面罩）；可能接触起粉尘时，建议佩戴自吸过滤式防尘口罩。

（3）**眼睛防护** 佩戴化学安全护目镜、面罩。

（4）**身体防护** 应穿着防毒物渗透工作服。

（5）**手防护** 佩戴防渗手套，材质以 Teflon 为佳。

（6）**其他** 工作后尽快脱掉污染的衣物，洗净后才可以再穿戴或丢弃，且须告知洗衣人员污染物的危害性；工作场所严禁抽烟或饮食；处理此物后，必须彻底洗手；维持工作场所的清洁。

6.3 急救措施

（1）**皮肤接触** 立即脱去受污染的衣、鞋及皮制品并擦除沾染的化学品；用水及非摩擦性肥皂小心彻底地冲洗 5min 以上；立即就医；污染的衣物、鞋及皮制品必须彻底清除干净才可再用或丢弃。

（2）**眼睛接触** 立即擦除沾染的化学品，但勿揉眼；让泪水自然流数分钟；若仍有粉尘粒，撑开眼皮，用温水缓和冲洗 5min 以上；立即就医。

（3）**吸入**　立即移走污染源或将患者移至新鲜空气处；立即就医。

（4）**食入**　若患者即将丧失意识、勿经口喂食任何食物；用水让患者彻底漱口且勿催吐；让患者喝下 240～300mL 的水；若患者自发呕吐，让其漱口并反复给水；若患者呼吸停止，则应由受训人员进行人工呼吸；若心脏停止则立即进行心肺复苏术；立即就医。

（5）**灭火方法**　适用灭火剂为雾状水、二氧化碳、砂土。切勿将水流直接射至熔融物，以免引起严重的流淌火灾或引起剧烈的沸溅。

6.4　应急医疗

（1）**诊断要点**

① 急性中毒。吸入性的急性中毒表现为眼和呼吸道黏膜刺激症状及头痛恶心、呕吐、多汗、食欲减退、腰痛、尿频等症状，严重时可致血管内溶血。口服中毒者常见溶血性贫血及黄疸，其他症状如恶心、呕吐、腹痛、腹泻及肠胃出血，伤害肾脏、肝脏，甚至影响神经系统而造成行为改变、痉挛及昏迷等，口服中毒的平均成人致死量为 5～15g。有使用土法提纯萘而致急性、重度中毒的报告。患者表现为立即倒地昏迷、频发抽搐，眼结膜高度充血，呼吸急促，蛋白尿及尿胆原阳性，心电图窦性心动过缓和不齐、ST 段抬高。拯救清醒后遗留语言障碍。急性重症中毒主要是引起中毒性脑病，表现为严重的黏膜刺激症状及心、肾等损害。

② 慢性中毒。中毒表现有眼角膜溃疡、晶状体浑浊、视神经炎、视网膜脉络膜炎等；皮肤接触慢性影响表现为皮肤过敏；实验室检查重症患者尿常规见血尿、蛋白尿、血红蛋白尿；血常规表现为血红蛋白偏低，网织红细胞增多；肝、肾功能损害。

（2）**处理原则**　口服中毒者，应催吐，用 2% 碳酸氢钠或 1:5000 高锰酸钾溶液洗胃、导泻，并给予牛奶、蛋清等保护胃黏膜。吸入中毒者，应立即移至空气新鲜处，吸氧并给予对症治疗、输液、给予激素、利尿、抗炎、改善脑功能、防治脑水肿。注意保护肝、肾功能，碱化尿液防治溶血，视神经损害给予维生素和激素。皮肤污染，用大量清水冲洗，对症处理。中毒后忌用油脂类及酒精。

（3）**预防措施**　萘作业环境应通风良好，室温不宜过高。工人应加强个人防护，如戴防护眼镜、口罩或面罩，穿防护衣等。在工作场所勿进食，工作后淋浴。工人应定期做眼科及血、尿检查。

7　储运注意事项

7.1　储存注意事项

储存区应清楚标示、照明良好；储放于阴凉、通风的仓间内。远离不相容物、火种、热源，防止阳光直射。储存区应备有足够的消防装备，且保持清洁；限量储存，并远离制程区、生产区、升降梯及逃生或出入口。在氮气中操作处置。

7.2　运输信息

危险货物编号：41511。

UN 编号：1334。

包装类别：Ⅲ。

(1) 包装方法 包装采用塑料袋、多层牛皮纸袋外加全开口钢桶；螺纹口玻璃瓶、铁盖压口玻璃瓶、塑料瓶或金属桶（罐）外加木板箱；薄钢板桶、镀锡薄钢板桶（罐）外加花格箱。

(2) 运输注意事项 运输时运输车辆应配备相应品种和数量的消防器材及泄漏应急处理设备。运输时切忌与氧化剂、食用化学品等混装混运，且要轻装轻卸，防止包装和容器损坏。

7.3 废弃

(1) 废弃处置方法 用控制焚烧法或安全掩埋法处置。

(2) 废弃注意事项 处置前应参阅国家和地方有关法规。废物储存参见"储存注意事项"。

8 参考文献

［1］ 环境保护部.国家污染物环境健康风险名录（化学第一分册）［M］.北京：中国环境科学出版社，2011.

［2］ 危险化学品环境数据手册（第2部分）.

［3］ 陈志周，等.急性中毒［M］.北京：人民卫生出版社，1976.

［4］ 卢伟.工作场所有害因素危害特性实用手册［M］.北京：化学工业出版社，2008.

［5］ 石辉，孙亚平.萘在土壤上的吸附行为及温度影响的研究［J］.土壤通报，2010，2：308-313.

［6］ 秦雨.浅层地下水中萘的迁移转化机理及模拟预测研究［D］.吉林大学，2010.

［7］ 北京化工研究院环境保护所/计算中心.国际化学品安全卡（中文版）查询系统 http：//icsc. bri-ci. ac. cn/［DB］. 2016.

［8］ 安全管理网.MSDS 查询网 http：//www.somsds.com/［DB］. 2016.

砷化氢

1 名称、编号、分子式

砷化氢又称砷化三氢、砷烷、胂，是最简单的砷化合物，无色、剧毒、可燃气体。砷化氢一般由金属砷与锌反应生成锌化砷，砷化锌再与硫酸反应得精砷烷，经多级吸附纯化可制得高纯的砷烷产品。尽管它杀伤力很强，在半导体工业中仍广泛使用，也可用于合成各种有机砷化合物。砷化氢基本信息见表 23-1。

表 23-1　砷化氢基本信息

中文名称	砷化氢
中文别名	砷烷;砷化三氢;砷烷;胂
英文名称	arsine
英文别名	arsenic hydride;arsenic trihydride;arseniuretted hydrogen
UN 号	2188
CAS 号	7784-42-1
ICSC 号	0222
RTECS 号	CG6475000
EC 编号	033-006-00-7
分子式	AsH_3
分子量	77.9
规格	—

2 理化性质

砷化氢是一种无色、稍具有大蒜样臭味的气体，无明显刺激性，它是砷和氢的高毒性分子衍生物。砷化氢是易燃气体，遇明火易燃，燃烧呈蓝色火焰并生成三氧化二砷。它溶于水，微溶于乙醇、碱液，溶于氯仿、苯。水溶液呈中性。砷化氢理化性质一览表见表 23-2。

表 23-2　砷化氢理化性质一览表

外观与性状	无色气体,有大蒜臭味
熔点/℃	−116

沸点/℃	−62
相对密度(水=1)	1.689
相对蒸气密度(空气=1)	2.66
饱和蒸气压(20℃)/kPa	1463
临界温度/℃	99.95
临界压力/MPa	6.55
辛醇/水分配系数的对数值	0.68
闪点/℃	−110
爆炸上限/%	100
爆炸下限/%	4.5
溶解性	溶于水,微溶于乙醇、碱液,溶于苯、氯仿
化学性质	砷化氢在水中迅速水解生成砷酸和氢化物。遇明火易燃烧,燃烧呈蓝色火焰并生成三氧化二砷。加热时和在光与湿气的作用下,该物质分解生成砷有毒烟雾。加热至300℃时,可分解为元素砷。与强氧化剂反应,有爆炸的危险。受撞击、摩擦或振动时,可能发生爆炸性分解

3 毒理学参数

(1) **急性毒性**　大鼠吸入 $390mg/m^3$,10min 死亡;小鼠吸入 $250mg/m^3$,10min 死亡。人吸入的最低中毒剂量为 3×10^{-6};人吸入 25×10^{-6},30min 死亡;人吸入 300×10^{-6},5min 死亡。

(2) **亚急性与慢性毒性**　各种动物在反复吸入 $12 \sim 36mg/m^3$ 本品时,可见血红蛋白和红细胞减少,其体征有溶血、贫血和黄疸。

(3) **代谢**　砷化氢可经呼吸、食物、饮水和皮肤进入体内。经呼吸道吸入后,随血循环分布至全身。其中以肝、肺、脑含量较高。当人脱离接触后,砷化氢部分以原形自呼气中排出;如肾功能未受损,砷-血红蛋白复合物及砷的氧化物可随尿排出。

(4) **中毒机理**　砷化氢是强烈的溶血性毒物。砷化氢引起的溶血机理目前尚不十分清楚,一般认为血液中 90%~95%砷化氢与血红蛋白结合,形成砷-血红蛋白复合物,通过谷胱甘肽氧化酶的作用,使还原型谷胱甘肽氧化为氧化型谷胱甘肽,红细胞内还原型谷胱甘肽下降,导致红细胞膜钠-钾泵作用破坏,红细胞膜破裂,出现急性溶血和黄疸。

(5) **致癌性**　IARC (International Agency for Research on Cancer,国际癌症研究机构) 将砷及其无机化合物列为 G1——确认人类致癌物。

(6) **危险特性**　砷化氢是强还原剂。与空气混合能形成爆炸性混合物。遇明火、高热能引起燃烧爆炸。

4 对环境的影响

4.1 主要用途

砷化氢在工业上可用于合成与微电子学及固态镭射有关的半导体材料,如外延硅的 N

型掺杂、硅中 N 型扩散、离子注入、生产砷化镓（GaAs）、磷砷化镓（GaAsP）以及与某些元素形成化合物半导体，还可用于有机合成、军用毒气，及应用于科研或某些特殊实验中，以及用于大规模集成电路中。

4.2 环境行为

(1) **代谢和降解**　含砷矿石冶炼工业中会产生砷化氢废气，早期国外对砷化氢尾气的处理是采用化学吸收法，如利用氧化物质高锰酸钾、次氯酸钠、硝酸银等水溶液与砷化氢发生氧化还原反应，转化为无毒或者低毒物质，当前，为避免二次污染，可增设废液过滤工序进行处理。此外，固体吸附剂处理操作方便，处理深度高，并且无二次污染，如金属氧化物、金属有机化合物等。砷元素在土壤和水体中主要以三价砷和五价砷的形式存在，存在于微生物表面的多种极性官能团可以与砷离子发生定量化和反应，已达到专性吸附的作用。

(2) **迁移转化**　砷化氢主要来自于有色冶炼行业，在工业生产中，由于夹杂砷的金属矿石与工业硫酸或者盐酸相遇时可产生砷化氢，含砷的硅铁等冶炼和储存时，接触潮湿空气或用水浇熄炽热的含砷矿物炉渣时，均可产生砷化氢。日常生产和生活中接触的砷化氢，主要来源于生产程中的副反应产物或环境中自然形成的污染物。砷化氢是一种剧毒气体，工业中产生的尾气一定要经过严格的尾气处理。

4.3 人体健康危害

(1) **暴露/侵入途径**　暴露/侵入途径主要是由呼吸道吸入。

(2) **健康危害**　本品为强烈溶血毒物，红细胞溶解后的产物可堵塞肾小管，引起急性肾功能衰竭。①急性中毒：一般在十多个小时内即出现溶血症状和体征。轻者全身无力、恶心、呕吐、腰痛、巩膜轻度黄染、尿色深暗；较重者出现寒战，体温升高，尿呈酱油色甚至黑色，黄疸加深，肝脏肿大；严重时导致急性肾功衰竭，病人全身症状加重，体温升高，出现尿闭，可因急性心力衰竭和尿毒症而死亡。②慢性影响：长期在低浓度环境中作业主要表现为头痛、乏力、恶心、呕吐，较重者可有多发性神经炎，常伴有贫血。

4.4 接触控制标准

中国 MAC（mg/m^3）：0.3（G1）。

中国 PC-TWA（mg/m^3）：—。

中国 PC-STEL（mg/m^3）：—。

美国 TLV-TWA：ACGIH 0.05ppm，0.16mg/m^3。

美国 TLV-STEL：—。

砷化氢生产及应用相关环境标准见表 23-3。

表 23-3　砷化氢生产及应用相关环境标准

标准名称	限值要求	标准值
《再生铜、铝、锌工业污染物排放标准》(GB 31574—2015)	再生有色金属企业大气污染物排放限值(砷及其化合物)	①大气污染物特别排放限值(车间或生产设施排气筒)：0.4mg/m^3 ②企业边界大气污染物限值：0.01mg/m^3

标准名称	限值要求	标准值
《无机化学工业污染物排放标准》（GB 31573—2015）	无机化学工业大气污染物排放限值（砷及其化合物）	①大气污染物特别排放限值（车间或生产设施排气筒）：0.5mg/m³ ②企业边界大气污染物限值：0.001mg/m³
《铜、钴、镍工业污染源排放标准》（GB 25467—2010）	新建和现有企业大气污染物排放浓度限值（砷及其化合物）	①铜冶炼：0.4mg/m³ ②镍、钴冶炼：0.4mg/m³ ③烟气制酸：0.4mg/m³
	现有和新建企业边界大气污染物浓度限值（砷及其化合物）	0.01mg/m³

5 环境监测方法

5.1 现场应急监测方法

(1) **便携式气体检测仪** 用定位电解式仪器进行测定。

(2) **快速化学检测方法** 用氯化汞指示纸或氯化金检测管测定。

5.2 实验室监测方法

砷化氢的实验室监测方法见表 23-4。

表 23-4 砷化氢的实验室监测方法

监测方法	来源	类别
二乙基二硫代氨基甲酸银分光光度法	《固定污染源废气 砷的测定 二乙基二硫代氨基甲酸银分光光度法》（HJ 540—2016）	固定污染源废气
电感耦合等离子体质谱法	《空气和废气 颗粒物中铅等金属元素的测定 电感耦合等离子体质谱法》（HJ 657—2013）	空气和废气

6 应急处理处置方法

6.1 泄漏应急处理

(1) **应急行为** 迅速撤离泄漏污染区人员至上风处，并立即隔离 450m，严格限制出入。切断电源。

(2) **应急人员防护** 戴自给正压式呼吸器，穿防毒服。

(3) **环保措施** 合理通风，加速扩散。用喷雾状水稀释、溶解。构筑围堤或挖坑收容产生的大量废水。

(4) **消除方法** 若有可能，将漏出气用排风机送至空旷地方或装设适当的喷头烧掉。漏气容器要妥善处理，修复、检查后再用。

6.2 个体防护措施

(1) **工程控制** 严加密闭，提供充分的局部排风，尽可能机械化、自动化，提供安全淋浴和洗眼设备。

(2) **呼吸系统防护** 正常工作情况下，佩戴过滤式防毒面具（全面罩）。高浓度环境中，必须佩戴空气呼吸器或氧气呼吸器。紧急事态抢救或撤离时，建议佩戴空气呼吸器。

(3) **眼睛防护** 呼吸系统防护中已作防护。

(4) **身体防护** 穿面罩式胶布防毒衣。

(5) **手防护** 戴橡胶手套。

(6) **其他** 工作现场严禁吸烟、进食和饮水。工作完毕，淋浴更衣。保持良好的卫生习惯。进入罐、限制性空间或其他高浓度区作业，须有人监护。

6.3 急救措施

(1) **吸入** 迅速脱离现场至空气新鲜处。保持呼吸道通畅。如呼吸困难，给输氧。如呼吸停止，立即进行人工呼吸。就医。

(2) **皮肤** 冻伤时，用大量水冲洗，不要脱去衣服，给予医疗护理。

(3) **眼睛** 先用大量水冲洗几分钟（如可能易行，摘除隐形眼镜），然后就医。

(4) **灭火方法** 消防人员必须佩戴过滤式防毒面具（全面罩）或隔离式呼吸器、穿全身防火防毒服，在上风处灭火。切断气源。若不能立即切断气源，则不允许熄灭正在燃烧的气体。喷水冷却容器，可能的话将容器从火场移至空旷处。适用灭火剂有雾状水、泡沫、干粉。

6.4 应急医疗

(1) **诊断要点**

① 急性中毒主要表现为不同程度的急性溶血和肾脏损害。中毒程度与吸入砷化氢的浓度密切相关。潜伏期越短则临床表现也越严重。在急性中毒尤其在早期，尿砷可正常，早期检查尿常规、尿胆原、黄疸指数以及网织红细胞等，有助于诊断。

② 轻度中毒有头晕、头痛、乏力、恶心、呕吐、腹痛、关节及腰部酸痛，皮肤及巩膜轻度黄染等症状。血红细胞及血红蛋白降低。尿呈酱油色，隐血阳性，蛋白阳性，有红、白细胞。血尿素氮增高。可伴有肝脏损害。

③ 重度中毒发病急剧，有寒战、高热、昏迷、谵妄、抽搐、紫绀、巩膜及全身重度黄染。少尿或无尿。贫血加重，网织红细胞明显增多。尿呈深酱色，尿隐血强阳性。血尿素氮明显增高，出现急性肾功能衰竭，并伴有肝脏损害。根据职业接触史、现场调查，典型病例诊断并不困难。早期症状需与急性胃肠炎和急性感染相鉴别。发生溶血后，须与其他原因引起的溶血相鉴别。

(2) **处理原则** 立即脱离接触，安静、给氧、保护肝、肾和支持、对症治疗。为减轻溶血反应及其对机体的危害，应早期使用大剂量肾上腺糖皮质激素，并用碱性药物使尿液碱化，以减少血红蛋白在肾小管的沉积。也可早期使用甘露醇以防止肾功能衰竭。重度中毒肾功能损害明显者需用透析疗法，应及早使用；根据溶血程度和速度，必要时可采用换血疗法。

　　巯基类解毒药物并不能抑制溶血，反而会加重肾脏负担，所以。驱砷药物应在中毒后数日溶血反应基本停止后才使用。

　　（3）预防措施　禁止明火、禁止火花和禁止吸烟。采用密闭系统，通风，采用防爆型电气设备和照明。如果为液体，防止静电荷积聚（例如，通过接地）。不要受摩擦或撞击。工作时佩戴保温手套、呼吸防护具、穿防护服。工作时不得进食、饮水或吸烟。

7　储运注意事项

7.1　储存注意事项

　　如果在建筑物内，请使用耐火设备（如有条件），并置于阴凉场所，沿地面通风。远离火种、热源。库温不宜超过 30℃。应与氧化剂、食用化学品分开存放，切记混储。采用防爆型照明、通风设施。禁止使用易产生火花的机械设备和工具。储区应备有泄漏应急处理设备。应严格执行极毒物品"五双"管理制度。

7.2　运输信息

　　危险货物编号：23006。

　　UN 编号：2188。

　　包装类别：Ⅱ。

　　包装方法：包装标志为有毒气体；副标志为易燃气体。需要采用不锈钢钢瓶装。

　　运输注意事项：轻装轻卸，防止钢瓶及附件破损。运输按规定路线行驶，勿在居民区和人口稠密区停留。铁路运输时需报铁路局进行试运，试运期为两年。试运结束后，写出试运报告，报铁路运输主管部门正式公布运输条件。铁路运输时应严格按照铁路运输主管部门制定的《危险货物运输规则》中的危险货物配装表进行配装。采用钢瓶运输时必须戴好钢瓶上的安全帽。钢瓶一般平放，并应将瓶口朝同一方向，不可交叉，高度不得超过车辆防护栏板，并用三角木垫卡牢，防止滚动。运输时运输车辆应配备相应品种和数量的消防器材。车辆排气管必须配备阻火装置，禁止使用易产生火花的机械设备和工具装卸。

7.3　废弃

　　处置前应参阅国家和地方有关法规，或与厂家或制造商联系，确定处置方法。

8　参考文献

　　[1]　环境保护部.国家污染物环境健康风险名录（化学第一分册）[M].北京：中国环境科学出版社，2009：369-373.

　　[2]　天津市固体废物及有毒化学品管理中心.危险化学品环境数据手册 [M].

　　[3]　郑州轻工业学院图书馆化学品数据库：http：//www.basechem.org/chemical/1388#dulixue.

　　[4]　Chemical book.CAS 数据库 http：//www.chemicalbook.com/ProductMSDSDetailCB5413313.htm.

　　[5]　黄坚芳，翁培兰，何翠丽.急性砷化氢中毒急救护理现状 [J].齐鲁护理杂志，2012，34：45-47.

[6]　王海兰.砷化氢的职业危害与防护［J］.现代职业安全，2014，7：106-108.

[7]　仇勇海，陈白珍.砷化氢的毒性及在铜净液中的防治［J］.有色冶炼，2001，2：36-38.

[8]　郭秀丽.砷化氢尾气处理方法的研究［J］.山东化工，1996，3：27-29.

[9]　谢文清.砷化氢气体处理新工艺的研究及工业设计方案［J］.中国有色冶金，2016，3：60-63.

[10]　胡莲波，张楠，黄卫东.急性砷化氢中毒治疗进展［J］.中华危重症医学杂志（电子版），2010，5：342-345.

四氯化碳

1 名称、编号、分子式

四氯化碳（carbon tetrachloride）又名四氯甲烷和全氯甲烷，它以商业用途用于工业生产已有 100 年了。四氯化碳的毒性较高，长期接触可引起肝癌。四氯化碳的生产方法较多，有甲烷热氯化法、二硫化碳氯化法、联产四氯乙烯法、光气催化法、甲烷氧氯化法、高压氯解法、甲醇氢氯化法等。最常用的是甲烷热氯化法和二硫化碳氯化法。四氯化碳基本信息见表 24-1。

表 24-1 四氯化碳基本信息

中文名称	四氯化碳
中文别名	四氯甲烷；全氯甲烷
英文名称	carbon tetrachloride
英文别名	tetrachloromethane perchloromethane benzimoform
UN 号	1846
CAS 号	56-23-5
ICSC 号	0024
RTECS 号	FG4900000
EC 编号	602-008-00-5
分子式	CCl_4
分子量	153.8
规格	工业级：一级≥99.5%；二级≥99.0%

2 理化性质

四氯化碳是一种无色液体，易挥发、不易燃。具氯仿的微甜气味，能起到麻醉的作用，有毒。四氯化碳具有正四面体结构，因此它是一种非极性分子，微溶于水，可溶于乙醇、乙醚、氯仿等有机溶剂，它本身又是一种良好的溶剂，能溶解脂肪、油类、树脂、涂料以及无机物碘等。四氯化碳理化性质一览表见表 24-2。

表 24-2　四氯化碳理化性质一览表

外观与性状	无色有特臭的透明液体,极易挥发
所含官能团	—Cl
熔点/℃	−22.6
沸点/℃	76.5
相对密度(水=1)	1.6
相对蒸气密度(空气=1)	5.3
饱和蒸气压(23℃)/kPa	13.33
燃烧热(25℃,液体)/(kJ/mol)	258.24
临界温度/℃	283.15
临界压力/MPa	45.58
辛醇/水分配系数的对数值	2.6
折射率(20℃)	1.46
黏度(20℃)/(mPa·s)	0.965
生成热(25℃,液体)/(kJ/mol)	135.5
比热容(20℃)/[kJ/(kg·K)]	0.866
溶解性	微溶于水,易溶于醇、醚、石油醚、石脑油、冰乙酸、二硫化碳、氯代烃等大多数有机溶剂
化学性质	四氯化碳化学性质不活泼,不助燃,与酸、碱不起作用,但对某些金属(如铝、铁)有明显的腐蚀作用。与高温表面或火焰接触,该物质分解生成有毒和腐蚀性烟雾氯化氢、氯气和光气。与某些金属,如铝、镁、锌发生反应,有着火和爆炸危险。遇水产生腐蚀性。与许多化合物接触发生剧烈反应,与氧化剂和重铬酸盐接触发生更剧烈的反应

3　毒理学参数

(1) **急性毒性**　LD_{50}：2350mg/kg（大鼠经口）；5070mg/kg（大鼠经皮）。LC_{50}：50400mg/m^3（大鼠吸入，4h）。LC_{50}：27~125mg/L（蓝鳃太阳鱼，96h）；20.8~41.4mg/L（黑头呆鱼，96h）。人经口29.5mL，死亡；人吸入320g/m^3，5~10min后死亡；人吸入150~200g/m^3，0.5~1h有生命危险；人吸入15g/m^3，5min后出现眩晕、头痛、失眠、脉率快；人吸入1~2g/m^3，30min后出现轻度恶心、头痛，脉率和呼吸加快；人吸入0.6~0.7g/m^3，可耐受3h。

(2) **亚急性和慢性毒性**　动物吸入400ppm，7h/d，5d/周，173d，部分动物127d后死亡，出现肝肾肿大，肝脂肪变性，肝硬化，肾小管上皮退行性病变。

(3) **代谢**　CCl_4 及其分解产物可经呼吸道吸收，皮肤接触吸收也快，在体内代谢迅速，吸入后约50%以原形自肺排出，20%在体内氧化转化，最终产物为二氧化碳。CCl_4 在肝细胞内质网经羟化酶作用，产生自由基—$C·Cl_3$，发生脂质过氧化，使内质网改变、溶酶体破裂和线粒体损伤及钙离子通透变化，引起肝细胞坏死。

(4) **中毒机理**　四氯化碳是典型的肝脏毒物，但接触浓度与频度可影响其作用部位及毒性。高浓度时，首先是中枢神经系统受累，随后累及肝、肾；而低浓度长期接触则主要表现为肝、肾受累。乙醇可促进四氯化碳的吸收，加重中毒症状。另外，四氯化碳可增加心肌对肾上腺素的敏感性，引起严重心律失常，人对四氯化碳的个体易感性差异较大。

(5) **刺激性** 家兔经皮 4mg，产生轻度刺激。家兔经眼 500mg(24h)，产生轻度刺激。

(6) **致突变性** 微生物致突变：鼠伤寒沙门菌 $20\mu L/L$。DNA 损伤：小鼠经口 335mol/kg。

(7) **生殖毒性** 大鼠经口最低中毒剂量（TDL_0）：2g/kg（孕 7～8d），引起植入后死亡率增加。大鼠经口最低中毒剂量（TDL_0）3619mg/kg（雄性，10d），引起睾丸、附睾和输精管异常。

(8) **致癌性** IARC（International Agency for Research on Cancer，国际癌症研究机构）致癌性评论：动物阳性，人类可疑。小鼠经口 $1250mg/(kg \cdot d)$ 共 78 周后，肝细胞癌发病率增高。

(9) **致畸性** 大鼠吸入 $300～1000\mu g/(g \cdot d)$（妊娠期 6～15d）对胚胎有致畸作用；三代繁殖试验大鼠吸入 $50～400\mu g/(g \cdot d)$，无胎毒和致畸作用。

(10) **危险特性** 本品不会燃烧，但遇明火或者高温易产生剧毒的光气和氯化氢烟雾。在潮湿的空气中逐渐分解成光气和氯化氢。

4 对环境的影响

4.1 主要用途

四氯化碳用途广泛，以往曾用作驱虫剂、干洗剂。目前主要作为化工原料，用于制造氯氟甲烷、氯仿和多种药物；作为有机溶剂，性能良好，用于油、脂肪、蜡、橡胶、涂料、沥青及树脂的溶剂；也用作灭火剂、熏蒸剂，以及机器部件、电子零件的清洗剂等。在其生产制造及使用过程中，均可有四氯化碳的接触。

4.2 环境行为

(1) **代谢和降解** 工业上的广泛应用使大量四氯化碳排放到环境中。排放到大气中的四氯化碳会消耗大量的臭氧，四氯化碳在光照条件下多次反应产生的一氧化氯自由基会与空气中的氧原子结合，生成氧气和氯自由基，由此大气中的臭氧不断被消耗。四氯化碳可以被微生物降解，在催化剂的作用下，微生物分泌出的单加氧酶或双加氧酶作用于 C—Cl 键，从而将四氯化碳分解为一氧化碳和氯代烷烃。此外由于 GB/T 16488—2012 和《地表水环境质量标准》（GB 3838—2002）中的测油方法以四氯化碳为萃取剂，对其废液的回收大多采用蒸馏法、活性炭吸附法、浓硫酸氧化法等方法。

(2) **残留与蓄积** 四氯化碳是一种难降解的有机氯化物，化学性质稳定，具有生物毒性，在自然环境中能够长期稳定存在，对生态环境造成长期危害。由于其具有高度挥发性和类脂物可溶性，很容易被皮肤、黏膜吸收而对生物和人体造成严重毒害。

(3) **迁移转化** 四氯化碳作为一种重要的工业原料和溶剂，被广泛应用于清洗、化工、制药等行业，四氯化碳通过挥发、泄漏和废水等途径进入环境，严重污染了土壤和水体。释放到环境中的四氯化碳大部分到达大气层并均匀分布。它在大气中的半衰期估计为 50 年。地面水中的四氯化碳可在几天或几周之内扩散到大气中，但地下水中的四氯化碳可在数月甚至数年内维持在同一水平。四氯化碳可被土壤中的有机质吸附，也可能扩散到地下水中。目前还未观察到四氯化碳的生物富集。

4.3 人体健康危害

(1) **暴露/侵入途径** 暴露/侵入途径有吸入、食入。

(2) **健康危害** 高浓度的四氯化碳蒸气对黏膜有轻度刺激作用，对中枢神经系统有麻醉作用，对肝、肾有严重损害。①急性中毒：吸入较高浓度的本品蒸气，最初出现眼和上呼吸道刺激症状，随后可出现中枢神经系统抑制和胃肠道症状。较严重病例数小时或数天后出现中毒性肝、肾损伤。重者甚至发生肝坏死、肝昏迷或急性肾功能衰竭。吸入极高浓度可迅速出现昏迷、抽搐，可因室颤和呼吸中枢麻痹而猝死。口服中毒肝肾损害明显。皮肤直接接触可致损害。②慢性中毒：引起神经衰弱综合征、肝肾损害、皮炎。

4.4 接触控制标准

中国 MAC（mg/m³）：—。

中国 PC-TWA（mg/m³）：15［皮］（G2B）。

中国 PC-STEL（mg/m³）：25［皮］（G2B）。

美国 TLV-TWA：OSHA 10ppm（上限值）；ACGIH 5ppm，31mg/m³［皮］。

美国 TLV-STEL：ACGIH 10ppm，63mg/m³［皮］。

四氯化碳生产及应用相关环境标准见表24-3。

表 24-3 四氯化碳生产及应用相关环境标准

标准名称	限制要求	标准值
《生活饮用水卫生标准》（GB 5749—2006）	水质常规指标及限值	2μg/L
《地表水环境质量标准》（GB 3838—2002）	集中式生活饮用水地表水源地特定项目标准限值	2μg/L
《污水综合排放标准》（GB 8798—1996）	第二类污染物最高允许排放浓度	一级：30μg/L 二级：60μg/L 三级：500μg/L
《展览会用地土壤环境质量评价标准（暂行）》（HJ 350—2007）	土壤环境质量评价标准限值	A级：0.2mg/kg B级：4mg/kg
《土壤环境质量标准（修订）》（GB 15618—2008）	土壤环境质量标准限值	居住用地：0.5mg/kg 商业用地：2mg/kg 工业用地：2mg/kg

5 环境监测方法

5.1 现场应急监测方法

(1) **气体快速检测管法** 使用气或水的检测管可做现场快速定性或半定量判断。

(2) **便携式气相色谱法** 使用带 ECD 检测器的小型气相色谱仪可在现场快速准确地测定。

5.2 实验室监测方法

四氯化碳的实验室监测方法见表 24-4。

表 24-4　四氯化碳的实验室监测方法

监测方法	来源	类别
顶空气相色谱法	《水质挥发性卤代烃的测定　顶空气相色谱法》(HJ 620—2011)	水质
吹扫捕集-气相色谱-质谱法	《展览会用地土壤环境质量评价标准(暂行)》(HJ 350—2007)	土壤
色谱/质谱法	美国 EPA524.2 方法[①]	水质

① EPA524.2 (4.1版) 是为配合美国国家饮用水的 EPA 标准制定的,在实际监测中,优先执行我国国家标准。

6 应急处理处置方法

6.1 泄漏应急处理

(1) **应急行为**　迅速撤离泄漏污染区人员至上风处,并进行隔离,严格限制出入。尽可能切断火源。

(2) **应急人员防护**　戴自给正压式呼吸器,穿防毒服。不要直接接触泄漏物。

(3) **环保措施**　尽可能切断泄漏源,防止进入下水道、排洪沟等限制性空间。小量泄漏:用活性炭或其他惰性材料吸收。大量泄漏:构筑围堤或挖坑收容;喷雾状水冷却和稀释蒸气,保护现场人员,但不要对泄漏点直接喷水。

(4) **消除方法**　用泵转移至槽车或专用收集器内,回收或运至废物处理所处置。

6.2 个体防护措施

(1) **工程控制**　生产四氯化碳的工序,要求严格密闭。使用四氯化碳的工序要充分通风。

(2) **呼吸系统防护**　空气中浓度超标时,应该佩戴直接式防毒面具(半面罩)。紧急事态抢救或撤离时,佩戴空气呼吸器。

(3) **眼睛防护**　戴安全护目镜。

(4) **身体防护**　穿防毒物渗透工作服。

(5) **手防护**　戴防化学品手套。

(6) **其他**　工作现场禁止吸烟、进食和饮水。工作完毕,沐浴更衣。单独存放被毒物污染的衣服,洗后备用。实行就业前和定期的体检,有肝、肾及器质性神经系统疾患者,不宜接触四氯化碳。

气体浓度 200×10^{-6} 以上的区域或未知浓度的状况,采用 A 级防护衣具,包括:气密式连身防护衣;正压全面式自携式空气呼吸器(置于防护衣内);防护手套(聚乙烯醇、聚乙烯/次乙基乙烯醇、特氟隆、腈橡胶材质);防护鞋(靴)。

气体浓度 200×10^{-6} 以下的区域且空气中氧气浓度高于 19.5% 者,采用 C 级防护衣具,包括：非气密式连身防护衣；全面式或半面式空气滤清式口罩（适用四氯化碳者）；防护手套（聚乙烯醇、聚乙烯/次乙基乙烯醇、特氟隆、丁腈橡胶材质）；防护鞋（靴）。

6.3 急救措施

(1) **诊断要点**

① 急性中毒：急性四氯化碳中毒的病理改变主要在肝脏，同时累及神经系统和肾脏。另外也可发生心肌炎、支气管炎以及大脑中毒退行性病变。临床症状如下。

潜伏期：一般 1～3d，也有短至数分钟者。潜伏期长短与接触剂量及侵入途径有关。经呼吸道或胃肠道吸收中毒的临床表现类似，均可出现中枢神经系统麻醉及肝、肾损害症状。

神经系统症状：可有头晕、头痛、乏力、精神恍惚、步态蹒跚、短暂意识障碍或昏迷等。极高浓度吸入时，可因延髓受抑制而迅速出现昏迷、抽搐，甚至突然死亡。

消化道症状：口服中毒时较明显。可有恶心、呕吐、食欲减退、腹痛、腹泻及黄疸、肝大、肝区压痛、肝功能异常等中毒性肝病征象。严重者可发生爆发性肝功能衰竭。肝损害症状多于发病第 2～4 天出现。

肾损害症状：可出现蛋白尿、红细胞尿、管型尿。严重者出现少尿、无尿、氮质血症等急性肾功能衰竭表现。

其他：少数患者可有心肌损害、心律失常。心室颤动及呼吸中枢麻痹多为致死原因。

吸入中毒者常伴有眼及上呼吸道刺激症状。有时可引起水肿。

② 慢性中毒：临床表现不具特异性，目前又缺乏可供诊断用的血、尿代谢物指标，且有可能存在化学毒物与肝炎病毒所致肝功能异常的交叉重叠，诊断较为困难。应注意与病毒性肝炎、药物性肝病及酒精性肝病相鉴别。

(2) **处理原则** 目前尚无特效解毒剂，主要采用一般急救措施及对症治疗。急性中毒时按以下措施治疗。

① 急性中毒时，应将患者迅速移出现场。脱去被污染的衣物。皮肤、眼睛受污染时可用清水或 2%碳酸氢钠溶液冲洗至少 15min 以上。口服中毒者必须及早洗胃，洗胃前，先服用液体石蜡或植物油以溶解四氯化碳。

② 患者应卧床休息，密切观察 3～4d，要注意尿常规、尿量、血肌酐及肝功能情况，及早发现肝、肾损害征象。

③ 早期给氧，给予高热量、高维生素及低脂饮食。

④ 积极防治神经系统及肝、肾功能损害，治疗原则同内科。出现少尿、无尿时应及早做血液透析或腹膜透析，以防治尿毒症、高钾血症等。

⑤ 忌用肾上腺素及含乙醇药物。

近年国外曾报道及早应用乙醚半胱氨酸可防止或减轻肝、肾功能损害。还有以高压氧治疗有效的报道。实验结果认为高压氧可减少四氯化碳在肝内自由基的形成，从而降低脂质过氧化作用，减轻肝损害。但国内尚未见报道。

(3) **预防措施** 应注意通风，局部排气或者进行呼吸防护。工作时应佩戴防护手套、面罩，或眼睛防护结合呼吸防护，穿防护服。工作时不得进食、饮水或吸烟，进食前洗手。

7 储运注意事项

7.1 储存注意事项

储存于阴凉、通风的库房。远离火种、热源。库温不超过30℃,相对湿度不超过80%。保持容器密封。应与氧化剂、活性金属粉末、食用化学品分开存放,切记混储。储区应备有泄漏应急处理设备和合适的收容材料。

7.2 运输信息

危险货物编号:61554。

UN编号:1846。

包装类别:Ⅱ。

包装方法:包装采用小开口钢桶;螺纹口玻璃瓶、铁盖压口玻璃瓶、塑料瓶或金属桶(罐)外加木板箱。

运输注意事项:运输前应先检查包装容器是否完整、密封,运输过程中要确保容器不泄漏、不倒塌、不坠落、不损坏。严禁与酸类、氧化剂、食品及食品添加剂混运。运输时运输车辆应配备泄漏应急处理设备。运输途中应防曝晒、雨淋,防高温。公路运输时要按照规定路线行驶。

7.3 废弃

(1) **废弃处置方法** 用焚烧法处置。

(2) **废弃注意事项** 处置前应参阅国家和地方有关法规。

8 参考文献

[1] 环境保护部.国家污染物环境健康风险名录(化学第一分册)[M]. 北京:中国环境科学出版社,2009:369-373.

[2] 天津市固体废物及有毒化学品管理中心.危险化学品环境数据手册 [M].

[3] 郑州轻工业学院图书馆化学品数据库:http://www. basechem. org/chemical/1388♯dulixue.

[4] Chemical book. CAS 数据库 http://www. chemicalbook. com/ProductMSDSDetailCB5413313. htm.

[5] 孟亚锋.零价铁还原降解四氯化碳废水研究 [D]. 杭州:浙江大学,2010.

[6] 张波.四氯化碳废液回收利用的研究 [D]. 兰州:兰州大学,2013.

[7] 梁崎,韩宝平,马捷,梁骁,刘喜坤,赵海明,吴伟力,仇琛,肖扬.双金属介质反应井对地下水四氯化碳污染治理 [J]. 环境科学与技术,2014,11:141-146.

[8] 李帅磊,顾千,梁文波,靳彦斌,侯睿,戴小敏,裴婕.从含油废液中回收利用四氯化碳的研究 [J]. 化学工程师,2014,12:6-9.

[9] 张新钰,王晓红,辛宝东,叶超,郭高轩.典型场地四氯化碳污染的健康风险评价 [J]. 环境科学学报,2011,11:2578-2584.

[10] 韩宝平,王小英,朱雪强,何康林.某市岩溶地下水四氯化碳污染特征研究 [J]. 环境科学学报,2004,6:982-988.

三氯甲烷

1　名称、编号、分子式

三氯甲烷（chloroform），又称为氯仿，是一种无色透明液体。工业上三氯甲烷可用甲烷氯化的方法，也可利用含有乙酰基的醛或酮与次氯酸盐作用来制取。除此之外，甲醛法、乙醛漂白粉法、丙酮法、氯油法和氯醇法等也十分常用。三氯甲烷中加入 0.6%～1% 的乙醇时可作稳定剂。三氯甲烷基本信息见表 25-1。

表 25-1　三氯甲烷基本信息

中文名称	三氯甲烷
中文别名	氯仿；三氯化甲酰
英文名称	chloroform
英文别名	trichloromethane；methane trichloride
UN 号	1888
CAS 号	67-66-3
ICSC 号	0027
RTECS 号	FS9100000
EC 编号	602-006-00-4
分子式	$CHCl_3$
分子量	119.39
规格	工业级：一级≥99.0%；二级≥97.0%

2　理化性质

三氯甲烷是无色透明的液体，有特殊气味，味甜。高折光，不燃，质重，易挥发。其纯品对光敏感，遇光照会与空气中的氧作用，逐渐分解而生成剧毒的光气（碳酰氯）和氯化氢。能与乙醇、苯、乙醚、石油醚、四氯化碳、二硫化碳和油类等混溶，25℃时 1mL 溶于 200mL 水。三氯甲烷理化性质一览表见表 25-2。

表 25-2　三氯甲烷理化性质一览表

外观与性状	无色透明重质液体，极易挥发，有特殊气味
所含官能团	—Cl

熔点/℃	−63.5
沸点/℃	61.2
相对密度(水=1)	1.50
相对蒸气密度(空气=1)	1.7
饱和蒸气压(20℃)/kPa	21.2
燃烧热(25℃,液体)/(kJ/mol)	402.23
临界温度/℃	263.4
临界压力/MPa	5.47
辛醇/水分配系数的对数值	1.97
闪点/℃	60.5~61.5
熔化热/(kJ/mol)	9.55
生成热(25℃,液体)/(kJ/mol)	134.56
比热容(20℃)/[kJ/(kg·K)]	1.189
溶解性	不溶于水,混溶于乙醇、乙醚、苯、丙酮、二硫化碳、四氯化碳
化学性质	在光照下遇空气逐渐被氧化生成剧毒的光气,常加入 1%乙醇以破坏可能生成的光气。在氯甲烷中最易水解成甲酸和盐酸,稳定性差,450℃以上发生热分解,能进一步氯化为 CCl_4

3 毒理学参数

(1) **急性毒性** LD_{50}：908mg/kg（大鼠经口）。LC_{50}：47702mg/m³（大鼠吸入，4h）。人口服最小中毒剂量为28g。人吸入120g/m³，吸入5~10min死亡；人吸入30~40g/m³，会产生呕吐、眩晕的感觉；人吸入10g/m³，15min后会产生晕眩和轻度恶心；人吸入1.9g/m³，可以耐受30min，无不适感。

(2) **亚急性和慢性毒性** 动物慢性毒性主要表现为肝脏损害。人长期职业接触三氯甲烷的慢性中毒症状主要是呕吐、消化不良、食欲减退、精神过敏、失眠、抑郁，直到神经错乱。

(3) **代谢** 人体吸入三氯甲烷蒸气后，若60%~80%进入体内，血中三氯甲烷浓度与大脑中浓度相同，而在脂肪组织中的浓度则高出10倍。人体中三氯甲烷的清除很慢，麻醉期1h，血中的三氯甲烷3~4d被清除。被吸收的三氯甲烷大部分被肝脏解毒，随尿排泄的极少。人体内的三氯甲烷有30%~50%可被代谢为二氯化碳和二氯甲烷。

(4) **中毒机理** 麻醉作用引起中枢神经系统症状；抑制血管运动中枢和心脏致血压下降、心室颤动；抑制呼吸中枢，出现呼吸系统症状。对肝、肾有损害。对皮肤和眼睛有刺激、脱脂作用。

(5) **刺激性** 对皮肤有刺激作用，先呈灼烧感，后继发生红斑、水肿、起泡。可引起皮肤干燥、皲裂，无永久性脑损害。

(6) **致癌性** IARC（International Agency for Research on Cancer，国际癌症研究机

构）致癌性评论：对人可能致癌。

(7) **致畸性** 三氯甲烷具有高度胚胎毒性而不是一种高度致畸剂。

(8) **生殖毒性** Spraguo Dawley 大鼠在妊娠 6～15d 期间，7h/d，吸入 30ppm、100ppm 或 300ppm 的氯仿，其结果显示，300ppm 组有胚胎着床率降低，胚胎吸收率增加，发育迟缓和仔鼠体重降低；100ppm 组有胚胎发育迟缓和少数缺尾、无肛门畸形；30ppm 组胎鼠发育迟缓和体重降低。

(9) **危险特性** 三氯甲烷与甲醇钠混合可爆炸；与钠或钾混合发生冲击爆炸。遇明火、高热可燃；光照下能放出剧毒光气和有毒的氯化氢气体。

4 对环境的影响

4.1 主要用途

主要用于生产氟利昂（F-21、F-22、F-23）、染料和药物。医药上用作麻醉剂及天然或发酵药物的萃取剂，也可作为香料、油脂、树脂、橡胶的溶剂和萃取剂，与四氯化碳混合可制成不冻的防火液体。还可配制熏蒸剂，用作杀虫防霉剂的中间体。

此外，还用作分析试剂，如作溶剂、色谱分析标准物质；用于电子工业，常用作清洗去油剂；用于有机合成，用作溶剂及麻醉剂等。

4.2 环境行为

(1) **代谢和降解** 三氯甲烷污染行为主要体现在空气和水中，三氯甲烷易挥发，在光照下可被空气中的氧氧化成剧毒的光气。虽然三氯甲烷并不溶于水，但由于高浓度的三氯甲烷废水、废料的随意排放，以及包气带岩性较粗，导致三氯甲烷进入地下水。含水层渗流柱模拟实验结果显示，吸附作用对三氯甲烷的去除贡献较大（87%），而生物降解的贡献较小（3%）。一般认为，存在于地下水中的三氯甲烷很难被微生物降解，尤其在低挥发性和厌氧环境下，三氯甲烷可持久存在于地下水系统中，三氯甲烷的水解半衰期可达到1000 年以上。

(2) **残留与蓄积** 生产甲烷系氯化烃的企业是三氯甲烷进入环境的经常性污染源。使用氯消毒的饮水中存在的某些有机氯化合物（主要为三氯甲烷），其含量可达到对人们的健康产生危害。根据美国环保署调查结果发现，加氯处理后的饮用水 95%～100% 含有三氯甲烷，平均浓度为 $20\mu g/L$，最高达 $311\mu g/L$。对病人（检查 33 例病人的 205 个血样）行外科手术时，麻醉"昏睡"期的静脉血三氯甲烷浓度为 40～48mg/L，兴奋期为 48～66mg/L。手术期一期血中三氯甲烷浓度为 68～104mg/L，二期为 104～126mg/L。血中三氯甲烷浓度进一步增高即可致死（导致心脏麻痹，心跳突然停止的血中三氯甲烷浓度为 250mg/L）。人体中三氯甲烷的清除很慢。麻醉期 1h，血中三氯甲烷 3～4d 才被清除。身体肥胖的病人较长时间麻醉后，清除时间可达 10d。

(3) **迁移转化** 有研究显示，环境中的三氯甲烷 90% 来自于天然，如海洋藻类活动或云杉林土壤层可向环境中释放大量三氯甲烷。但是地下水中的三氯甲烷，主要来源为人类活动。作为化工原料及自来水消毒处理副产物三氯甲烷的随意排放，以及开采原油的过程中，都会使大量三氯甲烷排放到环境之中，并在世界各地地下水有机污染监测及控制中呈现出检出频次高、检出浓度大的特征。用含有三氯甲烷的地下水浇灌蔬菜和粮食，三氯甲烷也会在其中富集，从而污染食品和蔬菜。

4.3　人体健康危害

(1) **暴露/侵入途径**　对人体健康的侵入途径包括吸入、食入和经皮吸收。

(2) **健康危害**　主要作用于中枢神经系统，具有麻醉作用，对心、肝、肾有损害。急性中毒：吸入或经皮肤吸收引起急性中毒。初期有头痛、头晕、恶心、呕吐、兴奋、皮肤湿热和黏膜刺激症状。以后呈现精神紊乱、呼吸表浅、反射消失、昏迷等，重者发生呼吸麻痹、心室纤维性颤动。同时可伴有肝、肾损害。误服中毒时，胃有烧灼感，伴有恶心、呕吐、腹痛、腹泻，以后出现麻醉症状。液态可致皮炎、湿疹，甚至皮肤灼伤。慢性影响：主要引起肝脏损害，并有消化不良、乏力、头痛、失眠等症状，少数有肾损害及嗜氯仿癖。

4.4　接触控制标准

中国 MAC（mg/m^3）：—。

中国 PC-TWA（mg/m^3）：20（G2B）。

中国 PC-STEL（mg/m^3）：—。

美国 TLV-TWA：OSHA 50ppm（上限值）；ACGIH 10ppm，$49mg/m^3$。

美国 TLV-STEL：未制定标准。

三氯甲烷生产及应用相关环境标准见表25-3。

表 25-3　三氯甲烷生产及应用相关环境标准

标准名称	限制要求	标准值
《生活饮用水水质标准》（GB 5749—2006）	水质常规指标及限值	0.06mg/L
《地表水环境质量标准》（GB 3838—2002）	集中式生活饮用水地表水源地特定项目标准限值	0.06mg/L
《污水综合排放标准》（GB 8978—1996）	第二类污染物最高允许排放浓度	一级：0.3mg/L 二级：0.6mg/L 三级：1.0mg/L

5　环境监测方法

5.1　现场应急监测方法

现场应急监测采用快速气体检测管法，使用测定气或水的检测管可以定性或半定量作出判断。

5.2　实验室监测方法

三氯甲烷的实验室监测方法见表25-4。

表 25-4　三氯甲烷的实验室监测方法

监测方法	来　源	类别
顶空气相色谱法	《水质挥发性卤代烃的测定　顶空气相色谱法》(HJ 620—2011)	水质
顶空/气相色谱法-质谱法	《水质　挥发性有机物的测定　顶空/气相色谱法-质谱法》(HJ 810—2016)	
活性炭吸附-二硫化碳解吸/气相色谱法	《环境空气　挥发性卤代烃的测定　活性炭吸附-二硫化碳解吸/气相色谱法》(HJ 645—2013)	空气
吸附管采样-热脱附/气象色谱-质谱法	《环境空气　挥发性有机物的测定　吸附管采样-热脱附/气相色谱-质谱法》(HJ 644—2013)	

6　应急处理处置方法

6.1　泄漏应急处理

(1) **应急行为**　迅速撤离泄漏污染区人员至上风处，并进行隔离，严格限制出入，切断火源。

(2) **应急人员防护**　戴自给正压式呼吸器，穿防毒服。不要直接接触泄漏物。

(3) **环保措施**　尽可能切断泄漏源，防止进入下水道、排洪沟等限制性空间。小量泄漏：用砂土、蛭石或其他惰性材料吸收。大量泄漏：构筑围堤或挖坑收容；用泡沫覆盖，降低蒸气灾害。

(4) **消除方法**　用泵转移至槽车或专用收集器内，回收或运至废物处理场所处置。

6.2　个体防护措施

改用其他毒性较低的溶剂，如汽油、火油做清洗剂。生产中注意设备的密闭化，加强通风和个人防护，避免皮肤接触。有肝病者不宜接触。三氯甲烷遇紫外线和高热，可形成光气，有剧毒，须注意防护。三氯甲烷储存中可加入 1%～2% 乙醇，使生成的光气与乙醇作用而成碳酸乙酯，以消除其毒性。

(1) **呼吸系统防护**　空气中浓度超标时，应该佩戴直接式防毒面具（半面罩）。紧急事态抢救或撤离时，佩戴空气呼吸器。

(2) **眼睛防护**　戴化学安全防护眼镜。

(3) **身体防护**　穿防毒物渗透工作服。

(4) **手防护**　戴防化学品手套。

(5) **其他**　工作现场禁止吸烟、进食和饮水。工作完毕，沐浴更衣。单独存放被毒物污染的衣服，洗后备用。注意个人清洁卫生。

6.3　急救措施

(1) **皮肤接触**　立即脱去被污染的衣着，用大量流动清水冲洗，至少冲洗 5min。就医。

(2) **眼睛接触**　立即提起眼睑，用大量流动清水或生理盐水彻底冲洗至少 15min。就医。

（3）**吸入**　迅速脱离现场至空气新鲜处。保持呼吸道通畅。如呼吸困难，给输氧。如呼吸停止，立即进行人工呼吸。就医。

（4）**食入**　饮足量温水，催吐，就医。

6.4　应急医疗

（1）诊断要点

① 吸入中毒：中枢神经系统症状：首先出现头痛、眩晕、乏力、恶心、呕吐及体表皮肤温热感、兴奋激动、欣快感、呼吸表浅，随后进入麻醉状态。严重者可迅速发生昏迷、呼吸麻痹和心室纤颤等。肝、肾损害：轻度肝脏损害可仅有肝功能异常，而其他中毒性肝病表现不明显；严重者可发生急性重型肝炎。

② 口服中毒：先出现消化道刺激症状，口腔、食管及上腹部烧灼感、恶心、呕吐、腹痛、腹泻等，继之出现麻醉症状，并可有肝、肾损害。

③ 皮肤损害：皮肤接触局部可有烧灼感，出现红斑、水肿、水疱，可有冻伤等。

（2）处理原则

① 目前尚无特效解毒剂，主要采取对症、支持治疗。

② 吸入中毒时，应迅速脱离现场至空气新鲜处，保持呼吸道通畅。如呼吸困难，给输氧。如呼吸停止，立即进行人工呼吸。口服中毒者，酌情给予催吐、洗胃和导泻。眼睛及皮肤被污染时，皮肤局部即用清水或肥皂水充分冲洗；眼睛可用清水、生理盐水或2％硼酸溶液充分冲洗。

③ 注意护肝治疗。

④ 忌用吗啡和肾上腺素。

（3）预防措施　密闭操作，局部排风。建议操作人员佩戴直接式防毒面具（半面罩），戴化学安全防护眼镜，穿防毒物渗透工作服，戴防化学品手套。防止蒸气泄漏到工作场所空气中。避免与碱类、铝接触。搬运时要轻装轻卸，防止包装及容器损坏。配备泄漏应急处理设备。倒空的容器可能残留有害物。

7　储运注意事项

7.1　储存注意事项

储放于阴凉、通风仓间内。远离火种、热源，避免光照。保持容器密封。库温不超过30℃，相对湿度不超过80％。保持容器密封。应与碱类、铝、食用化学品分开存放，切忌混储。储区应备有泄漏应急处理设备和合适的收容材料。

7.2　运输信息

危险货物编号：61553。

UN编号：1888。

包装类别：Ⅲ。

包装方法：小开口钢桶；安瓿瓶外加普通木箱；螺纹口玻璃瓶、铁盖压口玻璃瓶、塑料瓶或金属桶（罐）外加普通木箱；螺纹口玻璃瓶、塑料瓶或镀锡薄钢板桶（罐）外加满底板花格箱、纤维板箱或胶合板箱。

运输注意事项：铁路运输时应严格按照原铁道部《危险货物运输规则》中的危险货物配装表进行配装。运输前应先检查包装容器是否完整、密封，运输过程中要确保容器不泄漏、不倒塌、不坠落、不损坏。严禁与酸类、氧化剂、食品及食品添加剂混运。运输时运输车辆应配备泄漏应急处理设备。运输途中应防曝晒、雨淋，防高温。公路运输时要按规定路线行驶，勿在居民区和人口稠密区停留。轻装轻卸，防止包装及容器损坏。分装和搬运作业要注意个人防护，运输按规定路线行驶。

7.3　废弃

（1）**废弃处置方法**　用焚烧法处置。溶于易燃溶剂或与燃料混合后，再焚烧。焚烧炉排出的卤化氢通过酸洗涤器除去。

（2）**废弃注意事项**　处置前应参阅国家和地方有关法规。废物储存参见"储存注意事项"。

8　参考文献

［1］　环境保护部.国家污染物环境健康风险名录（化学第一分册）［M］.北京：中国环境科学出版社，2009：369-373.

［2］　天津市固体废物及有毒化学品管理中心.危险化学品环境数据手册［M］.

［3］　郑州轻工业学院图书馆化学品数据库：http://www.basechem.org/chemical/1388♯dulixue.

［4］　Chemical book.CAS数据库 http://www.chemicalbook.com/ProductMSDSDetailCB5413313.htm.

［5］　王威.浅层地下水中石油类特征污染物迁移转化机理研究［D］.长春：吉林大学，2012.

［6］　李亚松，费宇红，王昭，钱永，陈京生，张凤娥，张兆吉.三氯甲烷在浅层地下水中的赋存特征及迁移淋溶性研究［J］.环境污染与防治，2011，7：36-38，42.

1,1,1-三氯乙烷

1 名称、编号、分子式

1,1,1-三氯乙烷是一种优良的含氯溶剂，用途广泛，在国民经济中具有不可忽视的地位。1,1,1-三氯乙烷在工业上主要用于金属清洗（约占 37%）、蒸气去油污（34%）、氯乙酰生产中间剂（23%）及其他一些方面（6%）。由于其在工业方面的应用，1,1,1-三氯乙烷的毒性及其对工人健康的危害引起了人们的关注。1,1,1-三氯乙烷基本信息见表 26-1。

表 26-1　1,1,1-三氯乙烷基本信息

中文名称	1,1,1-三氯乙烷
中文别名	甲基氯仿；α-三氯乙烷；偏三氯乙烷；甲基三氯甲烷
英文名称	1,1,1-trichloroethane
英文别名	methylchloroform；methyltrichloromethane；alpha-trichloroethane；trichloromethylmethane
UN 号	2831
CAS 号	71-55-6
ICSC 号	0079
RTECS 号	KJ2975000
EC 编号	602-013-00-2
分子式	$C_2H_3Cl_3$；CCl_3CH_3
分子量	133.4

2 理化性质

1,1,1-三氯乙烷为无色液体。不溶于水，易溶于丙酮、苯等有机溶剂。不易燃，但在高温或室温下遇水或金属分解放出 HCl。高温时氧化可释放出光气。1,1,1-三氯乙烷理化性质一览表见表 26-2。

表 26-2　1,1,1-三氯乙烷理化性质一览表

外观与性状	无色液体,有特殊气味
熔点/℃	−30.3
沸点/℃	74.1

相对密度(水＝1)	1.34
相对蒸气密度(空气＝1)	4.6
饱和蒸气压(20℃)/kPa	13.33
临界温度/℃	311.5
临界压力/MPa	4.48
辛醇/水分配系数的对数值	2.17
自燃温度/℃	537
爆炸上限(体积分数)/%	15.5
爆炸下限(体积分数)/%	10.0
溶解性	水中25℃溶解度为1.500g/L；易溶于有机溶剂,如乙醇、乙醚、氯仿等
化学性质	在钴、镍、铂、钯盐及其氧化物存在下,反应可在150℃左右进行。在硫酸或金属氯化物存在下与水一起于加压下加热至75～160℃,生成乙酰氯和乙酸。在光照下氯化得到1,1,2,2-四氯乙烷。不含稳定剂的1,1,1-三氯乙烷于高温空气中氧化生成光气。1,1,1-三氯乙烷对石灰乳非常稳定,加热回流也几乎不发生分解

3 毒理学参数

(1) 急性毒性 LD$_{50}$：11g/kg（大、小鼠经口），5g/kg（小鼠经腹腔）。LC$_{50}$：97920mg/m^3（4h,大鼠吸入）。人吸入 2.73g/m^3×180min，感到轻度嗜睡及眼刺激，头痛；吸入 14.196g/m^3×15min，不能站起；吸入 54.6～14.96g/m^3，全麻醉，血压下降，心律不齐。

(2) 亚急性和慢性毒性 豚鼠吸入 5.46g/m^3，3h/d，3 个月后肝重量增加，有脂肪变性，引发肺炎。F344 大鼠和 B6C3F1 小鼠在 1,1,1-三氯乙烷浓度为 0、893mg/m^3、2978mg/m^3 和 8933mg/m^3 的空气中每天染毒 6h，每周 5d，共计染毒 2 年后，仅发现轻微体重下降及光镜检查所见的轻微肝毒性，没有发现任何慢性毒性效应。

(3) 代谢 1,1,1-三氯乙烷在体内几乎不蓄积。吸入后大鼠有 94%～98%、小鼠有 87%～97% 以原形呼出。剩余 2%～13% 存在于尿、粪便及身体其他部位，在脂肪中的蓄积量多于肝脏及肾脏。大鼠吸入的 1,1,1-三氯乙烷除大部分以原形排出外，约 0.5% 转化为 CO$_2$，剩余的大多数与葡萄糖醛酸结合后随尿排出，尿中亦含少量的三氯乙酸。1,1,1-三氯乙烷可缓慢地在细胞色素 P450 依赖性单胺氧化酶作用下氧化为三氯乙醇和三氯乙酸。

(4) 致突变性 微生物致突变：鼠伤寒沙门菌 10μg/Ⅲ。DNA 修复：大肠杆菌 500mg/L。基因转化和有丝分裂重组：酿酒酵母 5350mg/L。细胞遗传学分析：仓鼠卵巢 160mg/L。

(5) 致癌性 迄今尚无足够的资料证实 1,1,1-三氯乙烷对小鼠、大鼠及人具有致癌性。美国国家癌症研究所（NCI）曾以 4000mL/kg、5000mL/kg、6000mL/kg 剂量经口染毒 90 周，结果 49 只雄性小鼠中仅高剂量组出现了 3 例肝细胞腺瘤和 1 例肝细胞瘤。该机构用大鼠进行达 12 个月的实验结果亦是阴性。这些长期诱癌实验资料均显示 1,1,1-三氯乙烷无致癌性。

(6) 诱变性 已对 1,1,1-三氯乙烷进行过广泛的诱变研究，包括体内和体外实验。大部分研究结果为明确的阴性，阳性结果可见于一些体外实验系统，可能是由于 1,1,1-三氯乙烷含有杂质和不稳定造成的。有些得出阳性结果的研究也不具有足够的敏感性。总的来说，1,1,1-三氯乙烷不具有明显的诱变潜力。

（7）危险特性　遇明火、高热能燃烧，并产生剧毒的光气和氯化氢烟雾。与碱金属和碱土金属能发生强烈反应。与活性金属粉末（如镁铝等）能发生反应，引起分解。

4　对环境的影响

4.1　主要用途

1,1,1-三氯乙烷主要用作溶剂，广泛应用在清洗、润滑、涂料、稀释、助剂等方面，占其使用量的60%以上。其主要用途有：电子元件、印刷线路板、医疗用品、精密仪器、金属零配件、电机、光学玻璃等产品的高级清洗剂，服装、纺织品、纤维织物的去污剂等。利用其低表面张力和高渗透能力的特性，用于测定金属焊接处的泄漏，也可用作气溶胶烟雾剂、耐火焰涂层材料、切削油冷却剂和制作低毒不燃的黏合剂。1,1,1-三氯乙烷还可作为原料，生产偏氟乙烯等产品。1,1,1-三氯乙烷的衍生物是有效的杀虫剂，也是制药工业的中间体。经氯化可制1,1,1,2-四氯乙烷。经脱氯化可制偏二氯乙烯。

4.2　环境行为

（1）迁移和蓄积　1,1,1-三氯乙烷的挥发作用强，在环境中最常以蒸气形态存在于大气中。在土壤与水中也能发现它的存在，尤其是有害废弃物弃置场和废水处理厂。在这些场所1,1,1-三氯乙烷容易通过挥发作用进入大气。

1,1,1-三氯乙烷在水中的溶解能力中等，根据其正辛醇/水分配系数及土壤有机质/水分配系数，1,1,1-三氯乙烷被土壤颗粒、土壤有机质或底泥吸附的能力弱，在土壤中有较强的移动性，易随水渗透至浅层土壤和进入地下水，造成污染。它的生物富集因子为9，表明水产品富集1,1,1-三氯乙烷的强度弱。

1,1,1-三氯乙烷的蒸气压为16.4kPa（20℃），在大气中主要以气态形式存在，颗粒吸附态的比例低。它具有中等水溶性，可以被降水带入地表，然后再挥发返回大气。它的化学性质稳定，在大气中存留的时间长（可达6年），在此期间它可以被长距离运输到远方。

1,1,1-三氯乙烷在空气中主要通过光化学反应产生的羟基自由基清除，它的反应速率常数在$0.95 \times 10^{-14} \sim 1.2 \times 10^{-14}$ cm^3/(mol·s) 之间。NO 和 NO$_2$ 存在时 1,1,1-三氯乙烷也会发生光降解，降解速度约为每小时消失0.1%。1,1,1-三氯乙烷不吸收紫外线，它是所有氯乙烷中最不活跃的，在对流层中光降解的速率低。根据大气羟基自由基及其他自由基的浓度估算其在对流层存留的时间约为6年。有11%～15%的1,1,1-三氯乙烷会进入平流层，在那里它对臭氧的消耗潜势为0.1～0.16。

（2）降解和转化　进入水体中的1,1,1-三氯乙烷可在有氧和无氧条件下被缓慢地生物降解。好氧降解主要是通过产甲烷细菌和硫还原微生物的脱氯作用，自然水体中半衰期可长达300d。高浓度（如1mg/L）的1,1,1-三氯乙烷对微生物有毒害作用，但是如果同时供应乙酸则微生物不需要驯化就可以降解1mg/L的1,1,1-三氯乙烷。有氧时1,1,1-三氯乙烷先降解为1,1-二氯乙烷，之后进一步脱氯为氯乙烷，直至完全降解。它也可以在转化为三氯乙醇后被完全降解。无氧条件下1,1,1-三氯乙烷的降解更加缓慢，在野外条件下可能没有重要意义。

目前还缺乏 1,1,1-三氯乙烷在土壤或底泥中降解的研究。有报道在好氧条件下 6d 内 1, 1,1-三氯乙烷降解了 16%，如果先用乙烷培养，则在 6d 内可降解 46%。在无氧条件下几乎看不到 1,1,1-三氯乙烷的降解。

4.3 人体健康危害

(1) 暴露/侵入途径　1,1,1-三氯乙烷的暴露途径主要包括吸入、食物和饮水摄入、经皮肤吸收。

由于 1,1,1-三氯乙烷在大气中广泛存在，并且存留时间长，因此大众通过呼吸暴露于低浓度 1,1,1-三氯乙烷中。若城市和农村大气的平均浓度分别是 $5.4\mu g/m^3$（1×10^{-9}）和 $0.54\mu g/m^3$（0.1×10^{-9}），按日呼吸量 $20m^3$ 计算，每天非职业暴露量分别为 $108\mu g$ 和 $10.8\mu g$。在污染地区自空气吸入量可达 370mg/kg，各种途径暴露总量可达 1000mg/kg。

自来水中的 1,1,1-三氯乙烷可通过直接饮用进入人体，也可以挥发进入室内，然后通过呼吸进入人体。据测算，如果自来水中 1,1,1-三氯乙烷浓度为 20mg/L，那么每天饮水摄入量为 20.0mg，淋浴期间呼吸摄入量为 22.8mg。在前往干洗店、使用农药、涂料、家庭清洗或在化学实验室工作等活动中非职业暴露量显著提高。

学习用品和玩具是儿童 1,1,1-三氯乙烷摄入的重要途径。国内市场上供应的儿童学习用品，比如现在常用的涂改液，大部分是将聚醋酸乙烯酯珠体溶于 1,1,1-三氯乙烷中，可能造成室内空气污染和儿童接触危害。

(2) 健康危害　主要损害中枢神经系统。轻者表现为头痛、眩晕、步态蹒跚、共济失调、嗜睡等；重者可出现抽搐甚至昏迷。可引起心律不齐。对皮肤有轻度脱脂和刺激作用。

(3) 急性中毒　人体接触低浓度的 1,1,1-三氯乙烷时表现为中枢神经系统的抑制效应，当接触高浓度时表现为肝毒性和中枢性麻醉作用，甚至导致呼吸丧失、死亡。

(4) 慢性中毒　长期接触轻者会引起头痛、恶心，眼、鼻和咽喉等部位发炎，严重的甚至会引发白血病而危及生命。

4.4 接触控制标准

中国 MAC（mg/m^3）：—。

中国 PC-TWA（mg/m^3）：900。

中国 PC-STEL（mg/m^3）：—。

美国 TLV-TWA：OSHA 350ppm，$1910mg/m^3$；ACGIH 350ppm，$1910mg/m^3$。

美国 TLV-STEL：ACGIH 450ppm，$2460mg/m^3$。

1,1,1-三氯乙烷生产及应用相关环境标准见表 26-3。

表 26-3　1,1,1-三氯乙烷生产及应用相关环境标准

标准名称	限制要求	标准值
《生活饮用水卫生标准》（GB 5749—2006）	水质非常规指标及限值	2mg/L
《工业企业土壤环境质量风险评价基准》（HJ/T 25—1999）	工业企业通用土壤环境质量风险评价基准值	95100mg/kg

标准名称	限制要求	标准值
《展览会用地土壤环境质量评价标准（暂行）》(HJ 350—2007)	土壤环境质量评价标准限值	A级：3mg/kg B级：1000mg/kg

5 环境监测方法

5.1 现场应急监测方法

(1) 便携式气相色谱法。

(2) 气体快速检测管法。

5.2 实验室监测方法

1,1,1-三氯乙烷实验室监测方法见表26-4。

表26-4 1,1,1-三氯乙烷实验室监测方法

监测方法	来源	类别
气相色谱法	《城市和工业废水中有机化合物分析》王克欧等译.	废水
气相色谱法	《空气中有害物质的测定方法》(第二版)，杭士平主编	空气
气相色谱法	《固体废弃物试验与分析评价手册》，中国环境监测总站等译	固体废物
吹扫捕集-气相色谱法	中国环境监测总站	水质
气相色谱/质谱联用仪	《展览会用地土壤环境质量评价标准(暂行)》(HJ 350—2007)	土壤
顶空气相色谱法	《水质 挥发性卤代烃的测定 顶空气相色谱法》(GB/T 17130—1997)	水质

6 应急处理处置方法

6.1 泄漏应急处理

(1) **应急行为** 迅速撤离泄漏污染区人员至安全区，并进行隔离，严格限制出入。切断火源。

(2) **应急人员防护** 建议应急处理人员戴自给正压式呼吸器，穿一般作业工作服。

(3) **环保措施** 从上风处进入现场。尽可能切断泄漏源，防止进入下水道、排洪沟等限制性空间。小量泄漏：用砂土或其他不燃材料吸附或吸收。大量泄漏：构筑围堤或挖坑收容；用泡沫覆盖，降低蒸气灾害。

(4) **消除方法** 用防爆泵转移至槽车或专用收集器内，回收或运至废物处理场所处置。

6.2 个体防护措施

(1) **工程控制** 严加密闭，提供充分的局部排风和全面通风。

（2）**呼吸系统保护** 空气中浓度超标时，应该佩戴直接式防毒面具（半面罩）。紧急事态抢救或撤离时，佩戴空气呼吸器。

（3）**眼睛防护** 戴安全防护眼镜。

（4）**防护服** 穿防毒物渗透工作服。

（5）**手防护** 戴防化学品手套。

（6）**其他** 工作现场禁止吸烟、进食和饮水。工作完毕，沐浴更衣。单独存放被毒物污染的衣服，洗后备用。注意个人清洁卫生。

6.3 急救措施

（1）**皮肤接触** 可用大量的肥皂水冲洗，再用清水冲洗至干净。

（2）**眼睛接触** 及时用清水冲洗 15min 以上，然后急送医院。

（3）**吸入** 应立即将中毒者转移到空气新鲜的地方，并请医生进行急救。

（4）**食入** 给饮足量温水，催吐，就医。

（5）**灭火方法** 消防人员须佩戴防毒面具，穿全身消防服。喷水保持火场容器冷却，直至灭火结束。适用灭火剂有雾状水、泡沫、二氧化碳、砂土。

6.4 应急医疗

（1）**诊断要点** 1,1,1-三氯乙烷中毒时以中枢神经系统症状为主。低浓度时表现为运动性显著增加，如呼吸加快等，高浓度下则表现为中枢神经系统的抑制效应，出现头痛、眩晕、疲劳、知觉障碍，甚至导致呼吸丧失直至死亡。

急性中毒患者临床体征以肝肿大、肝区叩击痛阳性为主，部分患者均无黄疸。实验室检查发现患者肝功能异常，主要表现为丙氨酸氨基转移酶（ALT）和天冬氨酸（AST）显著升高。

测试呼出的气体、血液与尿液，可以得知是否曾暴露于 1,1,1-三氯乙烷，在某些案例中可以评估其暴露量，但这些测试有其限制，呼气与血液样本必须于暴露后数小时内取得；尿液样本要在暴露后 1～2d 内取得，而且需要特殊分析设备。

（2）**处理原则** 无特殊解毒剂，主要采取一般急救措施和对症治疗。

（3）**预防措施** 车间要提供充分的局部排风和全面通风的设备。定期进行作业场所空气中毒物的浓度监测，将作业场所空气中本品浓度控制在 PC-TWA 900mg/m³、PC-STEL 1350mg/m³ 以内。加强职业健康教育，普及防毒知识。做好个人防护，应佩戴防毒口罩和橡胶手套，避免皮肤接触。禁止加班，尤其禁止长时间连续加班。做好工人上岗前、在岗时及离岗前的职业健康检查，有神经系统疾病、肝病者，不宜接触本品。

7 储运注意事项

7.1 储存注意事项

储存于阴凉、通风仓间内。远离火种、热源。防止阳光直射。保持容器密封。应与食用化学品、金属粉末等分开存放。不可混储混运。搬运时要轻装轻卸，防止包装及容器损坏。分装和搬运作业要注意个人防护。

7.2　运输信息

危险货物编号：61555。

UN编号：2831。

包装类别：Ⅲ。

包装方法：包装采用小开口钢桶；薄钢板或镀锡薄钢板桶（罐）外加花格箱；安瓿瓶外加普通木箱；螺纹口玻璃瓶、铁盖压口玻璃瓶、塑料瓶或金属桶（罐）外加普通木箱；螺纹口玻璃瓶、塑料瓶或镀锡薄钢板桶（罐）外加满底板花格箱、纤维板箱或胶合板箱。

运输注意事项：运输前应先检查包装容器是否完整、密封，运输过程中要确保容器不泄漏、不倒塌、不坠落、不损坏。严禁与酸类、氧化剂、食品及食品添加剂混运。运输时运输车辆应配备相应品种和数量的消防器材及泄漏应急处理设备。运输途中应防曝晒、雨淋，防高温。公路运输时要按照规定路线行驶。

7.3　废弃

（1）**废弃处置方法**　用焚烧法处置。废料同其他燃料混合后焚烧，燃烧要充分，防止生成光气。焚烧炉排气中的卤化氢通过酸洗涤器除去。另外还应从废气废液中回收三氯乙烷，再循环使用。

（2）**废弃注意事项**　处置前应参阅国家和地方有关法规。

8　参考文献

［1］　天津市固体废物及有毒化学品管理中心.危险化学品环境数据手册［M］.

［2］　环境保护部.国家污染物环境健康风险名录（化学第一分册）［M］.北京：中国环境科学出版社，2009：381-385.

［3］　北京化工研究院环境保护所/计算中心.国际化学品安全卡（中文版）查询系统 http://icsc.brici.ac.cn/［DB］.2016.

［4］　安全管理网.MSDS查询网 http://www.somsds.com/［DB］.2016.

［5］　Chemical book.CAS数据库 http://www.chemicalbook.com/ProductMSDSDetailCB5413313.htm.

［6］　张寿林，等.急性中毒诊断与急救［M］.北京：化学工业出版社，1996：191-192.

［7］　江朝强.有机溶剂中毒预防指南［M］.北京：化学工业出版社，2006：184-185.

三氯乙烯

1 名称、编号、分子式

三氯乙烯（trichloroethylene，TCE），又名乙炔化三氯，是一种无色、稍有甜味的挥发性液体及溶解能力极强的溶剂。在工业上用于金属清洗（脱脂彻底）和纤维脱除油脂，常用于清除难以清除的污垢，如半硬化的涂料；也用作萃取剂、溶剂和低温导热油介质。目前三氯乙烯的生产方法主要有乙炔法、乙烯直接氯化法、乙烯氧氯化法等。三氯乙烯基本信息见表 27-1。

表 27-1 三氯乙烯基本信息

中文名称	三氯乙烯
中文别名	三氯代乙烯；1,1,2-三氯乙烯；乙炔化三氯
英文名称	trichloroethylene
英文别名	1,1,1-trichloroethylene；1,1,2-trichlorethen
UN 号	1710
CAS 号	79-01-6
ICSC 号	0081
RTECS 号	KX4550000
EC 编号	602-027-00-9
分子式	C_2HCl_3；$Cl_2C{=\!=}CHCl$
分子量	131.39
规格	≥99.5%，99.0%，98.5%

2 理化性质

三氯乙烯是无色油状的液体，有类似氯仿的气味。易挥发。微溶于水（20℃时 0.107，60℃时 0.124），溶于乙醇、乙醚、丙酮和氯仿，溶于多种固定油和挥发性油。潮湿时遇光生成盐酸。本品蒸气与空气形成爆炸混合物，爆炸极限（体积分数）为 8.0%～10.5%。三氯乙烯理化性质一览表见表 27-2。

表 27-2 三氯乙烯理化性质一览表

外观与性状	无色透明液体，有似氯仿的气味
所含官能团	—Cl，—CH—CH—
熔点/℃	−87.1

沸点/℃	87.1
相对密度(20℃)(水=1)	1.46
相对蒸气密度(空气=1)	4.54
饱和蒸气压(20℃)/kPa	7.87
燃烧热/(kJ/mol)	−961.4
临界温度/℃	299
临界压力/MPa	5.02
辛醇/水分配系数的对数值	2.42
闪点/℃	32
引燃温度/℃	420
爆炸上限(体积分数)/%	90.0
爆炸下限(体积分数)/%	12.5
溶解性	不溶于水,溶于乙醇、乙醚,可混溶于多数有机溶剂
化学性质	不含稳定剂的三氯乙烯逐渐在空气中被氧化,添加稳定剂后不易被氧化,即使加热至130℃与一般金属材料也不作用

3 毒理学参数

(1) **急性毒性** LD_{50}:2402mg/kg(小鼠经口);4920mg/kg(大鼠经口)。LC_{50}:45292mg/m^3(小鼠吸入,4h);137752mg/m^3,(大鼠吸入,1h)。人吸入6.89g/m^3×6min,黏膜刺激;人吸入5.38g/m^3×120min,视力减退;人吸入400×10^{-6}嗅到有气味,轻微眼刺激;人吸入2000×10^{-6},极强烈的气味,不能耐受。

(2) **亚急性和慢性毒性** 大鼠吸入0.54g/m^3,5h/d,5d/周,3个月,神经传导速度减慢。

(3) **代谢** 三氯乙烯可以通过蒸气吸入和直接接触两种方式进入体内,吸收后可以原形形式自呼出气排出,或在体内代谢后从尿中排出。有50%～60%储留在体内,进入血液循环大部分在肝脏内被氧化成三氯乙酸、三氯乙醇和少量一氯乙酸,并经肾脏随尿排出,小部分以原形经肺泡自呼出气中排出,其排出量约占吸收量的19%,部分留在人体组织中,脂肪、脑和肾上腺中的含量最高,肝、心脏中也有存在。其在体内主要经两种途径进行代谢:一是细胞色素氧化途径,代谢后的终产物主要为水合氯醛;二是谷胱甘肽(GSH)结合途径,可进一步被氧化成三氯乙酸(TCA),或被还原成三氯乙醇;另外,三氯乙烯还可在此代谢途径中经过分子重排后,脱氯生成少量的二氯乙酸。

(4) **中毒机理** 三氯乙烯在体内的代谢产物对实质性脏器如肝脏、肾脏、心脏等都有直接毒性作用。三氯乙醇可对中枢神经系统产生抑制作用,水合氧醛可引起心律失常和肝脏损害。长期持续接触三氯乙烯可引起代谢产物二氧乙酸的相应增加,引起周围神经病变及心律失常的发生。

(5) **刺激性** 液态三氯乙烯对皮肤有刺激作用,三氯乙烯蒸气对呼吸道及眼睛有刺激性。家兔经眼:20mg/24h,中度刺激。家兔经皮:500mg/24h,重度刺激。

（6）**致畸性**　三氯乙烯及其代谢物三氯乙酸、氯乙酸、三氯乙醇、二氯乙烯半胱氨酸等的致畸实验研究发现，三氯乙酸有致孕大鼠胎仔心脏畸形作用，且在所测试的三氯乙烯代谢物中只有三氯乙酸可能是特异的心脏致畸剂。

（7）**生殖毒性**　大鼠吸入最低中毒浓度（TCL_0）：1800×10^{-6}（24h）（孕1~20d），引起肌肉骨骼发育异常。小鼠吸入最低中毒浓度（TCL_0）：$100 \times 10^{-6}/7h$（5d，雄性），精子生成异常。

（8）**危险特性**　与强氧化剂接触可发生化学反应。受紫外线照射或在燃烧或加热时分解产生有毒的光气和腐蚀性的盐酸烟雾。

4　对环境的影响

4.1　主要用途

三氯乙烯主要用作金属脱脂和羊毛及织物的干洗剂。是一种优良溶剂，可用作苯和汽油的代用品，作为树脂、沥青、煤焦油、醋酸纤维素、硝化纤维素、橡胶和涂料等的溶剂。在医药上用作麻醉剂，农药上是合成一氯醋酸的原料。在工业上用于金属清洗（脱脂彻底）和纤维脱除油脂，以及脂肪、油、石蜡等的萃取剂。利用其溶解力强的特性，常用于清除难以清除的污垢，如半硬化的清漆、涂层剖光剂、较厚的助焊剂。也用于萃取剂、溶剂和低温导热油介质。还用作涂料稀释剂、脱漆剂、制冷剂、醇的脱水蒸馏添加剂、麻醉剂、镇静剂、杀虫剂、杀菌剂、熏蒸剂以及有机合成中间体等。作为原料中间体可用于生产四氯乙烯、氯乙酸、二氯乙酰氯、八氯二丙醚等。

4.2　环境行为

（1）**代谢和降解**　三氯乙烯具有高度脂溶性，在水环境中的溶解度较小，但在土壤颗粒和水体沉积物中的吸附和富集作用是不可忽视的。土壤对三氯乙烯的吸附作用受到土壤有机质含量的影响较大。当含有三氯乙烯的污水进入有机质含量较高的土壤时，会很快被土壤吸附并不断积累，造成对土壤的污染。在大多数情况下，三氯乙烯在水中分解速度很慢，只有一些研究指出有明显的有氧分解作用，但适应环境速率慢。海中监测数据显示有中等程度（2~2.5倍）的生物浓缩在光和湿气下，1,1,2-三氯乙烯会慢慢分解成盐酸。在热或苏打石灰共存下，1,1,2-三氯乙烯会分解产生对肺、皮肤有刺激性的物质（氯、盐酸、光气）及其他高度毒性的化合物（一氧化碳及二氯乙炔）。三氯乙烯与金属粉末，如镁、铝、钛和钡激烈反应。三氯乙烯分解产物包括氯化二氯乙酰、光气、一氧化碳、六氯丁烯和盐酸。

（2）**残留与蓄积**　在海水中，三氯乙烯只有中等程度的生物浓缩作用，生物浓度因素值在蓝鳃太阳鱼及虹鳟鱼是17~39。不同土壤中有低吸收系数（$lgK_{oc} = 2.0$）。在地下水中有顺及反1,2-二氯乙烯存在。在空气中半衰期为7d。水中的半衰期受气候影响很大，从数分钟到数小时。在对人类重要食物链中，特别是在水生生物体中发生生物蓄积。

（3）**迁移转化**　三氯乙烯应用广泛，使用不当时，均可造成环境污染。三氯乙烯通过挥发、废水排放、农药使用以及含氯有机物成品的燃烧等途径进入环境，严重污染了大气、土壤、地下水和地表水。排入大气的三氯乙烯会和其他有机污染物一起形成可入肺颗粒物，是雾霾的组成之一。虽然三氯乙烯在水环境中的溶解度较小，但水体沉积物的富集和吸附作用会直接危害水生生物的生存，并通过生物链的传递作用影响人类健康。土壤中的三氯乙烯也会富集在种植的作物中，最终对人体造成伤害。

4.3　人体健康危害

（1）暴露/侵入途径　暴露/侵入途径包括吸入、食入、经皮吸收。

（2）健康危害　主要对中枢神经系统有麻醉作用。亦可引起肝、肾、心脏、三叉神经损害。急性中毒：短时内接触（吸入、经皮或口服）大量本品可引起急性中毒。吸入极高浓度可迅速昏迷。吸入高浓度后可出现眼和上呼吸道刺激症状。接触数小时后出现头痛、头晕、酩酊感、嗜睡等。可出现以三叉神经损害为主的颅神经损害，心脏损害主要为心律失常。可有肝肾损害。口服消化道症状明显，肝肾损害突出。慢性中毒：出现头痛、头晕、乏力、睡眠障碍、胃肠功能紊乱、周围神经炎、心肌损害、三叉神经麻痹和肝损害。可致皮肤损害。

4.4　接触控制标准

中国 MAC（mg/m^3）：—。
中国 PC-TWA（mg/m^3）：30（G2A）。
中国 PC-STEL（mg/m^3）：—。
美国 TLV-TWA：OSHA 50ppm（上限值）；ACGIH 10ppm，$49mg/m^3$。
美国 TLV-STEL：ACGIH 25ppm。
三氯乙烯生产及应用相关环境标准见表 27-3。

表 27-3　三氯乙烯生产及应用相关环境标准

标准名称	限制要求	标准值
《展览会用地土壤环境质量评价标准（暂行）》（HJ 350—2007）	土壤环境质量评价标准限值	A 级：12mg/kg B 级：54mg/kg
《土壤环境质量标准（修订）》（GB 15618—2008）	土壤环境质量标准限值	居住用地：0.5mg/kg 商业用地：5mg/kg 工业用地：8mg/kg
《污水综合排放标准》（GB 8978—1996）	第二类污染物最高允许排放浓度	一级：0.3mg/L 二级：0.6mg/L 三级：1.0mg/L
《地表水环境质量标准》（GB 3838—2002）	集中式生活饮用水源地特定项目标准限值	0.007mg/L

5　环境监测方法

5.1　现场应急监测方法

现场应急监测可采用气体检测管法；便携式气相色谱法；水质检测管法；直接进水样气相色谱法（1,1,2-三氯乙烯）。

5.2　实验室监测方法

三氯乙烯的实验室监测方法见表 27-4。

表 26-4　三氯乙烯的实验室监测方法

监测方法	来　源	类别
吹扫捕集-气相色谱-质谱法	《展览会用地土壤环境质量标准评价标准(暂行)》(HJ 350—2007)	土壤
吹扫捕集/气相色谱-质谱法	《土壤和沉积物　挥发性卤代烃的测定　吹扫捕集/气相色谱-质谱法》(HJ 735—2015)	土壤
顶空/气相色谱-质谱法	《土壤和沉积物　挥发性卤代烃的测定　顶空/气相色谱-质谱法》(HJ 736—2015)	土壤
顶空/气相色谱法	《土壤和沉积物　挥发性有机物的测定　顶空/气相色谱法》(HJ 741—2015)	土壤
顶空气相色谱法	《水质　挥发性卤代烃的测定　顶空气相色谱法》(HJ 620—2011)	水质
吹扫捕集/气相色谱-质谱法	《水质　挥发性有机物的测定　吹扫捕集/气相色谱-质谱法》(HJ 639—2012)	水质
顶空/气相色谱-质谱法	《水质　挥发性有机物的测定　顶空/气相色谱-质谱法》(HJ 810—2016)	水质
吸附管采样-热脱附/气象色谱-质谱法	《环境空气　挥发性有机物的测定　吸附管采样-热脱附/气相色谱-质谱法》(HJ 644—2013)	空气
活性炭吸附-二硫化碳解吸/气相色谱法	《环境空气　挥发性卤代烃的测定　活性炭吸附-二硫化碳解吸/气相色谱法》(HJ 645—2013)	空气
罐采样/气相色谱-质谱法	《环境空气　挥发性有机物的测定　罐采样/气相色谱-质谱法》(HJ 759—2015)	空气

6　应急处理处置方法

6.1　泄漏应急处理

(1) **应急行为**　迅速撤离泄漏污染区人员至上风处，并进行隔离，严格限制出入，切断火源。

(2) **应急人员防护**　戴自给正压式呼吸器，穿防毒服。

(3) **环保措施**　尽可能切断泄漏源，防止进入下水道、排洪沟等限制性空间。小量泄漏：用砂土或其他不燃材料吸收或吸收。大量泄漏：构筑围堤或挖坑收容。用泡沫覆盖，降低蒸气灾害。

(4) **消除方法**　用防爆泵转移至槽车或专用收集器内，回收或运至废物处理所处置。

6.2　个体防护措施

(1) **工程控制**　严加密闭，提供充分的局部排风和全面通风。使用抗腐蚀的通风系统并与其他排气系统分开。

(2) **呼吸系统防护**　可能接触其蒸气时，应该佩戴自吸过滤式防毒面具（半面罩）。紧急事态抢救或撤离时，佩戴循环式氧气呼吸器。

(3) **眼睛防护**　戴化学安全防护眼镜。

(4) **身体防护**　穿防毒物渗透工作服。

(5) **手防护**　戴防化学品手套。

(6) **其他防护**　工作现场禁止吸烟、进食和饮水。工作完毕须尽快脱掉污染的衣物，洗净后才可再穿戴或丢弃，且须告知洗衣人员污染物的危害性，淋浴更衣。单独存放被毒物污染的衣服，洗后备用。注意个人清洁卫生。处理此物后，须彻底洗手，维持作业环境清洁。

6.3　急救措施

(1) **皮肤接触**　脱去污染的衣着，用肥皂水和清水彻底冲洗皮肤。

(2) **眼睛接触**　提起眼睑，用流动清水或生理盐水冲洗。就医。

(3) **吸入**　迅速脱离现场至空气新鲜处。保持呼吸道通畅。如呼吸困难，给输氧。如呼吸停止，立即进行人工呼吸。就医。

(4) **食入**　饮足量温水，催吐。就医。

(5) **灭火方法**　消防人员须戴氧气呼吸器。喷水保持火场容器冷却，直至灭火结束。适用灭火剂有雾状水、泡沫、干粉、二氧化碳、砂土。

6.4　应急医疗

(1) **诊断要点**

① 急性中毒：头痛、眩晕、恶心、呕吐、步态不稳呈酩酊状，严重时出现呼吸困难、神志昏迷、谵妄、抽搐、癫痫发作，可很快出现呼吸中枢抑制或循环衰竭，并可合并肝、肾损害。三氯乙烯遇火时可产生光气引起肺水肿。急性恢复期可出现精神抑郁、类偏狂性精神病、周围神经类和视神经炎、视神经萎缩和失明等。偶见因劳累过度而猝死者。

② 药疹样皮炎：一般先有发热，后出现皮疹伴浅表淋巴结肿大和严重肝损害，部分还可伴有心、肾损害。皮疹呈剥脱性皮炎，部分为多形红斑、重症多形红斑或大疱性表皮坏死松解症，来势凶猛，病情严重。

(2) **处理原则**

① 急性中毒：目前尚无特效解毒剂。主要采取一般急救措施及对症治疗。有呼吸、心跳停止者，应迅速进行心、肺、脑复苏。吸入患者应立即脱离现场，脱去被污染衣物，应用清水或肥皂水彻底清洗被污染部位。对有意识障碍及心、肝、肾损害者，应尽早积极对症处理。出现三叉神经症状者，可口服卡马西平、苯巴比妥或针灸治疗。重症患者可适当给予糖皮质激素。忌用肾上腺素及含乙醇药物。

② 药疹样皮炎：正确使用激素治疗，注意早期、足量和适量维持，一般可用甲泼尼龙 40～120mg 或地塞米松 10～20mg，静脉滴注，每天一次，后视皮疹及全身情况，酌情调整剂量及维持时间，要注意减量过程中的反跳现象。注意合理用药，用药要小心谨慎，可用可不用的药物尽量不用，避免交叉过敏。积极保护肝、肾（尤其要注意防治肝功能不全），防止感染。做好皮肤护理治疗。

(3) **预防措施**　加强工作场所中生产设备的密闭及通风排气。最好以其他低毒物质来代替本品用作金属脱脂剂。防止本品与火焰接触，以免产生剧毒的光气。降低温度以减少本品的蒸发。加强个人防护和安全教育。

7　储运注意事项

7.1　储存注意事项

储放于阴凉、通风仓间内。远离火种、热源，库温不超过 25℃。相对湿度不超过 75％。

包装要求密封，不可与空气接触。应与氧化剂、还原剂、碱类、金属粉末、食用化学品分开存放，切忌混储，不宜大量或久存。配备相应品种和数量的消防器材。储区应备有泄漏应急处理设备和合适的收容材料。

7.2　运输信息

危险货物编号：61580。

UN 编号：1710。

包装类别：Ⅲ。

包装方法：包装可采用小开口钢桶；螺纹口玻璃瓶、铁盖压口玻璃瓶、塑料瓶或金属桶（罐）外加木板箱。塑料瓶、镀锡薄钢板桶外加满底板花格箱。

运输注意事项：运输应先检查包装容器是否完整、密封，运输过程中要确保容器不泄漏、不倒塌、不坠落、不损坏。严禁与酸类、氧化剂、食品及食品添加剂混运。运输时运输车辆应配备相应品种和数量的消防器材及泄漏应急设备。运输途中应防曝晒、雨淋，防高温。公路运输时要按规定线路行驶。

7.3　废弃

(1) 废弃处置方法　用焚烧法处置。溶于易燃溶剂或与燃料混合后，再焚烧。焚烧炉排出的气体要通过洗涤器除去。

(2) 废弃注意事项　处置前应参阅国家和地方有关法规。

8　参考文献

［1］　环境保护部.国家污染物环境健康风险名录（化学第一分册）［M］.北京：中国环境科学出版社，2009：369-373.

［2］　天津市固体废物及有毒化学品管理中心.危险化学品环境数据手册［M］.

［3］　郑州轻工业学院图书馆化学品数据库：http：//www. basechem. org/chemical/1388♯dulixue.

［4］　Chemical book. CAS 数据库 http：//www. chemicalbook. com/ProductMSDSDetailCB5413313. htm.

［5］　胡明霞.三氯乙烯的毒理学研究新进展［J］.国外医学（卫生学分册），2001，3：155-158.

［6］　徐嚞，冯流.三氯乙烯在天然土壤中的吸附行为及其影响因素［J］.农业环境科学学报，2006，S1：65-68.

［7］　黄海燕，庄志雄，刘建军.三氯乙烯中毒表现及其作用机制研究进展//第五届广东省环境诱变剂学会、广东省预防医学会卫生毒理专业委员会.第五届广东省环境诱变剂学会暨第三届广东省预防医学会卫生毒理专业委员会学术交流会论文集［C］.第五届广东省环境诱变剂学会、广东省预防医学会卫生毒理专业委员会，2006：6.

［8］　胡庆红.三氯乙烯中毒特点及其防控对策［J］.实用预防医学，2009，6：1832-1834.

四氯乙烯

1 名称、编号、分子式

四氯乙烯（etrachloroethylene），又称全氯乙烯，是一种有机化学品，被广泛用于干洗和金属除油，也被用来制造其他化学品和消费品。在工业上大多采用氧氯化法或 C1～C3 烃类氯化法制备四氯乙烯，前者以二氯乙烷为原料进行制备，后者是用甲烷、乙烷、丙烷等为原料，在 550～700℃时氯化热解制得。四氯乙烯基本信息见表 28-1。

表 28-1　四氯乙烯基本信息

中文名称	四氯乙烯
中文别名	全氯乙烯；1,1,2,2-四氯乙烯
英文名称	tetrachloroethylene
英文别名	perchloroethylene；1,1,2,2-tetrachloroethylene
UN 号	1897
CAS 号	127-18-4
ICSC 号	0076
RTECS 号	KX3850000
EC 编号	602-028-00-4
分子式	C_2Cl_4；$Cl_2C=CCl_2$
分子量	165.82

2 理化性质

四氯乙烯在分子结构上看是乙烯中全部氢原子被氯取代而生成的化合物。它是无色透明液体，有醚样气味，不可燃。四氯乙烯不溶于糖、甘油及蛋白中，微溶于水（25℃时0.015），可与乙醇、乙醚、氯仿、苯及氯有机溶剂互溶。不水解。四氯乙烯有毒，是中枢神经抑制剂，能引起头痛、恶心、呕吐，甚至昏迷。四氯乙烯理化性质一览表见表 28-2。

表 28-2　四氯乙烯理化性质一览表

外观与性状	无色液体,有氯仿样气味
所含官能团	—Cl，$\overset{}{\underset{}{C}}=\overset{}{\underset{}{C}}$

熔点/℃	−22.2
沸点/℃	121.2
相对密度(水=1)	1.63
相对蒸气密度(空气=1)	5.83
饱和蒸气压(20℃)/kPa	2.11
燃烧热/(kJ/mol)	679.3
临界温度/℃	347.1
临界压力/MPa	9.74
辛醇/水分配系数的对数值	2.88
黏度(20℃)/(mPa·s)	0.88
熔化热/(kJ/mol)	10.57
生成热(液体)/(kJ/mol)	12.56
比热容(20℃,定压)/[kJ/(kg·K)]	0.904
溶解性	微溶于水(25℃时0.015%),可与乙醇、乙醚、氯仿、苯及氯有机溶剂互溶
化学性质	化学性质稳定,在无空气、湿气和催化剂存在时,加热到500℃,仍很稳定。与高温表面或火焰接触时,该物质分解生成氯化氢、光气和氯有毒和腐蚀性烟雾。含有稳定剂的四氯乙烯在空气、水及光的存在或照射下,即使加热至140℃,对常用的金属材料也无明显的腐蚀作用。与湿气接触时,该物质缓慢分解生成三氯乙酸和盐酸。与金属铝、锂、钡和铍发生反应

3 毒理学参数

(1) **急性毒性** LD_{50} 为 3005mg/kg(大鼠经口);LC_{50} 为 50427mg/m^3(大鼠吸入,4h)。有研究表明,在海水 pH=7.85～8.04、T=24.4～25.5℃、S=25.9～27.3 条件下,四氯乙烯对黄姑鱼幼鱼和三疣梭子蟹的 9h LC_{50} 分别为 38mg/L 和 64mg/L。四氯乙烯对草鱼的 24h、45h、72h、96h 的 LC_{50} 分别为 49.12mg/L、41.68mg/L、36.37mg/L、34.30mg/L。人吸入 13.6g/m^3,数分钟内轻度麻醉;人 3h 吸入的心血管系统的无可见有害作用水平(NOAEL)为 87μL/L。人吸入 0.7～0.8g/m^3 时,喉部轻度刺激和干燥感;人吸入 0.5～0.54g/m^3,轻度眼刺激和烧灼感,数分钟适应;人吸入 0.34g/m^3,可嗅到气味。

(2) **亚急性和慢性毒性** 大鼠暴露于浓度为 1g/m^3 的四氯乙烯中,暴露 7h/d×5d/周,几次暴露后即引起动物麻醉和死亡;暴露于浓度为 10.9g/m^3 的四氯乙烯中,暴露 7h/d×5d/周,在第二周出现嗜睡、流涎、明显的平衡失调;暴露于浓度为 1.5g/m^3 的四氯乙烯中,暴露 8h/d×5d/周,共暴露 7 个月,动物生长无异常,但经剖检有肝肾病理改变。人吸入暴露 1～30 年的 NOAEL 为 0.2～21μL/L,观察到有害作用的最小剂量(LOAEL)为 7.3～20μL/L。

(3) **代谢** 无论是吸入、饮水或食物摄入或透过皮肤进入身体的四氯乙烯大部分会通过呼吸排出体外。少量四氯乙烯经肝脏代谢后随尿液排出。在体内四氯乙烯主要通过肝脏加单氧酶系统氧化代谢,主要转化为三氯乙酸,有时也存在 2,2,2-三氯乙醇、*S*-(1,2,2-三氯乙烯基)-谷胱甘肽、*S*-(1,2,2-三氯乙烯基)-半胱氨酸、*N*-乙酰基-*S*-(1,2,2-三氯乙烯基)-L-半胱氨酸等代谢物，代谢物的毒性比四氯乙烯更强。代谢程度随物种不同而异。

(4) **中毒机理**　四氯乙烯的水溶性小，主要分布于血液和其他组织中，特别是脂肪组织，在脂肪组织中的四氯乙烯可存留数周的时间。四氯乙烯对正常人表皮角质形成细胞具有细胞毒性作用。体外培养条件下四氯乙烯溶剂可引起正常人表皮角质形成细胞（normal human epidermis keratinocyte，NHEK）活力随剂量增加而降低，毒性机理主要为氧化应激和脂质过氧化作用。

(5) **刺激性**　家兔经眼：500mg（24h），轻度刺激。家兔经皮：4mg，轻度刺激。

(6) **致突变性**　微生物致突变：鼠伤寒沙门菌 50L/皿。微粒体致突变：鼠伤寒沙门菌 200L/皿。

(7) **生殖毒性**　TCL_0：1000L/L（大鼠吸入，24h，孕后 1～22d 用药），有胚胎毒性。TCL_0：300L/L（小鼠吸入 7h，孕后 6～15d 用药），有胚胎毒性。

(8) **致癌性**　四氯乙烯对人体的致癌作用尚不明确。美国健康和人类服务部认为有理由把四氯乙烯列为人类致癌剂。IARC（International Agency for Research on Cancer，国际癌症研究机构）也认为它可能是人类致癌剂。

(9) **危险特性**　一般不会燃烧，但长时间暴露在明火及高温下仍能燃烧。受高热分解产生有毒的腐蚀性气体。与活性金属粉末（如镁、铝等）能发生反应，引起分解。若遇高热可发生剧烈分解，引起容器破裂或爆炸事故。燃烧（分解）产物为氯化氢、光气。

4　对环境的影响

4.1　主要用途

四氯乙烯对许多无机和有机化合有良好的溶解能力，如硫、碘、氯化汞、三氯化铝、脂肪、橡胶和树脂等，这种溶解能力被广泛用作金属脱脂清洗剂、脱漆剂、干洗剂、橡胶溶剂、油墨溶剂、液体皂、高档毛皮及羽毛的脱脂；四氯乙烯也用作驱虫（钩虫和姜片虫）药、纺织品加工整理剂。

四氯乙烯也是一种驱肠虫药，对治疗钩虫感染、杀灭十二指肠钩虫和美洲钩虫有效，但会发生头晕、头痛、恶心、困倦和酩酊样等副作用。它也是制三氯乙烯和含氟有机物的中间体。一般居民通过大气、食品及饮水可能接触低浓度的四氯乙烯。

4.2　环境行为

(1) **代谢和降解**　化工厂、干洗业、纺织业和计算机制造业等是排放四氯乙烯的主要污染来源。排放到大气中的四氯乙烯，受紫外线作用时逐渐被氧化，生成三氯乙酰氯及少量的光气；此外，四氯乙烯还会和臭氧反应生成光气和三氯乙酰氯，消耗臭氧。在光作用下与水长期接触时，逐渐水解成三氯代乙酸和氯化氢。水中含有的污染物四氯乙烯不能作为微生物的食物或基质而被降解，需要加入第一基质进行共同代谢降解。

(2) **残留与蓄积**　四氯乙烯排出体外十分缓慢，吸入浓度为 2.7mg/L 的蒸气 3.5h 后，经过两星期尚可测出，肺中平均滞留本品 62%，浓度为 1.3mg/L 时，3h 后可达到平衡。生活在水体中的生物（鱼、蛤、牡蛎等）可能不积累四氯乙烯。植物是否会积累尚不清楚。

(3) **迁移转化**　四氯乙烯主要通过使用过程中的挥发作用进入大气。也可能在处理污泥、工厂的废弃物的过程中或因地下储存罐的渗漏进入土壤和水体。在储存或废物处理地点四氯乙烯也可能通过渗漏或挥发进入大气、土壤和水体。进入大气的四氯乙烯在降解或随雨水湿沉降到土壤和水体之前可存留数月之久。到达水体和土壤的四氯乙烯也会挥发进入大气。由于四氯乙烯被土壤吸附微弱，因此可以迅速穿过土体而进入地下水，在地下水中它可能存留很长的时间不被降解。在适宜的条件下，微生物可以降解部分四氯乙烯，有时会形成有毒的降解产物。在特定的条件下，土壤可以吸附固定四氯乙烯。

4.3 人体健康危害

(1) **暴露/侵入途径** 暴露/侵入途径有吸入、食入、经皮吸收。

(2) **健康危害** 本品有刺激和麻醉作用。吸入急性中毒者有上呼吸道刺激症状、流泪、流涎，随之出现头痛、头晕、恶心、运动失调及酒醉样症状。口服后出现头晕、头痛、嗜睡、恶心、呕吐、腹痛、视力模糊、四肢麻木，甚至出现兴奋不安、抽搐乃至昏迷、致死。慢性影响有乏力、眩晕、恶心、酩酊感等。可有肝损害。皮肤反复接触，可致皮炎和湿疹。

4.4 接触控制标准

中国 MAC（mg/m^3）：—。

中国 PC-TWA（mg/m^3）：200（G2A）。

中国 PC-STEL（mg/m^3）：—。

美国 TLV-TWA：OSHA 100ppm（上限值）；ACGIH 25ppm，170mg/m^3。

美国 TLV-STEL：ACGIH 100ppm，685mg/m^3。

四氯乙烯生产及应用相关环境标准见表 28-3。

表 28-3 四氯乙烯生产及应用相关环境标准

标准编号	限制要求	标准值
《生活饮用水卫生标准》（GB 5749—2006）	水质非常规指标及限值	0.04mg/L
《地表水环境质量标准》（GB 3838—2002）	集中式生活饮用水地表水源地特定项目标准限值	0.04mg/L
《污水综合排放标准》（GB 8978—1996）	第二类污染物最高允许排放浓度	一级：0.1mg/L 二级：0.2mg/L 三级：0.5mg/L
《展览会用地土壤环境质量评价标准（暂行）》（HJ 350—2007）	土壤环境质量评价标准限值	A 级：4mg/kg B 级：6mg/kg

5 环境监测方法

5.1 现场应急监测方法

现场应急监测方法有便携式气相色谱法、气体快速检测管法。

5.2 实验室监测方法

四氯乙烯的实验室监测方法见表 28-4。

表 28-4　四氯乙烯的实验室监测方法

监测方法	来源	类别
吹扫捕集-气相色谱-质谱法	《展览会用地土壤环境质量评价标准(暂行)》(HJ 350—2007)	土壤
顶空气相色谱法	《水质　挥发性卤代烃的测定　顶空气相色谱法》(HJ 620—2011)	水质
吹扫捕集/气相色谱-质谱法	《水质　挥发性有机物的测定　吹扫捕集/气相色谱-质谱法》(HJ 639—2012)	水质
顶空/气相色谱-质谱法	《水质　挥发性有机物的测定　顶空/气相色谱-质谱法》(HJ 810—2016)	水质
罐采样/气相色谱-质谱法	《环境空气　挥发性有机物的测定　罐采样/气相色谱-质谱法》(HJ 759—2015)	空气
固相吸附-热脱附/气相色谱-质谱法	《固定污染源废气　挥发性有机物的测定　固相吸附-热脱附/气相色谱-质谱法》(HJ 734—2014)	空气
活性炭吸附-二硫化碳解吸/气相色谱法	《环境空气　挥发性卤代烃的测定　活性炭吸附-二硫化碳解吸/气相色谱法》(HJ 645—2013)	空气
吸附管采样-热脱附/气相色谱-质谱法	《环境空气　挥发性有机物的测定　吸附管采样-热脱附/气相色谱-质谱法》(HJ 644—2013)	空气

6　应急处理处置方法

6.1　泄漏应急处理

(1) **应急行为**　迅速撤离泄漏污染区人员至上风处，并进行隔离，严格限制出入，切断火源。

(2) **应急人员防护**　戴自给正压式呼吸器，穿防毒服。

(3) **环保措施**　尽可能切断泄漏源，防止进入下水道、排洪沟等限制性空间。小量泄漏：用砂土或其他不燃材料吸收或吸收，也可用不燃性分散剂制成的乳液刷洗，洗液稀释后放入废水系统。大量泄漏：构筑围堤或挖坑收容。用泡沫覆盖，降低蒸气灾害。

(4) **消除方法**　用防爆泵转移至槽车或专用收集器内，回收或运至废物处理所处置。

6.2　个体防护措施

(1) **工程控制**　生产过程密闭，加强通风。

(2) **呼吸系统防护**　在可能接触其蒸气时，应该佩戴自吸过滤式防毒面具（半面罩）。紧急事态抢救或撤离时，佩戴氧气呼吸器。

(3) **眼睛防护**　戴化学安全防护眼镜。

(4) **身体防护**　穿透气型防毒服。

(5) **手防护**　戴防化学品手套。

(6) **其他防护**　工作现场禁止吸烟、进食和饮水。工作完毕，淋浴更衣。单独存放被毒物污染的衣服，洗后备用。注意个人清洁卫生。

6.3　急救措施

(1) **皮肤接触**　脱去污染的衣着，用肥皂水及清水彻底冲洗。

（2）**眼睛接触**　立即翻开上下眼睑，用流动清水或生理盐水冲洗至少 15min。就医。

（3）**吸入**　迅速脱离现场至空气新鲜处。保持呼吸道通畅。保暖并休息。呼吸困难时给输氧。呼吸停止时，立即进行人工呼吸。就医。

（4）**食入**　误服者立即漱口，饮足量温水，催吐，就医。

6.4　应急医疗

（1）**诊断要点**

① 明确的四氯乙烯接触史或过量误服史。

② 吸入中毒：a. 眼、上呼吸道刺激，可有双眼灼痛、流泪、流涕、口干及咽喉不适等。b. 中枢神经系统症状，可有头晕、头痛、恶心、运动失调、酪酊感等，重者可出现昏迷。部分患者可于中毒数天后出现肝、肾损害。

③ 口服中毒：可有头痛、眩晕、恶心、呕吐、腹痛、视物模糊、兴奋不安、精神错乱，甚至抽搐、昏迷。

④ 接触性皮炎：近年国内曾有电子厂机板擦洗工接触本品而致"接触性皮炎"的报道，患者于工作 7d 后，四肢、躯干、颜面出现红斑、丘疹、丘疱疹、口唇红肿、黏膜糜烂，并有肝功能异常，血 ALT 明显升高，类似三氯乙烯所致药疹样皮炎的临床表现。同伴也有 2 例出现同样皮损。患者车间空气检测，检出四氯乙烯。患者尿中检出三氯乙酸。

（2）**处理原则**

① 目前尚无特效解毒剂，主要采取一般急救措施及对症治疗。

② 急性中毒，应将患者移至空气新鲜处，脱去被污染的衣服，用清水洗被污染的皮肤，吸入高流量的氧气，昏迷者应脱水、利尿，保护脑细胞，补充电解质。心肺功能衰竭、血压下降者立即进行心肺复苏，升压，补充血容量。出现急性心肌损伤和肝功能损害，进行保护心肌细胞和保肝治疗。

（3）**预防措施**　应严格作业环境管理，防止产生烟云。注意通风，局部排气通风或者佩戴呼吸防护、防护手套、护目镜、面罩，穿防护服。工作时不得进食、饮水或吸烟。

7　储运注意事项

7.1　储存注意事项

储存于阴凉、通风的库房。远离火种、热源。包装要求密封，不可与空气接触。应与碱类、活性金属粉末、碱金属、食用化学品分开存放，切忌混储。配备相应品种和数量的消防器材。储区应备有泄漏应急处理设备和合适的收容材料。

7.2　运输信息

危险货物编号：61580。

UN 编号：1897。

包装类别：Ⅲ。

包装方法：包装可采用小开口钢桶；安瓿瓶外普通木箱；螺纹口玻璃瓶、铁盖压口玻璃瓶、塑料瓶或金属桶（罐）外加普通木箱；螺纹口玻璃瓶、塑料瓶或镀锡薄钢板桶（罐）外加满底板花格箱、纤维板箱或胶合板箱。

运输注意事项：医药用的四氯乙烯可按普通货物条件运输。运输前应先检查包装容器是否完整、密封，运输过程中要确保容器不泄漏、不倒塌、不坠落、不损坏。严禁与酸类、氧化剂、食品及食品添加剂混运。运输时运输车辆应配备相应品种和数量的消防器材及泄漏应急处理设备。运输途中应防曝晒、雨淋，防高温。公路运输时要按规定路线行驶。

7.3 废弃

(1) **废弃处置方法**　用安全掩埋法处理。
(2) **废弃注意事项**　处置前应参阅国家和地方有关法规。废物储存参见"储存注意事项"。

8 参考文献

[1] 环境保护部.国家污染物环境健康风险名录（化学第一分册）[M]. 北京：中国环境科学出版社，2009：369-373.

[2] 天津市固体废物及有毒化学品管理中心.危险化学品环境数据手册 [M].

[3] 郑州轻工业学院图书馆化学品数据库：http：//www. basechem. org/chemical/1388♯dulixue.

[4] Chemical book. CAS 数据库 http：//www. chemicalbook. com/ProductMSDSDetailCB 5413313. htm.

[5] 郭远明，李铁军，张玉荣，薛彬，张小军.四氯乙烯对黄姑鱼幼鱼和三疣梭子蟹的急性毒性 [J]. 浙江海洋学院学报：自然科学版，2013，6：513-516.

[6] 史济月.四氯乙烯与镉对草鱼的污染效应研究 [D]. 沈阳：沈阳药科大学，2007.

[7] 阿扎提古丽·阿卜杜热合曼.四氯乙烯中毒 12 例临床观察 [J]. 中国社区医师（医学专业），2012，1：103.

[8] 李烨，潘涛，刘菲，李森，郭森.四氯乙烯在不同地下水环境的生物共代谢降解 [J]. 岩矿测试，2012，4：682-688.

[9] 王春晓.土壤中挥发性有机污染物运移规律试验研究 [D]. 北京：中国地质大学（北京），2012.

四氢呋喃

1 名称、编号、分子式

四氢呋喃（tetrahydrofuran，THF）又称为一氧五环，四氢呋喃是一类杂环有机化合物。属于醚类，是芳香族化合物呋喃的完全氢化产物。在化学反应和萃取时用作一种中等极性的溶剂。四氢呋喃的生产工艺有以下几种：一是糠醛法，由糠醛脱羰基生成呋喃，再加氢而得，这是工业上最早生产四氢呋喃的方法之一；二是顺酐催化加氢法，顺酐和氢气从底部进入内装镍催化剂的反应器，产物中四氢呋喃与 γ-丁内酯的比例可通过调整操作参数加以控制；三是二氯丁烯法，以 1,4-二氯丁烯为原料，经水解生成丁烯二醇，再经催化加氢而得。四氢呋喃基本信息见表 29-1。

表 29-1　四氢呋喃基本信息

中文名称	四氢呋喃
中文别名	氧杂环戊烷；一氧五环；氧化四亚甲基
英文名称	tetrahydrofuran
英文别名	tetramethylene oxide；THF
UN 号	2056
CAS 号	109-99-9
ICSC 号	0578
RTECS 号	LU5950000
EC 编号	603-025-00-0
分子式	$C_4H_8O/(CH_2)_3CH_2O$
分子量	72.1

2 理化性质

四氢呋喃是一种无色、低黏度的液体，具有类似乙醚的气味。室温时四氢呋喃与水能部分混溶。四氢呋喃在储存时容易变成过氧化物，商用的四氢呋喃经常是用 BHT 即 2,6-二叔丁基对甲酚来防止氧化。四氢呋喃理化性质一览表见表 29-2。

表 29-2　四氢呋喃理化性质一览表

外观与性状	无色易挥发液体,有类似乙醚的气味
熔点/℃	-108.5
沸点/℃	66
相对密度(水=1)	0.89
相对蒸气密度(空气=1)	2.5
饱和蒸气压(20℃)/kPa	19.3
燃烧热/(kJ/mol)	-2515.2
临界温度/℃	268
临界压力/MPa	5.19
辛醇/水分配系数的对数值	0.46
闪点/℃	-14(密闭);-20(开放)
引燃温度/℃	321
爆炸上限/%	11.8
爆炸下限/%	1.8
溶解性	溶于水、乙醇、乙醚、丙酮、苯等多数有机溶剂
化学性质	化学性质稳定。无水 THF 通常用在有格氏试剂、强碱(如醇钠)等参加的反应中,如格氏试剂的制备,格氏试剂与羰基的加成反应,二羰基碳负离子反应等,合成反应中与它有类似的作用的常见溶剂为乙醚

3　毒理学参数

(1) **急性毒性**　LD_{50} 为 2816mg/kg(大鼠经口);LC_{50} 为 61740mg/kg(大鼠吸入,3h)。人经口的最小致死浓度为 50mg/kg。浓度$>$147750mg/m^3,动物有角膜水肿和浑浊、流涎、流涕和鼻出血;浓度为 590mg/m^3,动物的眼睑、鼻黏膜等发红,具有轻度刺激作用。大鼠、豚鼠、兔及猫在 50mg/L 浓度下 3h,部分动物可侧倒,100mg/L 下 1h 出现深度麻醉,部分动物在暴露 1~4.5h 后死亡。

(2) **亚急性和慢性毒性**　对出生后第 10 周的小鼠进行了亚慢性毒性试验,第 10 周开始进行吸入染毒(4h/d,5d/周),共 3 周,高浓度组为(2782±245)mg/m^3,低浓度组为(419±65)mg/m^3,直至出生后第 12 周,再观察 1 周。其试验结果表明,高浓度组小鼠活动量减少,低浓度组和对照组的活动变化不明显。

(3) **代谢**　目前关于四氢呋喃在人体内的代谢报道相对较少,Burka Boyd 报道了四氢呋喃母体化合物呋喃在体内被代谢成亲电化合物,会与组织亲核物质在坏死部位发生反应。四氢呋喃的毒性相对较小,但它是否成为更加有害的物质目前还未有报道研究。研究发现四氢呋喃会被代谢成为亲电化合物与 DNA 反应生成 dGuo-THF 而导致 DNA 损伤和细胞病变。

(4) **刺激性**　人体吸入低浓度四氢呋喃会引起头痛及刺激鼻和咽;在吸入高浓度(25000ppm)四氢呋喃时,会引起很强的呼吸道刺激。对人体皮肤基本上无刺激性,但会对部分动物皮肤具有刺激性。在高浓度蒸气（5000ppm）暴露下会刺激眼睛。20％的四氢呋喃溶液易引起眼皮红、角膜不透明和浮肿；50％的溶液会加剧这些症状。

（5）**致突变性** 微生物致突变：大肠杆菌 1μmol/L。DNA 损伤：哺乳动物淋巴细胞 100mmol/L。

（6）**致畸性** 小鼠孕后 6～17d 经口给予最低中毒剂量 2592mg/kg，致肌肉骨骼系统发育畸形。

（7）**致癌性** 大、小鼠吸入不同剂量，按照 RTECS 标准可至肾、输尿管、膀胱、肝脏肿瘤。

（8）**危险特性** 其蒸气与空气可形成爆炸性混合物。遇高热、明火及强氧化剂易引起燃烧。接触空气或在光照条件下可生成具有潜在爆炸危险性的过氧化物。与酸类接触能发生反应。与氢氧化钾、氢氧化钠反应剧烈。其蒸气比空气密度大，能在较低处扩散到相当远的地方，遇火源会着火回燃。

4 对环境的影响

4.1 主要用途

作为常用溶剂，四氢呋喃普遍用于表面涂料、防腐涂料和薄膜涂料、油墨、萃取剂和人造革的表面处理。四氢呋喃也是一种重要的有机合成原料，它可以生成尼龙 66、涂料四氢呋喃均聚醚等。四氢呋喃在医药工业中主要用于生产抗感染类药和激素类药，主要品种有头孢噻肟钠、琥乙红霉素、头孢三嗪呐等和用作制药溶剂。四氢呋喃还可用于精密磁带工业和用于黏合剂方面。

4.2 环境行为

（1）**代谢和降解** 化工、医药等工业中使用的四氢呋喃会通过挥发和废液的形式进入环境中，它进入环境后可通过光分解、化学分解和生物降解三种形式进行代谢和降解。在环境中，这三种分解作用常常交织在一起，但其中以生物分解途径的作用最大，占主导地位。化学分解包括水解反应和氧化还原反应。生物降解主要指的是微生物的好氧和厌氧分解反应，以及其他生物体内的代谢过程。

（2）**残留与蓄积** 动物实验显示四氢呋喃会在体内迅速分解掉，因此，四氢呋喃不太可能蓄积。其对水中生物也不具有毒性。

（3）**迁移转化** 在化工、医药等工业中，四氢呋喃一般用于溶解有机物，其本身不参与反应，化工废液中的四氢呋喃因含有杂质不能被直接再利用，一旦排放到环境中，就会迅速扩散。释放到土壤中的四氢呋喃可能会挥发或者渗入地下，一部分的四氢呋喃会被生物分解掉，还可与氢氧自由基作用而分解，或者被雨水冲掉。

4.3 人体健康危害

（1）**暴露/侵入途径** 暴露/侵入途径有吸入、食入、经皮吸收。

（2）**健康危害** 四氢呋喃吸入为微毒类，经口属低毒类。对皮肤和眼、鼻、舌的黏膜有刺激作用。其蒸气有麻醉性，长时间吸入高浓度蒸气能引起头昏、眼花、头痛、呕吐和中枢神经系统抑制症状。当血液中的浓度达 160mg/kg 时，会完全陷于麻醉；达 300～400mg/kg 时，即能致死。能引起肝、肾损害。

4.4　接触控制标准

中国 MAC（mg/m³）：—。
中国 PC-TWA（mg/m³）：300。
中国 PC-STEL（mg/m³）：—。
美国 TLV-TWA：OSHA 200ppm，590mg/m³；ACGIH 500ppm，590mg/m³。
美国 TLV-STEL：ACGIH 100ppm，737mg/m³。
丹麦 TWA：200ppm，590mg/m³。

5　环境监测方法

5.1　现场应急监测方法

无。

5.2　实验室监测方法

四氢呋喃的实验室监测方法见表 29-3。

表 29-3　四氢呋喃的实验室监测方法

监测方法	来源	类别
气相色谱法	《水质分析》	水质
气相色谱法分析(NIOSH 法)	NIOSH 分析方法手册	空气(样品要先用活性炭吸附，二硫化碳洗脱)

6　应急处理处置方法

6.1　泄漏应急处理

（1）**应急行为**　迅速撤离泄漏污染区人员至安全处，并进行隔离，严格限制出入。切断火源。

（2）**应急人员防护**　戴自给正压式呼吸器，穿消防防护服。

（3）**环保措施**　尽可能切断泄漏源，防止进入下水道、排洪沟等限制性空间。小量泄漏：用砂土或其他不燃材料吸附或吸收。也可用大量水冲洗，洗水稀释后放入废水系统。大量泄漏：构筑围堤或挖坑收容；用泡沫覆盖，降低蒸气灾害。喷雾状水冷却和稀释蒸气，保护现场人员。把泄漏物稀释成不燃物。

（4）**消除方法**　用防爆泵转移至槽车或专用收集器内，回收或运至废物处理所处置。

6.2　个体防护措施

（1）**工程控制**　生产过程密闭，全面通风。提供安全淋浴和洗眼设备。

（2）**呼吸系统防护**　可能接触其蒸气时，应该佩戴过滤式防毒面具（半面罩）。必要时，建议佩戴自给式呼吸器。

(3) **眼睛防护** 一般不需要特殊防护，高浓度接触时可戴安全防护眼镜。

(4) **身体防护** 穿防静电工作服。

(5) **手防护** 戴橡胶耐油手套。

(6) **其他防护** 工作现场严禁吸烟。工作完毕，淋浴更衣。注意个人清洁卫生。

6.3 急救措施

(1) **皮肤接触** 脱去被污染的衣着，用肥皂水和清水彻底冲洗皮肤。

(2) **眼睛接触** 提起眼睑，用流动清水或生理盐水冲洗。就医。

(3) **吸入** 迅速脱离现场至空气新鲜处。保持呼吸道通畅。如呼吸困难，给输氧。如呼吸停止，立即进行人工呼吸。就医。

(4) **食入** 饮足量温水，催吐，就医。

6.4 应急医疗

(1) **诊断要点**

① 高浓度吸入后可出现头晕、头痛、胸闷、胸痛、咳嗽、乏力、口干、恶心、呕吐等症状，可伴有眼刺激症状。部分患者可能发生肝功能障碍。

② 尿中四氢呋喃浓度与环境中其浓度相关，为职业接触四氢呋喃的有用的生物标志物。

(2) **处理原则**

① 立即脱离事故现场至空气清新处。皮肤或眼污染时立即用清水冲洗。

② 对症处理。

(3) **预防措施** 禁止明火，禁止火花和禁止吸烟。应采用密闭系统，通风，采用防爆型电气设备与照明。不要使用压缩空气罐装、卸料或者运转。防止烟雾产生。工作时穿戴防护手套、安全护目镜。工作时不得进食、饮水或者吸烟。

7 储运注意事项

7.1 储存注意事项

通常商品加有阻聚剂。储存于阴凉、通风的库房。远离火种、热源。库温不宜超过30℃。包装要求密封，不可与空气接触。应与氧化剂、酸类、碱类等分开存放，切忌混储。采用防爆型照明、通风设施。禁止使用易产生火花的机械设备和工具。储区应备有泄漏应急处理设备和合适的收容材料。

7.2 运输信息

危险货物编号：31042。

UN 编号：2056。

包装类别：Ⅰ。

包装方法：包装采用小开口钢桶；螺纹口玻璃瓶、铁盖压口玻璃瓶、塑料瓶或金属桶（罐）外加木板箱。

运输注意事项：运输时运输车辆应配备相应品种和数量的消防器材及泄漏应急处理设备。夏季最好早晚运输。运输时所用的槽（罐）车应有接地链，槽内可设孔隔板以减少振荡产生的静电。严禁与氧化剂、酸类、碱类、食用化学品等混装混运。运输途中应防曝晒、雨淋、防高温。中途停留时应远离火种、热源、高温区。装运该物品的车辆排气管必须配备阻火装置，禁止使用易产生火花的机械设备和工具装卸。公路运输时要按规定路线行驶，勿在居民区和人口稠密区停留。铁路运输时要禁止溜放。严禁用木船、水泥船散装运输。

7.3 废弃

（1）**废弃处置方法**　用控制焚烧法处置。
（2）**废弃注意事项**　处置前应参阅国家和地方有关法规。废物储存参见"储存注意事项"。

8　参考文献

［1］　环境保护部.国家污染物环境健康风险名录（化学第一分册）［M］.北京：中国环境科学出版社，2009：369-373.
［2］　天津市固体废物及有毒化学品管理中心.危险化学品环境数据手册［M］.
［3］　郑州轻工业学院图书馆化学品数据库：http：//www.basechem.org/chemical/1388#dulixue.
［4］　Chemical book. CAS 数据库 http：//www.chemicalbook.com/ProductMSDSDetailCB5413313.htm.
［5］　陈晓春，张频，王焕凤，贾丽娜.制药废液中四氢呋喃回收系统的模拟与优化［J］.现代化工，2009，6：59-62.
［6］　王怡，彭党聪.四氢呋喃废水的降解特性［J］.环境科学与技术，2003，S2：12-14.
［7］　姚燕来.四氢呋喃的微生物降解研究［D］.杭州：浙江大学，2009.
［8］　孙谷兰.四氢呋喃的毒性和对人体的危害［J］.劳动医学，1988，4：43-47.
［9］　余刚，黄俊，张彭义.持久性有机污染物：备受关注的全球性环境问题［J］.环境保护，2001，4：37-39.
［10］　傅慰祖.有机溶剂四氢呋喃的毒性及其危害［J］.职业卫生与病伤，1996，2：24-25.
［11］　吕振华.四氢呋喃对淡水、污水和活性污泥的生态毒理效应及其生物降解［D］.杭州：浙江大学，2008.

2,4,6-三硝基甲苯

1 名称、编号、分子式

2,4,6-三硝基甲苯是一种带苯环的有机化合物，它带有爆炸性，常用来制造炸药。它经由甲苯的硝化反应而制成，即甲苯与混酸（硝酸和硫酸）进行硝化制得。甲苯经硝化制得粗品 TNT，再精制除去杂质即可。2,4,6-三硝基甲苯基本信息见表 30-1。

表 30-1　2,4,6-三硝基甲苯基本信息

中文名称	2,4,6-三硝基甲苯
中文别名	梯恩梯；茶褐炸药
英文名称	2,4,6-trinitrotoluene
英文别名	TNT
UN 号	0209
CAS 号	118-96-7
ICSC 号	0967
RTECS 号	XU0175000
EC 编号	609-008-00-4
分子式	$C_7H_5N_3O_6$；$(NO_2)_3C_6H_2CH_3$
分子量	227.13

2 理化性质

2,4,6-三硝基甲苯受热、接触明火或受到摩擦、振动、撞击时可发生爆炸。少量或薄层物料在广阔的空间中燃烧可不起爆。大量堆积或在密闭容器中燃烧，有可能由燃烧转变为爆轰。遇碱生成不安定的爆炸物。2,4,6-三硝基甲苯理化性质一览表见表 30-2。

表 30-2　2,4,6-三硝基甲苯理化性质一览表

外观与性状	白色或黄色针状结晶，无臭，有吸湿性
熔点/℃	81.8
沸点/℃	280
相对密度（水=1）	1.65
相对蒸气密度（空气=1）	1.65

燃烧热/(kJ/mol)	3430.5
临界压力/MPa	3.04
辛醇/水分配系数的对数值	1.60
引燃温度/℃	295
溶解性	不溶于水,微溶于乙醇,溶于苯、芳烃、丙酮
禁忌物	强氧化剂、强还原剂、酸类、碱类

3 毒理学参数

(1) **急性毒性** LD_{50} 为 795mg/kg（大鼠经口）；660mg/kg（小鼠经口）。人吸入 2mg/m³ 血液轻度改变；人经口 1mg/kg×4d 未见血液学改变；人在>2mg/m³ 环境中有不悦感。

(2) **亚急性和慢性毒性** 可引起中毒性肝病，中毒性白内障。

(3) **代谢** 2,4,6-三硝基甲苯进入人体后的代谢尚不完全明了。一般认为，进入体内的 2,4,6-三硝基甲苯一部分以原形由肾脏排出；一部分氧化成三硝基苯甲醇后，再还原为 2,6-二硝基-4-氨基苯甲醇；另一部分则还原为 2,6-二硝基-4-羟氨甲苯和 2,6-二硝基-4-氨基甲苯，其代谢产物经肾脏排出，但排出速度较慢。

(4) **中毒机理** 造成肝脏损害是指三硝基甲苯直接作用于肝细胞，导致肝细胞变性和毛细血管闭锁出现黄疸，肝细胞产生自体溶解和破坏。另外，三硝基甲苯对血液的最大毒作用是抑制骨髓内红细胞生成和形成高铁血红蛋白。三硝基甲苯可使葡萄糖-6-磷酸脱氢酶（G-6-PD）缺乏者发生溶血性贫血，溶血最后导致骨髓造血功能衰竭。三硝基甲苯或其代谢产物 2,6-二硝基-4-氨基甲苯对骨髓造血组织可产生直接抑制而发生再生障碍性贫血。再生障碍性贫血多发生于年龄较大者。三硝基甲苯可使高铁血红蛋白形成，使血红蛋白失去携氧能力，出现紫绀。而且，三硝基甲苯还可引起中毒性白内障。

(5) **致突变性** 微生物致突变：鼠伤寒沙门菌 10μg/皿。哺乳动物细胞突变：小鼠淋巴细胞 40mg/L。

(6) **致癌性** IARC 致癌性评论：G3，对人及动物致癌性证据不足。

(7) **其他** 大鼠经口最低中毒剂量（TDL_0）：5376mg/kg（28d，雄性），引起睾丸、附睾和输精管毒性。

(8) **危险特性** 受热，接触明火、高热或受到摩擦振动、撞击时可发生爆炸。

(9) **刺激性** 家兔经皮：500mg（24h），轻度刺激。

4 对环境的影响

4.1 主要用途

由于三硝基甲苯熔点低于水的沸点，且在 240℃ 以下不爆炸，因此可在蒸气加热缸中加热熔融并浇注于容器中。三硝基甲苯对撞击反应不大，在没有引爆剂的情况下不会爆炸，因此很适合用作化学炸药，广泛应用于国防、采矿、开凿隧道的军火和爆破。除直接用作炸药外，还是许多炸药及其中间体的原料。三硝基甲苯与 RDX（黑索今）混熔制得 B 炸药，广泛用在炮弹、航弹、枪榴弹及导弹战斗部中。三硝基甲苯是重要的化工原料，也用于制造染料、医药和试剂等。

4.2 环境行为

作为炸药，三硝基甲苯广泛应用于国防、采矿、开凿隧道，其在粉碎、过筛、配料、包装等生产过程中，均可产生大量粉尘及蒸气。精炼的三硝基甲苯十分稳定。与硝酸甘油不同，它对于摩擦、振动等都不敏感。因此，它需要引爆剂雷管引爆。它也不会与金属起化学反应或者吸收水分。它可以存放多年。但它与碱反应强烈，反应生成不稳定的化合物，该化合物均对热和撞击非常敏感。

4.3 人体健康危害

(1) **暴露/侵入途径**　暴露/侵入途径有吸入、食入、经皮吸收。可经无损皮肤吸收，引起严重中毒甚至死亡。蒸气或粉尘可经呼吸道吸入，粉尘可经口摄入。职业接触的三硝基甲苯主要经过皮肤和呼吸道吸收。

(2) **健康危害**　属高度危害毒物。对血液系统的损害，可形成高铁血红蛋白、赫恩兹小体；可引起中毒性肝损伤；对眼睛可引起中毒性白内障。

(3) **急性中毒**　接触三硝基甲苯后局部皮肤染成橘黄色，约1周在接触部位发生皮炎，表现为红色丘疹，以后丘疹融合并脱屑。大部分人继续接触皮疹消退，少数人病情加重。短期内吸入高浓度三硝基甲苯粉尘，可在数天后发生紫绀、胸闷、呼吸困难等高铁血红蛋白血症。主要临床表现如下。

轻度中毒：高铁血红蛋白（MetHb）浓度为$10\%\sim30\%$，病人出现乏力、食欲减退、恶心、厌油、肝区痛等症状，肝大、质软或韧，有压痛或叩痛，肝功能试验异常；肝脏缓慢性增大，质软或韧，有压痛或叩痛。

中度中毒：高铁血红蛋白（MetHb）浓度为$30\%\sim50\%$，病人肝大、质韧、肝功能试验反复异常；出现脾脏肿大。

重度中毒：高铁血红蛋白（MetHb）浓度为$60\%\sim70\%$，肝硬化；再生障碍性贫血等。

(4) **慢性中毒**　全身症状表现为面色苍白，口唇和耳壳呈青紫色的"三硝基甲苯面容"，因有肤色掩盖，不易显露。还可出现气急、头痛、乏力及晨起呕吐等表现。临床上可分为下列四种类型。①中毒性胃炎：患者上腹部剧痛，恶心、呕吐及便秘，与进食无关。胃镜发现单纯性胃炎。②中毒性肝炎：接触量多者多在3个月以上发生肝肿大伴压痛，肝功能异常。如发生黄疸，愈后不佳。脱离接触，好转较快。③贫血：为低色素性贫血，可伴网状细胞增多、尿胆原和尿胆红素阳性、赫恩兹小体阳性、点形红细胞增加等。严重者可发展至再生障碍性贫血，表现为进行性贫血、全血细胞减少以及骨髓增生不良。④中毒性白内障：发生率最高，发病与工龄一般成正比。个别人接触高浓度不足一年亦可发病。初起时晶状体周边部出现环形暗影，随病情发展可出现中央部环形或圆盘状浑浊。由于白内障呈环状分布，故对中心视力影响不大。

4.4 接触控制标准

中国 MAC（mg/m^3）：—。

中国 PC-TWA（mg/m^3）：0.2［皮］。

中国 PC-STEL（mg/m^3）：0.5 ［皮］。

美国 TLV-TWA：ACGIH 0.5mg/m^3 ［皮］。

美国 TLV-STEL：—。

2,4,6—三硝基甲苯生产及应用相关环境标准见表 30-3。

表 30-3　2,4,6-三硝基甲苯生产及应用相关环境标准

标准名称	限制要求	标准值
《弹药装药行业水污染物排放标准》(GB 14470.3—2011)	水污染物排放限值	现有企业：直接排放 1.0mg/L；间接排放 1.0 mg/L 新建企业：直接排放：0.5 mg/L；间接排放 0.5 mg/L
《地表水环境质量标准》(GB 3838—2002)	集中式生活饮用水地表水水源地特定项目标准限值	0.5mg/L

注：本表所列标准均为国家标准，涉及行业标准，应当优先执行行业标准。

5　环境监测方法

5.1　现场应急监测方法

光电比色测定法：2,4,6-三硝基甲苯的乙醇溶液与碱反应可呈紫红色，颜色深浅与浓度成正比。可通过比色判断浓度。

5.2　实验室监测方法

2,4,6-三硝基甲苯实验室监测方法见表 30-4。

表 30-4　2,4,6-三硝基甲苯实验室监测方法

监测方法	来源	类别
气相色谱法	《水质　梯恩梯、黑索今、地恩梯的测定　气相色谱法》(HJ 600—2011)	水质
亚硫酸钠分光光度法	《水质　梯恩梯的测定　亚硫酸钠分光光度法》(HJ 598—2011)	水质
气相色谱法	乙醇-碱比色法，《空气中有害物质的测定方法》(第二版)，杭士平主编	空气
气相色谱法	《生活饮用水卫生规范》，中华人民共和国卫生部，2001 年	饮用水

6　应急处理处置方法

6.1　泄漏应急处理

(1) **应急行为**　隔离泄漏污染区，周围设警告标志，切断火源。

(2) **应急人员防护**　建议应急处理人员戴好防毒面具，穿化学防护服。

(3) **环保措施** 冷却，防止振动、撞击和摩擦，避免扬尘，使用无火花工具小心扫起，转移到安全场所。也可以用大量水冲洗，以稀释的洗水放入废水系统。如大量泄漏，用水润湿，然后收集、转移、回收或无害处理后废弃。

(4) **消除方法** 用防爆泵转移至槽车或专用收集器内，回收或运至废物处理场所处置。

6.2 个体防护措施

(1) **工程控制** 严加密闭，提供充分的局部排风。提供安全淋浴和洗眼设备。

(2) **呼吸系统保护** 空气中浓度较高时，佩戴防毒面具。紧急事态抢救或逃生时，佩戴自给式呼吸器。

(3) **眼睛防护** 戴安全防护眼镜。

(4) **防护服** 穿紧袖工作服、长筒胶鞋。

(5) **手防护** 戴橡胶手套。

(6) **其他** 工作现场禁止吸烟、进食和饮水。工作后，淋浴更衣。保持良好的卫生习惯。进行就业前和定期的体检。

6.3 急救措施

(1) **皮肤接触** 立即脱去污染的衣着，用肥皂水及清水彻底冲洗。

(2) **眼睛接触** 立即提起眼睑，用大量流动清水或生理盐水冲洗。

(3) **吸入** 迅速脱离现场至空气新鲜处。注意保暖，呼吸困难时给输氧。呼吸及心跳停止者立即进行人工呼吸和心脏按压术。就医。

(4) **食入** 误服者给漱口，饮水，洗胃后口服活性炭，再给以导泻。就医。

(5) **灭火方法** 雾状水。禁止用砂土压盖。

6.4 应急医疗

(1) **诊断要点** 应根据密切的职业接触史，肝脏及眼晶状体改变和实验室检查结果，结合劳动卫生学调查及必要的动态观察，进行综合分析，排除其他疾病引起的肝脏、眼及血象改变，方可诊断。

三硝基甲苯急性中毒的诊断要点如下。

① 有短期内吸入和皮肤吸收三硝基甲苯的接触史和职业史。

② 出现高铁血红蛋白症、溶血性贫血和中毒性肝病。

③ 实验室检查：血中高铁血红蛋白增高（>10%）；赫恩兹小体；肝功能检查异常；尿中检测到三硝基甲苯的代谢产物。

三硝基甲苯慢性中毒的诊断要点如下。

① 有长期内吸入和皮肤吸收三硝基甲苯的接触史和职业史。

② 调查现场三硝基甲苯浓度的测定结果。

③ 病人出现自主神经功能紊乱、肝肿大、贫血和消化道症状等。

④ 实验室检查：红细胞、白细胞减少，网织红细胞增多，赫恩兹小体。

(2) **处理原则** 根据病情制定治疗方案、禁止饮酒、禁用或慎用引起肝脏损害的药物。按内科保肝治疗。对症及支持疗法。

(3) **预防措施** 预防的关键在于采取措施降低粉尘和蒸气的浓度，在三硝基甲苯的混合、装料等工序密闭，采取自动化操作并设置局部通风。同时应防止皮肤的污染，加强个人防护和个人卫生，工作时穿紧袖口工作服，工后彻底洗手洗浴。定期检查肝功能、血红蛋白和眼晶状体。

7　储运注意事项

7.1　储存注意事项

储存于阴凉、通风的库房。远离火种、热源。库温不超过35℃，相对湿度不超过80％。包装密封。应与氧化剂、还原剂、碱类、食用化学品分开存放，切忌混储。采用防爆型照明、通风设施。禁止使用易产生火花的机械设备和工具。储区应备有合适的材料收容泄漏物。

7.2　运输信息

危险货物编号：11035。

UN编号：0209。

包装方法：装入四层坚韧的厚纸袋、一层塑料袋或一层纸袋内，袋口捆紧后，再装入坚固木箱或坚韧的麻袋、复合塑料编织袋中。

运输注意事项：凭当地公安机关的运输证托运。铁路运输时应严格按照原铁道部《危险货物运输规则》中的危险货物配装表进行配装。货车编组，应按照《车辆编组隔离表》进行。起运时包装要完整，装载应稳妥。运输过程中要确保容器不泄漏、不倒塌、不坠落、不损坏。车速要加以控制，避免颠簸、振荡。不得与酸、碱、盐类、氧化剂、易燃可燃物、自燃物品、金属粉末等危险物品及钢铁材料器具混装。运输途中应防曝晒、雨淋，防高温。公路运输时要按照规定路线行驶，中途停留时应严格选择停放地点，远离高压电源、火源和高温场所，要与其他车辆隔离并留有专人看管，禁止在居民区和人口稠密区停留。铁路运输时要禁止溜放。

7.3　废弃

(1) **废弃处置方法**　用焚烧法处置。废料溶于丙酮后再焚烧，焚烧炉要有后燃烧室，焚烧炉排出的氧化物通过碱洗涤器除去有害成分。

(2) **废弃注意事项**　处置前应参阅国家和地方有关法规。

8　参考文献

［1］　环境保护部.国家污染物环境健康风险名录（化学第一分册）［M］.北京：中国环境科学出版社，2009：393-399.

［2］　北京化工研究院环境保护所/计算中心.国际化学品安全卡（中文版）查询系统 http：//icsc. brici. ac. cn/［DB］.2016.

［3］　安全管理网.MSDS查询网 http：//www. somsds. com/［］.2016.

［4］　Chemical book. CAS数据库 http：//www. chemicalbook. com/ProductMSDSDetailCB5413313. htm.

三氧化二砷

1　名称、编号、分子式

三氧化二砷（arsenic trioxide），俗称砒霜，是最具商业价值的砷化合物及主要的砷化学物料。它也是最古老的毒物之一，无臭无味，外观为白色霜状粉末，是经某几种指定的矿物处理过程所产生的高毒性副产品，例如采金矿、高温蒸馏砷黄铁矿（毒砂）并冷凝其白烟等。在工业上可以通过副产回收法进行生产，即由可回收砷的矿石经破碎，进行氧化焙烧，生成的气体经除尘、冷却、捕集，制得三氧化二砷。此外，还有直接法等方法进行生产。三氧化二砷基本信息见表 31-1。

表 31-1　三氧化二砷基本信息

中文名称	三氧化二砷
中文别名	白砒;砒霜;白砷石;三氧化(二)砷;亚砷(酸)酐;亚砷酐;氧化砷;氧化亚砷
英文名称	arsenic trioxide
英文别名	arsenic trioxide;diarsenic trioxide;arsenous oxide;white arsenic;arsenous anhydride
UN 号	1561
CAS 号	1327-53-3
ICSC 号	0378
RTECS 号	CG3325000
EC 编号	215-481-4
分子式	As_2O_3
分子量	197.84
规格	

2　理化性质

三氧化二砷是无臭、无味、白色、透明、无定形块状或结晶粉末。其中白砷石为单斜晶体，而砷华为立方晶形。在冷水中少量溶解，且溶解极慢；溶于 15 份沸水；溶于稀盐酸、碱性氢氧化物、碳酸盐溶液、甘油；几乎不溶于乙醇、氯仿、乙醚。易升华。三氧化二砷理化性质一览表见表 31-2。

表 31-2　三氧化二砷理化性质一览表

外观与性状	无色无味的白色粉末
熔点/℃	312.3
沸点/℃	465
相对密度（水＝1）	3.7～4.2
饱和蒸气压（332.5℃）/kPa	13.33
临界压力/MPa	4
辛醇/水分配系数的对数值	−0.13
闪点/℃	465
溶解性	微溶于水,溶于酸、碱,不溶于乙醇
化学性质	无臭,白色粉末或结晶。微溶于水生成亚砷酸。单斜晶体和立方晶体溶于乙醇、酸类和碱类;无定形体溶于酸类和碱类,但不溶于乙醇

3　毒理学参数

(1) **急性毒性**　LD_{50}：14.6mg/kg（大鼠经口）；31.5mg/kg（小鼠经口）；1.43mg/kg（人经口）；20.19mg/kg（兔经口）；人经口 10～15mg 可致急性中毒，60～300mg 可致死，敏感者口服 1mg 即可中毒，20mg 可致死；24.4934mg/kg（肉鸡经口，95％可信限为 20.2348～29.6551mg/kg）。

(2) **亚急性和慢性毒性**　大鼠摄取本品 150mg/(kg·d)，共 6.5 个月，对动物生长发育有轻度影响，肝肾重量明显增加，但肝肾功能及血常规均正常；30mg/kg 以下，动物各主要脏器无病理改变。人每天摄食 3～5mg，共 1～3 周亦可中毒。

(3) **代谢**　三氧化二砷被人体吸收后约有 80％蓄积和分布于体内各组织。进入血液中的砷绝大部分与血红蛋白中的珠蛋白结合，也可与血浆蛋白结合，然后迅速分布于肝、肾、肠、脾、肌肉和神经组织，并可以其活性形式蓄积在上皮、毛发、指（趾）甲和少量由肺排出。

(4) **中毒机理**　三氧化二砷为原浆毒，可与体内许多参与细胞代谢重要的酶（如 α-氨基酸氧化酶、丙酮酸氧化酶、胆碱氧化酶、转氨酶、DNA 聚合酶等）结合，它与酶蛋白分子上两个巯基或羧基结合，形成比较稳定的络合物或环状化合物，使酶失去活性，影响细胞代谢，甚至导致细胞死亡。

(5) **刺激性**　家兔经眼：$50\mu g/24h$，重度刺激。家兔经皮：5mg/24h，重度刺激。

(6) **致畸性**　小鼠孕 9～12d 吸入最低中毒剂量 $28500\mu g/m^3$（4h），致肌肉骨骼系统发育畸形。小鼠孕 7～17d 经口染毒最低中毒剂量 $1650\mu g/kg$，致中枢神经系统发育畸形。小鼠孕 7～17d 经口染毒最低中毒剂量 $8250\mu g/kg$，致免疫和网状内皮组织系统发育畸形。

(7) **生殖毒性**　小鼠吸入最低中毒浓度（TCL_0）：$28.5mg/m^3$（4h，孕 9～12d），引起细胞学改变和肌肉骨骼发育正常。在三氧化二砷浓度为 0.1～0.2ppm 下暴露 20 周后，未孕 KM 雌鼠和怀孕 KM 雌鼠的正常生殖作用均受到一定程度的影响，表现为生殖毒性作用，而对雄性 KM 小鼠无显著生殖毒性作用。

(8) **致癌性**　IARC（International Agency for Research on Cancer，国际癌症研究机构）致癌性评论：确认人类致癌物。

(9) **致突变性**　NDA 抑制：人 Hela 细胞 50mmol/L。细胞遗传学分析：人白细胞 1200mmol/L。

(10) **危险特性**　若遇高热，升华产生剧毒的气体。

4　对环境的影响

4.1　主要用途

用于提炼元素砷，是冶炼砷合金和制造半导体的原料。

玻璃工业用作澄清剂和脱色剂，以增强玻璃制品的透光性。

农业上用作防治病虫害的消毒剂和除锈剂，也用作其他含砷杀虫农药的原料。

用于涂料和染料的制造。可作化学试剂。还用于气体脱硫、木材防腐、锅炉防垢以及陶瓷和搪瓷等方面。

用作分析试剂，如作基准试剂、还原剂。用作氯气吸收剂。还用于亚砷酸盐的制备，用作防腐剂。

4.2　环境行为

(1) **代谢和降解**　三氧化二砷粉末微溶于水，它是两性氧化物，与酸反应生成砷元素的正三价类金属盐，与碱反应，生成亚砷酸盐。当含有三氧化二砷的废渣、废水排入水环境和土壤时，很可能与水和土壤中的酸、碱发生反应，并在氧化和微生物的作用下，转化为水溶性的砷离子进入环境。

(2) **残留与蓄积**　每年工业都会产生大量含三氧化二砷的废渣，这些废渣的堆积造成了严重的环境污染。在堆置区，工人以及附近居民体内不断积累砷元素，往往会发生慢性砷中毒。三氧化二砷被人体吸收后约有 80% 蓄积和分布于体内各组织，并在头发、指甲中不断积累。三价的砷还可被植物吸收进入食物链，参与生物地球化学循环，如水稻和番茄根部三价砷的相对浓度高达 92%～99%。

(3) **迁移转化**　含有三氧化二砷的废渣主要是来自冶炼废渣、处理含砷废酸和废水的沉渣、电子工业的含砷废物及电解过程中产生的含砷阳极泥等。含砷废渣通过雨水冲刷，使其中的可溶性砷盐淋溶，从而使二氧化砷、砷金属离子随着地表水造成污染；此外，由于重力作用，一部分直接进入地下水层随水长距离迁移扩散，造成含砷废渣区域内的地下水、井水砷含量升高。因重力作用下渗的含砷化合物除了一部分进入地下水层外，另一部分则进入土体迁移、转化，造成污染。

4.3　人体健康危害

(1) **暴露/侵入途径**　暴露/侵入途径有经呼吸道、皮肤及消化道吸收。职业中毒主要经前两种途径。非职业中毒则多为经口中毒。

(2) **健康危害**　主要影响神经系统和毛细血管通透性，对皮肤和黏膜有刺激作用。①急性中毒：口服中毒出现恶心、呕吐、腹痛、米泔水样大便，有时混有血液，四肢痛性痉挛，少尿，无尿，昏迷，抽搐，呼吸麻痹而死亡。可在急性中毒的 1～3 周内发生周围神经病。可发生中毒性心肌炎、肝炎。大量吸入亦可引起急性中毒，但消化道症状轻，指（趾）甲上出现 m 氏纹。②慢性中毒：消耗系统增生，肝肾损害，皮肤色素沉着、角化过度或疣状增生，以及多发性周围神经炎。可致肺癌、皮肤癌。

4.4　接触控制标准

中国 MAC（mg/m³）：—。
中国 PC-TWA（mg/m³）：0.01。
中国 PC-STEL（mg/m³）：0.02。
美国 TLV-TWA：OSHA［As］0.01mg/m³。
美国 TLV-STEL：—。

三氧化二砷生产及应用相关环境标准见表 31-3。

表 31-3　三氧化二砷生产及应用相关环境标准

标准编号	限制要求	标准值
食品中污染物限量 （GB 2762—2005）	食品中砷限量指标（无机砷，以 As 计）	稻谷、糙米、大米：0.2mg/kg 水产动物及其制品（鱼类及其制品除外）：0.5mg/kg 鱼类及其制品：0.1mg/kg 水产调味品（鱼类调味品除外）：0.5mg/kg 鱼类调味品：0.1mg/kg 婴幼儿谷类辅助食品（添加藻类的产品除外）：0.2mg/kg 添加藻类的产品：0.3mg/kg 婴幼儿罐装辅助食品（以水产及动物肝脏为原料的产品除外）：0.1mg/kg 以水产及动物肝脏为原料的产品：0.3mg/kg

5　环境监测方法

5.1　现场应急监测方法

无。

5.2　实验室监测方法

三氧化二砷的实验室监测方法见表 31-4。

表 31-4　三氧化二砷的实验室监测方法

监测方法	来源	类别
二乙基二硫代氨基甲酸银比色法	《空气中有害物质的测定方法》（第二版）	土壤
氢化物原子吸收法	《空气中有害物质的测定方法》（第二版）	粮食

6 应急处理处置方法

6.1 泄漏应急处理

(1) **应急行为** 隔离泄漏污染区，限制出入。

(2) **应急人员防护** 戴自给正压式呼吸器，穿防毒服。

(3) **环保措施** 不要直接接触泄漏物。小量泄漏：避免扬尘，用洁净的铲子收集于干燥、洁净、有盖的容器中。大量泄漏：用塑料布、帆布覆盖，减少飞散。

(4) **消除方法** 收集、回收或运至废物处理场所处置。

6.2 个体防护措施

(1) **工程控制** 严加密闭，提供充分的局部排风，尽可能机械化、自动化，提供安全淋浴和洗眼设备。

(2) **呼吸系统防护** 可能接触其粉尘时，应该佩戴头罩型电动送风过滤式防尘呼吸器；必要时，佩戴空气呼吸器。

(3) **眼睛防护** 呼吸系统防护中已作防护。

(4) **身体防护** 穿连衣式胶布防毒衣。

(5) **手防护** 戴橡胶手套。

(6) **其他** 工作现场禁止吸烟、进食和饮水。工作完毕，彻底清洗。单独存放被毒物污染的衣服，洗后备用。实行就业前和定期的体检。

6.3 急救措施

(1) **皮肤接触** 脱去被污染的衣着，用肥皂水和清水彻底冲洗皮肤，就医。

(2) **眼睛接触** 提起眼睑，用流动清水或生理盐水冲洗，就医。

(3) **吸入** 迅速脱离现场至空气新鲜处。保持呼吸道通畅。如呼吸困难，给输氧。如呼吸停止，立即进行人工呼吸。就医。

(4) **食入** 催吐。洗胃给饮牛奶或蛋清。就医。

(5) **灭火方法** 消防人员必须穿戴全身专用防护服。适用灭火剂有干粉、水、砂土。

6.4 应急医疗

(1) **诊断要点** 急性经口中毒者，可有口腔、胃肠道黏膜水肿、出血、坏死及广泛性毛细血管扩张。大量口服后，一般于数小时内发生急性胃肠炎，由此可引起脱水及休克。因中毒性心肌病变可致心悸、气短及心律失常，偶亦有发生心源性猝死者。急性中毒数日或数周后，可出现周围神经病。第2~3周常出现贫血和粒细胞减少。中毒40~60d后，绝大多数患者指、趾甲上出现1~2mm宽的米氏（Mees）纹，手、足皮肤角质化和色素沉着，偶有皮肤溃疡。多数病人有肝脏损害，主要表现为血清丙氨酸转移酶（ALT）升高；也有发生肾损害者，约发生于中毒后1周。

工业生产中经皮吸收致急性中毒相对少见。其表现除急性胃肠炎外，尚可有接触皮炎、眼及咽喉刺激症状，有咳嗽、胸痛、呼吸困难、乏力及烦躁不安等，甚至发生痉挛、昏迷而死亡。

(2) **处理原则**　急性中毒：应迅速脱离现场。经口中毒者宜迅速用温清水、生理盐水或1‰碳酸氢钠溶液洗胃，后可给蛋白水（4 只鸡蛋清加温开水 1 杯拌匀）、牛乳或活性炭吸附。

解毒治疗首选二巯基丙磺酸钠，早期用药为好，第 1～2 天给 2.5～5mg/kg，5％溶液肌注或静注，每天 3～4 次，后减至 1～2 次，用 1 周左右。也可分次静注二巯基丁二酸钠，1～2g/天，用药 3～5 天后酌情减量或停药。糖皮质激素应早期、适量、短程使用，如地塞米松 10～60mg/天，分次给药，大剂量应用一般为 3～5 天。对症、支持治疗。注意防治脱水、休克及电解质紊乱。

7　储运注意事项

7.1　储存注意事项

储存于阴凉、通风的仓内，远离火种、热源，防止阳光直射。保持容器密封。切勿受潮。应与氧化剂、食用化学品、碱类、酸类、卤素等分开存放，切忌混储。储区应备有合适的材料收容泄漏物。应严格执行极毒物品"五双"管制制度。

7.2　运输信息

危险货物编号：61007。

UN 编号：1561。

包装类别：Ⅱ。

包装方法：塑料袋、多层牛皮纸袋外加全开口钢桶；螺纹口玻璃瓶、铁盖压口玻璃瓶、塑料瓶或金属桶（罐）外加木板箱；薄钢板桶、镀锡薄钢板桶（罐）外加花格箱。

运输注意事项：铁路运输时应严格按照铁道部《危险货物运输规则》中的危险货物配装表进行配装。运输前应先检查包装容器是否完整、密封，运输过程中要确保容器不泄漏、不倒塌、不坠落、不损坏。严禁与酸类、氧化剂、食品及食品添加剂混运。运输时运输车辆应配备泄漏应急处理设备。运输途中应防曝晒、雨淋，防高温。公路运输时要按规定路线行驶，勿在居民区和人口稠密区停留。

7.3　废弃

(1) **废弃处置方法**　在专用废弃场所掩埋。

(2) **废弃注意事项**　处置前应参阅国家和地方有关法规。

8　参考文献

［1］　环境保护部.国家污染物环境健康风险名录（化学第一分册）［M］.北京：中国环境科学出版社，2009：369-373.

［2］　天津市固体废物及有毒化学品管理中心.危险化学品环境数据手册［M］.

［3］　郑州轻工业学院图书馆化学品数据库：http：//www.basechem.org/chemical/1388♯dulixue.

［4］　Chemical book.CAS 数据库 http：//www.chemicalbook.com/ProductMSDSDetailCB5413313.htm.

［5］　徐世文，李术.肉鸡三氧化二砷急性毒性试验研究［J］.黑龙江畜牧兽医，2000，（6）：18.

［6］　张峰.三氧化二砷（As_2O_3）对 KM 小鼠生殖毒性的研究［D］.呼和浩特：内蒙古农业大学，2008.

［7］　刘梓扬.三氧化二砷生产的环境影响分析及风险评价研究［D］.长沙：湖南农业大学，2013.

［8］　张洁.烧结处理对含砷废渣中砷的环境释放行为的影响研究［D］.杨凌：西北农林科技大学，2013.

四乙基铅

1 名称、编号、分子式

四乙基铅（tetraethyl lead）又称四乙铅，是有机铅化合物，略带水果香甜味的无色透明油状液体。常用于配制乙基液作为汽油的抗震添加剂以提高其辛烷值。目前国内外主要采用铅钠合金法工艺路线（主要由氯乙烷与铅钠合金作用）制备四乙基铅。四乙基铅基本信息见表32-1。

表 32-1　四乙基铅基本信息

中文名称	四乙基铅
中文别名	发动机燃料抗爆混合物
英文名称	tetraethyl lead
英文别名	tetraethyl plumbane；TEL
UN 号	1649
CAS 号	78-00-2
ICSC 号	0200
RTECS 号	TP 4725000
EC 编号	082-002-00-1
分子式	$C_8H_{20}Pb$；$(CH_3CH_2)_4Pb$
分子量	323.44

2 理化性质

四乙基铅（TEL）易挥发，易溶于有机溶剂、脂肪和类脂质，具有高度脂溶性；不溶于水、酸和碱。四乙基铅为剧毒品，其理化性质稳定，在甲醇中非常稳定，遇光易分解成三乙基铅。四乙基铅是金属有机物，具有金属元素和有机物的双重特性。四乙基铅理化性质一览表见表32-2。

表 32-2　四乙基铅理化性质一览表

外观与性状	无色油状液体,有臭味
所含官能团	—Pb

熔点/℃	−136
沸点/℃	198～202
相对密度(水＝1)	1.66
相对蒸气密度(空气＝1)	8.6
饱和蒸气压(38.4℃)/kPa	0.13
自燃温度/℃	＞110
临界压力/MPa	2.13
辛醇/水分配系数的对数值	4.15
闪点/℃	93(密闭);85(开放)
爆炸极限	80℃以上可能爆炸
燃烧极限(体积分数)/%	1.8
溶解性(25℃)	水中0.29mg/L,微溶于稀酸、稀碱液,溶于多数有机溶剂
化学性质	加热至300℃以上,与水和湿气接触时,该物质分解生成一氧化碳和氯化氢有毒和腐蚀性气体。与铝和异丙醇发生反应

3 毒理学参数

(1) **急性毒性** LD_{50}：12.3mg/kg（小鼠经口）。LC_{50}：850mg/m³，（大鼠吸入，1h）。

(2) **亚急性和慢性毒性** 大鼠灌胃0.00008mg/(kg·d)，134～160d，心肌、肾脏、脾脏变性坏死，伴有炎症渗出、增生改变。

(3) **代谢** 四乙基铅可经呼吸道、皮肤和消化道吸收，大部分会通过尿液和粪便排出，汗液、唾液、头发和指甲、乳汁等是次要的排出方式。生物体内的四乙基铅不甚稳定。在人体内可被肝脏的细胞色素P450快速氧化脱乙基，转化为三乙基铅，再缓慢分解为二乙基铅及无基铅，最后由尿中排出。四乙基铅在体内完全分解，并以无机铅化合物在组织内分布和排出，所需要的时间是3～4d。代谢产物三乙基铅具有强的神经毒性。

(4) **中毒机理** 四乙基铅的代谢产物三乙基铅为剧烈的神经毒物，易侵犯中枢神经系统；易通过血脑屏障进入脑组织，可与硫辛酰脱氢酶的巯基结合，阻抑三羧酸循环过程，干扰脑内葡萄糖及丙酮酸代谢，导致脑组织水肿、充血、神经细胞肿胀、萎缩等，还可损害心脏、肝、肾、骨髓等器官。

(5) **生殖毒性** 大鼠经口最低中毒剂量（TDL_0）为11mg/kg（孕6～16d），引起胚胎毒性。

(6) **致癌性** IARC（International Agency for Research on Cancer，国际癌症研究机构）致癌性评论：动物不明确。四乙基铅的动物试验表明可能引发癌症。Epstem和Mcntc研究表明，给出生21d小鼠皮下注射0.6mg四乙基铅（分4次等剂量），发现恶性淋巴癌发生明显增加，在第一次注射后的36～51周之间就观察到3个肿瘤。

(7) **危险特性** 易燃，遇明火、高热能引起燃烧爆炸。遇水或受热分解放出有毒的腐蚀性气体。加热时，该物质分解生成有毒烟雾。与强氧化剂、酸类和卤素激烈反应，有着火和爆炸的危险。可浸蚀橡胶、某些塑料和涂层。

4 对环境的影响

4.1 主要用途

作为汽油防爆添加剂曾经在全世界广泛使用，但由于汽车尾气而成为环境中主要的铅污染物来源之一，从 20 世纪末开始很多国家禁止使用含铅汽油，但是含铅或少铅汽油仍然在部分地区使用。目前美国、我国等都限制往汽车用汽油中添加四乙基铅，但是美国允许航空汽油、赛车用油、农用及海洋船舶等非道路引擎用油中添加四乙基铅。

4.2 环境行为

(1) **代谢和降解**　生物体内的四乙基铅不甚稳定，四乙基铅蒸气压在 20℃ 时为 3.3×10^{-2} kPa，但被肺吸收的速度很快，所以经肺是四乙基铅的主要入侵途径。其次因四乙基铅是脂溶性化合物，所以也比较容易被皮肤及黏膜所吸收。所以如果皮肤长期接触四乙基铅汽油，则有中毒的危险，被吸收的四乙基铅，容易通过血脑屏障，大量转移到脑内。在环境中的四乙基铅，经光和热的作用，逐步降解为三乙基铅，再进一步降解为无机铅。人体组织中的四乙基铅，经过 14d 后就全部代谢变成无机铅，而作为加铅汽油中与四乙基铅混合使用的四甲基铅，其降解速度则慢得多。

(2) **残留与蓄积**　利用放射性同位素 ^{203}Pb 示踪研究，看到人体吸入的四乙基铅蒸气（1mg/m^3，1～2min）有 37% 首先沉积在呼吸道中，其中约 20% 会在 48h 内呼出体外。1h 后吸入量的 50% 进入了肝脏，5% 保留在肾脏，其余的广泛分布到身体的各个部位，而呼出体外的量极少。把四乙基铅饱和蒸气（约 7mg/m^3）给大鼠吸入时有 16% 被吸收。饱和度 1% 的空气浓度吸收率为 23%。四乙基铅能被兔和大鼠的皮肤快速吸收。四乙基铅在对人类重要的食物链中，特别是在鱼类体内、植物、贝类体内发生生物蓄积。

(3) **迁移转化**　四乙基铅的蒸气压低，因此在工业生产加工过程中极易挥发进入大气，是大气中四乙基铅的主要来源。汽车尾气排放是进入大气的另一个重要途径。因此在汽油的运输和分装地点、加油站、停车场及交通繁忙地段会有较多四乙基铅蒸气形成。大气中的四乙基铅主要存在于气相中，少部分与颗粒物结合，有时也可占总颗粒结合铅的近 10%。四乙基铅有光化学活性，在大气中只能存在很短的时间，也不会扩散到较远的地方。四乙基铅在阳光下通过直接光解为三乙基铅和二乙基铅，最终生产无机铅。水体中的四乙基铅可通过光解和挥发而减少，降解过程也是首先产生三乙基铅，最终通过生物和化学途径降解为无机铅。四乙基铅水溶性差，不大可能被淋洗出土壤，但是当汽油油污在土壤中迁移时，其中的四乙基铅也可以随之进入土壤下层，甚至地下水。有限的资料显示四乙基铅在土壤中可能在微生物代谢或非生物作用下降解为水溶性化合物，依次为三乙基铅单离子、二乙基铅二离子和铅离子。三乙基铅和二乙基铅在土壤中的存留时间比四乙基铅更长，这些水溶性产物可能随水淋洗到土壤下层。

4.3 人体健康危害

(1) **暴露/侵入途径**　暴露/侵入途径有吸入、食入、经皮吸收。

(2) **健康危害**　四乙基铅为剧烈的神经毒物，易侵犯中枢神经系统。①急性中毒：初期症状有睡眠障碍，全身无力、情绪不稳、植物神经功能紊乱，往往有血压、体温、脉率低现象（三低症）等，严重者发生中毒性脑病，出现谵妄、精神异常、昏迷、抽搐等，可有心脏和呼吸功能障碍，高浓度下可立即死亡。②慢性中毒：主表现为神经衰弱综合征和植物神经功能紊乱。可有三低症和脑电图异常。

4.4 接触控制标准

中国 MAC（mg/m³）：—。
中国 PC-TWA（mg/m³）：0.02 [Pb] [皮]。
中国 PC-STEL（mg/m³）：—。
美国 TLV-TWA：ACGIH 0.1mg/m³ [Pb]。
美国 TLV-STEL：未制定标准。
四乙基铅生产及应用相关环境标准见表 32-3。

表 32-3 四乙基铅生产及应用相关环境标准

标准名称	限制要求	标准值
《污水综合排放标准》（GB 8978—1996）	第一类污染物最高允许排放浓度（总铅）	1.0mg/L
《土壤环境质量标准（修订）》（GB 15618—2008）	土壤环境质量标准限值（总铅）	①水田、旱地：农业用地，80mg/kg；居住用地，300mg/kg；商业用地，600mg/kg；工业用地，600mg/kg ②菜地：农业用地，50mg/kg；居住用地，300mg/kg；商业用地，600mg/kg；工业用地，600mg/kg

5 环境监测方法

5.1 现场应急监测方法

无。

5.2 实验室监测方法

四乙基铅的实验室监测方法见表 32-4。

表 32-4 四乙基铅的实验室监测方法

监测方法	来源	类别
铬酸盐法	《汽油四乙基铅含量测定法》(GB/T 377—1990)	汽油
络合滴定法	《汽油中四乙基铅含量测定法》(GB/T 2432—1981)	汽油
双硫腙比色法	《空气中有害物质的测定方法》(第二版)	空气
原子吸收法	《作业环境空气中有毒物质检测方法》	空气
气相色谱法	《分析化学手册》(第四分册,色谱分析)	空气

6 应急处理处置方法

6.1 泄漏应急处理

(1) **应急行为** 迅速撤离泄漏污染区人员至安全区，并进行隔离，严格限制出入，切断货源。

(2) **应急人员防护** 建议应急处理人员戴自给正压式呼吸器，穿防毒服。不要直接接触泄漏物。

(3) **环保措施** 尽可能地切断泄漏源。防止流入下水道、排洪沟等限制性空间。小量泄漏可用砂土或其他不燃材料吸附或吸收。大量泄漏可构筑围堤或挖坑收容。用泡沫覆盖，降低蒸气灾害。

(4) **消除方法** 用泵转移至槽车或专用收集器内，回收或运至废物处理所处置。

6.2 个体防护措施

(1) **呼吸系统防护** 可能接触其蒸气时，必须佩戴自吸过滤式防毒面具（全面罩）。紧急事态抢救或撤离时，佩戴空气呼吸器。

(2) **眼睛防护** 呼吸系统防护中已作防护。

(3) **身体防护** 穿胶布防毒衣。

(4) **手防护** 戴防化学品手套。

(5) **其他** 工作现场禁止吸烟、进食和饮水。工作完毕，彻底清洗。单独存放被毒物污染的衣服，洗后备用。实行就业前和定期的体检。

6.3 急救措施

(1) **皮肤接触** 脱去污染的衣着，用肥皂水及流动清水彻底冲洗。

(2) **眼睛接触** 立即翻开上下眼睑，用流动清水或生理盐水冲洗，就医。

(3) **吸入** 迅速脱离现场至空气新鲜处。保持呼吸道通畅。呼吸困难时给输氧。呼吸停止时，立即进行人工呼吸，就医。

(4) **食入** 给饮足量温水，催吐，就医。

6.4 应急医疗

(1) **诊断要点**

① 急性中毒时，如已知确切的四乙基铅接触史，结合典型的精神症状和自主神经功能失调的临床表现，或相同作业中有类似患者，注意与常见精神病、中枢神经系统感染或急性汽油中毒相鉴别。询问接触史时，应详细了解接触四乙基铅的浓度及时间，是否同时有皮肤接触的可能，以及有无通风条件和个人防护等情况。

② 慢性四乙基铅中毒的诊断须依据长期接触低浓度四乙基铅的职业史，并排除其他疾病。

(2) **处理原则**

① 急性四乙基铅中毒：应立即将患者移离现场，脱去污染衣服、鞋帽，用肥皂水或清

水彻底清洗污染的皮肤、指甲和毛发。可用巯乙胺，每天 200～400mg 肌肉注射或加入 1% 葡萄糖溶液 250mL 中静脉滴注。症状改善后，酌情减量。对昏迷患者积极防治脑水肿；出现精神症状者给予镇静药物或冬眠疗法，对重度中毒患者必须加强护理，防止发生意外事故；注意营养和补充液体。

② 慢性四乙基铅中毒：应脱离四乙基铅作业，并采用对症治疗。一般不主张驱铅疗法。

(3) 预防措施 应禁止明火，高于 93℃，使用密闭系统、通风。防止产生烟云，严格作业环境管理，避免孕妇接触，避免青少年和儿童接触。局部排气通风或佩戴呼吸防护，防护手套、面罩，或眼睛防护结合呼吸防护，穿防护服。工作时不得进食、饮水或吸烟。进食前洗手。

7 储运注意事项

7.1 储存注意事项

储存于阴凉、通风良好的专用库房内，实行"双人收发、双人保管"制度。远离火种、热源。库温不超过 35℃，相对湿度不超过 80%。保持容器密封。应与氧化剂、酸类、碱类、食用化学品分开存放，切忌混储。配备相应品种和数量的消防器材。储区应备有泄漏应急处理设备和合适的收容材料。

7.2 运输信息

危险货物编号：1649。

UN 编号：1649。

包装类别：Ⅰ。

包装方法：包装可用闭口厚钢桶，采用 2～3mm 厚的钢板焊接制成，桶身套有两道滚箍、螺纹口、盖、垫圈等封口件配套完好，每桶净重不超过 400kg；小开口钢桶；螺纹口玻璃瓶、铁盖压口玻璃瓶、塑料瓶或金属桶（罐）外加普通木箱。

运输注意事项：铁路运输时应严格按照原铁道部《危险货物运输规则》中的危险货物配装表进行配装。运输前应先检查包装容器是否完整、密封，运输过程中要确保容器不泄漏、不倒塌、不坠落、不损坏。严禁与酸类、氧化剂、食品及食品添加剂混运。运输时运输车辆应配备相应品种和数量的消防器材及泄漏应急处理设备。运输途中应防曝晒、雨淋，防高温。公路运输时要按规定路线行驶，勿在居民区和人口稠密区停留。

7.3 废弃

废弃处置方法：用控制焚烧法处置。经洗涤器收集的铅氧化物可再循环使用或填埋处理。

8 参考文献

[1] 环境保护部.国家污染物环境健康风险名录（化学第一分册）[M].北京：中国环境科学出版社，2009：369-373.

［2］ 天津市固体废物及有毒化学品管理中心.危险化学品环境数据手册［M］.

［3］ 郑州轻工业学院图书馆化学品数据库：http：//www. basechem. org/chemical/1388♯dulixue.

［4］ Chemical book. CAS 数据库 http：//www. chemicalbook. com/ProductMSDSDetailCB5413313. htm.

［5］ 王平，腾恩江，谭丽，吕怡兵，沈晓明.吹扫捕集-气相色谱质谱法测定土壤中四乙基铅［J］.中国环境监测，2013，6：113-116.

［6］ 王玲玲，梁晶，靳朝喜，高勇，滕恩江.地表水中四乙基铅分析方法及样品保存［J］.中国环境监测，2014，2：158-163.

［7］ 张静波，孙道远.急性四乙基铅中毒 145 例临床特点分析［J］.职业卫生与应急救援，2015，5：322-325.

［8］ 杨丽莉，王美飞，李娟，胡恩宇.气相色谱-质谱法测定水中痕量的四乙基铅［J］.色谱，2010，10：993-996.

硝 基 苯

1 名称、编号、分子式

硝基苯（nitrobenzene），又名密斑油、苦杏仁油，是有机化合物，是无色或微黄色具苦杏仁味的油状液体。硝基苯是一种重要化工原料，可用于生产多种医药和染料中间体，也用于制造橡胶促进剂、涂料、炸药等。硝基苯一般是由浓硝酸和苯在浓硫酸的催化下硝化制取的。硝基苯基本信息见表 33-1。

表 33-1　硝基苯基本信息

中文名称	硝基苯
中文别名	密斑油;苦杏仁油
英文名称	nitrobenzene
英文别名	oil of mirbane
UN 号	1662
CAS 号	98-95-3
ICSC 号	0065
RTECS 号	DA6475000
EC 编号	609-003-00-7
分子式	$C_6H_5NO_2$
分子量	123.11

2 理化性质

硝基苯是芳香烃族硝基化合物，能随水蒸气一起挥发，有毒。普通品常含有少量的二硝基苯和二硝基噻吩等杂质，呈黄色或红黄色液体。几乎不溶于水，溶于乙醇、乙醚等有机溶剂。遇明火、高热会燃烧爆炸。与硝酸反应剧烈。硝基苯理化性质一览表见表 33-2。

表 33-2　硝基苯理化性质一览表

外观与性状	淡黄色透明油状液体,有苦杏仁味
所含官能团	硝基
熔点/℃	5.7

沸点/℃	210.9
相对密度(水＝1)	1.2
相对蒸气密度(空气＝1)	4.25
饱和蒸气压(20℃)/kPa	0.02
爆炸上限/%	40
爆炸下限(93℃)/%	1.8
临界压力/MPa	4.82
辛醇/水分配系数的对数值	1.85～1.88
闪点/℃	87.8
熔化热(278.98K)/(kJ/mol)	11.60
蒸发热(484K)/(kJ/mol)	47.73
电导率(23.6℃)/(S/m)	$1.22×10^{-8}$
溶解性	不溶于水,溶于乙醇、乙醚、苯、丙酮等多数有机溶剂
化学性质	水溶液带甜味,碱性或酸性还原能分步生成亚硝基苯、苯胺,在弱酸中电解还原直接生成苯胺,在强酸中则生成对氨基苯酚。硝基苯的化学活性与硝基有密切关系,硝基是一个不饱和基,具有弱氧化性,能发生还原反应,催化氢化,可生成伯胺;硝基苯可用作酚类酰化反应的溶剂

3 毒理学参数

(1) **急性毒性** LD$_{50}$:600mg/kg,(兔经皮);700mg/kg,(兔经口);489mg/kg(大鼠经口);2100mg/kg(大鼠经皮);590mg/kg(小鼠经口);狗经口 LD$_{50}$ 为 50mg/kg,狗静脉的最小致死剂量为 150mg/kg。LC$_{50}$:$556×10^{-6}$(大鼠吸入,4h);27mg/L(水蚤,48h);42.6mg/L(蓝鳃太阳鱼,48h);117mg/L(黑体呆鱼,96h);125mg/L(青鳉,48h)。人(女性)经口(血液毒性)最小中毒剂量200mg/kg,人经口不悦感最小中毒剂量5mg/kg。

(2) **代谢** 硝基苯主要经呼吸道和皮肤吸收,在体内氧化生成对硝基酚,经还原生成的转化物主要为对氨基酚,还有少量间硝基酚、对硝基酚、邻氨基酚与间氨基酚。生物转化所产生的中间物质,其毒性常比其母体强。硝基苯在体内经转化后,水溶性较高的转化物即可经肾脏排出体外。有13%～16%的吸收量以对硝基酚形式和约10%以对氨基酚形式,与体内硫酸或葡萄糖醛酸结合经尿排出。

(3) **中毒机理** 吸入硝基苯后,由于硝基苯的氧化作用,使血红蛋白变成氧化血红蛋白(即高铁血红蛋白),大大阻止了血红蛋白的输送氧的作用,因而呈现呼吸急促和皮肤苍白的现象。长久中毒以后,则会引起肝脏损坏等症。硝基苯进入人体后,经过转化产生的中间物质,可使维持细胞膜正常功能的还原型谷胱甘肽减少,从而引起红细胞破裂,发生溶血。

(4) **致突变性** 细胞遗传学分析:啤酒酵母菌 10mmol/管。

(5) **生殖毒性** 大鼠吸入最低中毒浓度(TCL$_0$):$5×10^{-6}$(6h)(90d,雄性),影响精子生成,影响睾丸、附睾和输精管。

(6) **危险特性** 遇明火、高热或与氧化剂接触，有引起燃烧爆炸的危险。与硝酸反应强烈。

4　对环境的影响

4.1　主要用途

硝基苯是有机合成的原料，最重要的用途是生产苯胺染料，还是重要的有机溶剂。用作染料橙色基 GC，也是医药、农药、荧光增白剂、有机颜料等的中间体。硝基苯再硝化可得间二硝基苯，经还原可得间苯二胺，用作染料中间体、环氧树脂固化剂、石油添加剂、水泥促凝剂，间二硝基苯如用硫化钠进行部分还原则得间硝基苯胺。作为染料橙色基 R，是偶氮染料和有机颜料等的中间体。

4.2　环境行为

(1) **代谢和降解**　目前关于硝基苯在动物体内代谢动力学研究主要集中在实验动物鼠和兔子体内。研究发现在巨灰鼠中硝基苯既能被氧化，也能被降解，用 200mg/kg 的硝基苯经胃导管灌服，用药 8h 后，收集雌性巨灰鼠的尿液，发现其主要代谢成分为对氨基苯酚（为灌服剂量的 35%）。经口接触的硝基苯主要排除途径是尿液，小鼠单剂量口服 25mg/kg 硝基苯，在 24h 内有 50% 的硝基苯出现在尿中，7d 后排除 65%。7d 内粪便中排出 15.5%。在自然环境中，硝基苯主要通过光解、挥发、吸附和生物降解进行代谢。光解发生在地表环境中，直接光解是在紫外线作用下转化为 p-硝基酚、亚硝基苯、苯酚等；间接光解中，硝基苯与氢氧自由基或者臭氧反应生成亚硝基苯或酚类。水土环境中的硝基苯都会发生缓慢挥发，有研究表明，地表 10cm 土层深度，硝基苯的挥发半衰期为 19d。硝基苯在沉积物上的吸附程度为中等，吸附量主要受到有机碳含量的控制。近几年研究表明，在多数好氧和厌氧环境中，硝基苯可通过环境微生物的代谢活动得到有效降解。此外，硝基苯的沸点较高，自然条件下的蒸发速度较慢，与强氧化剂反应生成对机械振动很敏感的化合物，能与空气形成爆炸性混合物。硝基苯遇明火、高热或与氧化剂接触，有引起燃烧爆炸的危险。燃烧时，生成含有氮氧化物的有毒和腐蚀性烟雾。与强氧化剂、还原剂激烈反应，有着火和爆炸的危险。与硝酸等强酸和氮氧化物激烈反应，有爆炸的危险。由于硝基苯在水中稳定性极高，且密度大于水，因此硝基苯基本会沉入水底，长时间保持不变，造成的水体污染会持续相当长的时间。

(2) **残留与蓄积**　有研究表明，通过胃导管对小鼠灌服 250mg/kg ^{14}C 标记的硝基苯，经组织放射性物质分析检查，1.5d 后 44.5% 的剂量存在于组织中（除去胃肠内容物），特别是肾脂肪（15.4%）、骨骼肌（12%）、肠脂肪（11.6%），且在组织中还有原形硝基苯，用药后 8d，同一组织中的放射性物质降到 7.5% 以下，且未发现原形硝基苯。水环境中蓄积的硝基苯对水中生物的破坏性极大。倾倒在水中的硝基苯，以黄绿色油状物沉在水底。当浓度为 5mg/L 时，被污染水体呈黄色，有苦杏仁味。当浓度达 100mg/L 时，水几乎是黑色，并分离出黑色沉淀。该物质对水生生物有害。当浓度超过 33mg/L 时可造成鱼类及水生生物死亡。有研究表明：硝基苯在藻体和水丝蚓体内富集和释放均比较迅速，不易积累。在鲫鱼各部位（鳃、内脏、肌肉）生物富集速率较快，各部位的富集能力有一定差异，表现为鳃＞内脏＞肌肉。

(3) **迁移转化**　环境中的硝基苯主要来自于化工厂、染料厂的废水废气，尤其是苯胺染料厂排出的污水中含有大量硝基苯。储运过程中的事故，也会造成硝基苯的严重污染。倾翻在环境中的硝基苯，会散发出刺鼻的苦杏仁味。20℃时该物质蒸发，相当慢地达到空气中有害污染浓度，但喷洒或扩散时要快得多。80℃以上其蒸气与空气的混合物具爆炸性，硝基苯在水中具有极高的稳定性。由于其密度大于水，进入水体的硝基苯会沉入水底，长时间保持不变。又由于其在水中有一定的溶解度，所以造成的水体污染会持续相当长的时间。在土壤中的硝基苯主要是通过生物降解降低其浓度。

4.3　人体健康危害

（1）**暴露/侵入途径**　暴露/侵入途径有呼吸吸入、食物摄入、经皮肤吸收。蒸气能经肺吸收，也可经皮肤缓慢吸收。液体易经皮肤吸收。

（2）**健康危害**　主要引起高铁血红蛋白血症。可引起溶血及肝损害。急性中毒：有头痛、头晕、乏力、皮肤黏膜紫绀、手指麻木等症状；严重者可出现胸闷、呼吸困难、心悸，甚至心律紊乱、昏迷、抽搐、呼吸麻痹。有时中毒后出现溶血性贫血、黄疸、中毒性肝炎。慢性中毒：可有神经衰弱综合征；慢性溶血时，可出现贫血、黄疸；还可引起中毒性肝炎。

4.4　接触控制标准

中国 MAC（mg/m^3）：—。
中国 PC-TWA（mg/m^3）：2［皮］（G2B）。
中国 PC-STEL（mg/m^3）：—。
美国 TLV-TWA：OSHA 1ppm，5mg/m^3［皮］；ACGIH 1ppm，5mg/m^3［皮］。
美国 TLV-STEL：—。
硝基苯生产及应用相关环境标准见表33-3。

表33-3　硝基苯生产及应用相关环境标准

标准名称	限制要求	标准值
《地表水环境质量标准》 （GB 3838—2002）	集中式生活饮用水地表水源地特定目标标准限值	0.017 mg/L
《污水综合排放标准》 （GB 8978—1996）	第二类污染物最高允许排放浓度(硝基苯类)	一级：2.0mg/L 二级：3.0mg/L 三级：5.0mg/L
《生活用水卫生标准》 （GB 5749—2006）	生活饮用水水质参考指标及限值	0.017mg/L

5　环境监测方法

5.1　现场应急监测方法

现场应急监测方法有便携式气相色谱法（《突发性环境污染事故应急监测与处理处置技术》）。

5.2 实验室监测方法

硝基苯的实验室监测方法见表 33-4。

表 33-4 硝基苯的实验室监测方法

监测方法	来源	类别
气相色谱法	《水质　硝基苯、硝基甲苯、硝基氯苯、二硝基甲苯的测定谱法》(GB 13194—1991)	水质
锌还原-盐酸萘乙二胺光度法	《空气质量　硝基苯类(一硝基和二硝基化合物)的测定》(GB 15501—1995)	空气
气相色谱法	《固体废弃物试验分析评价手册》	固体废物
还原-偶氮比色法	《水和废水监测分析方法》(第三版)	水和废水

6 应急处理处置方法

6.1 泄漏应急处理

(1) **应急行为**　迅速撤离泄漏污染区人员至安全处，严格限制出入，切断火源。

(2) **应急人员防护**　戴自给式呼吸器，穿防毒服。

(3) **环保措施**　不要直接接触泄漏物。尽可能切断泄漏源，防止进入下水道、排洪沟等限制性空间。小量泄漏：用砂土、蛭石或其他惰性材料吸收，也可用不燃性分散剂制成的乳液刷洗，洗液稀释后放入废水系统。大量泄漏：大量泄漏：构筑围堤或挖坑收容；用泡沫覆盖，抑制蒸发。

(4) **消除方法**　用泵转移至槽车或专用收集器内，回收或运至废物处理所处置。

6.2 个体防护措施

(1) **工程控制**　生产过程密闭，加强通风。尽可能机械化、自动化。

(2) **呼吸系统防护**　可能接触其蒸气时，佩戴防毒面具。紧急事态抢救或逃生时，佩戴正压自给式呼吸器。

(3) **眼睛防护**　戴全封闭式防护眼镜。

(4) **身体防护**　穿防毒物渗透工作服。

(5) **手防护**　戴橡胶手套。

(6) **其他防护**　工作现场禁止吸烟、进食和进水。及时换洗工作服。工作前后不饮酒，工作后，淋浴更衣。监测毒物。进行就业前和定期的体检。

6.3 急救措施

(1) **皮肤接触**　立即脱去被污染的衣着，用肥皂水和清水彻底冲洗皮肤。就医。

(2) **眼睛接触**　提起眼睑，用流动清水或生理盐水冲洗。就医。

(3) **吸入**　迅速脱离现场至空气新鲜处。保持呼吸道通畅。如呼吸困难，给输氧。如呼吸停止，立即进行人工呼吸。就医。

(4) **食入** 漱口。用水冲服活性炭浆。休息。饮足量温水，催吐，就医。

6.4 应急医疗

(1) **诊断要点** 据短期内经皮肤吸收或吸入大量硝基苯的蒸气的职业接触史，以及出现高铁血红蛋白血症、溶血性贫血或肝脏损害为主要病变的临床表现，硝基苯中毒的临床表现如下。

① 毒物所引起的高铁血红蛋白血症是急性中毒临床表现的主要病理基础。急性硝基苯中毒可在工作接触时或工作后经几小时的潜伏期发病。高铁血红蛋白达 10％～15％时患者黏膜和皮肤开始出现紫绀。最初，口唇、指（趾）甲、面颊、耳郭等处呈蓝褐色；舌部的变化最明显。高铁血红蛋白达 30％以上时，其他神经系统症状随着发生，头部沉重感、头晕、头痛、耳鸣、手指麻木、全身无力等相继出现。高铁血红蛋白升至 50％时，可出现心悸、胸闷、气急、步态蹒跚、恶心、呕吐甚至昏厥等。如高铁血红蛋白进一步增加到 60％～70％时患者可发生休克、心律失常、惊厥甚至昏迷。经及时抢救，一般可在 24h 内意识恢复，脉搏和呼吸逐渐好转，但头昏、头痛等可持续数天。血高铁血红蛋白的致死浓度在 85％～90％。

② 肾脏受到损害时，出现少尿、蛋白尿、血尿等症状，严重者可无尿。

③ 血红细胞出现赫恩兹小体的百分比高者，可出现溶血性贫血，红细胞计数可于 3～4d 内迅速降低，但经积极治疗，在 1～2 周后逐渐回升。

④ 急性肝病常在中毒后 2～3d 出现肝脏肿大、压痛、消化障碍、黄疸、肝功能异常。

⑤ 急性硝基苯中毒的神经系统症状较明显，中枢神经兴奋症状出较早，严重者可有高热，并有多汗、缓脉、初期血压升高、瞳孔扩大等植物神经系统紊乱症状。

⑥ 硝基苯对眼有轻度刺激性。对皮肤由于刺激或过敏可产生皮炎。

结合现场卫生学调查及空气中硝基苯浓度测定资料，排除硫化血红蛋白血症、肠原性青紫症、NADH-MHb 还原酶缺乏症、血红蛋白 M 病、各种原因的缺氧性紫绀症等其他病因后，可诊断为急性硝基苯中毒。参见《职业性急性苯的氨基、硝基化合物中毒诊断标准》。

(2) **处理原则**

① 一般原则：迅速将患者移离中毒现场至通风口处，清除皮肤污染、严密观察。

② 解毒方法：高铁血红蛋白血症的治疗是根据临床表现及血高铁血红蛋白测定结果酌情应用亚甲基蓝（每千克体重 1～2mg），参见《急性化学物中毒性高铁血红蛋白血症的治疗》。

③ 严重溶血性贫血的治疗：除输血外，可给予糖皮质激素控制溶血，口服碳酸氢钠等使尿碱化，以预防血红蛋白在肾小管凝聚。

④ 对症、支持疗法：防止肝脏受损，早期给用"保肝"药物；缺氧者及时有效地吸氧。

⑤ 特殊疗法：严重持续时间长的病例可用透析疗法。严重缺氧也可采用高压氧治疗。

(3) **预防措施**

① 加强通风，隔离操作：使操作间远离生产设备，工人在通风良好的操作间通过计算机进行操作，避免直接接触毒物。

② 加强培训，做好个体防护：对新入厂作业工人进行三级安全卫生教育，让工人了解这类毒物的危害、中毒表现、如何防护、如何维护和使用各种防护设施等，一旦发生泄漏事

故应如何处理。发给工人必要的防护器具，并教会他们正确使用。

7 储运注意事项

7.1 储存注意事项

储存于阴凉、通风库房。远离火种、热源，防止阳光直射。保持容器密封，避光保存。应与氧化剂、硝酸分开存放，切忌混储。搬运时要轻装轻卸，防止包装及容器损坏。分装和搬运作业要注意个人防护。配备一定数量的消防器材。

7.2 运输信息

危险货物编号：61056。

UN 编号：1662。

包装类别：Ⅱ。

包装方法：包装可采用小开口钢桶；螺纹口玻璃瓶、铁盖压口玻璃瓶、塑料瓶或金属桶（罐）外加木板箱；塑料瓶、镀锡薄钢板桶外加满底板花格箱。

运输注意事项：本品铁路运输时限使用钢制企业自备罐装车装运，装运前需报有关部门批准。运输前应先检查包装容器是否完整、密封，运输过程中要确保容器不泄漏、不倒塌、不坠落、不损坏。严禁与酸类、氧化剂、食品及食品添加剂混运，运输时运输车辆应配备相应品种和数量的消防器材及泄漏应急处理设备。运输时应防曝晒、雨淋，防高温。公路运输时要按规定路线行驶。

7.3 废弃

(1) **废弃处置方法** 用焚烧法处置。焚烧炉排出的气体要通过洗涤器除去。

(2) **废弃注意事项** 处置前应参阅国家和地方有关法规。废物储存参见"储存注意事项"。

8 参考文献

[1] 环境保护部.国家污染物环境健康风险名录（化学第一分册）[M].北京：中国环境科学出版社，2009：369-373.

[2] 天津市固体废物及有毒化学品管理中心.危险化学品环境数据手册 [M].

[3] 郑州轻工业学院图书馆化学品数据库：http://www.basechem.org/chemical/1388#dulixue.

[4] Chemical book. CAS 数据库 http://www.chemicalbook.com/ProductMSDSDetailCB5413313.htm.

[5] 杨峰田.地下水、土环境硝基苯生物降解实验研究 [D].长春：吉林大学，2007.

[6] 秦伟超，郭英娜，徐可进.水生生物（藻、水丝蚓、鱼）对硝基苯的富集与释放研究 [J].东北师大学报：自然科学版，2009，1：112-116.

[7] 李俊生，徐靖，罗建武，罗尊兰.硝基苯环境效应的研究综述 [J].生态环境学报，2009，1：368-373.

[8] 周群芳，傅建捷，孟海珍，朱学艳，江桂斌，张建斌，刘杰民，时国庆.水体硝基苯对日本青鳉和稀有鮈鲫的亚急性毒理学效应 [J].中国科学（B辑：化学），2007，2：197-206.

[9] 邢厚娟.硝基苯对昆明小鼠亚急性毒性的研究 [D].哈尔滨：东北农业大学，2007.

溴甲烷

1 名称、编号、分子式

溴甲烷（bromomethane）又称为溴代甲烷或甲基溴，是一种低碳卤代烃，更是大气中重要的痕量温室气体，并广泛存在于海水中。溴甲烷是一种高效、广谱熏蒸剂，用于土壤可有效防治真菌、细菌、病毒、昆虫等。溴甲烷的生产方法有溴化钠法、氢溴酸法和溴素法，溴素法产率高、工艺简单、基建投资少，是生产溴甲烷的主要方法。先由溴素与硫黄混合制备溴化硫，再将溴化硫滴加入甲醇中，在 50～65℃ 反应，并连续蒸出反应物而得溴甲烷，反应生成的溴甲烷气体经 5％ 烧碱液洗涤，又通入酸洗塔用硫酸洗涤，再经干燥塔用无水氯化钙干燥，最后压缩液化得产品溴甲烷。溴甲烷基本信息见表 34-1。

表 34-1 溴甲烷基本信息

中文名称	溴甲烷
中文别名	甲基溴；溴代甲烷
英文名称	bromomethane
英文别名	bromomethane；methyl bromide
UN 号	1062
CAS 号	74-83-9
ICSC 号	0109
RTECS 号	PA4900000
EC 编号	602-002-00-3
分子式	CH_3Br
分子量	94.95

2 理化性质

溴甲烷是无色气体，通常无味，在高浓度时有甜味。工业品经液化装入钢瓶中为无色透明或带有淡黄色的易挥发液体，穿透力强，易穿透和溶解橡胶材料。微溶于水，易溶于乙醇、乙醚、氯仿、苯、四氯化碳、二硫化碳。其挥发性高，在空气中可达较高浓度。溴甲烷理化性质一览表见表 34-2。

表 34-2　溴甲烷理化性质一览表

外观与性状	无色气体,高浓度有甜味
所含官能团	—Br
熔点/℃	−93
沸点/℃	3.6
相对密度(水＝1)	1.72
相对蒸气密度(空气＝1)	3.27
饱和蒸气压(25℃)/kPa	215.5
燃烧热/(kJ/mol)	−787.0
临界温度/℃	194
临界压力/MPa	8.45
辛醇/水分配系数的对数值	1.19
闪点/℃	−40
引燃温度/℃	537
爆炸上限/%	16.0
爆炸下限/%	10.0
溶解性	微溶于水,溶于乙醇、乙醚、氯仿等多数有机溶剂
化学性质	在氧气中易燃;在大气中遇高热、明火才燃。在大气压下,与空气混合形成爆炸性混合物范围较窄,在高压下范围较宽。加热分解,生成溴化物。不能与金属(如铝)、二甲基亚砜,环氧乙烷共存

3　毒理学参数

(1) **急性毒性**　LD_{50}：214mg/kg（大鼠经口,经液态和溶液染毒）。LC_{50}：5300mg/m³（大鼠吸入,4h）;大鼠吸入 2000mg/m³×6h,致死;1540mg/m³（小鼠吸入,2h）;4.5mg/m³ 或 8mg/m³（家兔吸入 1h 或 11h）。人的致死剂量为 6mg/L（人吸入,10~12h）或 30mg/L（人吸入,1.5h）。

(2) **亚急性和慢性毒性**　大鼠吸入 420mg/m³,98d,肺部出现很严重的肺炎;猴子出现严重抽搐。250mg/m³ 浓度下,家兔与猴子会出现瘫痪与肺部损害。在 130mg/m³ 浓度下,家兔仍出现上述表现。将大鼠分别暴露于 778mg/m³ 和 1176mg/m³ 的溴甲烷中,每天 4h,3 周后,其周围神经功能和生理节奏有所变化。将家兔放在 253mg/m³ 浓度下 4 周后,其眨眼反射与神经传导速度均减慢,出现肢体瘫痪。

(3) **代谢**　溴甲烷可以通过呼吸道和皮肤吸收。溴甲烷吸收后小部分（小于 4%）以原形随呼吸排出,大部分随血流分布至全身,在脂肪丰富的组织含量较多,主要在神经系统和实质脏器中。在体内与谷胱甘肽结合,代谢产物有甲醇、甲醛、无机溴化物和二氧化碳等。约 50% 以二氧化碳形式呼气排出,20% 左右由尿排出,代谢和排出的过程较缓慢。

(4) **中毒机理**　当前有关溴甲烷毒性机制有以下观点:溴甲烷引起机体功能的改变与整个分子有关,因溴甲烷是非特异性原浆毒,是以整个分子与蛋白质结合使其变性,使神经代谢中重要的巯基酶（如琥珀酸脱氢酶、己糖激酶、丙酮酸氧化酶）甲基化而被抑制。溴甲烷可引起大鼠脑的所有部位肌酸激酶的活性下降，但对小脑相对影响较小，对脑干影响较大。此外，不仅溴甲烷整体分子有毒性作用，其代谢产物也会产生毒性，如代谢产物甲醛会对呼吸系统、肺部造成伤害。

(5) **致突变性**　微生物致突变：鼠伤寒沙门菌 400ppm。姐妹染色单体交换：人淋巴细胞 5mg/L。微核试验：大鼠吸入 338ppm（6h），14d。

(6) **致癌性**　IARC（International Agency for Research on Cancer，国际癌症研究机构）致癌性评论：动物可疑阳性，人类不明确。

(7) **危险特性**　与空气混合能形成爆炸性混合物。遇明火、高热以及铝粉、二甲亚砜有燃烧爆炸的危险。与活性金属粉末（如镁、铝等）能发生反应，引起分解。与碱金属接触受冲击时会着火燃烧。

4　对环境的影响

4.1　主要用途

溴甲烷具有杀虫活性，对昆虫、螨类、线虫、真菌、软体动物等具有很好的防治作用，20 世纪 50 年代开始在农业生产上使用。又因其具有高效广谱、穿透性强、扩散迅速等特点，广泛应用于水果、蔬菜等鲜活货物，以及谷物、干果、木材等耐储藏品，此外，还广泛应用于熏蒸库、集装箱和船舶等建筑物和交通工具的熏蒸处理中，是国际动植物检疫熏蒸处理中最常用的熏蒸剂。20 世纪 80 年代早期发现溴甲烷对大气臭氧层具有破坏作用，1992 年哥本哈根《关于消耗臭氧层蒙特利尔议定书》将其列为受控物质。目前，溴甲烷的用途主要为土壤熏蒸、检疫及装运前熏蒸和作为化学合成中间体的原料 3 个方面。

4.2　环境行为

(1) **代谢和降解**　溴甲烷是一种痕量温室气体，可以通过吸收红外光辐射而产生温室效应，进而影响全球气候。溴甲烷溶存于海洋中，通过生物作用和化学合成两种机制或海-气交换生成。其在海洋中会发生水解反应、氧化还原反应、表层海水中的化学降解、大气中的光化学降解、生物降解和生物浓缩作用、沉积物吸附和海-气交换作用。进入大气的溴甲烷会消耗臭氧，即在太阳紫外线作用下，与臭氧发生作用，臭氧分子被分解为普通的氧分子和一氧化氯，从而降低臭氧的浓度。

(2) **残留与蓄积**　用溴甲烷作为粮食、食品熏蒸剂将被逐渐淘汰，因为与熏蒸剂和所熏蒸材料中的某些成分之间发生化学反应，通常有少量的永久残留存在，我国粮食卫生标准中规定粮食中溴甲烷残留量 ≤5mg/kg。

(3) **迁移转化**　海洋是溴甲烷最大的释放源，占释放总量的 37%。海水中溶存的溴甲烷既有人为源又有自然源。人为源主要指工农业生产活动释放的溴甲烷，主要通过海-气交换或河流输送等途径进入大海；自然源主要有生物作用和化学合成。溴甲烷作为熏蒸剂已有 80 多年的历史，据报道，熏蒸过程中约有 88% 的溴甲烷被释放到大气中，结束后密闭空间内的溴甲烷尾气约有 67% 会排放至大气中。由于溴甲烷消耗臭氧，已经对溴甲烷的使用给予一定限制，很多溴甲烷熏蒸替代技术和减排溴甲烷熏蒸尾气的措施不断应用，气体交换再利用技术、压缩冷凝法、活性炭吸附法等对其尾气进行回收。少量进入土壤的溴甲烷被土壤或植物降解。

4.3 人体健康危害

(1) **暴露/侵入途径** 暴露/侵入途径包括吸入、食入、经皮吸收。

(2) **健康危害** 主要损害中枢及周围神经系统；对皮肤、黏膜、肺、肝、肾、心血管等也有损害。以中枢神经系统和肺最早受到损害，最为严重。急性中毒：轻度有头痛、头晕、恶心、呕吐、全身无力、嗜睡、震颤、咳嗽、咯痰等；较重者出现兴奋、谵妄、共济失调、肌痉挛，并可伴有多发性神经炎和肝、肾损害；严重中毒时，因脑水肿出现抽搐、躁狂、昏迷；或因肺水肿或循环衰竭而出现紫绀。可因肺水肿、神经系统严重损害或循环衰竭而死亡。接触极高浓度可迅速死亡。皮肤接触其液体可致灼伤。慢性影响：常有头痛、全身无力、嗜睡、记忆力减退等，亦可伴有周围神经炎。

4.4 接触控制标准

中国 MAC（mg/m^3）：—。
中国 PC-TWA（mg/m^3）：2［皮］。
中国 PC-STEL（mg/m^3）：—。
美国 TLV-TWA：OSHA 20ppm，$76mg/m^3$［皮］（上限值）；ACGIH 1ppm［皮］。
美国 TLV-STEL：未制定标准。
溴甲烷生产及应用相关环境标准见表34-3。

表 34-3 溴甲烷生产及应用相关环境标准

标准名称	限制要求	标准值
英国车间卫生标准	车间卫生标准	TWA：$20mg/m^3$（5ppm） STEL：$60mg/m^3$（15ppm）
瑞士车间卫生标准	车间卫生标准	TWA：$60mg/m^3$（15ppm） STEL：$80mg/m^3$（25ppm）
波兰车间卫生标准	车间卫生标准	TWA：$5mg/m^3$ STEL：$40mg/m^3$
粮食卫生标准（GB 2715—2005）	粮食卫生标准	粮食中溴甲烷残留量≤5 mg/kg

5 环境监测方法

5.1 现场应急监测方法

现场应急监测可采用便携式气相色谱法、水质检测管法、气体检测管法。

5.2 实验室监测方法

溴甲烷的实验室监测方法见表34-4。

表 34-4　溴甲烷的实验室监测方法

表 34-4　溴甲烷的实验室监测方法

监测方法	来源	类别
气相色谱法	《城市和工业废水中有机化合物分析》	废水
1,2-萘醌-4-磺酸钠比色法	《空气中有害物质的测定方法》(第二版)	空气
硝酸盐比浊法	《空气中有害物质的测定方法》(第二版)	空气
气相色谱法	《固体废弃物试验与分析评价手册》	固体废物
色谱/质谱法	美国 EPA524.2 方法	水质

6　应急处理处置方法

6.1　泄漏应急处理

(1) **应急行为**　迅速撤离泄漏污染区人员至上风处,并立即隔离 150m,严格限制出入。切断火源。

(2) **应急人员防护**　戴自给正压式呼吸器,穿防毒服。

(3) **环保措施**　尽可能切断泄漏源。合理通风,加速扩散。喷雾状水稀释、溶解,构筑围堤或挖坑收容产生的大量废水。

(4) **消除方法**　如有可能,将残余气或漏出气用排风机送至水洗塔或与塔相连的通风橱内。漏气容器要妥善处理,修复、检查后再用。

6.2　个体防护措施

(1) **呼吸系统防护**　空气中浓度超标时,佩戴过滤式防毒面具(半面罩)。紧急事态抢救或撤离时,必须佩戴正压自给式呼吸器。

(2) **眼睛防护**　戴化学安全防护眼镜。

(3) **身体防护**　穿透气型防毒服。

(4) **手防护**　戴防化学品手套。

(5) **其他**　工作现场禁止吸烟、进食和饮水。工作完毕,淋浴更衣。进入罐、限制性空间或其他高浓度区作业,须有人监护。

6.3　急救措施

(1) **皮肤接触**　立即脱去被污染的衣着,用大量流动清水冲洗,至少 15min。就医。

(2) **眼睛接触**　立即提起眼睑,用大量流动清水或生理盐水彻底冲洗至少 15min。就医。

(3) **吸入**　迅速脱离现场至空气新鲜处。保持呼吸道通畅。如呼吸困难,给输氧。如呼吸停止,立即进行人工呼吸。就医。

(4) **食入**　误服者用水漱口,给饮牛奶或蛋清。就医。

6.4　应急医疗

(1) **诊断要点**

① 急性中毒的潜伏期一般为 4～6h,吸入极高浓度时可致猝死。

② 神经系统：表现为头痛、头晕、乏力、言语不清、视物模糊、复视、嗜睡、步态蹒跚、震颤；严重者可出现谵妄、躁狂、幻觉、妄想、定向力障碍等中毒性精神病表现，或因脑水肿出现意识障碍、抽搐或癫痫持续状态。个别患者可发生周围神经病。

③ 呼吸系统：表现为咳嗽、咳痰、呼吸困难，严重者出现肺水肿。

④ 其他脏器损害：导致肝、肾、心损害，严重者可发生休克、急性肾衰竭。

⑤ 皮肤：皮肤接触后可出现接触性皮炎。

(2) 处理原则

① 立即脱离中毒现场，脱去污染衣物，对接触者至少观察48h。

② 进行解毒治疗。中毒较重时采用5%二巯基丙磺酸钠2.5～5mL深部肌肉注射，每天两次；或是用二巯基丁二酸钠0.5～1g溶于糖盐水40mL中缓慢静注1～2次，以后每日一次。

③ 皮肤污染者用2%碳酸氢钠溶液或肥皂水清洗，眼部接触后用清水或2%碳酸氢钠溶液冲洗。

④ 采用对症、支持疗法，重点防治脑水肿、肺水肿、急性肾衰竭。

⑤ 忌用溴剂和吗啡。

(3) 预防措施　禁止明火。禁止与铝、锌、镁或纯氧接触。严格作业环境管理，避免青少年和儿童接触。局部排气通风或佩戴呼吸防护、保温手套，穿防护服，戴安全目镜、面罩或眼睛防护结合呼吸防护。

7　储运注意事项

7.1　储存注意事项

储存于阴凉、通风仓间内。仓内温度不宜超过30℃，相对湿度不超过80%。远离火种、热源，防止阳光直射。保持容器密封。应与氧化剂、氧气、压缩空气、食用化学品和活性金属粉末等分开存放。切忌混储。采用防爆型照明、通风设施。禁止使用易产生火花的机械设备和工具。储区应备有泄漏应急处理设备。

7.2　运输信息

危险货物编号：23041。

UN编号：1062。

包装类别：Ⅱ。

包装方法：包装采用钢制气瓶；安瓿瓶外加普通木箱。

运输注意事项：采用钢瓶运输时必须佩戴好钢瓶的安全帽。钢瓶一般平放，并应将瓶口朝同一方向，不可交叉；高度不得超过车辆防护栏板，并用三角木垫卡牢，防止滚动。运输时运输车辆应配备相应品种和数量的消防器材。装运该物品的车辆排气管必须配备阻火装置，禁止使用易产生火花的机械设备和工具装卸。严禁与氧化剂、活性金属粉末、食用化学品等混装混运。夏季应早晚运输，防止日光曝晒。中途停留时应远离火种、热源。公路运输时要按规定路线行驶，禁止在居民区和人口稠密区停留。铁路运输时要禁止溜放。

7.3 废弃

废弃注意事项：处置前应参阅国家和地方有关法规。或与厂商或制造商联系，确定处置方法。

8 参考文献

［1］ 环境保护部.国家污染物环境健康风险名录（化学第一分册）［M］.北京：中国环境科学出版社，2009：369-373.

［2］ 天津市固体废物及有毒化学品管理中心.危险化学品环境数据手册［M］.

［3］ 郑州轻工业学院图书馆化学品数据库：http://www.basechem.org/chemical/1388♯dulixue.

［4］ Chemical book. CAS 数据库 http://www.chemicalbook.com/ProductMSDSDetailCB5413313.htm.

［5］ 杜慧娜，谢文霞，崔育倩，陈剑磊，叶思源.海洋中溴甲烷的研究进展［J］.应用生态学报，2014，12：3694-3700.

［6］ 张基美，丁茂柏.溴甲烷的毒理与中毒临床［J］.职业医学，1994，2：43-45.

［7］ 田毅峰，花立中，冯桂学，王洋，张秀梅，赵倩.溴甲烷尾气化学吸附技术的研究［J］.植物检疫，2014，5：31-34.

［8］ 顾杰，吴新华，杨光，吕飞，张愚，金飞.溴甲烷熏蒸尾气减排技术研究与应用现状［J］.植物检疫，2015，6：1-6.

［9］ 顾杰，杨光，吴建波，马建华，金飞，马龙.溴甲烷在进口木材有害生物检疫处理中的减量与替代技术研究应用［J］.应用昆虫学报，2013，1：276-282.

［10］ 袁会珠，曹坳程，胡玉清，黄玉斌，张金和，朱银香.破坏臭氧层物质溴甲烷在草莓土壤消毒上替代技术研究［J］.农业环境保护，2000，3：159-160，163.

［11］ 张浩，纪俊敏，邬冰，李雪琴.毛细管色谱法检测小麦中溴甲烷残留量研究［J］.中国粮油学报，2010，6：119-122.

［12］ 黄国强，李凌，李鑫钢.农药在土壤中迁移转化及模型方法研究进展［J］.农业环境保护，2002，4：375-377，380.

［13］ 刘振乾，骆世明，陈桂株，段舜山，杨军，陈玉芬，王奎堂.大气溴甲烷的释放与控制研究［J］.生态科学，2002，2：170-174.

［14］ 钟尚乾.急性中毒治疗学［M］.南京：江苏科学技术出版社，2002.

［15］ 王道，程水源.环境有害化学品实用手册［M］.北京：中国环境科学出版社，2007.

［16］ 赵超英，姜允申.神经系统毒理学［M］.北京：北京大学医学出版社，2009.

乙 苯

1 名称、编号、分子式

乙苯（ethylbenzene）又名乙基苯，是一个芳香族的有机化合物。主要用途是在石油化学工业作为生产苯乙烯的中间体，所制成的苯乙烯一般被用来制备常用的塑料制品——聚苯乙烯。工业上乙苯是由苯与乙烯在催化剂存在下反应得到，也可从石脑油重整产物的 C8 馏分中分离。现在工业上约有 90％的乙苯是通过苯烷基化生产的。乙苯基本信息见表 35-1。

表 35-1　乙苯基本信息

中文名称	乙苯
中文别名	乙基苯
英文名称	ethylbenzene
英文别名	phenylethane
UN 号	1175
CAS 号	100-41-4
ICSC 号	0268
RTECS 号	DA0700000
EC 编号	601-023-00-4
分子式	C_8H_{10}；$C_6H_5CH_2CH_3$
分子量	106.17

2 理化性质

乙苯是无色液体，具有芳香气味，蒸气略重于空气。溶于乙醇、苯、四氯化碳及乙醚，几乎不溶于水。乙苯性质较为稳定，对金属无腐蚀性，对酸碱比较稳定。乙苯氧化生成苯乙酮，脱氢生成苯乙烯。乙苯理化性质一览表见表 35-2。

表 35-2　乙苯理化性质一览表

外观与性状	无色液体,有芳香气味
所含官能团	苯环
熔点/℃	-94

沸点/℃	136.2
相对密度(水=1)	0.87
相对蒸气密度(空气=1)	3.66
饱和蒸气压(20℃)/kPa	0.9
燃烧热/(kJ/mol)	−4390.1
临界温度/℃	343.1
临界压力/MPa	3.70
辛醇/水分配系数的对数值	3.15
闪点/℃	15
引燃温度/℃	432
爆炸上限/%	6.7
爆炸下限/%	1.0
溶解性	不溶于水,可混溶于乙醇、乙醚、苯等多数有机溶剂
化学性质	遇明火极易燃烧。受热、曝光或存在过氧化物催化剂时,极易聚合放热导致爆炸。与氯磺酸、发烟硫酸、浓硫酸反应剧烈,有爆炸危险。与强氧化剂发生反应。可浸蚀塑料和橡胶

3 毒理学参数

(1) **急性毒性** LD$_{50}$：3.5g/kg（大鼠经口）；17.8g/kg（兔经皮）。LC$_{50}$：19.7g/m^3（大鼠吸入，4h）；32mg/L（蓝鳃鱼，96h）；31.0mg/L（斑马鱼，96h）；346.8mg/kg（蚯蚓，24h）。

(2) **亚急性和慢性毒性** 将大鼠放入乙苯浓度分别为 433.5mg/m^3、4335mg/m^3 和 6500mg/m^3 的实验环境中，采用吸入方式进行染毒，每天 6h，每周 5d，连续染毒 13 周，大鼠肝组织出现肿胀、坏死、部分组织溶解等病理变化；肝细胞呈现核皱缩、线粒体空泡等凋亡形态学特征。

(3) **代谢** 吸入人体内的乙苯，有 40%～60% 未经转化即由呼气排出体外，经肾排出的不到 2%，约 40% 在体内被氧化，首先转化为苯乙醇，第二步转化为酚（主要是对乙基苯酚，小量邻乙基苯酚）。所形成的乙基苯酚与硫酸根和葡萄糖醛酸结合后排出体外，小部分乙苯直接与谷胱甘肽结合生成苯基硫醚氨酸亦由尿排出，另一小部分被积蓄在体内含脂肪较多的组织内，以缓慢的速度同样转化为上述代谢物而排出。50% 以上乙苯由肺呼出，其余的则通过体内各组织系统被氧化后以代谢物的形式排出体外。

(4) **中毒机理** 乙苯属低毒类，但对皮肤、眼睛和呼吸道的刺激作用比甲苯强。吸入、食入或经皮肤吸收可引起中毒，出现头痛、咳嗽、呼吸困难、神志不清、腹痛、视力模糊、肌肉抽搐或肢体痉挛等症状，很快昏迷不醒，甚至死亡。

(5) **致突变性** 姐妹染色单体交换：人淋巴细胞 10mmol/L。哺乳动物体细胞突变：小鼠淋巴细胞 80mg/L。

(6) **生殖毒性** 大鼠吸入最低中毒浓度（TCL$_0$）：985ppm（7h，孕 1～19d），致胚胎

毒性（如胚胎发育迟缓）。家兔吸入最低中毒浓度（TCL_0）：99ppm（7h，孕 1～18d），影响每窝胎数。

（7）**刺激性** 家兔经皮开放性刺激试验：15mg（24h），轻度刺激。家兔经眼：500mg，重度刺激。

（8）**致畸性** 雌性大鼠受孕后 6～15d 吸入 600mg/m³（14h），引发仔鼠肌肉骨骼系统发育畸形。

（9）**致癌性** IARC（International Agency for Research on Cancer，国际癌症研究机构）致癌性评论：G2B，可疑人类致癌物。

4 对环境的影响

4.1 主要用途

乙苯主要用于生产苯乙烯，进而生产苯乙烯均聚物以及以苯乙烯为主要成分的共聚物（ABS、AS 等）。乙苯少量用于有机合成工业，例如生产苯乙酮、乙基蒽醌、对硝基苯乙酮、甲基苯基甲酮等中间体。在医药上用作合霉素和氯霉素的中间体，也用于香料。此外，还可作溶剂使用。

4.2 环境行为

（1）**代谢和降解** 乙苯主要用于生产苯乙烯，并广泛用作化工原料和溶剂，乙苯在生产、存储和运输过程中容易挥发到环境中，在大气环境中参与光化学反应，促进臭氧生成，加剧了光化学烟雾的形成。乙苯从空气中移除主要通过光化学作用产生的氢氧自由基反应（半衰期为数小时至 2d），其余乙苯则由雨水移除。地表水中的乙苯会挥发进入大气中，残留的小部分可以被污水或活性污泥中的微生物分解掉，其生物降解的半衰期为几天到几周。有研究表明，海水中乙苯含量一般在 2d 以内变化不大，但在 8d 左右大部分乙苯降解和挥发。乙苯在生物体内无明显的生物浓缩作用。

（2）**残留与蓄积** 乙苯可以通过呼吸道被人体吸入，皮肤可吸收少量，经肠胃道虽可完成完全吸收，但实际意义不大。乙苯 40%～60%仍由肺呼出，其余可通过体内各组织系统被氧化后以代谢物的形式排出体外，在体内残留和蓄积较少，时间也不长，一般情况下一次性接触在两天左右几乎被全部排出体外。乙苯在人体组织内的分布情况是：若以血液中含量为 1，则骨髓为 18，腹腔脂肪中为 10，心脏为 15，脑组织内 2.5，红细胞中的乙苯浓度比血浆中的含量大 2 倍。

（3）**迁移转化** 乙苯主要通过工业废水和废气进入环境，乙苯释放到土壤时有一部分乙苯会挥发到空气中，乙苯有中度的土壤吸附性，但它可能会渗透到地下水中，尤其在低有机碳含量的土壤中；乙苯适应土壤环境后会被生物分解，生物分解作用也较快（半衰期为2d）。地表水体中的乙苯主要迁移过程是挥发和在空气中被光解，也包括生物降解和化学降解的迁移转化过程。乙苯释放到水中时会以数小时到数周时间的半衰期迅速挥发到空气中，由于乙苯在水溶液中挥发趋势大，废水中的乙苯很快挥发至大气中。空气中的乙苯一般发生光解，故而乙苯的生物富集量不多，在水体中的残留也很少。由于比水轻，大量乙苯泄漏进入水中后，会漂浮在水面，造成鱼类和水生生物死亡，而且被污染水体散发出异味。

4.3 人体健康危害

(1) 暴露/侵入途径 暴露/侵入途径包括呼吸吸入，食物和饮水摄入。

(2) 健康危害 本品对皮肤、黏膜有较强的刺激性，高浓度有麻醉作用。急性中毒：轻度中毒有头晕、头痛、恶心、呕吐、步态蹒跚、轻度意识障碍及眼和上呼吸道刺激症状。重者发生昏迷、抽搐、血压下降及呼吸循环衰竭。可有肝损害。直接吸入本品液体可致化学性肺炎和肺水肿。慢性影响：表现为眼及上呼吸道刺激症状、神经衰弱综合征，皮肤出现粗糙、皲裂、脱皮。

4.4 接触控制标准

中国 MAC（mg/m^3）：—。

中国 PC-TWA（mg/m^3）：100（G2B）。

中国 PC-STEL（mg/m^3）：150（G2B）。

美国 TLV-TWA：OSHA 100ppm，434mg/m^3；ACGIH 20ppm，434mg/m^3。

美国 TLV-STEL：ACGIH 125ppm，543mg/m^3。

乙苯生产及应用相关环境标准见表35-3。

表35-3　乙苯生产及应用相关环境标准

标准名称	限制要求	标准值
《生活饮用水卫生标准》（GB 5749—2006）	水质非常规指标及限值	0.3mg/L
《地表水环境质量标准》（GB 3838—2002）	集中式生活饮用水地表水水源地特定项目标准限值	0.3mg/L
《土壤环境质量标准》（GB 15618—2008）	土壤环境质量标准限值	居住用地：20 mg/kg 商业用地：230 mg/kg 工业用地：250mg/kg
《污水综合排放标准》（GB 8978—1996）	第二类污染物最高允许排放浓度	一级：0.4mg/L 二级：0.6mg/L 三级：1.0mg/L
《石油化学工业污染物排放标准》（GB 31571—2015）	水污染物排放限值	直接排放：0.4mg/L 间接排放：0.6 mg/L
《石油炼制工业污染物排放标准》（GB 31570—2015）	水污染物排放限值	直接排放：0.4 mg/L 间接排放：0.6 mg/L

注：本表所列标准均为国家标准，乙苯涉及行业标准，应当优先执行行业标准。

5 环境监测方法

5.1 现场应急监测方法

现场应急监测可采用便携式气相色谱法、气体快速检测管法。

5.2 实验室监测方法

乙烯的实验室监测方法见表35-4。

表 35-4   乙苯的实验室监测方法

监测方法	来源	类别
气相色谱法	《水质 苯系物的测定 气相色谱法》(GB/T 11890—89)	水质
吹扫捕集/气相色谱法	《水质 挥发性有机物的测定 吹扫捕集/气相色谱法》(HJ 686—2012)	水质
吹扫捕集/气相色谱-质谱法	《水质 挥发性有机物的测定 吹扫捕集/气相色谱-质谱法》(HJ 639—2012)	水质
气相色谱法	《固体废弃物试验与分析评价手册》	固体废物
色谱/质谱法	美国 EPA524.2(4.1 版)[①]	水质

① EPA524.2（4.1版）是为配合美国国家饮用水的 EPA 标准而制定，在实际监测中优先执行我国标准。

6 应急处理处置方法

6.1 泄漏应急处理

（1）**应急行为** 迅速撤离泄漏污染区人员至安全处，并进行隔离，严格限制出入。切断火源。

（2）**应急人员防护** 戴自给正压式呼吸器，穿消防防护服。

（3）**环保措施** 尽可能切断泄漏源，防止进入下水道、排洪沟等限制性空间。小量泄漏：用活性炭或其他惰性材料吸收，也可用不燃性分散剂制成的乳液刷洗，洗液稀释后放入废水系统。大量泄漏：构筑围堤或挖坑收容；用泡沫覆盖，降低蒸气灾害；喷雾状水冷却和稀释蒸气、保护现场人员、把泄漏物稀释成不燃物。

（4）**消除方法** 用防爆泵转移至槽车或专用收集器内，回收或运至废物处理所处置。

6.2 个体防护措施

（1）**工程控制** 生产过程密闭，加强通风。

（2）**呼吸系统防护** 空气中浓度超标时，佩戴自吸过滤式防毒面具（半面罩）。紧急事态抢救或撤离时，应该佩戴空气呼吸器、氧气呼吸器。

（3）**眼睛防护** 戴化学安全防护眼镜。

（4）**身体防护** 穿防毒物渗透工作服。

（5）**手防护** 戴乳胶手套。

（6）**其他** 工作现场禁止吸烟、进食和饮水。工作完毕，淋浴更衣。保持良好的卫生习惯。

6.3 急救措施

（1）**皮肤接触** 脱去被污染的衣着，用肥皂水和清水彻底冲洗皮肤。

（2）**眼睛接触** 提起眼睑，用流动清水或生理盐水冲洗。就医。

（3）**吸入** 迅速脱离现场至空气新鲜处。保持呼吸道通畅。如呼吸困难，给输氧。如停止呼吸，立即进行人工呼吸。就医。

（4）**食入** 饮足量温水，催吐，就医。

6.4 应急医疗

（1）**诊断要点** 询问是否有乙苯接触史。出现头晕、头痛、恶心、呕吐、步态蹒跚、轻度意识障碍及眼和上呼吸道刺激症状，重者发生昏迷、抽搐、血压下降及呼吸循环衰竭。

（2）**处理原则** 应对症治疗：烦躁不安可用异丙嗪 25～50mg 肌内注射。抽搐可用苯巴比妥 0.1g 肌内注射，或 10％水合氯醛 20mL 加温水 20mL 灌肠。呼吸衰竭用二甲弗林 8mg 或洛贝林 3～6mg 肌内注射。呼吸停止应立即人工呼吸。如无心搏骤停，禁用肾上腺素，以免诱发心室颤动。昏迷者应积极防治脑水肿，可用 50％葡萄糖 60mL 或 20％甘露醇 250mL 静脉注射，每天 2～3 次。休克者在补足血容量基础上，可先给去氧肾上腺素（苯福林、新福林）10mg 肌内注射，再静脉滴注升压药，以维持血压。眼灼伤应以温水彻底冲洗，并用诺氟沙星滴眼液和可的松眼液滴眼。对白细胞减少的患者可用鲨肝醇（每次 100mg，每天 3 次）、维生素 B_4（每次 20mg，每天 3 次）、肌苷（每次 0.2g，每天 3 次）。

（3）**预防措施** 应禁止明火和火花，禁止吸烟，以防止火灾发生。密闭系统，通风，配备防爆型电气设备和照明。不要使用压缩空气灌装、卸料或转运，以防止爆炸。工作人员应佩戴防护手套、面罩或眼睛防护结合呼吸防护。工作时不得进食、饮水或者吸烟。

7 储运注意事项

7.1 储存注意事项

储存于阴凉、通风的库房。远离火种、热源。库温不宜超过 30℃。保持容器密封。应与氧化剂分开存放，切忌混储。采用防爆型照明、通风设施。禁止使用易产生火花的机械设备和工具。储区应备有泄漏应急处理设备和合适的收容材料。

7.2 运输信息

危险货物编号：32053。

UN 编号：1175。

包装类别：Ⅱ。

包装方法：包装可采用小开口钢桶；螺纹口玻璃瓶、铁盖压口玻璃瓶、塑料瓶或金属桶（罐）外加木板箱。

运输注意事项：本品铁路运输时限使用钢制企业自备罐车装运，装运前需报有关部门批准。铁路非罐装运输时应严格按照铁道部《危险货物运输规则》中的危险货物配装表进行配装。运输时运输车辆应配备相应品种和数量的消防器材及泄漏应急处理设备。夏季最好早晚运输。运输时所用的槽（罐）车应有接地链，槽内可设孔隔板以减少振荡产生静电。严禁与氧化剂、食用化学品等混装混运。运输途中应防曝晒、雨淋，防高温。中途停留时应远离火种、热源、高温区。装运该物品的车辆排气管必须配备阻火装置，禁止使用易产生火花的机械设备和工具装卸。公路运输时要按规定路线行驶，勿在居民区和人口稠密区停留。铁路运输时要禁止溜放。严禁用木船、水泥船散装运输。

7.3　废弃

(1) **废弃处置方法**　用控制焚烧法处置。
(2) **废弃注意事项**　处置前应参阅国家和地方有关法规。废物储存参见"储存注意事项"。

8　参考文献

[1]　环境保护部.国家污染物环境健康风险名录（化学第一分册）[M].北京：中国环境科学出版社，2009：369-373.

[2]　天津市固体废物及有毒化学品管理中心.危险化学品环境数据手册 [M].

[3]　郑州轻工业学院图书馆化学品数据库：http：//www.basechem.org/chemical/1388♯dulixue.

[4]　Chemical book.CAS 数据库 http：//www.chemicalbook.com/ProductMSDSDetailCB5413313.htm.

[5]　张明，王延让，杨德一，王倩.乙苯亚慢性吸入染毒大鼠肝毒性效应的研究 [J].环境与健康杂志，2012，9：810-813，865.

[6]　杨德一.亚慢性吸入染毒乙苯大鼠肝毒性效应的研究//中国职业安全健康协会.第二十届海峡两岸及香港、澳门地区职业安全健康学术研讨会暨中国职业安全健康协会 2012 学术年会论文集 [C].中国职业安全健康协会，2012：6.

[7]　刘尧，周启星，谢秀杰，林大松，荣伟英.土壤甲苯、乙苯和二甲苯对蚯蚓及小麦的毒性效应 [J].中国环境科学，2010，11：1501-1507.

[8]　范亚维，周启星.水体甲苯、乙苯和二甲苯对斑马鱼的毒性效应 [J].生态毒理学报，2009，1：136-141.

[9]　韩东强，马万云，陈飚延.吹扫捕集-气相色谱法测定海水中苯、甲苯、乙苯和二甲苯的生物降解 [J].分析化学，2006，10：1361-1365.

[10]　范亚维，周启星.BTEX 的环境行为与生态毒理 [J].生态学杂志，2008，4：632-638.

异 丙 醇

1　名称、编号、分子式

异丙醇是一种有机化合物，正丙醇的同分异构体，别名 2-丙醇，行业中也作 IPA。异丙醇可用发酵的方法生产，生产 1t 异丙醇需消耗 16t 粮食。工业上采用丙烯水合法，较早采用硫酸水合法（又称间接水合法）；1951 年英国卜内门化学工业公司开始用丙烯直接水合法生产异丙醇。异丙醇基本信息见表 36-1。

表 36-1　异丙醇基本信息

中文名称	异丙醇
中文别名	2-丙醇;丙烷-2-醇;二甲基甲醇
英文名称	isopropyl alcohol
英文别名	2-propanol;propan-2-ol;dimethylcarbinol
UN 号	1219
CAS 号	67-63-0
ICSC 号	0554
RTECS 号	NT8050000
EC 编号	603-117-00-0
分子式	C_3H_8O
分子量	60.10
规格	优级品≥99.7％,一级品≥99.5％

2　理化性质

异丙醇用空气氧化生成丙酮和过氧化氢，使用前事先需要鉴定。方法是：取 0.5mL 异丙醇，加入 1mL 10％碘化钾溶液和 0.5mL 1：5 的稀盐酸及几滴淀粉溶液，振摇 1min，若显蓝色或蓝黑色即证明有过氧化物。异丙醇属于易燃低毒物质，蒸气的毒性为乙醇的 2 倍。异丙醇理化性质一览表见表 36-2。

表 36-2　异丙醇理化性质一览表

外观与性状	无色透明液体,有似乙醇和丙酮混合物的气味
所含官能团	—OH

熔点/℃	−88.5
沸点/℃	80.3
相对密度(水=1)	0.79
相对蒸气密度(空气=1)	2.07
饱和蒸气压(20℃)/kPa	4.40
燃烧热/(kJ/mol)	1984.7
临界温度/℃	275.2
临界压力/MPa	4.76
辛醇/水分配系数的对数值	<0.28
闪点/℃	12
最小点火能/mJ	0.65
自燃温度/℃	456
爆炸上限(体积分数)/%	12.7
爆炸下限(体积分数)/%	2.0
危险类别	第3类易燃液体
溶解性	溶于水、醇、醚、苯、氯仿等多数有机溶剂
化学性质	能溶解生物碱、橡胶等多种有机物和某些无机物

3 毒理学参数

(1) **急性毒性** LD$_{50}$：5045mg/kg（大鼠经口）；12800mg/kg（兔经皮）；人吸入 980mg/m^3×(3~5)min，眼鼻黏膜轻度刺激；人经口 22.5mL 头晕、面红，吸入 2~3h 后头痛、恶心。

(2) **亚急性和慢性毒性** 大鼠吸入 1.0ppm×24h/d×3 个月，肝、肾功能异常；大鼠吸入 8.4ppm×24h/d×3 个月，肝、肾严重损害。

(3) **代谢** 可经呼吸道、消化道吸收，少量经皮吸收，但工业接触主要由呼吸道侵入，经皮侵入的可能性较小。进入体内后代谢转化成丙酮，其代谢产物一部分再进一步转化为乙酰醋酸而参加三羧酸循环。异丙醇及丙酮主要排泄途径为呼吸道和肾脏，接触异丙醇者在呼出气和尿中均可测到异丙醇和代谢产物丙酮。蓄积性小，但小鼠吸入高浓度异丙醇肝脏出现可逆性脂肪性变。经口给狗 90mL 异丙醇，见其在组织及体液中的浓度按以下顺序递减：脑、尿、心、肾、血。代谢产物丙酮在血液中的量与异丙醇相近，其他组织及体液中均约为异丙醇的 1/2。

(4) **致突变性** 细胞遗传学分析：制酒酵母菌 200mmol/管。

(5) **致癌性** 小鼠吸入 3000ppm×(3~7)h/d×5d/周×(5~8)个月肿瘤发病率增高。

(6) **危险特性** 易燃，其蒸气与空气可形成爆炸性混合物，遇明火、高热能引起燃烧爆炸。与氧化剂接触猛烈反应。在火场中，受热的容器有爆炸危险。其蒸气比空气密度大，能在较低处扩散到相当远的地方，遇火源会着火回燃。

4 对环境的影响

4.1 主要用途

在电路板制造业，异丙醇被用作清洗剂，以及制作 PCB 孔导电。很多人发现它不但可以很好地清洗主板，而且往往可以取得最佳的效果。此外，它还用于其他电子设备，包括清洁光盘盒、软盘驱动器、磁带以及 CD 或 DVD 播放机光盘驱动器的激光头等。

异丙醇还可以作为溶剂用于柔印、平版印刷、凹版印刷，并作为设备清洁剂。在油墨中也经常包含这种成分。它还是实验室稀释和提取的重要溶剂。此外，异丙醇还用作汽油添加剂和燃料管道的除冰剂。

在制药和化妆品工业，异丙醇用于生产擦洗液、手和身体乳液、防腐剂以及皮肤发红剂，它也用于稀释剂、涂料、清洁剂和抛光，以及表面杀菌、医院消毒、食品加工等。

异丙醇还用作油品和胶体的溶剂，以及用于鱼粉饲料浓缩物的制造中。低品质的异丙醇用在汽车燃料中。异丙醇作为丙酮生产原料的用量在下降。有几种化合物是用异丙醇合成的，如异丙酯、甲基异丁基酮、异丙胺、二异丙醚、乙酸异丙酯、麝香草酚和许多酯。可根据最终用途供应不同品质的异丙醇。无水异丙醇的常规质量为 99% 以上，而专用级异丙醇含量在 99.8% 以上（用于香精和药物）。

4.2 环境行为

异丙醇是一种光化学氧化剂，它与存在地面附近的其他痕量气体一样，受阳光照射会形成臭氧，从而导致所谓"夏季烟雾"现象，光化学烟雾会刺激人的眼睛和呼吸系统，危害人们的身体健康和植物的生长，因此，异丙醇是一种对环境、人体均有害的化学品。

4.3 人体健康危害

(1) 暴露/侵入途径　暴露/侵入途径为吸入、食入、经皮吸收。

(2) 健康危害　接触高浓度蒸气出现头痛、嗜睡、共济失调以及眼、鼻、喉刺激症状。口服可致恶心、呕吐、腹痛、腹泻、嗜睡、昏迷甚至死亡。长期皮肤接触可致皮肤干燥、皲裂。

(3) 急性中毒　在包装或使用异丙醇车间内接触四氯化碳发生中毒性肝炎、急性肾功能衰竭和肺水肿等急性中毒病例的报道较多。众所周知，接触四氯化碳同时有饮酒史者，可增加其对肝、肾的毒性，若同时接触异丙醇增毒作用更甚，因异丙醇的代谢产物丙酮对四氯化碳有增毒作用。

(4) 慢性中毒　工业应用异丙醇在一般情况下不会引起职业危害，没发现长期接触低度异丙醇而发生慢性中毒，但长期皮肤接触可致皮肤干燥、皲裂。

4.4 接触控制标准

中国 MAC（mg/m^3）：—。

中国 PC-TWA（mg/m^3）：350。

中国 PC-STEL（mg/m^3）：700。

美国 TLV-TWA：OSHA 400ppm，985mg/m³；ACGIH 400ppm，983mg/m³。

美国 TLV-STEL：ACGIH 500ppm，1230mg/m³。

5 环境监测方法

5.1 现场应急监测方法

现场应急监测方法有气体检测管法。

5.2 实验室监测方法

异丙醇实验室监测方法见表 36-3。

表 36-3 异丙醇实验室监测方法

监测方法	来源	类别
气相色谱法	《空气中有害物质的测定方法》(第二版)，杭士平主编	空气
气相色谱法(聚乙二醇 6000 柱、FFAP 柱)	《车间空气监测检验方法》(第三版)，中国预防医学科学院劳动卫生与职业病研究所主编	车间空气
毛细管柱气相色谱法	《工业用异丙醇》(GB/T 7814—2008)	工业用异丙醇

6 应急处理处置方法

6.1 泄漏应急处理

(1) **应急行为** 迅速撤离泄漏污染区人员至安全区，并进行隔离，严格限制出入。切断火源。

(2) **应急人员防护** 建议应急处理人员戴自给正压式呼吸器，穿防静电工作服。

(3) **环保措施** 尽可能切断泄漏源。防止流入下水道、排洪沟等限制性空间。小量泄漏：用砂土或其他不燃材料吸附或吸收，也可以用大量水冲洗，洗水稀释后放入废水系统。大量泄漏：构筑围堤或挖坑收容。用泡沫覆盖，降低蒸气灾害。

(4) **消除方法** 用防爆泵转移至槽车或专用收集器内，回收或运至废物处理场所处置。

6.2 个体防护措施

(1) **工程控制** 生产过程密闭，全面通风。提供安全淋浴和洗眼设备。

(2) **呼吸系统保护** 一般不需要特殊防护，高浓度接触时可佩戴过滤式防毒面具(半面罩)。

(3) **眼睛防护** 一般不需要特殊防护，高浓度接触时可戴安全防护眼镜。

(4) **防护服** 穿防静电工作服。

(5) **手防护** 戴乳胶手套。

(6) **其他** 工作现场严禁吸烟。保持良好的卫生习惯。

6.3 急救措施

(1) **皮肤接触** 脱去污染的衣着，用肥皂水和清水彻底冲洗皮肤。

（2）**眼睛接触** 提起眼睑，用流动清水或生理盐水冲洗。就医。

（3）**吸入** 迅速脱离现场至空气新鲜处。保持呼吸道通畅。如呼吸困难，给输氧。如呼吸停止，立即进行人工呼吸。就医。

（4）**食入** 饮足量温水，催吐。洗胃。就医。

（5）**灭火方法** 尽可能将容器从火场移至空旷处。喷水保持火场容器冷却，直至灭火结束。处在火场中的容器若已变色或从安全泄压装置中产生声音，必须马上撤离。适用灭火剂有抗溶性泡沫、干粉、二氧化碳、砂土。

6.4 应急医疗

（1）**诊断要点** 主要损害中枢神经系统，出现流涎、恶心、呕吐、腹痛、头痛、眩晕、共济失调，重者可发生出血性胃肠炎、肺水肿、脑水肿、肾功能衰竭等。严重急性中毒表现为深度昏迷、低血压、反射消失甚至死亡。实验室检查可有血丙酮增高，血异丙醇增高，尿丙酮增高，尿异丙醇增高，血糖降低。

诊断主要根据有口服或亲密接触或吸入异丙醇史，短期内出现以神经系统为主的临床表现，而尿中丙酮及异丙醇测定可作为吸收指标。综合分析后诊断并不难。

（2）**处理原则** 口服中毒者必须反复彻底洗胃。对症、支持治疗，如吸氧，注意保暖，积极防治休克、脑水肿和肾功能衰竭，维持酸碱和电解质平衡；严重中毒者可采用血液透析，以减轻症状。

（3）**预防措施** 完善、严格执行保管制度，制造和应用异丙醇的生产过程中应密闭，定期进行设备检修，杜绝跑、冒、滴、漏。在包装和运输时，要加强个体防护，防止容器破裂或物品泄漏。在生产中尽量使用更低毒、无毒的溶剂替代异丙醇。空气中浓度超标时，应该佩戴过滤式防毒面具（半面罩）。高浓度时戴化学安全眼镜，必要时要穿防静电工作服和戴乳胶手套。

7 储运注意事项

7.1 储存注意事项

储存于阴凉、通风的库房。远离火种、热源。库温不宜超过 $30℃$。保持容器密封。应与氧化剂、酸类、卤素等分开存放，切忌混储。采用防爆型照明、通风设施。禁止使用易产生火花的机械设备和工具。储区应备有泄漏应急处理设备和合适的收容材料。

7.2 运输信息

危险货物编号：32064。

UN 编号：1219。

包装类别：Ⅱ。

包装方法：小开口钢桶；安瓿瓶外加普通木箱；螺纹口玻璃瓶、铁盖压口玻璃瓶、塑料瓶金属桶（罐）外加普通木箱；螺纹口玻璃瓶、塑料瓶或镀锡薄钢板桶（罐）外加满底板花格箱、纤维板箱或胶合板箱。

运输注意事项：运输时运输车辆应配备相应品种和数量的消防器材及泄漏应急处理设备。夏季最好早晚运输。运输时所用的槽（罐）车应有接地链，槽内可设孔隔板以减少振荡产生的静电。严禁与氧化剂、酸类、卤素、食用化学品等混装混运。运输途中应防曝晒、雨淋，防高温。中途停留时应远离火种、热源、高温区。装运该物品的车辆排气管必须配备阻火装置，禁止使用易产生火花的机械设备和工具装卸。公路运输时要按规定路线行驶，勿在居民区和人口稠密区停留。铁路运输时要禁止溜放。严禁用木船、水泥船散装运输。

7.3 废弃

(1) **废弃处置方法**　用焚烧法处置。
(2) **废弃注意事项**　处置前应参阅国家和地方有关法规。

8 参考文献

［1］周庆伟.丙烯直接水合制备异丙醇工艺的研究［D].大连：大连理工大学，2015.

［2］天津市固体废物及有毒化学品管理中心.危险化学品环境数据手册［M].天津市固体废物及有毒化学品管理中心，2005：347-348.

［3］北京化工研究院环境保护所/计算中心.国际化学品安全卡（中文版）查询系统 http：//icsc.brici.ac.cn/［DB].2016.

［4］安全管理网.MSDS查询网 http：//www.somsds.com/［DB].2016.

［5］Chemical book. CAS数据库 http：//www.chemicalbook.com/ProductMSDSDetailCB5413313.htm.

1,2-乙二胺

1 名称、编号、分子式

由二氯乙烷与氨直接合成，在钼钛不锈钢反应管道内进行，反应温度控制在160~190℃，压力为2.452mPa，反应时间1.5min，反应后的合成液经蒸发一部分水分和过量氨进入中和器，用30%碱液中和，然后经浓缩、脱盐、粗馏得粗乙二胺、粗三胺、粗多胺等的混合物，最后再将粗乙二胺在常压精馏得乙二胺成品，其含量为70%，在加压下蒸馏可得90%纯度的产品。

将乙醇胺、氨和循环物料蒸发成气相混合物通入固定床反应器，反应在氢气流中进行，反应温度为300℃，压力为25mPa，反应生成物部分冷凝后分出气相的氨和氢气，经压缩返回反应器，液相反应物经脱氨后进入脱水塔，再进入精馏塔，从塔顶蒸出乙二胺和哌嗪，进一步分解得乙二胺成品。1,2-乙二胺基本信息见表37-1。

表 37-1 1,2-乙二胺基本信息

中文名称	1,2-乙二胺
中文别名	1,2-二氨基乙烷；乙二胺
英文名称	1,2-ethylenediamine
英文别名	1,2-diaminoethane
UN 号	1604
CAS 号	107-15-3
ICSC 号	0269
RTECS 号	KH8575000
EC 编号	612-006-00-6
分子式	$C_2H_8N_2$；$H_2NCH_2CH_2NH_2$
分子量	60.10
含量	一级≥98.0%；二级≥70.0%

2 理化性质

乙二胺呈强碱性，25%水溶液的 pH 值为 11.9，能腐蚀铜和铜合金，相对密度 0.898。燃烧危险性中等。燃烧（分解）产物为一氧化碳、二氧化碳、氧化氮。1,2-乙二胺理化性质一览表见表37-2。

表37-2　1,2-乙二胺理化性质一览表

外观与性状	无色或微黄色黏稠液体,有类似氨的气味
所含官能团	—NH$_2$
熔点/℃	8.5
沸点/℃	117.2
相对密度(水=1)	0.90
相对蒸气密度(空气=1)	2.07
饱和蒸气压(20℃)/kPa	1.43
燃烧热/(kJ/mol)	1891.9
辛醇/水分配系数的对数值	−1.2
闪点/℃	43
引燃温度/℃	385
爆炸上限(体积分数)/%	16.6
爆炸下限(体积分数)/%	2.7
溶解性	溶于水、醇,不溶于苯,微溶于乙醚
化学性质	遇明火、高热或与氧化剂接触,有引起燃烧爆炸的危险。与乙酸、乙酸酐、二硫化碳、氯磺酸、盐酸、硝酸、硫酸、发烟硫酸、高氯酸等剧烈反应,能腐蚀铜及其合金

3　毒理学参数

(1) **急性毒性**　LD$_{50}$:1298mg/kg(大鼠经口);730mg/kg(兔经皮)。LC$_{50}$:300mg/m^3 (小鼠吸入)。

(2) **亚急性和慢性毒性**　中毒表现先兴奋后抑制并有强烈的刺激症状。染毒期间死亡的小鼠,尸检见肺充血、水肿,脑、肝、脾充血,染毒后若干天死亡者,除肺充血、水肿、脑充血外,支气管上皮细胞肿大,肝细胞呈弥漫性脂肪变性和小灶性坏死,有时脑膜水肿。兔以乙二胺蒸气染毒6周,每周5次,每次7h,暴露结束后尸检,在150mg/m^{3}染毒兔中,见支气管肺炎及淋巴细胞灶性集聚,心、肝脏不同程度变性,角膜点状糜烂和水肿。

(3) **中毒机理**　乙二胺致皮肤及结膜的炎症是由局部刺激所致。乙二胺所致职业性哮喘的机制尚不清楚。国外有人认为乙二胺所致哮喘不属于Ⅰ型变态反应,而是乙二胺刺激所致;而国内有人认为乙二胺所致哮喘不能用刺激解释,因为用乙二胺激发病人哮喘发作后,血中组胺含量增高,发病机制可能是免疫机制。乙二胺所致哮喘有致敏过程,用千分之一乙二胺溶液即可致病人哮喘发作,说明乙二胺是致敏原。

(4) **危险特性**　遇明火、高热或与氧化剂接触,有引起燃烧爆炸的危险。与硫酸、硝酸、盐酸等强酸发生剧烈反应。

(5) **刺激性**　人在乙二胺490mg/m^{3}时,面部有刺痛感,鼻黏膜有轻度刺激;980mg/m^{3}时,鼻黏膜感到难以忍受的刺激。

(6) **其他**　当浓液体附着在皮肤上时会引起激烈的灼伤。在5～10min吸入100ppm浓

度的蒸气则无变化，而在 200ppm 时会使脸和鼻黏膜发痒，在 500ppm 时则数分钟也不能忍耐。大鼠每天 7h 连续吸入 225ppm 浓度的蒸气，会引起脱毛以及肝、肾、肺的障碍以致死亡，家兔皮下注射 0.7mL/kg 则会致死。

有人对在烷基胺、乙二胺工厂的工作人员进行四年的观察结果，发现有头痛、呼吸器官障碍以及皮肤炎等，同时乙二胺显示典型的过敏性和变态性反应，但对动物则无过敏性。

4 对环境的影响

4.1 主要用途

乙二胺是重要的化工原料，广泛用以制造有机化合物、高分子化合物、药物等，用于生产农药杀菌剂（代森锌、代森铵）、杀虫剂、除草剂、染料、染料固色剂、合成乳化剂、破乳剂、纤维表面活性剂、水质稳定剂、除垢剂、电镀光亮剂、纸的湿润强化剂、黏结剂、金属螯合剂 EDTA、环氧树脂固化剂、橡胶硫化促进剂、酸性气体的净化剂、照相显影添加剂、超高压润滑油的稳定剂、焊接助熔剂、氨基树脂、乙二胺脲醛树脂等。还用于有机溶剂和化学分析试剂，以及用于铍、铈、镧、镁、镍、钍、铀等金属的鉴定，锑、铋、镉、钴、铜、汞、镍、银和铀的测定等。

4.2 环境行为

对环境有危害，对水体可造成污染。水中浓度 100mg/L 时，亚硝化毛杆菌对 NH_3 氧化的能力受到抑制（抑制 73%）。乙二胺随其大量生产和使用的废水排放进入环境。进入土地的乙二胺具有挥发作用，并渗透至土壤，可生物降解，与过渡金属或腐殖质反应。进入水体的乙二胺可生物降解，且能够和腐殖质或金属离子反应。大气中的乙二胺可通过光化学作用产生羟基和 CO_2 进行降解，大气中的乙二胺可被雨水去除。

4.3 人体健康危害

(1) 暴露/侵入途径　暴露/侵入途径包括吸入、食入、经皮吸收。

(2) 健康危害　接触本品蒸气，可发生呼吸道刺激；个别接触者有过敏性哮喘及全身不适，如持续性头痛。对眼有刺激性。可因原发刺激及致敏作用，引起皮肤损害。

(3) 急性中毒　蒸气对皮肤黏膜有强刺激作用，液体有腐蚀作用并伴有致敏作用。吸入较高浓度蒸气后，可引起头痛、头晕、恶心、咳嗽、咳痰、胸闷等，重者可发生化学性支气管炎、肺炎、肺水肿。少数人接触后产生过敏性哮喘；国外报道同时经呼吸道吸入和经皮吸收引起中毒死亡 1 例，患者因溶血、出现急性肾小管肾炎、无尿和高血钾症，事故后 55h 死于心力衰竭；眼和皮肤接触本品液体可致灼伤；接触本品工人易患接触性皮炎。

(4) 慢性中毒　长期接触发现工作人员出现头痛、呼吸器官障碍以及皮肤炎等，同时显示典型的过敏性和变态型反应。

4.4 接触控制标准

中国 MAC（mg/m³）：—。
中国 PC-TWA（mg/m³）：4〔皮〕。

中国 PC-STEL（mg/m³）：10［皮］。

美国 TLV-TWA：OSHA 10ppm，25mg/m³；ACGIH 10ppm，25mg/m³。

美国 TLV-STEL：—。

5 环境监测方法

1,2-乙二胺实验室监测方法见表 37-3。

表 37-3　1,2-乙二胺实验室监测方法

监测方法	来源	类别
2,4-二硝基氯苯比色法	《空气中有害物质的测定方法》(第二版),杭士平主编	空气
溶剂解吸-气相色谱法	《工作场所有害物质监测方法》,徐伯洪,闫慧芳主编	空气
溶剂解析-气相色谱法	《工作场所空气中脂肪族胺类化合物的测定方法》(GBZ/T 160.69—2004)	空气

6 应急处理处置方法

6.1 泄漏应急处理

(1) **应急行为**　疏散泄漏污染区人员至安全区，禁止无关人员进入污染区，切断火源。

(2) **应急人员防护**　建议应急处理人员戴自给式呼吸器，穿化学防护服。

(3) **环保措施**　不要直接接触泄漏物，在确保安全情况下堵漏。喷水雾能减少蒸发，但不要使水进入储存容器内。用砂土、干燥石灰或苏打灰混合，然后收集运至废物处理场所处置。也可以用大量水冲洗，经稀释的洗水放入废水系统。

(4) **消除方法**　用泵转移至槽车或专用收集器内，回收或运至废物处理场所处置。

6.2 个体防护措施

(1) **工程控制**　密闭操作，注意通风。提供安全淋浴和洗眼设备。

(2) **呼吸系统保护**　可能接触其蒸气时，佩戴防毒面具。紧急事态抢救或逃生时，建议佩戴自给式呼吸器。

(3) **眼睛防护**　戴化学安全防护眼镜。

(4) **防护服**　穿工作服（防腐材料制作）。

(5) **手防护**　戴橡胶手套。

(6) **其他**　工作现场禁止吸烟、进食和饮水。工作后，淋浴更衣。进行就业前和定期的体检。

6.3 急救措施

(1) **皮肤接触**　脱去污染的衣着，立即用水冲洗至少 15min。若有灼伤，就医治疗。

(2) **眼睛接触**　立即提起眼睑，用流动清水或生理盐水冲洗至少 15min。就医。

(3) **吸入**　迅速脱离现场至空气新鲜处。必要时进行人工呼吸。就医。

（4）**食入** 误服者立即漱口，给饮牛奶或蛋清。就医。

（5）**灭火方法** 适用灭火剂有雾状水、二氧化碳、砂土、泡沫、干粉。

6.4 应急医疗

（1）**诊断要点** 急性吸入中毒根据乙二胺接触史、皮肤、黏膜、呼吸道刺激症状及肺部体征，结合胸部 X 射线、肝、肾功能等检查及现场劳动卫生学调查资料，综合分析后诊断。

① 乙二胺所致职业性哮喘的诊断：强调有明确的乙二胺职业接触史；反复接触本品反复发作的哮喘病史；临床上有典型的发作性哮喘，肺部可闻及干啰音和哮鸣音；实验室检查多有嗜酸细胞增多，胸部 X 射线表现为肺纹理增强；呼吸道激发试验、肺功能测定、血清免疫球蛋白 IgE 测定等有助于本病的病因诊断。

② 根据有乙二胺液体或蒸气接触史、皮损形态和发病部位符合接触性皮炎和接触性变应性皮炎两种类型。EDA-人工抗原皮试有助于病因诊断和鉴别诊断，国内报道 EDA-BSA 对乙二胺所致皮炎者皮试阳性率高达 88.8％。以前人们用 1％乙二胺溶液或 1％乙二胺盐酸盐作斑贴试验或用 1％乙二胺作皮内试验，但阳性率均不及 EDA-BSA 皮试高。

（2）**处理原则** 迅速将患者移离中毒现场；眼和皮肤污染时，立即用大量清水或 3％硼酸溶液反复冲洗，然后按化学性灼烧治疗原则处理；吸入高浓度者，要积极防治肺水肿；对症治疗，如给予止咳祛痰、解痉药等；支气管哮喘反复发作者应脱离乙二胺作业。

（3）**预防措施** 定期进行环境中乙二胺浓度的检测，使之控制在 PC-TWA 4mg/m^3、PC-STEL 10mg/m^3 范围内。

7 储运注意事项

7.1 储存注意事项

储存于阴凉、通风仓间内。远离火种、热源，防止阳光直射。包装要求密封，不可与空气接触。应与氧化剂、酸类分开存放。储存间内的照明、通风等设施应采用防爆型，开关设在仓外。配备相应品种和数量的消防器材。禁止使用易产生火花的机械设备和工具。

7.2 运输信息

危险货物编号：82028。

UN 编号：1604。

包装类别：Ⅱ。

包装方法：包装采用小开口钢桶；螺纹口玻璃瓶、铁盖压口玻璃瓶、塑料瓶或金属桶（罐）外加木板箱；安瓿瓶外木板箱。

运输注意事项：铁路运输时应严格按照原铁道部《危险货物运输规则》中的危险货物配装表进行配装。起运时包装要完整，装载应稳妥。运输过程要确保容器不泄漏、不倒塌、不坠落、不损坏。运输时所用的槽（罐）车应有接地链，槽内可设孔隔板以减少振荡产生的静电。严禁与氧化剂、食用化学品等混装混运。公路运输时要按规定路线行驶，勿在居民区和人口稠密区停留。铁路运输时要禁止溜放。严禁用木船、水泥船散装运输。

7.3 废弃

（1）**废弃处置方法** 用控制焚烧法处置。焚烧炉排出的氮氧化物通过洗涤器除去。少量可采用化学法处理，将1mL乙二胺溶于100mL 3mol/L的硫酸中，不断搅拌并加入10g高锰酸钾，搅拌过夜，加入亚硫酸氢钠至无色，用5％的NaOH中和后倒入废水系统。

（2）**废弃注意事项** 处置前应参阅国家和地方有关法规。

8 参考文献

［1］ 北京化工研究院环境保护所/计算中心.国际化学品安全卡（中文版）查询系统 http：//icsc. brici. ac. cn/ ［DB］. 2016.

［2］ 安全管理网. MSDS 查询网 http：//www. somsds. com/ ［DB］. 2016.

［3］ Chemical book. CAS 数据库 http：//www. chemicalbook. com/ProductMSDSDetailCB5413313. htm.

［4］ 江朝强. 有机溶剂中毒预防指南 ［M］. 北京：化学工业出版社，2006：152-153.

［5］ 伍郁静，何健民. 常见有毒化学品应急救援手册 ［M］. 广州：中山大学出版社，2006：348-351.

乙 醚

1 名称、编号、分子式

乙醚（ethyl ether）又称为二乙醚或乙氧基乙烷，是一种醚类。它是一种用途非常广泛的有机溶剂，与空气隔绝时相当稳定。医学上可作为吸入麻醉药使用，但因为副作用强，现在已很少使用。工业上，常用γ-氧化铝作为催化剂，在240℃下乙醇脱水生成乙醚。乙醚基本信息见表38-1。

表 38-1　乙醚基本信息

中文名称	乙醚
中文别名	二乙醚;乙基氧化物;乙氧基乙烷
英文名称	ethyl ether
英文别名	diethyl ether;ether ethoxyethane;ethyl oxide;anesthetic ether
UN 号	1155
CAS 号	60-29-7
ICSC 号	0355
RTECS 号	KI5775000
EC 编号	603-022-00-4
分子式	$C_4H_{10}O/(C_2H_5)_2O$
分子量	74.1
规格	

2 理化性质

乙醚是一种无色、易燃、极易挥发的液体，其气味带有刺激性，以前被当作吸入性全身麻醉剂，也是常见的毒品。乙醚亦是一种用途非常广泛的极性有机溶剂，与空气隔绝时相当稳定。乙醚略溶于水，能溶于乙醇、苯、氯仿、石油醚、其他极性溶液及许多油类，也可以提炼青蒿素。乙醚理化性质一览表见表38-2。

表 38-2　乙醚理化性质一览表

外观与性状	无色透明液体,有芳香气味,极易挥发
所含官能团	—O—

熔点/℃	−116.2
沸点/℃	34.6
相对密度(20℃)(水＝1)	0.71
相对蒸气密度(空气＝1)	2.56
饱和蒸气压(20℃)/kPa	58.92
燃烧热/(kJ/mol)	−2748.4
临界温度/℃	192.7
临界压力/MPa	3.61
辛醇/水分配系数的对数值	0.89
闪点/℃	−45(密闭)
引燃温度/℃	160～180
爆炸上限/%	49.0
爆炸下限/%	1.7
溶解性	微溶于水,溶于乙醇、苯、氯仿、溶剂石脑油等多数有机溶剂
化学性质	乙醚蒸气能与空气形成爆炸性混合物,乙醚倾向于以过氧化物的形式存在,并且可以形成具有爆炸性的过氧乙醚。过氧乙醚沸点更高,并且在干燥的时候可能发生爆炸。因此,乙醚中通常加入抗氧化剂丁基羟基甲苯,以减少过氧化物的生成

3　毒理学参数

(1) 急性毒性　LD_{50}：5800mg/kg（大鼠经口）；1215mg/kg（大鼠吞食）。LC_{50}：221190mg/m³（大鼠吸入，2h）；31000ppm（小鼠吸入，30min）。20000mg/kg（兔经皮）。人吸入的最小中毒浓度为200ppm,人经口的最小致死剂量为420mg/kg。

(2) 亚急性和慢性毒性　人连续吸入6.06g/m³（2000ppm）可引起一些人头晕。有报告指出在手术室使用麻醉性醚的工作人员会产生疲劳、虚弱、丧失食欲、恶心、呼吸急促、急躁等症状,亦易导致牙病及血液及心脏的异常,但6周不暴露于乙醚后,症状都消失。

(3) 代谢　乙醚经呼吸道吸入,在肺泡内很快被吸收,由血液迅速进入脑和脂肪组织中。吸入的乙醚,有87％未经变化从呼气中排出,1％～2％从尿中排出。一部分乙醚在肝脏经微粒体酶转化为乙醛、乙醇、乙酸和二氧化碳,后经呼吸和尿排出。停止接触后,乙醚在血液中的含量很快下降,而在脂肪组织中仍保持相当高的浓度。

(4) 中毒机理　主要作用于中枢神经系统,引起全身麻醉。一般认为,乙醚引起的意识障碍与脑干网状结构上行激活系统抑制有关,而肌张力减弱则是抑制脊髓所致。乙醚还可抑制中枢突触递质——乙酰胆碱的释放。

(5) 刺激性　家兔经眼：100mg,中度刺激。家兔经皮开放性刺激试验：500mg,轻度刺激。天竺鼠皮肤：50mg,24h,严重刺激。

(6) 致癌性　IARC（International Agency for Research on Cancer,国际癌症研究机构）将之列为Group 3：无法判断为人类致癌性。

(7) 危险特性 其蒸气与空气可形成爆炸性混合物。遇明火、高热极易燃烧爆炸。与氧化剂能发生强烈反应。在空气中久置后能生成具有爆炸性的过氧化物。在火场中，受热的容器有爆炸危险。其蒸气比空气密度大，能在较低处扩散到相当远的地方，遇明火会引着回燃。

4 对环境的影响

4.1 主要用途

乙醚在有机合成中主要用作溶剂。乙醚在水中的溶解度很小，因而可以利用它萃取溶解于水的有机物。乙醚亦能溶解溴、碘、磷、硫、氧化铬、氧化铁、氯化亚锡和氯化汞等无机物。乙醚本身不溶解硝化纤维，但乙醚和乙醇的混合物是硝化纤维的良好溶剂，被应用于无烟火药、棉胶和照相软片的生产。乙醚曾经作为麻醉剂使用，虽然其毒性较小，镇痛作用强，对心脏、肝脏、肾脏的毒性小，但因其对人体呼吸道刺激性强，化学性质不稳定，麻醉诱导期太长，以及麻醉后苏醒期较长，易发生意外，因而现在很少作为医疗麻醉剂，目前在生物实验中可以用乙醚作为动物麻醉剂。

4.2 环境行为

(1) 代谢和降解 乙醚的化学性质不稳定，在空气中分解速度很快。乙醚暴露于空气中，遇光或受热即变质，生成刺激性更强的过氧化物或乙醛。当空气中乙醚含量为 $1.83\% \sim 48.0\%$，氧气中 $2.1\% \sim 82.5\%$，即有可能爆炸。乙醚不溶于水，又有极强的挥发性，因此水体和土壤中乙醚含量较小。当乙醚泄漏时，会迅速挥发，不仅污染空气，还会对人体健康造成威胁。工业废气的乙醚主要是通过物理化学方法进行去除，如用活性碳纤维吸附等。

(2) 残留与蓄积 乙醚蒸气由呼吸道吸入后，经肺泡很快进入血液中，并随血液流经全身。80% 以上又以原形从呼吸道排出。$1\% \sim 2\%$ 以原形随尿排出。体内积聚的乙醚存在于脑组织中的最多。一部分在肝脏与微粒体酶接触后转化为乙醇、乙醛、乙酸和二氧化碳。二氧化碳经呼吸道排出，其他的最终随尿排出。停止接触后，乙醚在血液中的含量很快下降，而在脂肪组织、肌肉组织中仍保持相当高的浓度。由于乙醚的水溶性较小，且挥发性强，其在水体、土壤环境中残留较少。其在地下水中有少量残留。

(3) 迁移转化 乙醚不溶于水又有极强的挥发性，因此水体和土壤中含有的乙醚很少。但是美国发现，为了减少空气质量差的地区一氧化碳和苯等有害气体的排放量，将乙醚等化学制品作为汽油中添加的充氧剂使用，它从地下储油的油箱中泄漏，渗入地下水中。虽然乙醚见光可分解，但阳光很难进入土壤和地下水中。因此，它一旦进入地下水中，就很难被清除，且很有可能会深入到更深的水层，造成地下水严重污染。

4.3 人体健康危害

(1) 暴露/侵入途径 暴露/侵入途径有吸入、食入、经皮吸收。

(2) 健康危害 急性大量接触时，早期出现兴奋，继而嗜睡、呕吐、面色苍白、脉缓、体温下降和呼吸不规则而有生命危险。急性接触后的暂时后作用有头痛、易激动或抑郁、流涎、呕吐、食欲下降和多汗等。液体或高浓度蒸气对眼有刺激性。长期低浓度吸入，有头痛、头晕、疲倦、嗜睡、蛋白尿、红细胞增多症。长期皮肤接触，可发生皮肤皲裂。

4.4　接触控制标准

中国 MAC（mg/m³）：—。
中国 PC-TWA（mg/m³）：300。
中国 PC-STEL（mg/m³）：500。
美国 TLV-TWA：OSHA 400ppm，1210mg/m³；ACGIH 400ppm，1210mg/m³。
美国 TLV-STEL：ACGIH 500ppm，1520mg/m³。

5　环境监测方法

5.1　现场应急监测方法

现场应急监测可采用气体检测管法。

5.2　实验室监测方法

乙醚的实验室监测方法见表 38-3。

表 38-3　乙醚的实验室监测方法

监测方法	来源	类别
重铬酸钾法	《空气中有害物质的测定方法》(第二版)	空气
气相色谱法	《固体废弃物试验与分析评价手册》	固体废物

6　应急处理处置方法

6.1　泄漏应急处理

（1）**应急行为**　迅速撤离泄漏污染区人员至安全处，并进行隔离，严格限制出入。切断火源。

（2）**应急人员防护**　戴自给正压式呼吸器，穿消防防护服。

（3）**环保措施**　尽可能切断泄漏源，防止进入下水道、排洪沟等限制性空间。小量泄漏：用活性炭或其他惰性材料吸附或吸收，也可用大量水冲洗，洗水稀释后放入废水系统。大量泄漏：构筑围堤或挖坑收容；用泡沫覆盖，降低蒸气灾害。

（4）**消除方法**　用防爆泵转移至槽车或专用收集器内，回收或运至废物处理所处置。

6.2　个体防护措施

（1）**工程控制**　生产过程密闭，全面通风。提供安全淋浴和洗眼设备。

（2）**呼吸系统防护**　空气中浓度超标时，佩戴过滤式防毒面具（半面罩）。

（3）**眼睛防护**　必要时戴化学安全防护眼镜。

（4）**身体防护**　穿防静电工作服。

（5）**手防护**　戴橡胶手套。

（6）**其他**　工作现场严禁吸烟。注意个人清洁卫生。

6.3 急救措施

(1) **皮肤接触** 脱去被污染的衣着，用肥皂水和清水彻底冲洗皮肤。

(2) **眼睛接触** 提起眼睑，用流动清水或生理盐水冲洗。就医。

(3) **吸入** 迅速脱离现场至空气新鲜处。保持呼吸道通畅。如呼吸困难，给输氧。如呼吸停止，立即进行人工呼吸。就医。

(4) **食入** 饮足量温水，催吐，就医。

6.4 应急医疗

(1) **诊断要点**

① 轻度急性中毒，可有头昏、嗜睡、兴奋、全身无力等症状。

② 重度中毒症状与手术麻醉相同。短时间头晕、兴奋后，不久即出现意识模糊、嗜睡等。如继续吸入则出现昏迷，血压、脉搏、体温下降、面色苍白、呼吸不规则，进而有生命危险。经抢救苏醒后，可有头痛、易激动或抑郁、精神错乱、食欲不振、呕吐、恶心和多汗等症状。

③ 麻醉过程和恢复期有流涎、流泪、咳嗽、支气管分泌物增多等表现，偶见合并喉麻痹或肺水肿。

(2) **处理原则**

① 立即停止接触，脱离现场，适当休息。

② 吸入中毒时，应将病人迅速移至新鲜空气处，保持呼吸道通畅，供氧或给吸入含二氧化碳的氧气。如气管内分泌物增多，可注射阿托品等。有呼吸障碍时，酌用适量呼吸中枢兴奋药，必要时进行人工呼吸或人工呼吸器正压给氧。如出现"乙醚惊厥"，可用10%葡萄糖酸钙10mL加入20mL葡萄糖液内由静脉缓慢注射，同时应用安定、短效巴比妥类等镇惊药物。

③ 如有肺水肿、呼吸或循环衰竭、急性肾功能衰竭等，速作相应处理。其他为对症治疗，必要时换血。内服中毒时，口服或灌入适量蓖麻油，继之催吐，并用微温水洗胃，至无乙醚味为止。洗胃后可给牛奶、生蛋清等以减轻对胃黏膜的刺激。

(3) **预防措施** 禁止明火、禁止火花和禁止吸烟。禁止与高温表面接触。密闭系统，通风，配备防爆型电气设备和照明。防止静电荷积聚（如通过接地）。不要使用压缩空气灌装、卸料或转运。使用无火花手工具。工作人员应该佩戴呼吸防护设备、防护手套、护目镜。工作时不得进食，饮水或吸烟。

7 储运注意事项

7.1 储存注意事项

通常商品加有稳定剂。储存于阴凉、通风仓间内。远离火种、热源。仓内温度不宜超过28℃。防止阳光直射。包装要求密封，不可与空气接触。不宜大量或久存。应与氧化剂、氟、氯等分仓间存放。储存间内的照明、通风等设施应采用防爆型，开关设在仓外。配备相应品种和数量的消防器材。罐储时要有防火防爆技术措施。露天储罐夏季要有降温措施。禁止使用易产生火花的机械设备和工具。

7.2 运输信息

危险货物编号：31026。

UN 编号：1155。

包装类别：Ⅰ。

包装方法：包装可采用小开口钢桶；螺纹口玻璃瓶、铁盖压口玻璃瓶、塑料瓶或金属桶（罐）外加木板箱。

运输注意事项：采用铁路运输，每年 4～9 月使用小开口钢桶包装时，限按冷藏运输。运输时运输车辆应配备相应品种和数量的消防器材及泄漏应急设备。夏季最好早晚运输。运输时所用的槽（罐）车应有接地链，槽内可设孔隔板以减少振荡产生的静电。严禁与氧化剂、食用化学品等混装混运。运输途中应防曝晒、雨淋，防高温。中途停留时应远离火种、热源、高温区。装运该物品的车辆排气管必须配备阻火装置，禁止使用易产生火花的机械设备和工具装卸。公路运输时要按规定路线行驶，勿在居民区和人口稠密区停留。铁路运输时要禁止溜放。严禁用木船、水泥船散装运输。

7.3 废弃

(1) **废弃处置方法** 用控制焚烧法处置。
(2) **废弃注意事项** 处置前应参阅国家和地方有关法规。

8 参考文献

［1］ 环境保护部.国家污染物环境健康风险名录（化学第一分册）［M］.北京：中国环境科学出版社，2009：369-373.

［2］ 天津市固体废物及有毒化学品管理中心.危险化学品环境数据手册［M］.

［3］ 郑州轻工业学院图书馆化学品数据库：http：//www. basechem. org/chemical/1388♯dulixue.

［4］ Chemical book. CAS 数据库 http：//www. chemicalbook. com/ProductMSDSDetailCB5413313. htm.

［5］ 曾乐，王春雷，刘兆燕，周矛峰，吕琪，王同华.活性炭纤维吸附模拟废气中的乙醇和乙醚［J］.化工环保，2014，3：206-209.

［6］ 张恒，朱巍，李东，时号.乙醚麻醉法无水保活淡水鱼［J］.食品科技，2007，12：202-205.

［7］ 陆克久，杨向东，李春亮，陈一永.乳化柴油添加二乙醚的排放试验研究［J］.车用发动机，2007，6：87.

乙 醛

1 名称、编号、分子式

乙醛（acetaldehyde）是一种醛，又名醋醛，是具有较高活性的两个碳饱和的醛。工业上用以制造多聚乙醛、乙酸、乙酸乙酯、塑料、合成橡胶和合成树脂等，它还是还原剂和杀菌剂。制乙醛有多种方法，如乙烯直接氧化法，乙烯和氧气通过含有氯化钯、氯化铜、盐酸及水的催化剂，一步直接氧化合成粗乙醛，然后经蒸馏得成品；乙醇氧化法，乙醇蒸气在300~480℃下，以银、铜或银-铜合金的网或粒作催化剂，由空气氧化脱氢制得乙醛。此外还有乙醇脱氢法、饱和烃类氧化法等。乙醛基本信息见表39-1。

表 39-1　乙醛基本信息

中文名称	乙醛
中文别名	无水乙醛;醋醛
英文名称	acetaldehyde
英文别名	methanecarbaldehyde ethanal acetic aldehyde
UN 号	1089
CAS 号	75-07-0
ICSC 号	0009
RTECS 号	AB1925000
EC 编号	605-003-00-6
分子式	C_2H_4O/CH_3CHO
分子量	44.1

2 理化性质

乙醛是无色易流动液体，有辛辣刺激性气味。存在于烤烟烟叶、主流烟气、侧流烟气中，可与水和乙醇等一些有机物质互溶。易燃易挥发，蒸气与空气能形成爆炸性混合物。乙醛蒸气比空气密度大，可能沿地面流动，可能造成远处着火。乙醛理化性质一览表见表39-2。

表 39-2　乙醛理化性质一览表

外观与性状	无色液体,有强烈的刺激性臭味
所含官能团	—CHO

熔点/℃	−123.5
沸点/℃	20.8
相对密度(16℃)(水=1)	0.788
相对蒸气密度(空气=1)	1.52
饱和蒸气压(20℃)/kPa	98.64
燃烧热/(kJ/mol)	−1166.37
临界温度/℃	188
临界压力/MPa	6.4
辛醇/水分配系数的对数值	0.43
闪点/℃	−39(密闭);−40(开放)
引燃温度/℃	175
爆炸上限/%	57
爆炸下限/%	4.0
溶解性	溶于水,可混溶于乙醇、乙醚、苯、汽油、甲苯、二甲苯等
化学性质	化学性质活泼,分子中的羰基易进行加成、环化和聚合反应。易氧化成乙酸。在水中可形成水合物。遇明火、高热极易燃烧爆炸。乙醛是一种强还原剂。与氧化剂和胺类激烈反应,有着火和爆炸的危险

3 毒理学参数

(1) **急性毒性** LD$_{50}$:1930mg/kg(大鼠经口);900mg/kg(小鼠经口);226mg/kg(大鼠腹腔);3540mg/kg(兔经皮) LC$_{50}$:37000mg/m^3(大鼠吸入,0.5h);23mg/m^3(小鼠吸入,4h);146.18mg/L(白鲢幼鱼,48h)。

(2) **亚急性和慢性毒性** 将浓度为166.75mg/kg的乙醛连续10d注射到大鼠的腹腔中,造成大鼠心脏收缩和舒张的功能障碍。大鼠、豚鼠经口给予100mg/kg可以耐受6个月,出现反射活动障碍,动脉压升高;经口给予10mg/kg,2～3个月也可引起同样的改变。

(3) **代谢** 乙醛通过呼吸道和消化道进入机体,人体内的乙醛有多种代谢途径:一是经肺直接呼出;二是进入尿液被排出;三是与体内组织蛋白质、细胞 DNA 反应形成加合物而储存在体内;四是在肝脏和红细胞中的醛脱氢酶、醇脱氢酶的催化下,生成乙酸。乙酸再由尿液排出,或是再氧化成二氧化碳和水排出体外。这种代谢方式主要是人体通过饮酒产生的。当人体内醛脱氢酶较少时,就会出现乙醛中毒的现象。

(4) **中毒机理** 当人体内醛脱氢酶不足以代谢体内的乙醛时,首先会表现为"脸色发青",乙醛通过血脑屏障刺激小脑,使负责人体平衡的小脑"共济失调",从而导致人头重脚轻、步履蹒跚。乙醛还会麻痹脑神经之一的舌咽神经,导致口齿不清。乙醛还会导致胃肠平滑肌痉挛以及"乙醛"进入大脑对呕吐中枢的刺激,从而产生恶心的感觉,或是呕吐。长期酗酒造成的疾病最常见为酒精性肝损伤,乙醛是酒精性肝损伤的直接作用者,因为过量乙醛损伤肝细胞线粒体,从而降低肝细胞的脂肪酸分解功能。此外。接触低浓度的乙醛,还会对心血管系统造成影响,表现为心动过速、心肌收缩力增强和高血压。乙醛迅速的加压反应，是由于间接的拟交感神经样的影响，使得肾上腺髓质和其他组织释放了儿茶酚胺，从而使血液黏度增加，外周阻力增大和血压上升。高剂量的乙醛经机体代偿期后对心血管具有抑制作用，并用实验证实，这是由于迷走神经受到刺激所造成的，导致心率减慢和低血压症状。

(5) **刺激性** 乙醛对眼睛和上呼吸道有刺激性。接触 $90mg/m^3$ 的乙醛蒸气 15min，会出现轻微的眼刺激症状；接触 $360mg/m^3$ 的乙醛蒸气 15min，可致眼充血和眼睑红肿；接触 $243mg/m^3$ 的乙醛蒸气 30min，会发生轻微的上呼吸道刺激症状。

(6) **突变性** 微粒体致突变：鼠伤寒沙门菌 $10\mu L/$皿。姐妹染色单体交换：人淋巴细胞 $40\mu mol/L$。

(7) **生殖毒性** 小鼠静脉最低中毒剂量（TDL_0）：$120mg/kg$（孕后 7~9d 用药），胚泡植入后死亡率增高，对胎鼠有毒性。

(8) **危险特性** 极易燃，甚至在低温下的蒸气也能与空气形成爆炸性混合物，遇火星、高温、氧化剂、易燃物、氨、硫化氢、卤素、磷、强碱、胺类、醇、酮、酐、酚等有燃烧爆炸的危险。在空气中久置后能生成具有爆炸性的过氧化物。受热可能发生剧烈的聚合反应。其蒸气比空气密度大，能在较低处扩散到相当远的地方，遇明火会引着回燃。

4 对环境的影响

4.1 主要用途

乙醛的最大用户是乙酸行业，丁醇、辛醇过去也是乙醛的重要衍生产品，现在已基本为丙烯羰基合成法代替。乙醛的其他消费领域是生产季戊四醇、过乙酸、吡啶及其衍生物。乙醛作为一种重要的化学工业原料还用于生产染料、化妆品、橡胶、塑料等，在镜子镀银、皮革鞣制、造纸等工艺过程中都使用乙醛。

4.2 环境行为

(1) **代谢和降解** 乙醛是大气中含量最多的羰基化合物之一，在大气化学反应过程中，乙醛能参加光化学反应，可能光解为甲烷、一氧化碳等物质，同时也是某些挥发性有机物与 O_3、OH 等反应后的重要产物。含有乙醛的废水会对水体造成严重污染，因此一般都会通过物理法（蒸馏法、吸附法和萃取法）、化学法（中和法、混凝沉淀法、臭氧氧化法、电解法等）和生化法（微生物的吸附、氧化作用，活性污泥法、多级内循环厌氧反应器等）减少废水中乙醛含量后达标排放。

(2) **残留与蓄积** 过量饮酒是体内积累乙醛的主要途径，至少有 60% 的乙醛在肝细胞线粒体乙醛脱氢酶 2（ALDH2）的催化作用下氧化成无毒的乙酸，但大量饮酒后上消化道中会不断积累乙醛，乙醛可以与各类生物大分子功能基团发生反应，共价结合，形成并联加合物储存于体内，是潜在的致癌物。

(3) **迁移转化** 乙醛的来源主要分为两种：一是体内脂质的氧化与过氧化、氨基酸代谢、乙醇代谢等产生的乙醛；二是来自于香水等生活用品、建筑装修材料、工业废水废气、机动车尾气、烹调油烟、吞烟烟雾等的乙醛。此外，乙醛也存在于水果、酒精类饮料、醋等中。大气中乙醛的排放源比较复杂，有机动车尾气的排放、生物排放、生物质燃烧，以及大气中二次生成的乙醛。水中的乙醛主要来自于合成橡胶、纤维、制药业等工业废水的排放，乙醛废水成分十分复杂，直接排放到水体中会造成严重污染。乙醛在土壤上发生外泄时会迅速挥发掉，在水中发生外泄时，也会迅速挥发和散失。

4.3 人体健康危害

(1) **暴露/侵入途径** 暴露/侵入途径包括吸入、食入、经皮吸收。

(2) **健康危害** 低浓度引起眼、鼻和上呼吸道刺激症状及支气管炎。高浓度吸入尚有麻醉作用。表现有头痛、嗜睡、神志不清及支气管炎、肺水肿、腹泻、蛋白尿、肝和心肌脂肪变性。可致死。误服出现胃肠道刺激症状、麻醉作用及心、肝、肾损害。对皮肤有致敏性。反复接触蒸气引起皮炎、结膜炎。慢性中毒：类似酒精中毒，表现有体重减轻、贫血、谵妄、视听幻觉、智力丧失和精神障碍。

4.4 接触控制标准

中国 MAC（mg/m^3）：45（G2B）。

中国 PC-TWA（mg/m^3）：—。

中国 PC-STEL（mg/m^3）：—。

美国 TLV-TWA：OSHA 200ppm；ACGIH 100ppm，180mg/m^3。

美国 TLV-STEL：ACGIH 150ppm，270mg/m^3。

乙醛生产及应用相关环境标准见表39-3。

表39-3 乙醛生产及应用相关环境标准

标准名称	限制要求	标准值
《地表水环境质量标准》（GB 3838—2002）	集中式生活饮用水地表水源地特定项目标准限值	0.05mg/L

5 环境监测方法

5.1 现场应急监测方法

现场应急监测可采用气体检测管法。

5.2 实验室监测方法

乙醛的实验室监测方法见表39-4。

表39-4 乙醛的实验室监测方法

监测方法	来源	类别
气相色谱法	《固定污染源排气中乙醛的测定 气相色谱法》(HJ/T 35—1999)	固定污染源排气
气相色谱法	《水质分析大全》	水质
3-甲基苯并噻唑酮腙(酚试剂)分光光度法	《水质分析大全》	水质
品红亚硫酸比色法	《化工企业空气中有害物质测定方法》	化工企业空气

6 应急处理处置方法

6.1 泄漏应急处理

（1）**应急行为** 迅速撤离泄漏污染区人员至安全处，并进行隔离，严格限制出入。切断火源。

（2）**应急人员防护** 戴自给正压式呼吸器，穿消防防护服。

（3）**环保措施** 尽可能切断泄漏源，防止进入下水道、排洪沟等限制性空间。小量泄漏：用砂土或其他不燃材料吸附或吸收。也可用大量水冲洗，洗水稀释后放入废水系统。大量泄漏：构筑围堤或挖坑收容；用泡沫覆盖，降低蒸气灾害。喷雾状水冷却和稀释蒸气，保护现场人员，把泄漏物稀释成不燃物。

（4）**消除方法** 用防爆泵转移至槽车或专用收集器内，回收或运至废物处理所处置。

6.2 个体防护措施

（1）**呼吸系统防护** 空气中浓度超标时，佩戴过滤式防毒面具（半面罩）。

（2）**眼睛防护** 戴化学安全防护眼镜。

（3）**身体防护** 穿防静电工作服。

（4）**手防护** 戴橡胶手套。

（5）**其他** 工作现场禁止吸烟、进食和饮水。工作完毕，淋浴更衣。保持良好的卫生习惯。

6.3 急救措施

（1）**皮肤接触** 脱去被污染的衣着，用肥皂水和清水彻底冲洗皮肤。

（2）**眼睛接触** 提起眼睑，用流动清水或生理盐水冲洗。就医。

（3）**吸入** 迅速脱离现场至空气新鲜处。保持呼吸道通畅。如呼吸困难，给输氧。如呼吸停止，立即进行人工呼吸。就医。

（4）**食入** 饮足量温水，催吐，就医。

6.4 应急医疗

（1）**诊断要点**

① 低浓度可引起眼和上呼吸道刺激症状，可致皮肤过敏。

② 吸入高浓度乙醛蒸气后立即出现流泪、呛咳。约 5min 后感到胸闷、气急、头晕、头痛、恶心、呕吐、乏力。脱离现场后意识转醒，但仍然咳嗽、胸闷、头痛、乏力，并出现失语、双眼结膜、咽部充血明显。双肺呼吸音粗。

③ 口服可引起恶心、呕吐、腹泻、麻醉症状以及呼吸衰竭，并可发生肾功能衰竭和肝、心脏损害。

（2）**处理原则**

① 对症治疗。

② 吸入高浓度乙醛蒸气后，应入院治疗：首先应立即给予吸氧；静脉注射地塞米松，减轻呼吸道水肿和降低毛细血管通透性；再静脉滴注青霉素预防感染。要清洗皮肤，以防止毒物继续侵入人体。

③注意防治肺水肿和肾衰。

(3) 预防措施

禁止明火，禁止火花和禁止吸烟。禁止与高温表面接触。密闭系统，通风，配备防爆型电气设备和照明。不要使用压缩空气灌装、卸料或转运。使用无火花手工具。应佩戴呼吸防护、防护手套、安全护目镜或眼睛防护结合呼吸防护。工作时不得进食、饮水或吸烟。

7 储运注意事项

7.1 储存注意事项

储存于阴凉、通风的库房，远离火种、热源。库温不宜超过25℃。包装要求密封，不可与空气接触。应与氧化剂、还原剂、酸类等分开存放，切忌混储。不宜大量存储或久存。采用防爆型照明、通风设施。禁止使用易产生火花的机械设备和工具。储区应备有泄漏应急处理设备和适合的收容材料。

7.2 运输信息

危险货物编号：31022。

UN编号：1089。

包装类别：Ⅰ。

包装方法：包装可采用螺纹口玻璃瓶、铁盖压口玻璃瓶、塑料瓶或金属桶（罐）外加木板箱；安瓿瓶外加木板箱；钢制气瓶。

运输注意事项：本品铁路运输时限使用耐压液化气企业自备罐车装运，装运前需报有关部门批准。运输时运输车辆应配备相应品种和数量的消防器材及泄漏应急处理设备。夏季最好早晚运输。运输时所用的槽（罐）车应有接地链，槽内可设孔隔板以减少振荡产生的静电。严禁与氧化剂、还原剂、酸类、使用化学品等混装混运。运输途中应防曝晒、雨淋，防高温。中途停留时应远离火种、热源、高温区。装运该物品的车辆排气管必须配备阻火装置，禁止使用易产生火花的机械设备和工具装卸。公路运输时要按规定路线行驶，勿在居民区和人口稠密区停留。铁路运输时要禁止溜放。严禁用木船、水泥船散装运输。

7.3 废弃

(1) 废弃处置方法 用控制焚烧法处置。

(2) 废弃注意事项 处置前应参阅国家和地方有关法规。

8 参考文献

[1] 环境保护部.国家污染物环境健康风险名录（化学第一分册）[M].北京：中国环境科学出版社，2009：369-373.

[2] 天津市固体废物及有毒化学品管理中心.危险化学品环境数据手册[M].

[3] 郑州轻工业学院图书馆化学品数据库：http：//www.basechem.org/chemical/1388＃dulixue.

[4] Chemical book. CAS数据库 http：//www.chemicalbook.com/ProductMSDSDetailCB5413313.htm.

[5] 彭逊.乙醇、乙醛对神经及心脏活动影响的比较研究[D].长沙：湖南师范大学，2006.

［6］　方家龙，刘玉瑛. 乙醛及其毒性［J］. 国外医学（卫生学分册），1996，2：101-105.

［7］　高翔. 乙醛对鱼类毒性的实验研究［J］. 中国环境监测，1997，1：38-39.

［8］　王近中，刘忠权，徐瑞俊，毕武萍，戎驯彪. 乙醛对心血管动力学参数的影响［J］. 环境科学，1987，2：35-38.

［9］　佘耀南，王心龙，张沛云，徐邦生，盛佩蒂. 酒精和乙醛对小鼠的胚胎毒性和致畸效应［J］. 解剖学杂志，1987，3：200-203.

［10］　王旭. 乙醛引起的与细胞内钙循环紊乱密切相关的心脏毒性作用分子、细胞机制的研究［D］. 长春：东北师范大学，2008.

［11］　苏素花. 7例急性乙醛中毒及其抢救治疗报告［J］. 中国工业医学杂志，2001，5：284-285.

［12］　胡平，文晟，魏世龙，王新明，毕新慧，盛国英，傅家谟. 广州机动车尾气中乙醛稳定碳同位素特征和排放因子［J］. 环境科学研究，2014，9：958-964.

［13］　庞景和. 乙醛尾气膜回收现代技术应用研究［J］. 黑龙江科技信息，2008，23：56.

［14］　周璟玲. 乙醛废水有机污染特性及特征有机物分析方法研究［D］. 邯郸：河北工程大学，2014.

［15］　商谢谢. 深海环境中乙醛降解菌及醛脱氢酶基因的多样性研究［D］. 厦门：厦门大学，2014.

［16］　杨波，王萍. 乙醇生物代谢及其对肝脏的毒性作用［J］. 河南医学研究，1998，1：79-80，84.

［17］　张志虎，邵华. 乙醛环境检测和生物检测方法的研究进展［J］. 中国工业医学杂志，2004，4：249-251.

乙酸乙酯

1 名称、编号、分子式

乙酸乙酯（ethyl acetate）又称醋酸乙酯，是乙酸中的羟基被乙氧基取代而生成的化合物。乙酸乙酯具有优良的溶解性和快干性，能与丙酮、氯仿、醚类相混溶，而且无毒无害，被称为新型高档绿色溶剂，是一种用途广泛的脂肪酸酯。直接酯化法是国内工业生产醋酸乙酯的主要工艺路线。以醋酸和乙醇为原料，硫酸为催化剂直接酯化得醋酸乙酯，再经脱水、分馏精制得成品。乙酸乙酯基本信息见表 40-1。

表 40-1　乙酸乙酯基本信息

中文名称	乙酸乙酯
中文别名	醋酸乙酯；变性酒精；变性乙醇
英文名称	ethyl acetate
英文别名	acetic ether；acetidin；ethyl acetic ester
UN 号	1173
CAS 号	141-78-6
ICSC 号	0367
RTECS 号	AH5425000
EC 编号	607-022-00-5
分子式	$C_4H_8O_2/CH_3COOC_2H_5$
分子量	88.1

2 理化性质

乙酸乙酯是无色澄清黏稠状液体，有强烈的醚似的气味，清灵、微带果香的酒香，易扩散，不持久。微溶于水，溶于醇、酮、醚、氯仿等多数有机溶剂。乙酸乙酯具有易燃性，其蒸气与空气可形成爆炸性混合物。乙酸乙酯理化性质一览表见表 40-2。

表 40-2　乙酸乙酯理化性质一览表

外观与性状	无色澄清液体，有芳香气味，易挥发
所含官能团	酯基

熔点/℃	−83.6
沸点/℃	77.2
相对密度(水=1)	0.90
相对蒸气密度(空气=1)	3.04
饱和蒸气压(20℃)/kPa	10.1
燃烧热/(kJ/mol)	−2072
临界温度/℃	250.1
临界压力/MPa	3.83
辛醇/水分配系数的对数值	0.73
闪点/℃	−4(密闭);7.2(开放)
引燃温度/℃	426.7
爆炸上限/%	11.5
爆炸下限/%	2.2
溶解性	微溶于水,溶于乙醇、丙酮、乙醚、氯仿、苯等多数有机溶剂
化学性质	与水在一定条件下水解成对应的醇和酸,在稀硫酸条件下加热,发生可逆反应生成乙醇和乙酸,反应不够完全。在氢氧化钠溶液中加热,水解相当完全,生成乙酸钠和乙醇。加热时可能引起激烈燃烧或爆炸

3 毒理学参数

(1) **急性毒性** LD$_{50}$:5620mg/kg(大鼠经口);4100mg/kg(小鼠经口);4940mg/kg(兔经口)。LC$_{50}$:5760mg/m^3(大鼠吸入,8h);LC$_{50}$:45g/m^3(小鼠吸入,2h)。人吸入2000ppm×60min,严重毒性反应;人吸入800ppm,有病症;人吸入400ppm短时间,眼、鼻、喉有刺激。

(2) **亚急性和慢性毒性** 豚鼠吸入2000ppm,或7.2g/m^3,无明显影响;兔吸入16000mg/m^3×1h/d×40d,贫血,白细胞增加,脏器水肿和脂肪变性。

(3) **代谢** 乙酸乙酯在血浆中极易溶解,故会很快穿过肺泡,代谢后产生乙醇,部分乙醇随空气呼出,部分则代谢掉。以大白鼠作实验,发现当乙酸乙酯的浓度高时,其水解的速度超过乙醇的氧化作用,致使乙醇累积在血液中。乙酸乙酯在生物体内及体外转变成乙醇的半衰期分别为5~10min及65min。

(4) **中毒机理** 乙酸乙酯主要从呼吸道吸入,高浓度的蒸气对中枢神经有麻痹作用;低浓度的蒸气,对黏膜有刺激作用。它对呼吸道阻流量比较大,因此经呼吸道排出较少。

(5) **致突变性** 性染色体缺失和不分离:啤酒酵母菌24400ppm。

(6) **刺激性** 人经眼400ppm,引起刺激。重复暴露于乙酸乙酯环境可导致皮肤干燥或龟裂。

(7) **危险特性** 易燃,其蒸气与空气可形成爆炸性混合物。遇明火、高热能引起燃烧爆炸。与氧化剂接触会猛烈反应。在火场中,受热的容器有爆炸危险。其蒸气比空气密度大,能在较低处扩散到相当远的地方,遇明火会引着回燃。

4 对环境的影响

4.1 主要用途

乙酸乙酯是一种快干性溶剂，具有优异的溶解能力，是极好的工业溶剂，可用于硝酸纤维、乙基纤维、氯化橡胶和乙烯树脂、乙酸纤维素酯、纤维素乙酸丁酯和合成橡胶，也可用于复印机用液体硝基纤维墨水。乙酸乙酯可作黏结剂的溶剂、喷漆的稀释剂；在纺织工业中可用作清洗剂，药工业和有机合成的重要原料。

4.2 环境行为

(1) **代谢和降解** 挥发到大气环境中的乙酸乙酯是挥发性有机物的组成部分，挥发性有机物在大气中会发生复杂的光化学反应，会产生光化学烟雾和雾霾污染。此外，乙酸乙酯蒸气能与空气形成爆炸性混合物。排放到地表水的乙酸乙酯主要靠挥发和光氧化分解，排放到土壤的乙酸乙酯除了挥发外，还会渗入地下水，其在地下水中的半衰期为 $48\sim336h$。排放到环境中的乙酸乙酯相当容易被生物分解，其好养生物降解时间为 $24\sim168h$，厌氧生物降解时间为 $24\sim6723h$。

(2) **残留与蓄积** 乙酸乙酯不具有蓄积性，进入体内会被分解，或直接排出体外。排放到环境中的乙酸乙酯容易被生物降解或挥发掉，不易蓄积。

(3) **迁移转化** 大气中的乙酸乙酯废气主要是其在工业生产中作为有机溶剂挥发和工业生产中产生的有机废气以及机动车尾气的排放。工业生产中产生的乙酸乙酯废气一般会经过有机气体回收装置回收，达到大气污染排放标准排放，这些回收方法主要有活性炭吸附、水蒸气脱附、冷凝回收等。排放到大气中的乙酸乙酯是挥发性有机物的组成之一，会造成大气污染。乙酸乙酯废水主要来自于乙酸乙酯生产过程中，由于产品的分离、精制和生产品种的转换，会排出轻、中、重三种不同组成废水，废水中含有的乙酸乙酯都具有回收价值，这些废水通常作为低值产品出售，或作为废物烧掉，若直接排放到环境中将会造成环境污染。当前回收方法主要是萃取精馏方法。基本上排放到环境水体中的乙酸乙酯会由挥发和生物降解而被分解。排放到土壤中的乙酸乙酯会渗入地下水中，会通过挥发和生物降解而分解。

4.3 人体健康危害

(1) **暴露/侵入途径** 暴露/侵入途径包括吸入、食入、经皮吸收。

(2) **健康危害** 对眼、鼻、咽喉有刺激作用。高浓度吸入可引起进行性麻醉作用，急性肺水肿，肝、肾损害。持续大量吸入，可致呼吸麻痹。误服者可产生恶心、呕吐、腹痛、腹泻等。有致敏作用，因血管神经障碍而致牙龈出血；可致湿疹样皮炎。慢性影响：长期接触本品有时可致角膜浑浊、继发性贫血、白细胞增多等。

4.4 接触控制标准

中国 MAC（mg/m^3）：—。

中国 PC-TWA（mg/m^3）：200。

中国 PC-STEL（mg/m^3）：300。

美国 TLV-TWA：OSHA 400ppm，1440mg/m^3；ACGIH 400ppm，1440mg/m^3。

美国 TLV-STEL：—。

5 环境监测方法

5.1 现场应急监测方法

现场应急监测可采用气体检测管法。

5.2 实验室监测方法

乙酸乙酯的实验室监测方法见表 40-3。

表 40-3 乙酸乙酯的实验室监测方法

监测方法	来源	类别
无泵型采样气相色谱法	《作业场所空气中乙酸乙酯的无泵型采样 气相色谱测定方法》（WS/T 155—1999）	作业场所空气
吡啶-碱比色法	《空气中有害物质的测定方法》（第二版）	空气
羟胺-氯化铁比色法	《空气中有害物质的测定方法》（第二版）	空气

6 应急处理处置方法

6.1 泄漏应急处理

（1）**应急行为** 迅速撤离泄漏污染区人员至上风处，并进行隔离，严格限制出入，切断火源。

（2）**应急人员防护** 佩戴氧气呼吸器，穿全身防护服。

（3）**环保措施** 不要直接接触泄漏物。切断可能泄漏源，防止进入下水道、排水沟等限制性空间。小量泄漏：用砂土或其他不燃材料吸附或吸收，也可以用大量水冲洗，洗水稀释后，放入废水系统。大量泄漏：构筑围堤或挖坑收容；用泡沫覆盖，降低蒸气危害。喷雾状水冷却和稀释蒸气，保护现场人员，把泄漏物稀释成不燃物。

（4）**消除方法** 用防爆泵转移至槽车或专用收集器内，回收或运至废物处理所处置。

6.2 个体防护措施

（1）**呼吸系统防护** 可能接触其蒸气时，应该佩戴自吸过滤式防毒面具（半面罩）。紧急事态抢救或撤离时，建议佩戴空气呼吸器。

（2）**眼睛防护** 戴化学安全防护眼镜。

（3）**身体防护** 穿防静电工作服。

（4）**手防护** 戴橡胶手套。

（5）**其他** 工作现场严禁吸烟。工作完毕，淋浴更衣。注意个人清洁卫生。

6.3 急救措施

（1）**皮肤接触** 脱去被污染的衣着，用肥皂水和清水彻底冲洗皮肤。就医。

（2）**眼睛接触** 提起眼睑，用流动清水或生理盐水冲洗。就医。

（3）**吸入** 迅速脱离现场至空气新鲜处。保持呼吸道通畅。如呼吸困难，给输氧。如呼吸停止，立即进行人工呼吸。就医。

（4）**食入** 饮足量温水，催吐，就医。

6.4 应急医疗

（1）诊断要点

① 有接触乙酸乙酯的职业史。

② 临床表现 接触低浓度的蒸气可引起结膜充血和鼻腔黏膜充血，分泌物增多、呼吸道刺激症状；吸入高浓度乙酸乙酯蒸气可致肺水肿、肾脏损害甚至呼吸麻痹。

（2）处理原则

① 立即脱离中毒环境，眼、鼻、咽喉有刺激症状时，立即用大量清水或生理盐水充分冲洗或含漱。

② 咳嗽较剧烈时，用镇咳祛痰剂。有严重胸闷气急，给予吸氧及解痉剂，如氨茶碱、麻黄素或用 0.5% 异丙基肾上腺素雾化吸入。

③ 中毒性肺水肿时，立即加压吸氧，直至好转、呼吸改善；应保持呼吸道畅通，及时清除分泌物，防止窒息，必要时切开气管；早期使用肾上腺皮质激素，可用塞米松 5mg 肌注，每天 2～3 次，必要时可缓慢静脉注射塞米松 5～10mg；有烦躁不安时，可肌注异丙嗪 12.5～25mg，不宜用吗啡；限制过多水分摄入，必须静脉补液时，要慎重考虑输液速度及输入量。

④ 对症治疗。

（3）预防措施 禁止明火，禁止火花和禁止吸烟。密闭系统，通风，配备防爆型电气设备和照明。使用无火花的手工具。防止烟雾产生，通风，局部排气通风或佩戴呼吸防护设备、防护手套、防护服、护目镜。工作时不得进食，饮水或吸烟。

7 储运注意事项

7.1 储存注意事项

存储于阴凉、通风的库房。远离火种、热源。库温不宜超过 30℃。保持溶气密封。应与氧化剂、酸类、碱类分开存放，切记混储。采用防爆型照明、通风设备。禁止使用易产生火花的机械设备和工具。储区应备有泄漏应急处理设备和合适的收容材料。

7.2 运输信息

危险货物编号：32127。

UN 编号：1173。

包装类别：Ⅱ。

包装方法：包装可采用小开口钢桶；螺纹口玻璃瓶、铁盖压口玻璃瓶、塑料瓶或金属桶（罐）外加木板箱。

运输注意事项：运输时运输车辆应配备相应品种和数量的消防器材及泄漏应急处理设备。夏季最好早晚运输。运输时所用的槽（罐）车应有接地链，槽内可设孔隔板以减少振荡产生的静电。严禁与氧化剂、酸类、碱类、食用化学品等混装混运。运输途中应防曝晒、雨淋，防高温。中途停留时应远离火种、热源、高温区。装运该物品的车辆排气管必须配备阻火装置，禁止使用易产生火花的机械设备和工具装卸。公路运输时要按规定路线行驶，勿在居民区和人口稠密区停留。铁路运输时要禁止溜放。严禁用木船、水泥船散装运输。

7.3 废弃

（1）**废弃处置方法** 用控制焚烧法处置。

（2）**废弃注意事项** 处置前应参阅国家和地方有关法规。废物储存参见"储存注意事项"。

8 参考文献

［1］ 环境保护部.国家污染物环境健康风险名录（化学第一分册）［M］.北京：中国环境科学出版社，2009：369-373.

［2］ 天津市固体废物及有毒化学品管理中心.危险化学品环境数据手册［M］.

［3］ 郑州轻工业学院图书馆化学品数据库：http：//www.basechem.org/chemical/1388♯dulixue.

［4］ Chemical book. CAS 数据库 http：//www.chemicalbook.com/ProductMSDSDetailCB5413313.htm.

［5］ 金栋，肖明.乙酸乙酯的生产技术进展及市场分析［J］.精细石油化工进展，2010，6：15-22.

［6］ 杜永锋，刘媛，杨晓燕，张黎，门敏.急性乙酸乙酯中毒21例临床分析［J］.中国工业医学杂志，2011，4：263-264.

［7］ 急性醋酸乙酯中毒10例报告［J］.安徽医学，1977，2：39-41.

［8］ 姜能座，罗福坤，李泽清.乙酸乙酯有机废气的活性炭纤维动态吸附回收研究［J］.广东化工，2009，12：117-118，121.

［9］ 彭良臣.乙酸乙酯生产废水中酯的回收工艺研究及模拟计算［D］.重庆：重庆大学，2003.

［10］ 金霞.工业废水中乙酸和乙酸乙酯含量分析方法的改进［J］.化工质量，2004，1：38-39.

［11］ 陆锟，颜康.乙酸乙酯废水处理工艺模拟与优化［J］.煤炭与化工，2014，12：81-82.

［12］ 江朝强.有机溶剂中毒预防指南［M］.北京：化学工业出版社，2006.

［13］ 韩培信.常见急性中毒的诊断与治疗［M］.天津：天津科学技术出版社，1996.

附　录

附录一　当前我国危险化学品突发环境事件应急管理的相关规定

附表 1　当前我国危险化学品突发环境事件应急管理的相关规定

类别	文件名称	批准文号	批准部门	实施时间
国家法律、法规	《中华人民共和国环境保护法》	主席令 [2015]22 号	十二届全国人大常委会第八次会议	2015 年 1 月 1 日
	《中华人民共和国水污染防治法》	主席令 [2008]87 号	十届全国人大委员会第三十二次会议修订	2008 年 6 月 1 日
	《中华人民共和国大气污染防治法》	主席令 [2015]31 号	第十二届全国人大常委会第十六次会议修订	2016 年 1 月 1 日
	《中华人民共和国环境噪声污染防治法》	主席令 [1996]77 号	第八届全国人大常委会第二十二次会议	1997 年 3 月 1 日
	《中华人民共和国固体废物污染环境防治法》	主席令 [2015]23 号	第十二届全国人大常委会第十四次会议修订	2015 年 4 月 24 日
	《中华人民共和国突发事件应对法》	主席令 [2007]69 号	第十届全国人大常委会第二十九次会议	2007 年 11 月 1 日
	《中华人民共和国安全生产法》	主席令 [2014]13 号	第十二届全国人大常委会第十次会议修订	2014 年 12 月 1 日
	《国家突发环境事件应急预案》	国办函[2014]119 号	国务院	2014 年 12 月 29 日
	《危险化学品安全管理条例》	国务院令[2011]591 号	国务院第 144 次常务会议修订	2011 年 12 月 1 日
	《危险化学品名录(2015 年版)》	国家安全生产监督管理总局[2015]5 号公告	国家安全生产监督管理总局	2015 年 5 月 1 日
	《国家突发公共事件总体应急预案》	—	国务院	2006 年 1 月 8 日
	《突发事件应急预案管理办法》	国办发[2013]101 号	国务院	2013 年 10 月 25 日
	《国务院有关部门和单位制定和修订突发公共事件应急预案框架指南》	国办函 [2004]33 号	国务院	2004 年 4 月 6 日
	《突发事件应急演练指南》	应急办函[2009]62 号	国务院应急管理办公室	2009 年 9 月 25 日

类别	文件名称	批准文号	批准部门	实施时间
国家法律、法规	《关于加强环境应急管理工作的意见》	环发[2009]130号	环境保护部	2009年11月9日
	《突发环境事件应急管理办法》	环境保护部令[2015]34号	环境保护部	2015年6月5日
	《关于印发〈企业事业单位突发环境事件应急预案备案管理办法(试行)〉的通知》	环发[2015]4号	环境保护部	2015年01月09日
	《关于印发〈企业突发环境事件风险评估指南(试行)〉的通知》	环办[2014]34号	环境保护部	2014年4月3日
	《国家危险废物名录》	环境保护部令[2016]39号	环境保护部	2016年8月1日
	《突发环境事件信息报告办法》	环境保护部令[2011]17号	环境保护部	2011年5月1日
	《危险化学品重大危险源监督管理暂行规定》	安全监管总局令[2011]第40号	国家安全生产监督管理总局	2011年12月1日
	《危险化学品生产、储存装置个人可接受风险标准和社会可接受风险标准(试行)》	安全监管总局公告[2014]第13号	国家安全生产监督管理总局	2014年5月7日
	《国务院关于进一步加强企业安全生产工作的通知》	国发[2010]23号	国务院	2010年7月19日
	《危险化学品重大危险源监督管理暂行规定》	安全监管总局[2011]第40号令	国家安全生产监督管理总局	2011年12月1日
	《关于危险化学品企业贯彻落实〈国务院关于进一步加强企业安全生产工作的通知〉的实施意见》	安监总管三[2010]186号	国家安全监管总局	2010年11月3日
	《安全生产培训管理办法》	国家安监总局令[2012]第44号	国家安全监管总局	2012年3月1日
	《国家安全监管总局关于修改〈生产经营单位安全培训规定〉等11件规章的决定》	国家安监总局令[2013]第63号	国家安全生产监督管理总局	2013年8月29日
	《关于开展重大危险源监督管理工作的指导意见》	安监管协调字[2004]56号	国家安全生产监督管理局、国家煤矿安全监察局	2004年4月27日
	《国家安全监管总局关于公布首批重点监管的危险化工工艺目录的通知》	安监总管三[2009]116号	国家安全监管总局	2009年6月12日
	《国家安全监管总局关于公布首批重点监管的危险化学品名录的通知》	安监总管三[2011]95号	国家安全监管总局	2011年6月

类别	文件名称	批准文号	批准部门	实施时间
国家法律、法规	《国家安全监管总局关于公布第二批重点监管危险化工工艺目录和调整首批重点监管危险化工工艺中部分典型工艺的通知》	安监总管三[2013]3 号	国家安全监管总局	2013 年 1 月 15 日
导则与技术规范	《建设项目环境风险评价技术导则》	HJ/T 169—2004	环境保护部	2004 年 12 月 11 日
	《化工企业定量风险评价导则》	AQ/T 3046—2013	国家安全生产监督管理总局	2013 年 10 月 1 日
	《危险化学品重大危险源辨识》	GB 18218—2009	国家安全生产监督管理总局	2009 年 12 月 1 日
	《化学品分类、警示标签和警示性说明安全规程》	GB 20576—2006	国家安全生产监督管理总局	2008 年 1 月 1 日
	《建筑设计防火规范》	GB 50016—2006	中华人民共和国建设部	2006 年 12 月 1 日
	《石油库设计规范》	GB 50074—2014	中华人民共和国住房与城乡建设部	2015 年 5 月 1 日
	《石油化工企业设计防火规范》	GB 50160—2008	中华人民共和国住房与城乡建设部	2008 年 12 月 30 日
	《石油天然气工程设计防火规范》	GB 50183—2015	中华人民共和国住房与城乡建设部	2016 年 3 月 1 日
	《城镇燃气设计规范》	GB 50028—2006	中华人民共和国建设部	2006 年 11 月 1 日
	《危险化学品重大危险源安全监控通用技术规范》	AQ 3035—2010	国家安全生产监督管理总局	2011 年 5 月 1 日
	《危险化学品重大危险源罐区现场安全监控装备设置规范》	AQ 3036—2010	国家安全生产监督管理总局	2011 年 5 月 1 日
主要地方性规范	《危险化学品重大危险源安全评估导则》	DB41T 1176—2015	河南省质量技术监督局	2016 年 3 月 1 日
	《关于认真做好第二批和首批调整的重点监管危险化工工艺自动化控制改造工作的通知》	鲁安监发[2013]16 号	山东省安监局	2013 年 1 月 29 日
	《关于认真做好危险化学品重大危险源安全监督管理工作的通知》	鲁安监发[2012]126 号	山东省安监局	2012 年 10 月 15 日
	《云南省危险化学品安全综合治理实施方案》	云政办函[2017]17 号	云南省人民政府	2017 年 1 月 25 日
	《陕西省危险废物转移电子联单管理办法(试行)》	陕环函[2012]777 号	陕西省环保厅	2012 年 8 月 29 日
	《加强危险废物经营监管的通知》	鲁环函[2013]162 号	山东省环保厅	2013 年 4 月 3 日
	《加强危险化学品安全管理工作的紧急通知》	昆政办通[2004]84 号	昆明市人民政府	2004 年 7 月 14 日

类别	文件名称	批准文号	批准部门	实施时间
其他	《关于开展全国重点行业企业环境风险及化学品检查工作的通知》	环办[2010]13号	环境保护部	2010年2月9日

附录二 六种常见可吸入毒性有害气体应采取的初始隔离和防护措施距离

附表2 六种常见可吸入毒性有害气体应采取的初始隔离和防护措施距离

（依据《Emergency Response Guidebook 2016》进行整理）

运输容器	所有的方向紧急隔离		下风向人的保护距离											
			白天						晚上					
			低风(<10km/h)		中风(10~20km/h)		大风(>20km/h)		低风(<10km/h)		中风(10~20km/h)		大风(>20km/h)	
	米	英尺	千米	米	千米	米	千米	米	千米	米	千米	米	千米	米
运输容器	UN1005 氨、无水：大型泄漏													
铁路油槽车	300	1000	1.7	1.1	1.3	0.8	1.0	0.6	4.3	2.7	2.3	1.4	1.3	0.8
高速公路油罐车或拖车	150	500	0.9	0.6	0.5	0.3	0.4	0.3	2.0	1.3	0.8	0.5	0.6	0.4
农业护理坦克	60	200	0.5	0.3	0.3	0.2	0.3	0.2	1.3	0.8	0.3	0.2	0.3	0.2
多个小缸	30	100	0.3	0.2	0.2	0.1	0.1	0.1	0.7	0.5	0.3	0.2	0.2	0.1
运输容器	UN1017 氯：大型泄漏													
铁路油槽车	1000	3000	9.9	6.2	6.4	4.0	5.1	3.2	11+	7+	9.0	5.6	6.7	4.2
高速公路油罐车或拖车	600	2000	5.8	3.6	3.4	2.1	2.9	1.8	6.7	4.3	5.0	3.1	4.1	2.5
多吨油缸	300	1000	2.1	1.3	1.3	0.8	1.0	0.6	4.0	2.5	2.4	1.5	1.3	0.8
多个小缸或单吨油缸	150	500	1.5	0.9	0.8	0.5	0.6	0.4	2.9	1.8	1.3	0.8	0.6	0.4
运输容器	UN1040 环氧乙烷：大型泄漏													
铁路油槽车	200	600	1.6	1.0	0.8	0.5	0.7	0.5	3.3	2.1	1.4	0.9	0.8	0.5
高速公路油罐车或拖车	100	300	0.9	0.6	0.5	0.3	0.4	0.3	2.0	1.3	0.7	0.4	0.4	0.3
多个小缸或单吨油缸	30	100	0.4	0.3	0.2	0.1	0.1	0.1	0.9	0.6	0.3	0.2	0.2	0.1
运输容器	UN1050 氯化氢：大型泄漏 UN2186 氯化氢,冷藏液体：大型泄漏													
铁路油槽车	500	1500	3.7	2.3	2.0	1.2	1.7	1.1	9.9	6.2	3.4	2.1	2.3	1.5

	所有的方向 紧急隔离		下风向人的保护距离											
			白天						晚上					
			低风 (<10km/h)		中风 (10~20km/h)		大风 (>20km/h)		低风 (<10km/h)		中风 (10~20km/h)		大风 (>20km/h)	
	米	英尺	千米	米	千米	米	千米	米	千米	米	千米	米	千米	米
高速公路油罐车或拖车	200	600	1.5	0.9	0.8	0.5	0.6	0.4	3.8	2.4	1.5	0.9	0.8	0.5
多吨油缸	30	100	0.4	0.3	0.2	0.1	0.1	0.1	1.1	0.7	0.3	0.2	0.2	0.1
多个小缸或单吨油缸	30	100	0.3	0.2	0.2	0.1	0.1	0.1	0.9	0.6	0.3	0.2	0.2	0.1
运输容器	UN1052 氟化氢：大型泄漏													
铁路油槽车	400	1250	3.1	1.9	1.9	1.2	1.6	1.0	6.1	3.8	2.9	1.8	1.9	1.2
高速公路油罐车或拖车	200	700	1.9	1.2	1.0	0.7	0.9	0.6	3.4	2.2	1.6	1.0	0.9	0.6
多个小缸或单吨油缸	100	300	0.8	0.5	0.4	0.2	0.3	0.2	1.6	1.0	0.5	0.3	0.3	0.2
运输容器	UN1079 二氧化硫/二氧化硫：大型泄漏													
铁路油槽车	1000	3000	11+	7+	11+	7+	7.0	4.4	11+	7+	11+	7+	9.8	6.1
高速公路油罐车或拖车	1000	3000	11+	7+	5.8	3.6	5.0	3.1	11+	7+	8.0	5.0	6.1	3.8
多吨油缸	500	1500	5.2	3.2	2.4	1.5	1.8	1.1	7.5	4.7	4.0	2.5	2.8	1.7
多个小缸或单吨油缸	200	600	3.1	1.9	1.5	0.9	1.1	0.7	5.6	3.5	2.4	1.5	1.5	0.9

附录三　危险化学品泄漏事故中事故区隔离和人员防护的最低距离（依据《Emergency Response Guidebook 2016》进行整理）

附表3　危险化学品泄漏事故中事故区隔离和人员防护的最低距离

UN号/化学品名称	少量泄漏			大量泄漏		
	紧急隔离	白天防护	夜间防护	紧急隔离	白天防护	夜间防护
1005 氨,无水的	30m (100ft)	0.1km (0.1mi)	0.2km (0.1mi)	参考附录二		
1005 无水氨						
1008 三氟化硼	30m (100ft)	0.1km (0.1mi)	0.7km (0.4mi)	400m (1250ft)	2.2km (1.4mi)	4.8km (3.0mi)
1008 三氟化硼（压缩的）						
1016 一氧化碳	30m (100ft)	0.1km (0.1mi)	0.2km (0.1mi)	200m (600ft)	1.2km (0.7mi)	4.4km (2.8mi)
1016 一氧化碳（压缩的）						

UN号/化学品名称	少量泄漏			大量泄漏		
	紧急隔离	白天防护	夜间防护	紧急隔离	白天防护	夜间防护
1017 氯	60m (200ft)	0.3km (0.2mi)	1.1km (0.7mi)	参考附录二		
1026 氰	30m (100ft)	0.1km (0.1mi)	0.4km (0.3mi)	60m (200ft)	0.3km (0.2mi)	1.1km (0.7mi)
1040 环氧乙烷	30m (100ft)	0.1km (0.1mi)	0.2km (0.1mi)	参考附录二		
1040 环氧乙烷与氮气						
1045 氟	30m (100ft)	0.1km (0.1mi)	0.2km (0.1mi)	100m (300ft)	0.5km (0.3mi)	2.4km (1.4mi)
1045 氟(压缩的)						
1048 溴化氢(无水的)	30m (100ft)	0.1km (0.1mi)	0.2km (0.2mi)	150m (500ft)	0.9km (0.6mi)	2.6km (1.6mi)
1050 氯化氢(无水的)	30m (100ft)	0.1km (0.1mi)	0.3km (0.2mi)	参考附录二		
1051 活性炭(战争毒剂)	60m (200ft)	0.3km (0.2mi)	1.0km (0.6mi)	1000m (3000ft)	3.7km (2.3mi)	8.4km (5.3mi)
1051 氢氰酸(水溶液，氰化氢浓度高于20%)	60m (200ft)	0.2km (0.2mi)	0.9km (0.6mi)	300m (1000ft)	1.1km (0.7mi)	2.4km (1.5mi)
1051 氰化氢(无水的，稳定的)						
1051 氰化氢(稳定的)						
1052 氟化氢(无水的)	30m (100ft)	0.1km (0.1mi)	0.4km (0.3mi)	参考附录二		
1053 硫化氢/硫化氢	30m (100ft)	0.1km (0.1mi)	0.4km (0.3mi)	400m (1250ft)	2.1km (1.3mi)	5.4km (3.4mi)
1061 甲胺(无水)	30m (100ft)	0.1km (0.1mi)	0.2km (0.1mi)	200m (600ft)	0.6km (0.4mi)	1.9km (1.2mi)
1062 溴代甲烷	30m (100ft)	0.1km (0.1mi)	0.1km (0.1mi)	150m (500ft)	0.3km (0.2mi)	0.7km (0.4mi)
1064 甲硫醇	30m (100ft)	0.1km (0.1mi)	0.3km (0.2mi)	200m (600ft)	1.1km (0.7mi)	3.1km (1.9mi)
1067 四氧化二氮	30m (100ft)	0.1km (0.1mi)	0.4km (0.3mi)	400m (1250ft)	1.2km (0.8mi)	3.0km (1.9mi)
1067 二氧化氮						
1069 亚硝酰氯	30m (100ft)	0.2km (0.2mi)	1.0km (0.6mi)	500m (1500ft)	3.4km (2.1mi)	8.3km (5.2mi)
1076 煤气(战争毒剂)	150m (500ft)	0.8km (0.5mi)	3.2km (2.0mi)	1000m (3000ft)	7.5km (4.7mi)	11+km (7.0+mi)
1076 氯甲酸三氯甲酯/双光气(战争毒剂)	30m (100ft)	0.2km (0.1mi)	0.7km (0.4mi)	200m (600ft)	1.0km (0.7mi)	2.4km (1.5mi)

UN号/化学品名称	少量泄漏			大量泄漏		
	紧急隔离	白天防护	夜间防护	紧急隔离	白天防护	夜间防护
1076 碳酰氯	100m (300ft)	0.6km (0.4mi)	2.5km (1.5mi)	500m (1500ft)	3.0km (1.9mi)	9.0km (5.6mi)
1079 二硫化碳/ 二硫化碳	100m (300ft)	0.7km (0.4mi)	2.2km (1.4mi)	参考附录二		
1082 制冷气体 R-1113 1082 三氟氯乙 烯(稳定的)	30m (100ft)	0.1km (0.1mi)	0.1km (0.1mi)	60m (200ft)	0.3km (0.2mi)	0.7km (0.5mi)
1092 丙烯醛 (稳定的)	100m (300ft)	1.3km (0.8mi)	3.4km (2.1mi)	500m (1500ft)	6.1km (3.8mi)	11km (6.8mi)
1093 丙烯 腈(稳定的)	30m (100ft)	0.2km (0.2mi)	0.5km (0.4mi)	100m (300ft)	1.1km (0.7mi)	2.1km (1.3mi)
1098 丙烯醇	30m (100ft)	0.2km (0.1mi)	0.3km (0.2mi)	60m (200ft)	0.7km (0.5mi)	1.2km (0.7mi)
1135 氯乙醇	30m (100ft)	0.1km (0.1mi)	0.2km (0.1mi)	60m (200ft)	0.4km (0.3mi)	0.6km (0.4mi)
1143 丁烯醛 1143 丁烯醛(稳定的)	30m (100ft)	0.1km (0.1mi)	0.2km (0.1mi)	60m (200ft)	0.5km (0.3mi)	0.8km (0.5mi)
1162 二甲基二氯硅烷 (当泄漏在水中时)	30m (100ft)	0.1km (0.1mi)	0.2km (0.2mi)	60m (200ft)	0.5km (0.4mi)	1.7km (1.1mi)
11631,1-二甲基肼 1163 二甲基肼 (非对称的)	30m (100ft)	0.2km (0.1mi)	0.5km (0.3mi)	100m (300ft)	1.0km (0.6mi)	1.8km (1.1mi)
1182 氯甲酸乙酯	30m (100ft)	0.1km (0.1mi)	0.1km (0.1mi)	60m (200ft)	0.3km (0.2mi)	0.5km (0.3mi)
1183 乙基二氯硅烷 (当泄漏在水中时)	30m (100ft)	0.1km (0.1mi)	0.2km (0.2mi)	60m (200ft)	0.6km (0.4mi)	2.0km (1.2mi)
1185 乙亚胺(稳定的)	30m (100ft)	0.2km (0.1mi)	0.4km (0.3mi)	150m (500ft)	0.9km (0.6mi)	1.7km (1.1mi)
1196 乙基三氯硅 烷(当泄漏在水中)	30m (100ft)	0.2km (0.1mi)	0.7km (0.4mi)	150m (500ft)	1.9km (1.2mi)	5.6km (3.5mi)
1238 氯甲酸甲酯	30m (100ft)	0.2km (0.2mi)	0.6km (0.4mi)	150m (500ft)	1.1km (0.7mi)	2.1km (1.3mi)
1239 甲基氯甲醚	60m (200ft)	0.5km (0.3mi)	1.4km (0.9mi)	300m (1000ft)	3.0km (1.9mi)	5.6km (3.5mi)
1242 甲基二氯硅烷 (当泄漏在水中时)	30m (100ft)	0.1km (0.1mi)	0.3km (0.2mi)	60m (200ft)	0.7km (0.5mi)	2.2km (1.4mi)

UN号/化学品名称	少量泄漏			大量泄漏		
	紧急隔离	白天防护	夜间防护	紧急隔离	白天防护	夜间防护
1244 甲基肼	30m (100ft)	0.3km (0.2mi)	0.6km (0.4mi)	100m (300ft)	1.3km (0.8mi)	2.1km (1.3mi)
1250 甲基三氯硅烷 (当泄漏在水中时)	30m (100ft)	0.1km (0.1mi)	0.3km (0.2mi)	60m (200ft)	0.8km (0.5mi)	2.4km (1.5mi)
1251 甲基乙烯基酮(稳定的)	100m (300ft)	0.3km (0.2mi)	0.7km (0.4mi)	800m (2500ft)	1.5km (0.9mi)	2.6km (1.6mi)
1259 羰基镍	100m (300ft)	1.4km (0.9mi)	4.9km (3.0mi)	1000m (3000ft)	11.0+km (7.0+mi)	11.0+km (7.0+mi)
1295 三氯硅烷 (当泄漏在水中时)	30m (100ft)	0.1km (0.1mi)	0.2km (0.2mi)	60m (200ft)	0.6km (0.4mi)	2.0km (1.3mi)
1298 三甲基氯硅烷 (当泄漏在水中时)	30m (100ft)	0.1km (0.1mi)	0.2km (0.1mi)	60m (200ft)	0.5km (0.3mi)	1.4km (0.9mi)
1305 乙烯基三氯硅烷 (当泄漏在水中时)	30m (100ft)	0.1km (0.1mi)	0.2km (0.2mi)	60m (200ft)	0.6km (0.4mi)	1.8km (1.2mi)
1305 乙烯基三氯硅烷(稳定的)(当泄漏在水中时)						
1340 五硫化二磷(无黄磷和白磷)(当泄漏在水中时)	30m (100ft)	0.1km (0.1mi)	0.2km (0.1mi)	60m (200ft)	0.3km (0.2mi)	1.3km (0.8mi)
1360 磷化钙 (当泄漏在水中时)	30m (100ft)	0.2km (0.1mi)	0.6km (0.4mi)	300m (1000ft)	1.0km (0.7mi)	3.7km (2.3mi)
1380 戊硼烷	60m (200ft)	0.5km (0.4mi)	1.9km (1.2mi)	150m (500ft)	2.0km (1.3mi)	4.7km (3.0mi)
1384 连二亚硫酸钠/保险粉/亚硫酸氢钠(当泄漏在水中时)	30m (100ft)	0.2km (0.1mi)	0.5km (0.3mi)	60m (200ft)	0.6km (0.4mi)	2.2km (1.4mi)
1397 磷化铝 (当泄漏在水中时)	60m (200ft)	0.2km (0.2mi)	0.9km (0.6mi)	500m (1500ft)	2.0km (1.2mi)	7.1km (4.4mi)
1419 磷化镁铝 (当泄漏在水中时)	60m (200ft)	0.2km (0.1mi)	0.8km (0.5mi)	500m (1500ft)	1.8km (1.2mi)	6.2km (3.9mi)
1432 磷化钠 (当泄漏在水中时)	30m (100ft)	0.2km (0.1mi)	0.6km (0.4mi)	300m (1000ft)	1.3km (0.8mi)	4.0km (2.5mi)
1510 四硝基甲烷	30m (100ft)	0.2km (0.1mi)	0.3km (0.2mi)	30m (100ft)	0.4km (0.3mi)	0.7km (0.5mi)
1541 丙酮氰醇(稳态的)(当泄漏在水中时)	30m (100ft)	0.1km (0.1mi)	0.1km (0.1mi)	100m (300ft)	0.3km (0.2mi)	1.0km (0.7mi)

UN号/化学品名称	少量泄漏			大量泄漏		
	紧急隔离	白天防护	夜间防护	紧急隔离	白天防护	夜间防护
1556 甲基二氯 （战争毒剂）	300m (1000ft)	1.6km (1.0mi)	4.3km (2.7mi)	1000m (3000ft)	11.0＋km (7.0＋mi)	11.0＋km (7.0＋mi)
1556 甲基二氯胂	100m (300ft)	1.3km (0.8mi)	2.0km (1.3mi)	300m (1000ft)	3.2km (2.0mi)	4.2km (2.6mi)
1556 苯基二氯 胂（战争毒剂）	60m (200ft)	0.4km (0.3mi)	0.4km (0.3mi)	300m (1000ft)	1.6km (1.0mi)	1.6km (1.0mi)
1560 五氯化砷 1560 三氯化砷	30m (100ft)	0.2km (0.1mi)	0.3km (0.2mi)	100m (300ft)	1.0km (0.6mi)	1.4km (0.9mi)
1569 溴丙酮	30m (100ft)	0.4km (0.3mi)	1.2km (0.8mi)	150m (500ft)	1.8km (1.1mi)	3.4km (2.1mi)
1580 三氯硝基甲烷	60m (200ft)	0.5km (0.3mi)	1.2km (0.8mi)	200m (600ft)	2.2km (1.4mi)	3.6km (2.2mi)
1581 三氯硝基甲烷与 溴代甲烷混合物 1581 溴代甲烷和三氯 硝基甲烷混合物	30m (100ft)	0.1km (0.1mi)	0.6km (0.4mi)	300m (1000ft)	2.1km (1.3mi)	5.9km (3.7mi)
1582 三氯硝基甲烷与 氯代甲烷混合物 1582 氯代甲烷和三氯 硝基甲烷混合物	30m (100ft)	0.1km (0.1mi)	0.4km (0.3mi)	60m (200ft)	0.4km (0.2mi)	1.7km (1.1mi)
1583 三氯硝基 甲烷混合物（不另做 详细说明）	60m (200ft)	0.5km (0.3mi)	1.2km (0.8mi)	200m (600ft)	2.2km (1.4mi)	3.6km (2.2mi)
1589 氯化氰 （战争毒剂）	800m (2500ft)	5.3km (3.2mi)	11＋km (7.0＋mi)	1000m (3000ft)	11＋km (7.0＋mi)	11.0＋km (7.0＋mi)
1589 氯化氰（稳态的）	300m (1000ft)	1.8km (1.1mi)	6.2km (3.9mi)	1000m (3000ft)	9.4km (5.8mi)	11.0＋km (7.0＋mi)
1595 硫酸二甲酯	30m (100ft)	0.2km (0.1mi)	0.2km (0.1mi)	60m (200ft)	0.5km (0.3mi)	0.6km (0.4mi)
1605 二溴化乙烯	30m (100ft)	0.1km (0.1mi)	0.1km (0.1mi)	30m (100ft)	0.1km (0.1mi)	0.2km (0.1mi)
1612 四磷酸六乙酯与 压缩气混合物/压缩气 与四磷酸六 乙酯混合物	100m (300ft)	0.8km (0.5mi)	2.7km (1.7mi)	400m (1250ft)	3.5km (2.2mi)	8.1km (5.1mi)

UN号/化学品名称	少量泄漏			大量泄漏		
	紧急隔离	白天防护	夜间防护	紧急隔离	白天防护	夜间防护
1613 氢氰酸（水溶液，氰化氢＜20%） 1613 氰化氢（水溶液，氰化氢＜20%）	30m (100ft)	0.1km (0.1mi)	0.1km (0.1mi)	100m (300ft)	0.5km (0.3mi)	1.1km (0.7mi)
1614 氰化氢（稳态的，可吸收的）	60m (200ft)	0.2km (0.1mi)	0.6km (0.4mi)	150m (500ft)	0.5km (0.4mi)	1.6km (1.0mi)
1647 二溴化乙烯和甲基溴混合物（液态） 1647 甲基溴和二溴化乙烯混合物（液态）	30m (100ft)	0.1km (0.1mi)	0.1km (0.1mi)	150m (500ft)	0.3km (0.2mi)	0.7km (0.4mi)
1660 一氧化氮 1660 一氧化氮（浓缩的）	30m (100ft)	0.1km (0.1mi)	0.5km (0.4mi)	100m (300ft)	0.5km (0.4mi)	2.2km (1.4mi)
1670 全氯甲硫醇	30m (100ft)	0.2km (0.2mi)	0.3km (0.2mi)	100m (300ft)	0.6km (0.4mi)	1.1km (0.7mi)
1672 氯化苯肼	30m (100ft)	0.2km (0.1mi)	0.2km (0.1mi)	60m (200ft)	0.5km (0.3mi)	0.7km (0.4mi)
1680 氰化钾（当泄漏在水时） 1680 氰化钾（固体，当泄漏在水中时）	30m (100ft)	0.1km (0.1mi)	0.2km (0.1mi)	100m (300ft)	0.3km (0.2mi)	1.2km (0.8mi)
1689 氰化钠（当泄漏在水中时） 1689 氰化钠（固体，当泄漏在水中时）	30m (100ft)	0.1km (0.1mi)	0.2km (0.1mi)	100m (300ft)	0.4km (0.2mi)	1.4km (0.9mi)
1694 氯丙酮（战争毒剂）	30m (100ft)	0.1km (0.1mi)	0.4km (0.3mi)	100m (300ft)	0.5km (0.4mi)	2.6km (1.6mi)
1695 氯丙酮（稳态的）	30m (100ft)	0.1km (0.1mi)	0.2km (0.1mi)	30m (100ft)	0.4km (0.3mi)	0.6km (0.4mi)
1697 氯乙酰苯（战争毒剂）	30m (100ft)	0.1km (0.1mi)	0.2km (0.1mi)	60m (200ft)	0.3km (0.2mi)	1.2km (0.8mi)
1698 二苯胺氯砷（战争毒剂） 1698 胺氯化胂（战争毒剂）	30m (100ft)	0.1km (0.1mi)	0.3km (0.2mi)	60m (200ft)	0.3km (0.2mi)	1.4km (0.9mi)
1699 二苯氯胂（战争毒剂）	30m (100ft)	0.2km (0.1mi)	0.8km (0.5mi)	300m (1000ft)	1.9km (1.2mi)	7.5km (4.7mi)

UN 号/化学品名称	少量泄漏			大量泄漏		
	紧急隔离	白天防护	夜间防护	紧急隔离	白天防护	夜间防护
1716 乙酰基溴 （当泄漏在水中时）	30m （100ft）	0.1km （0.1mi）	0.2km （0.1mi）	30m （100ft）	0.4km （0.2mi）	0.9km （0.6mi）
1717 乙酰基氯 （当泄漏在水中时）	30m （100ft）	0.1km （0.1mi）	0.3km （0.2mi）	100m （300ft）	0.9km （0.6mi）	2.5km （1.6mi）
1722 氯甲酸烯丙酯	100m （300ft）	0.3km （0.2mi）	0.8km （0.5mi）	400m （1250ft）	1.4km （0.9mi）	2.4km （1.5mi）
1724 烯丙基三氯 硅烷,稳定的（当泄 漏在水中时）	30m （100ft）	0.1km （0.1mi）	0.2km （0.2mi）	60m（200ft）	0.5km （0.4mi）	1.7km （1.1mi）
1725 溴化铝,无水的 （当泄漏在水中时）	30m （100ft）	0.1km （0.1mi）	0.1km （0.1mi）	30m（100ft）	0.1km （0.1mi）	0.4km （0.3mi）
1726 氯化铝,无水的 （当泄漏在水中时）	30m （100ft）	0.1km （0.1mi）	0.3km （0.2mi）	60m（200ft）	0.5km （0.3mi）	2.0km （1.2mi）
1728 戊基三氯硅烷 （当泄漏在水中时）	30m （100ft）	0.1km （0.1mi）	0.2km （0.2mi）	60m（200ft）	0.5km （0.3mi）	1.7km （1.1mi）
1732 五氟化锑 （当泄漏在水中时）	30m （100ft）	0.1km （0.1mi）	0.5km （0.3mi）	100m （300ft）	1.0km （0.7mi）	3.8km （2.4mi）
1741 三氯化硼 （当泄漏在陆上时）	30m （100ft）	0.1km （0.1mi）	0.3km （0.2mi）	100m （300ft）	0.6km （0.4mi）	1.3km （0.8mi）
1741 三氯化硼 （当泄漏在水中时）	30m （100ft）	0.1km （0.1mi）	0.4km （0.3mi）	100m （300ft）	1.1km （0.7mi）	3.5km （2.2mi）
1744 溴 1744 溴（溶液） 1744 溴（溶液） （呼吸危险区域 A）	60m （200ft）	0.8km （0.5mi）	2.3km （1.5mi）	300m （1000ft）	3.7km （2.3mi）	7.5km （4.7mi）
1744 溴,溶液 （呼吸危险区域 B）	30m （100ft）	0.1km （0.1mi）	0.2km （0.1mi）	30m （100ft）	0.3km （0.2mi）	0.5km （0.3mi）
1745 五氟化溴 （当泄漏在陆地上时）	60m （200ft）	0.8km （0.5mi）	2.4km （1.5mi）	400m （1250ft）	4.9km （3.1mi）	10.2km （6.4mi）
1745 五氟化溴 （当泄漏在水中时）	30m （100ft）	0.1km （0.1mi）	0.5km （0.4mi）	100m （300ft）	1.1km （0.7mi）	3.9km （2.5mi）
1746 三氟化溴 （当泄漏在陆地上时）	30m （100ft）	0.1km （0.1mi）	0.2km （0.1mi）	30m（100ft）	0.3km （0.2mi）	0.5km （0.3mi）
1746 五氟化溴 （当泄漏在水中时）	30m （100ft）	0.1km （0.1mi）	0.5km （0.3mi）	100m （300ft）	1.0km （0.6mi）	3.7km （2.3mi）

UN 号/化学品名称	少量泄漏			大量泄漏		
	紧急隔离	白天防护	夜间防护	紧急隔离	白天防护	夜间防护
1747 丁基三氯硅烷（当泄漏在水中时）	30m (100ft)	0.1km (0.1mi)	0.2km (0.2mi)	60m (200ft)	0.5km (0.3mi)	1.6km (1.0mi)
1749 三氟化氯	60m (200ft)	0.3km (0.2mi)	1.1km (0.7mi)	300m (1000ft)	1.4km (0.9mi)	4.1km (2.6mi)
1752 氯乙酰氯（当泄漏在陆地上时）	30m (100ft)	0.3km (0.2mi)	0.6km (0.4mi)	100m (300ft)	1.1km (0.7mi)	1.9km (1.2mi)
1752 氯乙酰氯（当泄漏在水中时）	30m (100ft)	0.1km (0.1mi)	0.1km (0.1mi)	30m (100ft)	0.3km (0.2mi)	0.8km (0.5mi)
1753 氯苯基三氯硅烷（当泄漏在水中时）	30m (100ft)	0.1km (0.1mi)	0.1km (0.1mi)	30m (100ft)	0.3km (0.2mi)	0.9km (0.6mi)
1754 氯磺酸（与或者不与三氧化硫混合）（当泄漏在陆地上时）	30m (100ft)	0.1km (0.1mi)	0.1km (0.1mi)	30m (100ft)	0.2km (0.2mi)	0.3km (0.2mi)
1754 氯磺酸（与或者不与三氧化硫混合）（当泄漏在水中时）	30m (100ft)	0.1km (0.1mi)	0.3km (0.2mi)	60m (200ft)	0.7km (0.4mi)	2.2km (1.4mi)
1754 氯磺酸（与或者不与三氧化硫混合）（当泄漏在陆地上时）	30m (100ft)	0.1km (0.1mi)	0.1km (0.1mi)	30m (100ft)	0.2km (0.2mi)	0.3km (0.2mi)
1754 氯磺酸（与或者不与三氧化硫混合）（当泄漏在水中时）	30m (100ft)	0.1km (0.1mi)	0.3km (0.2mi)	60m (200ft)	0.7km (0.5mi)	2.2km (1.4mi)
1758 氧氯化铬（当泄漏到水中时）	30m (100ft)	0.1km (0.1mi)	0.1km (0.1mi)	30m (100ft)	0.2km (0.1mi)	0.7km (0.5mi)
1762 环己烯基三氯硅（当泄漏到水中时）	30m (100ft)	0.1km (0.1mi)	0.2km (0.1mi)	30m (100ft)	0.4km (0.3mi)	1.2km (0.8mi)
1763 环己基三氯硅烷（当泄漏到水中时）	30m (100ft)	0.1km (0.1mi)	0.2km (0.1mi)	30m (100ft)	0.4km (0.3mi)	1.3km (0.8mi)
1765 二氯乙酰（当泄漏在水中时）	30m (100ft)	0.1km (0.1mi)	0.1km (0.1mi)	30m (100ft)	0.3km (0.2mi)	0.9km (0.6mi)
1766 二氯苯基三氯硅烷（当泄漏在水中时）	30m (100ft)	0.1km (0.1mi)	0.2km (0.2mi)	60m (200ft)	0.6km (0.4mi)	1.9km (1.2mi)
1767 二乙基二氯硅烷（当泄漏在水中时）	30m (100ft)	0.1km (0.1mi)	0.1km (0.1mi)	30m (100ft)	0.4km (0.2mi)	1.0km (0.6mi)
1769 二苯基二氯硅烷（当泄漏在水中时）	30m (100ft)	0.1km (0.1mi)	0.2km (0.1mi)	30m (100ft)	0.4km (0.2mi)	1.2km (0.8mi)

UN 号/化学品名称	少量泄漏			大量泄漏		
	紧急隔离	白天防护	夜间防护	紧急隔离	白天防护	夜间防护
1771 十二烷基三氯硅烷（当泄漏在水中时）	30m (100ft)	0.1km (0.1mi)	0.2km (0.1mi)	60m (200ft)	0.5km (0.3mi)	1.3km (0.8mi)
1777 氟磺酸（当泄漏在水中时）	30m (100ft)	0.1km (0.1mi)	0.1km (0.1mi)	30m (100ft)	0.2km (0.2mi)	0.7km (0.5mi)
1781 十六烷基三氯硅烷（当泄漏在水中时）	30m (100ft)	0.1km (0.1mi)	0.1km (0.1mi)	30m (100ft)	0.2km (0.1mi)	0.6km (0.4mi)
1784 己基三氯硅烷（当泄漏在水中时）	30m (100ft)	0.1km (0.1mi)	0.2km (0.1mi)	30m (100ft)	04km (0.3mi)	1.4km (0.9mi)
1799 壬基三氯硅烷（当泄漏在水中时）	30m (100ft)	0.1km (0.1mi)	0.2km (0.1mi)	60m (200ft)	0.5km (0.3mi)	1.4km (0.9mi)
1800 十八烷基三氯硅烷（当泄漏在水中时）	30m (100ft)	0.1km (0.1mi)	0.2km (0.1mi)	30m (100ft)	0.4km (0.3mi)	1.4km (0.9mi)
1801 辛基三氯硅烷（当泄漏在水中时）	30m (100ft)	0.1km (0.1mi)	0.2km (0.1mi)	60m (200ft)	0.5km (0.3mi)	1.5km (0.9mi)
1804 苯基三氯硅烷（当泄漏在水中时）	30m (100ft)	0.1km (0.1mi)	0.2km (0.1mi)	30m (100ft)	0.4km (0.3mi)	1.4km (0.9mi)
1806 五氯化磷（当泄漏在水中时）	30m (100ft)	0.1km (0.1mi)	0.2km (0.2mi)	30m (100ft)	0.4km (0.3mi)	1.4km (0.9mi)
1808 三溴化磷（当泄漏在水中时）	30m (100ft)	0.1km (0.1mi)	0.3km (0.2mi)	30m (100ft)	0.4km (0.3mi)	1.3km (0.9mi)
1809 三氯化磷（当泄漏在陆地上时）	30m (100ft)	0.2km (0.1mi)	0.5km (0.4mi)	100m (300ft)	1.1km (0.7mi)	2.2km (1.4mi)
1809 三氯化磷（当泄漏在水中时）	30m (100ft)	0.1km (0.1mi)	0.3km (0.2mi)	60m (200ft)	0.7km (0.5mi)	2.3km (1.4mi)
1810 三氯氧化磷（当泄漏在陆地上时）	30m (100ft)	0.3km (0.2mi)	0.6km (0.4mi)	100m (300ft)	1.0km (0.6mi)	1.8km (1.1mi)
1810 三氯氧化磷（当泄漏在水中时）	30m (100ft)	0.1km (0.1mi)	0.2km (0.2mi)	60m (200ft)	0.6km (0.4mi)	2.0km (1.3mi)
1815 丙酰氯（当泄漏在水中时）	30m (100ft)	0.1km (0.1mi)	0.1km (0.1mi)	30m (100ft)	0.3km (0.2mi)	0.7km (0.4mi)
1816 丙基三氯硅烷（当泄漏在水中时）	30m (100ft)	0.1km (0.1mi)	0.2km (0.2mi)	60m (200ft)	0.6km (0.4mi)	1.8km (1.1mi)
1818 四氯化硅（当泄漏在水中时）	30m (100ft)	0.1km (0.1mi)	0.3km (0.2mi)	60m (200ft)	0.8km (0.5mi)	2.5km (1.6mi)
1828 氯化硫（当泄漏在陆地上时）	30m (100ft)	0.1km (0.1mi)	0.1km (0.1mi)	60m (200ft)	0.3km (0.2mi)	0.4km (0.3mi)

UN号/化学品名称	少量泄漏			大量泄漏		
	紧急隔离	白天防护	夜间防护	紧急隔离	白天防护	夜间防护
1828 氯化硫 (当泄漏在水中时)	30m (100ft)	0.1km (0.1mi)	0.2km (0.1mi)	30m (100ft)	0.3km (0.2mi)	1.1km (0.7mi)
1828 氯化硫 (当泄漏在陆地上时)	30m (100ft)	0.1km (0.1mi)	0.1km (0.1mi)	60m (200ft)	0.3km (0.2mi)	0.4km (0.3mi)
1828 氯化硫 (当泄漏在水中时)	30m (100ft)	0.1km (0.1mi)	0.2km (0.1mi)	30m (100ft)	0.3km (0.2mi)	1.1km (0.7mi)
1829 三氧化硫(稳态的)	60m (200ft)	0.4km (0.2mi)	1.0km (0.6mi)	300m (1000ft)	2.9km (1.8mi)	5.7km (3.6mi)
1831 发烟硫酸 1831 发烟硫酸(含游离三氧化硫≥30%)	60m (200ft)	0.4km (0.2mi)	1.0km (0.6mi)	400m (1000ft)	2.9km (1.8mi)	5.7km (3.6mi)
1834 硫酰氯(当泄漏在陆地上时)	30m (100ft)	0.2km (0.1mi)	0.4km (0.3mi)	60m (200ft)	0.8km (0.5mi)	1.5km (1.0mi)
1834 硫酰氯 (当泄漏在水中时)	30m (100ft)	0.1km (0.1mi)	0.2km (0.1mi)	60m (200ft)	0.5km (0.3mi)	1.6km (1.0mi)
1834 磺酰氯 (当泄漏在陆地上时)	30m (100ft)	0.2km (0.1mi)	0.4km (0.3mi)	60m (200ft)	0.8km (0.5mi)	1.5km (1.0mi)
1834 磺酰氯 (当泄漏在水中时)	30m (100ft)	0.1km (0.1mi)	0.2km (0.1mi)	60m (200ft)	0.5km (0.3mi)	1.6km (1.0mi)
1836 亚硫酰氯 (当泄漏在陆地上时)	30m (100ft)	0.2km (0.2mi)	0.6km (0.4mi)	60m (200ft)	0.7km (0.5mi)	1.5km (0.9mi)
1836 亚硫酰氯 (当泄漏在水中时)	100m (300ft)	0.9km (0.6mi)	2.4km (1.5mi)	600m (2000ft)	7.9km (4.9mi)	11.0+km (7.0+mi)
1838 四氯化钛(当泄漏在陆地上时)	30m (100ft)	0.1km (0.1mi)	0.1km (0.1mi)	30m (100ft)	0.1km (0.1mi)	0.2km (0.1mi)
1838 四氯化钛 (当泄漏在水中时)	30m (100ft)	0.1km (0.1mi)	0.2km (0.1mi)	60m (200ft)	0.5km (0.3mi)	1.6km (1.0mi)
1859 四氟化硅 1859 四氟化硅 (压缩的)	30m (100ft)	0.2km (0.1mi)	0.7km (0.5mi)	100m (300ft)	0.5km (0.3mi)	1.8km (1.1mi)
1892 乙基二氯胂 (战争毒剂)	150m (500ft)	2.0km (1.2mi)	2.9km (1.8mi)	1000m (3000ft)	10.4km (6.5mi)	11.0+km (7.0+mi)
1892 乙基二氯胂	150m (500ft)	1.4km (0.9mi)	2.1km (1.3mi)	400m (1250ft)	4.6km (2.9mi)	6.3km (3.9mi)
1898 乙酰碘 (当泄漏在水中时)	30m (100ft)	0.1km (0.1mi)	0.2km (0.2mi)	30m (100ft)	0.4km (0.3mi)	1.0km (0.7mi)

UN 号/化学品名称	少量泄漏			大量泄漏		
	紧急隔离	白天防护	夜间防护	紧急隔离	白天防护	夜间防护
1911 乙硼烷 1911 乙硼烷(浓缩的) 1911 乙硼烷混合物	60m (200ft)	0.3km (0.2mi)	1.0km (0.6mi)	200m (600ft)	1.3km (0.8mi)	4.0km (2.5mi)
1923 联二亚硫酸钙 (当泄漏在水中时) 1923 次硫酸钙 (当泄漏在水中时) 1923 亚硫酸钙 (当泄漏在水中时)	30m (100ft)	0.2km (0.1mi)	0.5km (0.4mi)	60m (200ft)	0.6km (0.4mi)	2.2km (1.4mi)
1929 联二亚硫酸钾 (当泄漏在水中时) 1929 次硫酸钾 (当泄漏在水中时) 1929 亚硫酸钾 (当泄漏在水中时)	30m (100ft)	0.1km (0.1mi)	0.5km (0.3mi)	60m (200ft)	0.6km (0.4mi)	2.0km (1.2mi)
1931 联二亚硫酸锌 (当泄漏在水中时) 1931 次硫酸锌 (当泄漏在水中时) 1931 亚硫酸锌 (当泄漏在水中时)	30m (100ft)	0.1km (0.1mi)	0.5km (0.3mi)	60m (200ft)	0.6km (0.4mi)	2.0km (1.3mi)
1953 压缩气(有毒的, 可燃的,不另做 详细说明) 1953 压缩气(有毒的,可 燃的,不另做详细说明) (呼吸危险区域 A)	150m (500ft)	1.0km (0.6mi)	3.8km (2.4mi)	1000m (3000ft)	5.6km (3.5mi)	10.2km (6.3mi)
1953 压缩气(可燃的, 有毒的,不另做详细) 说明(呼吸危险区域 B)	30m (100ft)	0.1km (0.1mi)	0.4km (0.2mi)	200m (600ft)	1.2km (0.8mi)	2.6km (1.6mi)
1953 压缩气(可燃的, 有毒的,不另做详细) 说明(呼吸危险区域 C)	30m (100ft)	0.1km (0.1mi)	0.3km (0.2mi)	150m (500ft)	0.9km (0.6mi)	2.4km (1.5mi)
1953 压缩气(可燃的, 有毒的,不另做详细) 说明(呼吸危险区域 D)	30m (100ft)	0.1km (0.1mi)	0.2km (0.1mi)	100m (300ft)	0.7km (0.5mi)	1.9km (1.2mi)

UN 号/化学品名称	少量泄漏			大量泄漏		
	紧急隔离	白天防护	夜间防护	紧急隔离	白天防护	夜间防护
1953 压缩气(可燃的,毒害的,不另做详细说明)						
1953 压缩气(可燃的,毒害的,不另做详细说明)(呼吸危险区域 A)	150m (500ft)	1.0km (0.6mi)	3.8km (2.4mi)	1000m (3000ft)	5.6km (3.5mi)	10.2km (6.3mi)
1953 压缩气(可燃的,毒害的,不另做详细说明)(呼吸危险区域 B)	30m (100ft)	0.1km (0.1mi)	0.4km (0.2mi)	200m (600ft)	1.2km (0.8mi)	2.6km (1.6mi)
1953 压缩气(可燃的,毒害的,不另做详细说明)(呼吸危险区域 C)	30m (100ft)	0.1km (0.1mi)	0.3km (0.2mi)	150m (500ft)	0.9km (0.6mi)	2.4km (1.5mi)
1953 压缩气(可燃的,毒害的,不另做详细说明)(呼吸危险区域 D)	30m (100ft)	0.1km (0.1mi)	0.2km (0.1mi)	100m (300ft)	0.7km (0.5mi)	1.9km (1.2mi)
1955 压缩气体(有毒的,不另做详细说明)						
1955 压缩气体(有毒的,不另做详细说明)(呼吸危险区域 A)	100m (300ft)	0.5km (0.3mi)	2.5km (1.6mi)	1000m (3000ft)	5.6km (3.5mi)	10.2km (6.3mi)
1955 压缩气体(有毒的,不另做详细说明)(呼吸危险区域 B)	30m (100ft)	0.2km (0.1mi)	0.8km (0.5mi)	300m (1000ft)	1.4km (0.9mi)	4.1km (2.6mi)
1955 压缩气体(有毒的,不另做详细说明)(呼吸危险区域 C)	30m (100ft)	0.1km (0.1mi)	0.3km (0.2mi)	150m (500ft)	0.9km (0.6mi)	2.4km (1.5mi)
1955 压缩气体(有毒的,不另做详细说明)(呼吸危险区域 D)	30m (100ft)	0.1km (0.1mi)	0.2km (0.1mi)	100m (300ft)	0.7km (0.5mi)	1.9km (1.2mi)
1955 压缩气体(毒害的,不另做详细说明)						
1955 压缩气体(毒害的,不另做详细说明)(呼吸危险区域 A)	100m (300ft)	0.5km (0.3mi)	2.5km (1.6mi)	1000m (3000ft)	5.6km (3.5mi)	10.2km (6.3mi)
1955 压缩气体(毒害的,不另做详细说明)(呼吸危险区域 B)	30m (100ft)	0.2km (0.1mi)	0.8km (0.5mi)	300m (1000ft)	1.4km (0.9mi)	4.1km (2.6mi)

UN号/化学品名称	少量泄漏			大量泄漏		
	紧急隔离	白天防护	夜间防护	紧急隔离	白天防护	夜间防护
1955 压缩气体(毒害的,不另做详细说明)(呼吸危险区域 C)	30m (100ft)	0.1km (0.1mi)	0.3km (0.2mi)	150m (500ft)	0.9km (0.6mi)	2.4km (1.5mi)
1955 压缩气体(毒害的,不另做详细说明)(呼吸危险区域 D)	30m (100ft)	0.1km (0.1mi)	0.2km (0.1mi)	100m (300ft)	0.7km (0.5mi)	1.9km (1.2mi)
1955 有机磷酸化合物与压缩气混合物	100m (300ft)	1.0km (0.7mi)	3.4km (2.1mi)	500m (1500ft)	4.4km (2.7mi)	9.6km (6.0mi)
1967 气体杀虫剂(有毒的,不另做详细说明) 1967 气体杀虫剂(毒害的,不另做详细说明) 1967 对硫磷与压缩气混合物	100m (300ft)	1.0km (0.7mi)	3.4km (2.1mi)	500m (1500ft)	4.4km (2.7mi)	9.6km (6.0mi)
1975 四氧化二氮与一氧化氮混合物/一氧化氮与二氧化氮混合物	30m (100ft)	0.1km (0.1mi)	0.5km (0.4mi)	100m (300ft)	0.5km (0.4mi)	2.2km (1.4mi)
1994 五羰基铁	100m (300ft)	0.9km (0.6mi)	2.0km (1.2mi)	400m (1250ft)	4.5km (2.8mi)	7.4km (4.6mi)
2004 二酰胺镁(当泄漏在水中时)	30m (100ft)	0.1km (0.1mi)	0.5km (0.3mi)	60m (200ft)	0.6km (0.4mi)	2.1km (1.4mi)
2011 磷化镁(当泄漏在水中时)	60m (200ft)	0.2km (0.1mi)	0.8km (0.5mi)	400m (1500ft)	1.7km (1.1mi)	5.7km (3.6mi)
2012 磷化钾(当泄漏在水中时)	30m (100ft)	0.1km (0.1mi)	0.6km (0.4mi)	300m (1000ft)	1.2km (0.7mi)	3.8km (2.4mi)
2013 磷化锶(当泄漏在水中时)	30m (100ft)	0.1km (0.1mi)	0.5km (0.4mi)	300m (1000ft)	1.1km (0.7mi)	3.7km (2.3mi)
2032 发烟硝酸	30m (100ft)	0.1km (0.1mi)	0.1km (0.1mi)	150m (500ft)	0.2km (0.2mi)	0.4km (0.3mi)
2186 氯化氢,冷冻液	30m (100ft)	0.1km (0.1mi)	0.3km (0.2mi)	参考表3		
2188 胂	150m (500ft)	1.0km (0.6mi)	3.8km (2.4mi)	1000m (3000ft)	5.6km (3.5mi)	10.2km (6.3mi)
2188 胂(战争毒剂)	300m (1000ft)	1.9km (1.2mi)	5.7km (3.6mi)	1000m (3000ft)	8.9km (5.6mi)	11.0+km (7.0+mi)
2189 二氯硅烷	30m (100ft)	0.1km (0.1mi)	0.4km (0.2mi)	200m (600ft)	1.2km (0.8mi)	2.6km (1.6mi)

UN 号/化学品名称	少量泄漏			大量泄漏		
	紧急隔离	白天防护	夜间防护	紧急隔离	白天防护	夜间防护
2190 二氟化氧 2190 二氟化氧(压缩的)	300m (1000ft)	1.6km (1.0mi)	6.7km (4.2mi)	1000m (3000ft)	9.8km (6.1mi)	11.0+km (7.0+mi)
2191 硫酰氟	30m (100ft)	0.1km (0.1mi)	0.5km (0.3mi)	300m (1000ft)	1.9km (1.2mi)	4.4km (2.7mi)
2192 锗烷	150m (500ft)	0.7km (0.5mi)	3.0km (1.9mi)	500m (1500ft)	2.9km (1.8mi)	6.7km (4.2mi)
2194 六氟化硒	200m (600ft)	1.1km (0.7mi)	3.4km (2.1mi)	600m (2000ft)	3.4km (2.1mi)	7.8km (4.9mi)
2195 六氟化碲	600m (2000ft)	3.6km (2.2mi)	8.6km (5.4mi)	1000m (3000ft)	11.0+km (7.0+mi)	11.0+km (7.0+mi)
2196 六氟化钨	30m (100ft)	0.2km (0.1mi)	0.7km (0.5mi)	150m (500ft)	0.9km (0.6mi)	2.8km (1.8mi)
2197 碘化氢(无水的)	30m (100ft)	0.1km (0.1mi)	0.3km (0.2mi)	150m (500ft)	0.9km (0.6mi)	2.4km (1.5mi)
2198 五氟化磷 2198 五氟化磷(压缩的)	30m (100ft)	0.2km (0.1mi)	0.8km (0.5mi)	150m (500ft)	0.8km (0.5mi)	2.9km (1.8mi)
2199 磷化氢	60m (200ft)	0.2km (0.2mi)	1.0km (0.6mi)	300m (1000ft)	1.3km (0.8mi)	3.8km (2.4mi)
2202 硒化氢(无水的)	300m (1000ft)	1.7km (1.1mi)	5.9km (3.7mi)	1000m (3000ft)	11.0+km (7.0+mi)	11.0+km (7.0+mi)
2204 羰基硫 2204 碳酰硫	30m (100ft)	0.1km (0.1mi)	0.3km (0.2mi)	300m (1000ft)	1.3km (0.8mi)	3.2km (2.0mi)
2232 氯乙醛 2232 2-氯乙醇	30m (100ft)	0.2km (0.1mi)	0.3km (0.2mi)	60m (200ft)	0.6km (0.4mi)	1.1km (0.7mi)
2285 异氰酸基氟	30m (100ft)	0.1km (0.1mi)	0.2km (0.1mi)	30m (100ft)	0.4km (0.3mi)	0.6km (0.4mi)
2308 亚硝基 硫酸液体/固体	30m (100ft)	0.1km (0.1mi)	0.4km (0.3mi)	300m (1000ft)	1.0km (0.6mi)	2.8km (1.8mi)
2334 烯丙胺	30m (100ft)	0.2km (0.1mi)	0.5km (0.3mi)	150m (500ft)	1.4km (0.9mi)	2.5km (1.6mi)
2337 苯基硫醇	30m (100ft)	0.1km (0.1mi)	0.1km (0.1mi)	30m (100ft)	0.3km (0.2mi)	0.4km (0.2mi)
2353 丁酰氯 (当泄漏在水中时)	30m (100ft)	0.1km (0.1mi)	0.1km (0.1mi)	30m (100ft)	0.3km (0.2mi)	0.9km (0.6mi)
2382 二甲基 肼,对称的	30m (100ft)	0.2km (0.1mi)	0.3km (0.2mi)	60m (200ft)	0.7km (0.5mi)	1.3km (0.8mi)

UN 号/化学品名称	少量泄漏			大量泄漏		
	紧急隔离	白天防护	夜间防护	紧急隔离	白天防护	夜间防护
2395 异丁酰氯 （当泄漏在水中时）	30m (100ft)	0.1km (0.1mi)	0.1km (0.1mi)	30m (100ft)	0.2km (0.2mi)	0.6km (0.4mi)
2407 氯甲酸异丙酯	30m (100ft)	0.1km (0.1mi)	0.2km (0.2mi)	60m (200ft)	0.5km (0.3mi)	0.9km (0.5mi)
2417 碳酰氟 2417 碳酰氟（压缩的）	100m (300ft)	0.6km (0.4mi)	2.2km (1.4mi)	600m (2000ft)	3.6km (2.2mi)	8.1km (5.1mi)
2418 四氟化硫	100m (300ft)	0.5km (0.4mi)	2.4km (1.5mi)	400m (1250ft)	2.1km (1.3mi)	6.0km (3.8mi)
2420 六氟丙酮	100m (300ft)	0.6km (0.4mi)	2.6km (1.6mi)	1000m (3000ft)	11.0+km (7.0+mi)	11.0+km (7.0+mi)
2421 三氧化二氮	60m (200ft)	0.3km (0.2mi)	1.1km (0.7mi)	150m (500ft)	0.9km (0.6mi)	3.0km (1.9mi)
2434 二苄基二氯硅 烷（当泄漏在水中时）	30m (100ft)	0.1km (0.1mi)	0.1km (0.1mi)	30m (100ft)	0.2km (0.1mi)	0.6km (0.4mi)
2435 乙基苯基二氯硅 烷（当泄漏在水中时）	30m (100ft)	0.1km (0.1mi)	0.1km (0.1mi)	30m (100ft)	0.3km (0.2mi)	1.0km (0.6mi)
2437 甲基苯基二氯 硅烷（当泄漏在水中时）	30m (100ft)	0.1km (0.1mi)	0.2km (0.1mi)	30m (100ft)	0.4km (0.3mi)	1.3km (0.8mi)
2438 三甲基乙酰氯	60m (200ft)	0.5km (0.3mi)	1.0km (0.6mi)	150m (500ft)	2.0km (1.3mi)	3.2km (2.0mi)
2442 三氯乙酰氯	30m (100ft)	0.2km (0.1mi)	0.3km (0.2mi)	60m (200ft)	0.6km (0.4mi)	1.0km (0.7mi)
2474 硫光气	60m (200ft)	0.6km (0.4mi)	1.7km (1.1mi)	200m (600ft)	2.2km (1.4mi)	4.1km (2.5mi)
2477 异硫氰酸甲酯	30m (500ft)	0.1km (0.1mi)	0.1km (0.1mi)	30m (100ft)	0.2km (0.2mi)	0.3km (0.2mi)
2478 异氰酸酯溶液 （易燃的,有毒的)/异 氰酸酯溶液(易燃的, 毒性的)/异氰酸酯(易 燃的,有毒的)/异氰 酸酯(易燃的,毒性的)	60m (200ft)	0.8km (0.5mi)	1.8km (1.1mi)	400m (1250ft)	4.3km (2.7mi)	7.0km (4.3mi)
2480 异氰酸甲酯	150m (500ft)	1.5km (1.0mi)	4.4km (2.8mi)	1000m (3000ft)	11.0+km (7.0+mi)	11.0+km (7.0+mi)
2481 异氰酸乙酯	150m (500ft)	2.0km (1.2mi)	5.1km (3.2mi)	1000m (3000ft)	11.0+km (7.0+mi)	11.0+km (7.0+mi)
2482 n-异氰酸丙酯	100m (300ft)	1.3km (0.8mi)	2.7km (1.7mi)	600m (2000ft)	7.1km (4.4mi)	10.8km (6.7mi)

UN 号/化学品名称	少量泄漏			大量泄漏		
	紧急隔离	白天防护	夜间防护	紧急隔离	白天防护	夜间防护
2483 异丙基异氰酸酯	100m (300ft)	1.4km (0.9mi)	3.0km (1.9mi)	800m (2500ft)	8.4km (5.2mi)	11.0+km (7.0+mi)
2484 叔丁基异氰酸酯	60m (200ft)	0.8km (0.5mi)	1.8km (1.1mi)	400m (1250ft)	4.3km (2.7mi)	7.0km (4.3mi)
2485 n-异氰酸正丁酯	60m (200ft)	0.6km (0.4mi)	1.2km (0.7mi)	200m (600ft)	2.6km (1.6mi)	4.0km (2.5mi)
2486 异氰酸异丁酯	60m (200ft)	0.6km (0.4mi)	1.1km (0.7mi)	200m (600ft)	2.5km (1.6mi)	4.0km (2.5mi)
2487 异氰酸苯酯	60m (200ft)	0.8km (0.5mi)	1.3km (0.8mi)	300m (1000ft)	3.1km (1.9mi)	4.6km (2.9mi)
2488 环己基异氰酸酯	30m (100ft)	0.3km (0.2mi)	0.4km (0.2mi)	100m (300ft)	0.9km (0.6mi)	1.3km (0.8mi)
2495 五氟化碘 (当泄漏在水中时)	30m (100ft)	0.1km (0.1mi)	0.5km (0.4mi)	100m (300ft)	1.1km (0.7mi)	4.1km (2.6mi)
2521 双烯酮(稳态的)	30m (100ft)	0.1km (0.1mi)	0.1km (0.1mi)	30m (100ft)	0.3km (0.2mi)	0.4km (0.3mi)
2534 甲基氯硅烷	30m (100ft)	0.1km (0.1mi)	0.3km (0.2mi)	100m (300ft)	0.6km (0.4mi)	1.4km (0.9mi)
2548 五氟化氯	100m (300ft)	0.5km (0.3mi)	2.5km (1.6mi)	800m (2500ft)	5.2km (3.3mi)	11.0+km (7.0+mi)
2600 一氧化碳和氢气混合物(压缩的)	30m (100ft)	0.1km (0.1mi)	0.2km (0.1mi)	200m (600ft)	1.2km (0.7mi)	4.4km (2.8mi)
2605 甲氧基异氰酸甲酯	30m (100ft)	0.3km (0.2mi)	0.5km (0.3mi)	100m (300ft)	1.0km (0.7mi)	1.5km (1.0mi)
2606 原硅酸甲酯	30m (100ft)	0.2km (0.1mi)	0.3km (0.2mi)	60m (200ft)	0.6km (0.4mi)	0.9km (0.6mi)
2644 甲基碘	30m (100ft)	0.1km (0.1mi)	0.2km (0.1mi)	60m (200ft)	0.3km (0.2mi)	0.6km (0.4mi)
2646 六氯环戊二烯	30m (100ft)	0.1km (0.1mi)	0.1km (0.1mi)	30m (100ft)	0.3km (0.2mi)	0.4km (0.2mi)
2668 氯乙腈	30m (100ft)	0.1km (0.1mi)	0.1km (0.1mi)	30m (100ft)	0.3km (0.2mi)	0.4km (0.2mi)
2676 锑	60m (200ft)	0.3km (0.2mi)	1.6km (1.0mi)	200m (600ft)	1.2km (0.8mi)	4.2km (2.6mi)
2691 五溴化磷 (当泄漏在水中时)	30m (100ft)	0.1km (0.1mi)	0.1km (0.1mi)	30m (100ft)	0.2km (0.1mi)	0.7km (0.4mi)

UN 号/化学品名称	少量泄漏			大量泄漏		
	紧急隔离	白天防护	夜间防护	紧急隔离	白天防护	夜间防护
2692 三溴化硼(当泄漏在陆地上时)	30m (100ft)	0.1km (0.1mi)	0.2km (0.1mi)	30m (100ft)	0.2km (0.1mi)	0.4km (0.3mi)
2692 三溴化硼 (当泄漏在水中时)	30m (100ft)	0.1km (0.1mi)	0.3km (0.2mi)	60m (200ft)	0.5km (0.3mi)	1.7km (1.1mi)
2740 n-丙基氯甲酸酯	30m (100ft)	0.1km (0.1mi)	0.3km (0.2mi)	60m (200ft)	0.5km (0.4mi)	1.0km (0.6mi)
2742 仲丁基氯甲酸酯	30m (100ft)	0.1km (0.1mi)	0.2km (0.1mi)	30m (100ft)	0.4km (0.3mi)	0.5km (0.3mi)
2742 氯甲酸异丁酯(有毒的/毒性的,腐蚀性的,易燃的)	30m (100ft)	0.1km (0.1mi)	0.2km (0.1mi)	30m (100ft)	0.4km (0.2mi)	0.5km (0.4mi)
2742 氯甲酸异丁酯	30m (100ft)	0.1km (0.1mi)	0.1km (0.1mi)	30m (100ft)	0.3km (0.2mi)	0.4km (0.3mi)
2743 n-丁基氯甲酸酯	30m (100ft)	0.1km (0.1mi)	0.1km (0.1mi)	30m (100ft)	0.3km (0.2mi)	0.4km (0.3mi)
2806 氮化锂 (当泄漏在水中时)	30m (100ft)	0.1km (0.1mi)	0.4km (0.3mi)	60m (200ft)	0.6km (0.4mi)	1.9km (1.2mi)
2810 二苯羟乙酸(战争毒剂)	60m (200ft)	0.4km (0.2mi)	1.7km (1.1mi)	400m (1250ft)	2.2km (1.4mi)	8.1km (5.0mi)
2810 氯苄亚乙基丙腈	30m (100ft)	0.1km (0.1mi)	0.6km (0.4mi)	100m (300ft)	0.4km (0.3mi)	1.9km (1.2mi)
2810 二氯(2-氯乙烯)胂(战争毒剂)	30m (100ft)	0.1km (0.1mi)	0.6km (0.4mi)	60m (200ft)	0.4km (0.3mi)	1.8km (1.1mi)
2810 塔崩(战争毒剂)	30m (100ft)	0.2km (0.1mi)	0.2km (0.1mi)	100m (300ft)	0.5km (0.4mi)	0.6km (0.4mi)
2810 沙林(战争毒剂)	60m (200ft)	0.4km (0.3mi)	1.1km (0.7mi)	400m (1250ft)	2.1km (1.3mi)	4.9km (3.0mi)
2810 索曼(战争毒剂)	60m (200ft)	0.4km (0.3mi)	0.7km (0.5mi)	300m (1000ft)	1.8km (1.1mi)	2.7km (1.7mi)
2810GF 毒气 (战争毒剂)	30m (100ft)	0.2km (0.2mi)	0.3km (0.2mi)	150m (500ft)	0.8km (0.5mi)	1.0km (0.6mi)
2810 芥子气(战争毒剂) / 2810 芥子气-路易士气(战争毒剂)	30m (100ft)	0.1km (0.1mi)	0.1km (0.1mi)	60m (200ft)	0.3km (0.2mi)	0.4km (0.3mi)
2810 芥子气纯品 (战争毒剂)	30m (100ft)	0.1km (0.1mi)	0.3km (0.2mi)	100m (300ft)	0.5km (0.3mi)	1.0km (0.6mi)

UN号/化学品名称	少量泄漏			大量泄漏		
	紧急隔离	白天防护	夜间防护	紧急隔离	白天防护	夜间防护
2810 氮芥-1(战争毒剂)	60m (200ft)	0.3km (0.2mi)	0.5km (0.3mi)	200m (600ft)	1.1km (0.7mi)	1.8km (1.1mi)
2810 氮芥-2(战争毒剂)	60m (200ft)	0.3km (0.2mi)	0.6km (0.4mi)	300m (1000ft)	1.3km (0.8mi)	2.1km (1.3mi)
2810 氮芥-3(战争毒剂)	30m (100ft)	0.1km (0.1mi)	0.1km (0.1mi)	60m (200ft)	0.3km (0.2mi)	0.3km (0.2mi)
2810 路易斯毒气(战争毒剂)	30m (100ft)	0.1km (0.1mi)	0.3km (0.2mi)	100m (300ft)	0.5km (0.3mi)	1.0km (0.6mi)
2810 芥;芥末(战争毒剂)	30m (100ft)	0.1km (0.1mi)	0.1km (0.1mi)	60m (200ft)	0.3km (0.2mi)	0.4km (0.3mi)
2810 芥子气路易士气(战争毒剂)	30m (100ft)	0.1km (0.1mi)	0.3km (0.2mi)	100m (300ft)	0.5km (0.3mi)	1.0km (0.6mi)
2810 沙林(战争毒剂)	60m (200ft)	0.4km (0.3mi)	1.1km (0.7mi)	400m (1250ft)	2.1km (1.3mi)	4.9km (3.0mi)
2810 索曼(战争毒剂)	60m (200ft)	0.4km (0.3mi)	0.7km (0.5mi)	300m (1000ft)	1.8km (1.1mi)	2.7km (1.7mi)
2810 塔崩(战争毒剂)	30m (100ft)	0.2km (0.1mi)	0.2km (0.1mi)	100m (300ft)	0.5km (0.4mi)	0.6km (0.4mi)
2810 增稠索曼(战争毒剂)	60m (200ft)	0.4km (0.3mi)	0.7km (0.5mi)	300m (1000ft)	1.8km (1.1mi)	2.7km (1.7mi)
2810 维埃克斯(战争毒剂)	30m (100ft)	0.1km (0.1mi)	0.1km (0.1mi)	60m (200ft)	0.4km (0.2mi)	0.3km (0.2mi)
2811 CX(战争毒剂)	60m (200ft)	0.2km (0.2mi)	1.1km (0.7mi)	200m (600ft)	1.2km (0.7mi)	5.1km (3.2mi)
2826 氯甲酸乙酯	30m (100ft)	0.1km (0.1mi)	0.2km (0.1mi)	30m (100ft)	0.4km (0.2mi)	0.5km (0.4mi)
2845 乙基二氯磷	30m (100ft)	0.3km (0.2mi)	0.7km (0.5mi)	100m (300ft)	1.3km (0.8mi)	2.3km (1.4mi)
2845 甲基二氯磷	30m (100ft)	0.4km (0.2mi)	1.0km (0.7mi)	150m (500ft)	1.9km (1.2mi)	3.5km (2.2mi)
2901 氯化溴	100m (300ft)	0.5km (0.3mi)	1.8km (0.1mi)	800m (2500ft)	4.5km (2.8mi)	10.0km (6.2mi)
2927 乙基硫代膦酰二氯(无水的)	30m (100ft)	0.1km (0.1mi)	0.1km (0.1mi)	30m (100ft)	0.2km (0.1mi)	0.2km (0.1mi)
2927 乙基二氯硫代膦酰	30m (100ft)	0.1km (0.1mi)	0.1km (0.1mi)	30m (100ft)	0.3km (0.2mi)	0.3km (0.2mi)

UN 号/化学品名称	少量泄漏			大量泄漏		
	紧急隔离	白天防护	夜间防护	紧急隔离	白天防护	夜间防护
2977 放射性物质，六氟化铀（裂变的）（当泄漏在水中时） 2977 六氟化铀（裂变的）（含有＞1%的铀-235）（当泄漏在水中时）	30m (100ft)	0.1km (0.1mi)	0.4km (0.3mi)	60m (200ft)	0.5km (0.3mi)	2.1km (1.4mi)
2978 放射性物质，六氟化铀（不裂变或裂变除外）（当泄漏在水中时） 2978 六氟化铀（放射性物质、非裂变的或裂变除外的）（当泄漏在水中时）	30m (100ft)	0.1km (0.1mi)	0.4km (0.3mi)	60m (200ft)	0.5km (0.3mi)	2.1km (1.4mi)
2985 氯硅烷（易燃的，腐蚀性，不另做说明）（当泄漏在水中时）	30m (100ft)	0.1km (0.1mi)	0.2km (0.1mi)	60m (200ft)	0.5km (0.3mi)	1.6km (1.0mi)
2986 氯硅烷（腐蚀性，易燃的，不另做说明）（当泄漏在水中时）	30m (100ft)	0.1km (0.1mi)	0.2km (0.1mi)	60m (200ft)	0.5km (0.3mi)	1.6km (1.0mi)
2987 氯硅烷（腐蚀性，不另做说明）（当泄漏在水中时）	30m (100ft)	0.1km (0.1mi)	0.2km (0.1mi)	60m (200ft)	0.5km (0.3mi)	1.6km (1.0mi)
2988 氯硅烷（遇水反应，易燃，腐蚀性不另做说明）（当泄漏在水中时）	30m (100ft)	0.1km (0.1mi)	0.2km (0.1mi)	60m (200ft)	0.5km (0.3mi)	1.6km (1.0mi)
3023 2-甲基-2-庚硫醇	30m (100ft)	0.1km (0.1mi)	0.2km (0.1mi)	60m (200ft)	0.5km (0.3mi)	0.7km (0.4mi)
3048 磷化铝农药（当泄漏在水中时）	60m (200ft)	0.2km (0.2mi)	0.9km (0.6mi)	500m (1500ft)	2.0km (1.2mi)	7.0km (4.4mi)
3049 卤代烷基金属（遇水反应，不另做说明）（当泄漏在水中时） 3049 卤代芳基金属（遇水反应，不另做说明）（当泄漏在水中时）	30m (100ft)	0.1km (0.1mi)	0.2km (0.1mi)	60m (200ft)	0.4km (0.3mi)	1.3km (0.8mi)

UN 号/化学品名称	少量泄漏			大量泄漏		
	紧急隔离	白天防护	夜间防护	紧急隔离	白天防护	夜间防护
3052 卤代烷基铝(液体) (当泄漏在水中时) 3052 卤代烷基铝(固体) (当泄漏在水中时)	30m (100ft)	0.1km (0.1mi)	0.2km (0.1mi)	60m (200ft)	0.4km (0.3mi)	1.3km (0.8mi)
3057 三氟乙酰氯	30m (100ft)	0.2km (0.1mi)	0.9km (0.6mi)	600m (2000ft)	4.0km (2.5mi)	9.5km (5.9mi)
3079 甲基丙 烯腈(稳态的)	30m (100ft)	0.3km (0.2mi)	0.7km (0.4mi)	150m (500ft)	1.4km (0.9mi)	2.5km (1.6mi)
3083 过氯酰氟	30m (100ft)	0.2km (0.2mi)	1.1km (0.7mi)	800m (2500ft)	4.5km (2.8mi)	9.6km (6.0mi)
3160 液化气体(有毒的, 易燃的,不另做说明) 3160 液化气体(有毒的, 易燃的,不另做说明) (呼吸危险带 A)	150m (500ft)	1.0km (0.6mi)	3.8km (2.4mi)	1000m (3000ft)	5.6km (3.5mi)	10.2km (6.3mi)
3160 液化气体(有毒的, 易燃的,不另做说明) (呼吸危险带 B)	30m (100ft)	0.1km (0.1mi)	0.4km (0.2mi)	200m (600ft)	1.2km (0.8mi)	2.6km (1.6mi)
3160 液化气体(有毒的, 易燃的,不另做说明) (呼吸危险带 C)	30m (100ft)	0.1km (0.1mi)	0.3km (0.2mi)	150m (500ft)	0.9km (0.6mi)	2.4km (1.5mi)
3160 液化气体(有毒的, 易燃的,不另做说明) (呼吸危险带 D)	30m (100ft)	0.1km (0.1mi)	0.2km (0.1mi)	100m (300ft)	0.7km (0.5mi)	1.9km (1.2mi)
3160 液化气体(毒性 的,易燃的,不 另做说明) 3160 液化气体(毒性的, 易燃的,不另做说明) (呼吸危险带 A)	150m (500ft)	1.0km (0.6mi)	3.8km (2.4mi)	1000m (3000ft)	5.6km (3.5mi)	10.2km (6.3mi)
3160 液化气体(毒性的, 易燃的,不另做说明) (呼吸危险带 B)	30m (100ft)	0.1km (0.1mi)	0.4km (0.2mi)	200m (600ft)	1.2km (0.8mi)	2.6km (1.6mi)
3160 液化气体(毒性的, 易燃的,不另做说明) (呼吸危险带 C)	30m (100ft)	0.1km (0.1mi)	0.3km (0.2mi)	150m (500ft)	0.9km (0.6mi)	2.4km (1.5mi)

UN 号/化学品名称	少量泄漏			大量泄漏		
	紧急隔离	白天防护	夜间防护	紧急隔离	白天防护	夜间防护
3160 液化气体（毒性的，易燃的，不另做说明）（呼吸危险带 D）	30m (100ft)	0.1km (0.1mi)	0.2km (0.1mi)	100m (300ft)	0.7km (0.5mi)	1.9km (1.2mi)
3162 液化气体（有毒的，不另做说明） 3162 液化气体（有毒的，不另做说明）（呼吸危险带 A）	100m (300ft)	0.5km (0.3mi)	2.5km (1.6mi)	1000m (3000ft)	5.6km (3.5mi)	10.2km (6.3mi)
3162 液化气体（有毒的，不另做说明）（呼吸危险带 B）	30m (100ft)	0.2km (0.1mi)	0.8km (0.5mi)	300m (1000ft)	1.4km (0.9mi)	4.1km (2.6mi)
3162 液化气体（有毒的，不另做说明）（呼吸危险带 C）	30m (100ft)	0.1km (0.1mi)	0.3km (0.2mi)	150m (500ft)	0.9km (0.6mi)	2.4km (1.5mi)
3162 液化气体（有毒的，不另做说明）（呼吸危险带 D）	30m (100ft)	0.1km (0.1mi)	0.2km (0.1mi)	100m (300ft)	0.7km (0.5mi)	1.9km (1.2mi)
3162 液化气体（毒性的，不另做说明） 3162 液化气体（毒性的，不另做说明）（呼吸危险带 A）	100m (300ft)	0.5km (0.3mi)	2.5km (1.6mi)	1000m (3000ft)	5.6km (3.5mi)	10.2km (6.3mi)
3162 液化气体（毒性的，不另做说明）（呼吸危险带 B）	30m (100ft)	0.2km (0.1mi)	0.8km (0.5mi)	300m (1000ft)	1.4km (0.9mi)	4.1km (2.6mi)
3162 液化气体（毒性的，不另做说明）（呼吸危险带 C）	30m (100ft)	0.1km (0.1mi)	0.3km (0.2mi)	150m (500ft)	0.9km (0.6mi)	2.4km (1.5mi)
3162 液化气体（有毒的，不另做说明）（呼吸危险带 D）	30m (100ft)	0.1km (0.1mi)	0.2km (0.1mi)	100m (300ft)	0.7km (0.5mi)	1.9km (1.2mi)
3246 甲基磺酰氯 3246 甲磺酰氯	30m (100ft)	0.2km (0.1mi)	0.3km (0.2mi)	60m (200ft)	0.6km (0.4mi)	0.8km (0.5mi)
3275 腈（有毒的/毒性的，易燃的，不另做说明）	30m (100ft)	0.3km (0.2mi)	0.7km (0.4mi)	150m (500ft)	1.4km (0.9mi)	2.5km (1.6mi)

UN 号/化学品名称	少量泄漏			大量泄漏		
	紧急隔离	白天防护	夜间防护	紧急隔离	白天防护	夜间防护
3276 腈	30m (100ft)	0.3km (0.2mi)	0.7km (0.4mi)	150m (500ft)	1.4km (0.9mi)	2.5km (1.6mi)
3278 有机磷化 合物(有毒的)	30m (100ft)	0.4km (0.2mi)	1.0km (0.7mi)	150m (500ft)	1.9km (1.2mi)	3.5km (2.2mi)
3279 有机磷化合物 (有毒的,易燃的)	30m (100ft)	0.4km (0.2mi)	1.0km (0.7mi)	150m (500ft)	1.9km (1.2mi)	3.5km (2.2mi)
3280 有机砷化合物 (液体,不另做说明)	30m (100ft)	0.2km (0.1mi)	0.7km (0.5mi)	150m (500ft)	1.5km (1.0mi)	3.5km (2.2mi)
3280 有机砷化合物 (不另做说明)						
3281 金属羰基化合物 (液体,不另做说明)	100m (300ft)	1.4km (0.9mi)	4.9km (3.0mi)	1000m (3000ft)	11.0+km (7.0+mi)	11.0+km (7.0+mi)
3281 金属羰基化合物 (不另做说明)						
3294 氰化氢,乙醇溶液 (含有<45%的氰化氢)	30m (100ft)	0.1km (0.1mi)	0.3km (0.2mi)	200m (600ft)	0.5km (0.3mi)	1.9km (1.2mi)
3300 二氧化碳和 环氧乙烷混合物(含 有>87%的环氧乙烷)	30m (100ft)	0.1km (0.1mi)	0.2km (0.1mi)	100m (300ft)	0.7km (0.5mi)	1.9km (1.2mi)
3300 环氧乙烷和 二氧化碳混合物(含 有>87%的环氧乙烷)						
3303 压缩气体(有毒的, 氧化性,不另做说明)	100m (300ft)	0.5km (0.3mi)	2.5km (1.6mi)	800m (2500ft)	5.2km (3.3mi)	11.0+km (7.0+mi)
3303 压缩气体(有毒的, 氧化性,不另做说明) (呼吸危险带 A)						
3303 压缩气体(有毒的, 氧化性,不另做说明) (呼吸危险带 B)	60m (200ft)	0.3km (0.2mi)	1.1km (0.7mi)	800m (2500ft)	4.5km (2.8mi)	9.6km (6.0mi)
3303 压缩气体(有毒的, 氧化性,不另做说明) (呼吸危险带 C)	30m (100ft)	0.1km (0.1mi)	0.3km (0.2mi)	150m (500ft)	0.9km (0.6mi)	2.4km (1.5mi)
3303 压缩气体(有毒的, 氧化性,不另做说明) (呼吸危险带 D)	30m (100ft)	0.1km (0.1mi)	0.2km (0.1mi)	100m (300ft)	0.7km (0.5mi)	1.9km (1.2mi)

UN号/化学品名称	少量泄漏			大量泄漏		
	紧急隔离	白天防护	夜间防护	紧急隔离	白天防护	夜间防护
3303 压缩气体(毒性的,氧化性,不另做说明) 3303 压缩气体(毒性的,氧化性,不另做说明)(呼吸危险带A)	100m (300ft)	0.5km (0.3mi)	2.5km (1.6mi)	800m (2500ft)	5.2km (3.3mi)	11.0+km (7.0+mi)
3303 压缩气体(有毒的,氧化性,不另做说明)(呼吸危险带B)	60m (200ft)	0.3km (0.2mi)	1.1km (0.7mi)	800m (2500ft)	4.5km (2.8mi)	9.6km (6.0mi)
3303 压缩气体(毒性的,氧化性,不另做说明)(呼吸危险带C)	30m (100ft)	0.1km (0.1mi)	0.3km (0.2mi)	150m (500ft)	0.9km (0.6mi)	2.4km (1.5mi)
3303 压缩气体(毒性的,氧化性,不另做说明)(呼吸危险带D)	30m (100ft)	0.1km (0.1mi)	0.2km (0.1mi)	100m (300ft)	0.7km (0.5mi)	1.9km (1.2mi)
3304 压缩气体(有毒的,腐蚀性,不另做说明) 3304 压缩气体(有毒的,腐蚀性,不另做说明)(呼吸危险带A)	100m (300ft)	0.6km (0.4mi)	2.5km (1.5mi)	500m (1500ft)	3.0km (1.9mi)	9.0km (5.6mi)
3304 压缩气体(有毒的,腐蚀性,不另做说明)(呼吸危险带B)	30m (100ft)	0.2km (0.2mi)	1.0km (0.6mi)	400m (1250ft)	2.2km (1.4mi)	4.8km (3.0mi)
3304 压缩气体(有毒的,腐蚀性,不另做说明)(呼吸危险带C)	30m (100ft)	0.1km (0.1mi)	0.4km (0.3mi)	150m (500ft)	0.9km (0.6mi)	2.6km (1.6mi)
3304 压缩气体(有毒的,腐蚀性,不另做说明)(呼吸危险带D)	30m (100ft)	0.1km (0.1mi)	0.2km (0.1mi)	150m (500ft)	0.7km (0.5mi)	1.9km (1.2mi)
3304 压缩气体(毒性的,腐蚀性,不另做说明) 3304 压缩气体(毒性的,腐蚀性,不另做说明)(呼吸危险带A)	100m (300ft)	0.6km (0.4mi)	2.5km (1.5mi)	500m (1500ft)	3.0km (1.9mi)	9.0km (5.6mi)
3304 压缩气体(毒性的,腐蚀性,不另做说明)(呼吸危险带B)	30m (100ft)	0.2km (0.2mi)	1.0km (0.6mi)	400m (1250ft)	2.2km (1.4mi)	4.8km (3.0mi)

UN 号/化学品名称	少量泄漏			大量泄漏		
	紧急隔离	白天防护	夜间防护	紧急隔离	白天防护	夜间防护
3304 压缩气体(毒性的,腐蚀性,不另做说明)(呼吸危险带 C)	30m (100ft)	0.1km (0.1mi)	0.4km (0.3mi)	150m (500ft)	0.9km (0.6mi)	2.6km (1.6mi)
3304 压缩气体(毒性的,腐蚀性,不另做说明)(呼吸危险带 D)	30m (100ft)	0.1km (0.1mi)	0.2km (0.1mi)	150m (500ft)	0.7km (0.5mi)	1.9km (1.2mi)
3305 压缩气体(有毒的,易燃的,腐蚀性,不另做说明) 3305 压缩气体(有毒的,易燃的,腐蚀性,不另做说明)(呼吸危险带 A)	150m (500ft)	1.0km (0.6mi)	3.8km (2.4mi)	1000m (3000ft)	5.6km (3.5mi)	10.2km (6.3mi)
3305 压缩气体(有毒的,易燃的,腐蚀性,不另做说明)(呼吸危险带 B)	30m (100ft)	0.1km (0.1mi)	0.4km (0.2mi)	200m (600ft)	1.2km (0.8mi)	2.6km (1.6mi)
3305 压缩气体(有毒的,易燃的,腐蚀性,不另做说明)(呼吸危险带 C)	30m (100ft)	0.1km (0.1mi)	0.3km (0.2mi)	150m (500ft)	0.9km (0.6mi)	2.4km (1.5mi)
3305 压缩气体(有毒的,易燃的,腐蚀性,不另做说明)(呼吸危险带 D)	30m (100ft)	0.1km (0.1mi)	0.2km (0.1mi)	100m (300ft)	0.7km (0.5mi)	1.9km (1.2mi)
3305 压缩气体(毒性的,易燃的,腐蚀性,不另做说明) 3305 压缩气体(毒性的,易燃的,腐蚀性,不另做说明)(呼吸危险带 A)	150m (500ft)	1.0km (0.6mi)	3.8km (2.4mi)	1000m (3000ft)	5.6km (3.5mi)	10.2km (6.3mi)
3305 压缩气体(毒性的,易燃的,腐蚀性,不另做说明)(呼吸危险带 B)	30m (100ft)	0.1km (0.1mi)	0.4km (0.2mi)	200m (600ft)	1.2km (0.8mi)	2.6km (1.6mi)
3305 压缩气体(毒性的,易燃的,腐蚀性,不另做说明)(呼吸危险带 C)	30m (100ft)	0.1km (0.1mi)	0.3km (0.2mi)	150m (500ft)	0.9km (0.6mi)	2.4km (1.5mi)
3305 压缩气体(毒性的,易燃的,腐蚀性,不另做说明)(呼吸危险带 D)	30m (100ft)	0.1km (0.1mi)	0.2km (0.1mi)	100m (300ft)	0.7km (0.5mi)	1.9km (1.2mi)

UN号/化学品名称	少量泄漏			大量泄漏		
	紧急隔离	白天防护	夜间防护	紧急隔离	白天防护	夜间防护
3306 压缩气体(有毒的,氧化性,腐蚀性,不另做说明) 3306 压缩气体(有毒的,氧化性,腐蚀性,不另做说明)(呼吸危险带A)	100m (300ft)	0.5km (0.3mi)	2.5km (1.6mi)	800m (2500ft)	5.2km (3.3mi)	11.0+km (7.0+mi)
3306 压缩气体(有毒的,氧化性,腐蚀性,不另做说明)(呼吸危险带B)	60m (200ft)	0.3km (0.2mi)	1.1km (0.7mi)	800m (2500ft)	4.5km (2.8mi)	9.6km (6.0mi)
3306 压缩气体(有毒的,氧化性,腐蚀性,不另做说明)(呼吸危险带C)	30m (100ft)	0.1km (0.1mi)	0.3km (0.2mi)	150m (500ft)	0.9km (0.6mi)	2.4km (1.5mi)
3306 压缩气体(有毒的,氧化性,腐蚀性,不另做说明)(呼吸危险带D)	30m (100ft)	0.1km (0.1mi)	0.2km (0.1mi)	100m (300ft)	0.7km (0.5mi)	1.9km (1.2mi)
3306 压缩气体(毒性的,氧化性,腐蚀性,不另做说明) 3306 压缩气体(毒性的,氧化性,腐蚀性,不另做说明)(呼吸危险带A)	100m (300ft)	0.5km (0.4mi)	2.5km (1.6mi)	800m (2500ft)	5.2km (3.3mi)	11.0+km (7.0+mi)
3306 压缩气体(毒性的,氧化性,腐蚀性,不另做说明)(呼吸危险带B)	60m (200ft)	0.3km (0.2mi)	1.1km (0.7mi)	800m (2500ft)	4.5km (2.8mi)	9.6km (6.0mi)
3306 压缩气体(毒性的,氧化性,腐蚀性,不另做说明)(呼吸危险带C)	30m (100ft)	0.1km (0.1mi)	0.3km (0.2mi)	150m (500ft)	0.9km (0.6mi)	2.4km (1.5mi)
3306 压缩气体(毒性的,氧化性,腐蚀性,不另做说明)(呼吸危险带D)	30m (100ft)	0.1km (0.1mi)	0.2km (0.1mi)	100m (300ft)	0.7km (0.5mi)	1.9km (1.2mi)
3307 液化气体(有毒的,氧化性,不另做说明) 3307 液化气体(有毒的,氧化性,不另做说明)(呼吸危险带A)	100m (300ft)	0.5km (0.3mi)	2.5km (1.6mi)	800m (2500ft)	5.2km (3.3mi)	11.0+km (7.0+mi)
3307 液化气体(有毒的,氧化性,不另做说明)(呼吸危险带B)	60m (200ft)	0.3km (0.2mi)	1.1km (0.7mi)	800m (2500ft)	4.5km (2.8mi)	9.6km (6.0mi)

UN 号/化学品名称	少量泄漏			大量泄漏		
	紧急隔离	白天防护	夜间防护	紧急隔离	白天防护	夜间防护
3307 液化气体(有毒的, 氧化性,不另做说明) (呼吸危险带 C)	30m (100ft)	0.1km (0.1mi)	0.3km (0.2mi)	150m (500ft)	0.9km (0.6mi)	2.4km (1.5mi)
3307 液化气体(有毒的, 氧化性,不另做说明) (呼吸危险带 D)	30m (100ft)	0.1km (0.1mi)	0.2km (0.1mi)	100m (300ft)	0.7km (0.5mi)	1.9km (1.2mi)
3307 液化气体(毒性的, 氧化性,不另做说明) 3307 液化气体(毒性的,氧化性,不另做说明) (呼吸危险带 A)	100m (300ft)	0.5km (0.3mi)	2.5km (1.6mi)	800m (2500ft)	5.2km (3.3mi)	11.0+km (7.0+mi)
3307 液化气体(毒性的, 氧化性,不另做说明) (呼吸危险带 B)	60m (200ft)	0.3km (0.2mi)	1.1km (0.7mi)	800m (2500ft)	4.5km (2.8mi)	9.6km (6.0mi)
3307 液化气体(毒性的, 氧化性,不另做说明) (呼吸危险带 C)	30m (100ft)	0.1km (0.1mi)	0.3km (0.2mi)	150m (500ft)	0.9km (0.6mi)	2.4km (1.5mi)
3307 液化气体(毒性的, 氧化性,不另做说明) (呼吸危险带 D)	30m (100ft)	0.1km (0.1mi)	0.2km (0.1mi)	100m (300ft)	0.7km (0.5mi)	1.9km (1.2mi)
3308 液化气体(有毒的, 腐蚀性,不另做说明) 3308 液化气体(有毒的,腐蚀性,不另做说明) (呼吸危险带 A)	100m (300ft)	0.6km (0.4mi)	2.5km (1.5mi)	500m (1500ft)	3.0km (1.9mi)	9.0km (5.6mi)
3308 液化气体(有毒的, 腐蚀性,不另做说明) (呼吸危险带 B)	30m (100ft)	0.2km (0.2mi)	1.0km (0.6mi)	400m (1250ft)	2.2km (1.4mi)	4.8km (3.0mi)
3308 液化气体(有毒的, 腐蚀性,不另做说明) (呼吸危险带 C)	30m (100ft)	0.1km (0.1mi)	0.4km (0.3mi)	150m (500ft)	0.9km (0.6mi)	2.6km (1.6mi)
3308 液化气体(有毒的, 腐蚀性,不另做说明) (呼吸危险带 D)	30m (100ft)	0.1km (0.1mi)	0.2km (0.1mi)	150m (500ft)	0.7km (0.5mi)	1.9km (1.2mi)
3308 液化气体(毒性的, 腐蚀性,不另做说明) 3308 液化气体(毒性的,腐蚀性,不另做说明) (呼吸危险带 A)	100m (300ft)	0.6km (0.4mi)	2.5km (1.5mi)	500m (1500ft)	3.0km (1.9mi)	9.0km (5.6mi)

UN号/化学品名称	少量泄漏			大量泄漏		
	紧急隔离	白天防护	夜间防护	紧急隔离	白天防护	夜间防护
3308 液化气体(毒性的,腐蚀性,不另做说明)(呼吸危险带B)	30m(100ft)	0.2km(0.2mi)	1.0km(0.6mi)	400m(1250ft)	2.2km(1.4mi)	4.8km(3.0mi)
3308 液化气体(毒性的,腐蚀性,不另做说明)(呼吸危险带C)	30m(100ft)	0.1km(0.1mi)	0.4km(0.3mi)	150m(500ft)	0.9km(0.6mi)	2.6km(1.6mi)
3308 液化气体(毒性的,腐蚀性,不另做说明)(呼吸危险带D)	30m(100ft)	0.1km(0.1mi)	0.2km(0.1mi)	150m(500ft)	0.7km(0.5mi)	1.9km(1.2mi)
3309 液化气体(有毒的,易燃的,腐蚀性,不另做说明) 3309 液化气体(有毒的,易燃的,腐蚀性,不另做说明)(呼吸危险带A)	150m(500ft)	1.0km(0.6mi)	3.8km(2.4mi)	1000m(3000ft)	5.6km(3.5mi)	10.2km(6.3mi)
3309 液化气体(有毒的,易燃的,腐蚀性,不另做说明)(呼吸危险带B)	30m(100ft)	0.1km(0.1mi)	0.4km(0.2mi)	200m(600ft)	1.2km(0.8mi)	2.6km(1.6mi)
3309 液化气体(有毒的,易燃的,腐蚀性,不另做说明)(呼吸危险带C)	30m(100ft)	0.1km(0.1mi)	0.3km(0.2mi)	150m(500ft)	0.9km(0.6mi)	2.4km(1.5mi)
3309 液化气体(有毒的,易燃的,腐蚀性,不另做说明)(呼吸危险带D)	30m(100ft)	0.1km(0.1mi)	0.2km(0.1mi)	100m(300ft)	0.7km(0.5mi)	1.9km(1.2mi)
3309 液化气体(毒性的,易燃的,腐蚀性,不另做说明) 3309 液化气体(毒性的,易燃的,腐蚀性,不另做说明)(呼吸危险带A)	150m(500ft)	1.0km(0.6mi)	3.8km(2.4mi)	1000m(3000ft)	5.6km(3.5mi)	10.2km(6.3mi)
3309 液化气体(毒性的,易燃的,腐蚀性,不另做说明)(呼吸危险带B)	30m(100ft)	0.1km(0.1mi)	0.4km(0.2mi)	200m(600ft)	1.2km(0.8mi)	2.6km(1.6mi)
3309 液化气体(毒性的,易燃的,腐蚀性,不另做说明)(呼吸危险带C)	30m(100ft)	0.1km(0.1mi)	0.3km(0.2mi)	150m(500ft)	0.9km(0.6mi)	2.4km(1.5mi)
3309 液化气体(毒性的,易燃的,腐蚀性,不另做说明)(呼吸危险带D)	30m(100ft)	0.1km(0.1mi)	0.2km(0.1mi)	100m(300ft)	0.7km(0.5mi)	1.9km(1.2mi)

UN号/化学品名称	少量泄漏			大量泄漏		
	紧急隔离	白天防护	夜间防护	紧急隔离	白天防护	夜间防护
3310 液化气体(有毒的,氧化性,腐蚀性,不另做说明) 3310 液化气体(有毒的,氧化性,腐蚀性,不另做说明)(呼吸危险带 A)	100m (300ft)	0.5km (0.3mi)	2.5km (1.6mi)	800m (2500ft)	5.2km (3.3mi)	11.0+km (7.0+mi)
3310 液化气体(有毒的,氧化性,腐蚀性,不另做说明)(呼吸危险带 B)	60m (200ft)	0.3km (0.2mi)	1.1km (0.7mi)	800m (2500ft)	4.5km (2.8mi)	9.6km (6.0mi)
3310 液化气体(有毒的,氧化性,腐蚀性,不另做说明)(呼吸危险带 C)	30m (100ft)	0.1km (0.1mi)	0.3km (0.2mi)	150m (500ft)	0.9km (0.6mi)	2.4km (1.5mi)
3310 液化气体(有毒的,氧化性,腐蚀性,不另做说明)(呼吸危险带 D)	30m (100ft)	0.1km (0.1mi)	0.2km (0.1mi)	100m (300ft)	0.7km (0.5mi)	1.9km (1.2mi)
3310 液化气体(毒性的,氧化性,腐蚀性,不另做说明) 3310 液化气体(毒性的,氧化性,腐蚀性,不另做说明)(呼吸危险带 A)	100m (300ft)	0.5km (0.3mi)	2.5km (1.6mi)	800m (2500ft)	5.2km (3.3mi)	11.0+km (7.0+mi)
3310 液化气体(毒性的,氧化性,腐蚀性,不另做说明)(呼吸危险带 B)	60m (200ft)	0.3km (0.2mi)	1.1km (0.7mi)	800m (2500ft)	4.5km (2.8mi)	9.6km (6.0mi)
3310 液化气体(毒性的,氧化性,腐蚀性,不另做说明)(呼吸危险带 C)	30m (100ft)	0.1km (0.1mi)	0.3km (0.2mi)	150m (500ft)	0.9km (0.6mi)	2.4km (1.5mi)
3310 液化气体(毒性的,氧化性,腐蚀性,不另做说明)(呼吸危险带 D)	30m (100ft)	0.1km (0.1mi)	0.2km (0.1mi)	100m (300ft)	0.7km (0.5mi)	1.9km (1.2mi)
3318 氨水(含有>50%的氨)	30m (100ft)	0.1km (0.1mi)	0.2km (0.1mi)	150m (500ft)	0.7km (0.5mi)	1.9km (1.2mi)
3355 气体杀虫剂(有毒的,易燃的,不另做说明) 3355 气体杀虫剂(有毒的,易燃的,不另做说明)(呼吸危险带 A)	150m (500ft)	1.0km (0.6mi)	3.8km (2.4mi)	1000m (3000ft)	5.6km (3.5mi)	10.2km (6.3mi)

UN 号/化学品名称	少量泄漏			大量泄漏		
	紧急隔离	白天防护	夜间防护	紧急隔离	白天防护	夜间防护
3355 气体杀虫剂(有毒的,易燃的,不另做说明)(呼吸危险带 B)	30m (100ft)	0.1km (0.1mi)	0.4km (0.2mi)	200m (600ft)	1.2km (0.8mi)	2.6km (1.6mi)
3355 气体杀虫剂(有毒的,易燃的,不另做说明)(呼吸危险带 C)	30m (100ft)	0.1km (0.1mi)	0.3km (0.2mi)	150m (500ft)	0.9km (0.6mi)	2.4km (1.5mi)
3355 气体杀虫剂(有毒的,易燃的,不另做说明)(呼吸危险带 D)	30m (100ft)	0.1km (0.1mi)	0.2km (0.1mi)	100m (300ft)	0.7km (0.5mi)	1.9km (1.2mi)
3355 气体杀虫剂(毒性的,易燃的,不另做说明) 3355 气体杀虫剂(毒性的,易燃的,不另做说明)(呼吸危险带 A)	150m (500ft)	1.0km (0.6mi)	3.8km (2.4mi)	1000m (3000ft)	5.6km (3.5mi)	10.2km (6.3mi)
3355 气体杀虫剂(毒性的,易燃的,不另做说明)(呼吸危险带 B)	30m (100ft)	0.1km (0.1mi)	0.4km (0.2mi)	200m (600ft)	1.2km (0.8mi)	2.6km (1.6mi)
3355 气体杀虫剂(毒性的,易燃的,不另做说明)(呼吸危险带 C)	30m (100ft)	0.1km (0.1mi)	0.3km (0.2mi)	150m (500ft)	0.9km (0.6mi)	2.4km (1.5mi)
3355 气体杀虫剂(毒性的,易燃的,不另做说明)(呼吸危险带 D)	30m (100ft)	0.1km (0.1mi)	0.2km (0.1mi)	100m (300ft)	0.7km (0.5mi)	1.9km (1.2mi)
3361 氯硅烷(有毒的,腐蚀性,不另做说明)(当泄漏到水中时)	30m (100ft)	0.1km (0.1mi)	0.2km (0.1mi)	60m (200ft)	0.5km (0.3mi)	1.6km (1.0mi)
3362 氯硅烷(有毒的,腐蚀性,易燃的,不另做说明)(当泄漏到水中时)	30m (100ft)	0.1km (0.1mi)	0.2km (0.1mi)	60m (200ft)	0.5km (0.3mi)	1.6km (1.0mi)
3381 由吸入液体中毒(不另做说明)(呼吸危险带 A)	30m (100ft)	0.4km (0.3mi)	1.2km (0.8mi)	200m (600ft)	2.5km (1.6mi)	4.0km (2.5mi)
3382 由吸入液体中毒(不另做说明)(呼吸危险带 B)	30m (100ft)	0.1km (0.1mi)	0.2km (0.1mi)	60m (200ft)	0.5km (0.3mi)	0.7km (0.4mi)
3383 由吸入易燃液体中毒(不另做说明)(呼吸危险带 A)	60m (200ft)	0.5km (0.3mi)	1.4km (0.9mi)	150m (500ft)	2.0km (1.3mi)	4.7km (3.0mi)

UN 号/化学品名称	少量泄漏			大量泄漏		
	紧急隔离	白天防护	夜间防护	紧急隔离	白天防护	夜间防护
3384 由吸入易燃液体中毒(不另做说明)(呼吸危险带 B)	30m (100ft)	0.1km (0.1mi)	0.2km (0.1mi)	60m (200ft)	0.5km (0.3mi)	0.7km (0.5mi)
3385 由吸入与水反应的液体中毒(不另做说明)(呼吸危险带 A)	30m (100ft)	0.4km (0.3mi)	1.2km (0.8mi)	200m (600ft)	2.5km (1.6mi)	4.0km (2.5mi)
3386 由吸入与水反应的液体中毒(不另做说明)(呼吸危险带 B)	30m (100ft)	0.1km (0.1mi)	0.2km (0.1mi)	60m (200ft)	0.5km (0.3mi)	0.7km (0.4mi)
3387 由吸入氧化性液体中毒(不另做说明)(呼吸危险带 A)	30m (100ft)	0.4km (0.2mi)	1.2km (0.8mi)	200m (600ft)	2.5km (1.6mi)	4.0km (2.5mi)
3388 由吸入氧化性液体中毒(不另做说明)(呼吸危险带 B)	30m (100ft)	0.1km (0.1mi)	0.2km (0.1mi)	30m (100ft)	0.3km (0.2mi)	0.5km (0.3mi)
3389 由吸入腐蚀性液体中毒(不另做说明)(呼吸危险带 A)	60m (200ft)	0.3km (0.2mi)	0.7km (0.4mi)	300m (1000ft)	1.5km (0.9mi)	2.6km (1.6mi)
3390 由吸入腐蚀性液体中毒(不另做说明)(呼吸危险带 B)	30m (100ft)	0.1km (0.1mi)	0.2km (0.1mi)	60m (200ft)	0.5km (0.3mi)	0.6km (0.4mi)
3456 亚硝基硫酸(当泄漏在水中时)	60m (200ft)	0.2km (0.1mi)	0.6km (0.4mi)	300m (1000ft)	0.8km (0.5mi)	2.8km (1.8mi)
3461 铝卤代烃(固体)(当泄漏在水中时)	30m (100ft)	0.1km (0.1mi)	0.2km (0.1mi)	60m (200ft)	0.4km (0.3mi)	1.3km (0.8mi)
3488 由吸入易燃、腐蚀性液体中毒(不另做说明)(呼吸危险带 A)	100m (300ft)	0.9km (0.6mi)	2.0km (1.2mi)	400m (1250ft)	4.5km (2.8mi)	7.4km (4.6mi)
3489 由吸入易燃、腐蚀性液体中毒(不另做说明)(呼吸危险带 B)	30m (100ft)	0.2km (0.1mi)	0.2km (0.1mi)	60m (200ft)	0.5km (0.3mi)	0.8km (0.5mi)
3490 由吸入与水反应的、易燃的液体中毒(不另做说明)(呼吸危险带 A)	60m (200ft)	0.5km (0.3mi)	1.4km (0.9mi)	150m (500ft)	2.0km (1.3mi)	4.7km (3.0mi)
3491 由吸入与水反应的、易燃的液体中毒(不另做说明)(呼吸危险带 B)	30m (100ft)	0.2km (0.1mi)	0.2km (0.1mi)	60m (200ft)	0.5km (0.3mi)	0.8km (0.5mi)

UN 号/化学品名称	少量泄漏			大量泄漏		
	紧急隔离	白天防护	夜间防护	紧急隔离	白天防护	夜间防护
3492 由吸入腐蚀性、易燃性液体中毒（不另做说明）（呼吸危险带 A）	100m (300ft)	0.9km (0.6mi)	2.0km (1.2mi)	400m (1250ft)	4.5km (2.8mi)	7.4km (4.6mi)
3493 由吸入腐蚀性、易燃性液体中毒（不另做说明）（呼吸危险带 B）	30m (100ft)	0.2km (0.1mi)	0.2km (0.1mi)	60m (200ft)	0.5km (0.3mi)	0.8km (0.5mi)
3494 石油含硫原油（易燃的,有毒的）	30m (100ft)	0.1km (0.1mi)	0.2km (0.1mi)	60m (200ft)	0.5km (0.3mi)	0.7km (0.4mi)
3507 六氟化铀（放射性物质,除外包装,每包 0.1kg 以内,非裂变的或易裂变的除外）（当泄漏到水中时）	30m (100ft)	0.1km (0.1mi)	0.1km (0.1mi)	30m (100ft)	0.1km (0.1mi)	0.1km (0.1mi)
3512 吸附气体（有毒）（呼吸危险带 A）	30m (100ft)	0.1km (0.1mi)	0.2km (0.1mi)	30m (100ft)	0.1km (0.1mi)	0.4km (0.2mi)
3512 吸附气体（有毒）（呼吸危险带 B/C/D）	30m (100ft)	0.1km (0.1mi)	0.1km (0.1mi)	30m (100ft)	0.1km (0.1mi)	0.1km (0.1mi)
3512 吸附气体（毒性的）（呼吸危险带 A）	30m (100ft)	0.1km (0.1mi)	0.2km (0.1mi)	30m (100ft)	0.1km (0.1mi)	0.4km (0.2mi)
3512 吸附气体（毒性的）（呼吸危险带 B/C/D）	30m (100ft)	0.1km (0.1mi)	0.1km (0.1mi)	30m (100ft)	0.1km (0.1mi)	0.1km (0.1mi)
3514 吸附气体（易燃的）（呼吸危险带 A）	30m (100ft)	0.1km (0.1mi)	0.2km (0.1mi)	30m (100ft)	0.1km (0.1mi)	0.4km (0.2mi)
3514 吸附气体（易燃的）（呼吸危险带 B/C/D）	30m (100ft)	0.1km (0.1mi)	0.1km (0.1mi)	30m (100ft)	0.1km (0.1mi)	0.1km (0.1mi)
3514 吸附气体（毒性的,易燃的）（呼吸危险带 A）	30m (100ft)	0.1km (0.1mi)	0.2km (0.1mi)	30m (100ft)	0.1km (0.1mi)	0.4km (0.2mi)
3514 吸附气体（毒性的,易燃的）（呼吸危险带 B/C/D）	30m (100ft)	0.1km (0.1mi)	0.1km (0.1mi)	30m (100ft)	0.1km (0.1mi)	0.1km (0.1mi)
3515 吸附气体（有毒的,氧化的）（呼吸危险带 A）	30m (100ft)	0.1km (0.1mi)	0.2km (0.1mi)	30m (100ft)	0.1km (0.1mi)	0.4km (0.2mi)
3515 吸附气体（有毒的,氧化的）（呼吸危险带 B/C/D）	30m (100ft)	0.1km (0.1mi)	0.1km (0.1mi)	30m (100ft)	0.1km (0.1mi)	0.1km (0.1mi)
3515 吸附气体（毒性的,氧化的）（呼吸危险带 A）	30m (100ft)	0.1km (0.1mi)	0.2km (0.1mi)	30m (100ft)	0.1km (0.1mi)	0.4km (0.2mi)
3515 吸附气体（毒性的,氧化的）（呼吸危险带 B/C/D）	30m (100ft)	0.1km (0.1mi)	0.1km (0.1mi)	30m (100ft)	0.1km (0.1mi)	0.1km (0.1mi)

UN 号/化学品名称	少量泄漏			大量泄漏		
	紧急隔离	白天防护	夜间防护	紧急隔离	白天防护	夜间防护
3516 吸附气体(有毒的,易腐蚀的)(呼吸危险带 A)	30m (100ft)	0.1km (0.1mi)	0.2km (0.1mi)	30m (100ft)	0.1km (0.1mi)	0.4km (0.2mi)
3516 吸附气体(有毒的,易腐蚀的)(呼吸危险带 B/C/D)	30m (100ft)	0.1km (0.1mi)	0.1km (0.1mi)	30m (100ft)	0.1km (0.1mi)	0.1km (0.1mi)
3516 吸附气体(毒性的,易腐蚀的))(呼吸危险带 A)	30m (100ft)	0.1km (0.1mi)	0.2km (0.1mi)	30m (100ft)	0.1km (0.1mi)	0.4km (0.2mi)
3516 吸附气体(毒性的,易腐蚀的)(呼吸危险带 B/C/D)	30m (100ft)	0.1km (0.1mi)	0.1km (0.1mi)	30m (100ft)	0.1km (0.1mi)	0.1km (0.1mi)
3517 吸附气体(有毒的,易燃的,易腐蚀的)(呼吸危险带 A)	30m (100ft)	0.1km (0.1mi)	0.2km (0.1mi)	30m (100ft)	0.1km (0.1mi)	0.4km (0.2mi)
3517 吸附气体(有毒的,易燃的,易腐蚀的)(呼吸危险带 B/C/D)	30m (100ft)	0.1km (0.1mi)	0.1km (0.1mi)	30m (100ft)	0.1km (0.1mi)	0.1km (0.1mi)
3517 吸附气体(毒性的,易燃的,易腐蚀的)(呼吸危险带 A)	30m (100ft)	0.1km (0.1mi)	0.2km (0.1mi)	30m (100ft)	0.1km (0.1mi)	0.4km (0.2mi)
3517 吸附气体(毒性的,易燃的,易腐蚀的)(呼吸危险带 B/C/D)	30m (100ft)	0.1km (0.1mi)	0.1km (0.1mi)	30m (100ft)	0.1km (0.1mi)	0.1km (0.1mi)
3518 吸附气体(有毒的,氧化的,易腐蚀的)(呼吸危险带 A)	30m (100ft)	0.1km (0.1mi)	0.2km (0.1mi)	30m (100ft)	0.1km (0.1mi)	0.4km (0.2mi)
3518 吸附气体(有毒的,氧化的,易腐蚀的)(呼吸危险带 B/C/D)	30m (100ft)	0.1km (0.1mi)	0.1km (0.1mi)	30m (100ft)	0.1km (0.1mi)	0.1km (0.1mi)
3518 吸附气体(毒性的,氧化的,易腐蚀的)(呼吸危险带 A)	30m (100ft)	0.1km (0.1mi)	0.2km (0.1mi)	30m (100ft)	0.1km (0.1mi)	0.4km (0.2mi)
3518 吸附气体(毒性的,氧化的,易腐蚀的)(呼吸危险带 B/C/D)	30m (100ft)	0.1km (0.1mi)	0.1km (0.1mi)	30m (100ft)	0.1km (0.1mi)	0.1km (0.1mi)
3519 三氟化硼(吸附)	30m (100ft)	0.1km (0.1mi)	0.1km (0.1mi)	30m (100ft)	0.1km (0.1mi)	0.1km (0.1mi)

UN 号/化学品名称	少量泄漏			大量泄漏		
	紧急隔离	白天防护	夜间防护	紧急隔离	白天防护	夜间防护
3520 氯(吸附)	30m (100ft)	0.1km (0.1mi)	0.1km (0.1mi)	30m (100ft)	0.1km (0.1mi)	0.1km (0.1mi)
3521 四氟化硅(吸附)	30m (100ft)	0.1km (0.1mi)	0.1km (0.1mi)	30m (100ft)	0.1km (0.1mi)	0.1km (0.1mi)
3522 砷化氢(吸附)	30m (100ft)	0.1km (0.1mi)	0.2km (0.1mi)	30m (100ft)	0.1km (0.1mi)	0.4km (0.2mi)
3523 甲锗烷(吸附)	30m (100ft)	0.1km (0.1mi)	0.2km (0.1mi)	30m (100ft)	0.1km (0.1mi)	0.4km (0.2mi)
3524 五氟化磷(吸附)	30m (100ft)	0.1km (0.1mi)	0.1km (0.1mi)	30m (100ft)	0.1km (0.1mi)	0.1km (0.1mi)
3525 磷化氢(吸附)	30m (100ft)	0.1km (0.1mi)	0.1km (0.1mi)	30m (100ft)	0.1km (0.1mi)	0.2km (0.1mi)
3256 硒化氢(吸附)	30m (100ft)	0.1km (0.1mi)	0.2km (0.1mi)	30m (100ft)	0.1km (0.1mi)	0.4km (0.3mi)
9191 二氧化氯(水合物,冷冻的)(当泄漏在水中时)	30m (100ft)	0.1km (0.1mi)	0.1km (0.1mi)	30m (100ft)	0.2km (0.2mi)	0.5km (0.3mi)
9202 一氧化碳(冷冻液)(低温冷却液)	30m (100ft)	0.1km (0.1mi)	0.2km (0.1mi)	200m (600ft)	1.2km (0.7mi)	4.4km (2.8mi)
9206 甲基二氯化膦	30m (100ft)	0.1km (0.1mi)	0.2km (0.1mi)	30m (100ft)	0.4km (0.2mi)	0.5km (0.3mi)
9263 氯代特戊酰氯	30m (100ft)	0.1km (0.1mi)	0.1km (0.1mi)	30m (100ft)	0.2km (0.2mi)	0.3km (0.2mi)
9264 3,5-二氯-2,4,6-三氟吡啶	30m (100ft)	0.1km (0.1mi)	0.1km (0.1mi)	30m (100ft)	0.2km (0.2mi)	0.3km (0.2mi)
9269 三甲氧基硅烷	30m (100ft)	0.2km (0.2mi)	0.6km (0.4mi)	100m (300ft)	1.3km (0.8mi)	2.4km (1.5mi)

附表 4 危险化学品泄漏事故中事故区隔离和人员防护的最低距离

UN 号/化学品名称	少量泄漏			大量泄漏		
	紧急隔离	白天防护	夜间防护	紧急隔离	白天防护	夜间防护
1005 氨(无水的) / 1005 无水氨	30m (100ft)	0.1km (0.1mi)	0.2km (0.1mi)	参考附表 3		
1008 三氟化硼 / 1008 三氟化硼(压缩的)	30m (100ft)	0.1km (0.1mi)	0.7km (0.4mi)	400m (1250ft)	2.2km (1.4mi)	4.8km (3.0mi)

UN号/化学品名称	少量泄漏			大量泄漏		
	紧急隔离	白天防护	夜间防护	紧急隔离	白天防护	夜间防护
1016 一氧化碳 1016 一氧化碳 （压缩的）	30m (100ft)	0.1km (0.1mi)	0.2km (0.1mi)	200m (600ft)	1.2km (0.7mi)	4.4km (2.8mi)
1017 氯	60m (200ft)	0.3km (0.2mi)	1.1km (0.7mi)	参考附表3		
1026 氰	30m (100ft)	0.1km (0.1mi)	0.4km (0.3mi)	60m (200ft)	0.3km (0.2mi)	1.1km (0.7mi)
1040 环氧乙烷 1040 环氧乙 烷与氮气	30m (100ft)	0.1km (0.1mi)	0.2km (0.1mi)	参考附表3		
1045 氟 1045 氟(压缩的)	30m (100ft)	0.1km (0.1mi)	0.2km (0.1mi)	100m (300ft)	0.5km (0.3mi)	2.4km (1.4mi)
1048 溴化氢(无水的)	30m (100ft)	0.1km (0.1mi)	0.2km (0.2mi)	150m (500ft)	0.9km (0.6mi)	2.6km (1.6mi)
1050 氯化氢 （无水的）	30m (100ft)	0.1km (0.1mi)	0.3km (0.2mi)	参考附表3		
1051 活性炭 （战争毒剂）	60m (200ft)	0.3km (0.2mi)	1.0km (0.6mi)	1000m (3000ft)	3.7km (2.3mi)	8.4km (5.3mi)
1051 氢氰酸(水溶液， 氰化氢浓度高于20%) 1051 氰化氢 （无水的，稳定的） 1051 氰化氢 （稳定的）	60m (200ft)	0.2km (0.2mi)	0.9km (0.6mi)	300m (1000ft)	1.1km (0.7mi)	2.4km (1.5mi)
1052 氟化氢 （无水的）	30m (100ft)	0.1km (0.1mi)	0.4km (0.3mi)	参考附表3		
1053 硫化氢/ 硫化氢	30m (100ft)	0.1km (0.1mi)	0.4km (0.3mi)	400m (1250ft)	2.1km (1.3mi)	5.4km (3.4mi)
1061 甲胺(无水)	30m (100ft)	0.1km (0.1mi)	0.2km (0.1mi)	200m (600ft)	0.6km (0.4mi)	1.9km (1.2mi)
1062 溴代甲烷	30m (100ft)	0.1km (0.1mi)	0.1km (0.1mi)	150m (500ft)	0.3km (0.2mi)	0.7km (0.4mi)
1064 甲硫醇	30m (100ft)	0.1km (0.1mi)	0.3km (0.2mi)	200m (600ft)	1.1km (0.7mi)	3.1km (1.9mi)
1067 四氧化二氮 1067 二氧化氮	30m (100ft)	0.1km (0.1mi)	0.4km (0.3mi)	400m (1250ft)	1.2km (0.8mi)	3.0km (1.9mi)

UN 号/化学品名称	少量泄漏			大量泄漏		
	紧急隔离	白天防护	夜间防护	紧急隔离	白天防护	夜间防护
1069 亚硝酰氯	30m (100ft)	0.2km (0.2mi)	1.0km (0.6mi)	500m (1500ft)	3.4km (2.1mi)	8.3km (5.2mi)
1076 煤气（战争毒剂）	150m (500ft)	0.8km (0.5mi)	3.2km (2.0mi)	1000m (3000ft)	7.5km (4.7mi)	11＋km (7.0＋mi)
1076 氯甲酸三氯甲酯/ 双光气（战争毒剂）	30m (100ft)	0.2km (0.1mi)	0.7km (0.4mi)	200m (600ft)	1.0km (0.7mi)	2.4km (1.5mi)
1076 碳酰氯	100m (300ft)	0.6km (0.4mi)	2.5km (1.5mi)	500m (1500ft)	3.0km (1.9mi)	9.0km (5.6mi)
1079 二硫化碳/ 二硫化碳	100m (300ft)	0.7km (0.4mi)	2.2km (1.4mi)	参考附表 3		
1082 制冷气体 R-1113	30m (100ft)	0.1km (0.1mi)	0.1km (0.1mi)	60m (200ft)	0.3km (0.2mi)	0.7km (0.5mi)
1082 三氟氯乙烯 （稳定的）						
1092 丙烯醛（稳定的）	100m (300ft)	1.3km (0.8mi)	3.4km (2.1mi)	500m (1500ft)	6.1km (3.8mi)	11km (6.8mi)
1093 丙烯腈（稳定的）	30m (100ft)	0.2km (0.2mi)	0.5km (0.4mi)	100m (300ft)	1.1km (0.7mi)	2.1km (1.3mi)
1098 丙烯醇	30m (100ft)	0.2km (0.1mi)	0.3km (0.2mi)	60m (200ft)	0.7km (0.5mi)	1.2km (0.7mi)
1135 氯乙醇	30m (100ft)	0.1km (0.1mi)	0.2km (0.1mi)	60m (200ft)	0.4km (0.3mi)	0.6km (0.4mi)
1143 丁烯醛 1143 丁烯醛（稳定的）	30m (100ft)	0.1km (0.1mi)	0.2km (0.1mi)	60m (200ft)	0.5km (0.3mi)	0.8km (0.5mi)
1162 二甲基二氯硅烷 （当泄漏在水中时）	30m (100ft)	0.1km (0.1mi)	0.2km (0.2mi)	60m (200ft)	0.5km (0.4mi)	1.7km (1.1mi)
1163 1,1-二甲基肼 1163 二甲基肼 （非对称的）	30m (100ft)	0.2km (0.1mi)	0.5km (0.3mi)	100m (300ft)	1.0km (0.6mi)	1.8km (1.1mi)
1182 氯甲酸乙酯	30m (100ft)	0.1km (0.1mi)	0.1km (0.1mi)	60m (200ft)	0.3km (0.2mi)	0.5km (0.3mi)
1183 乙基二氯硅烷 （当泄漏在水中时）	30m (100ft)	0.1km (0.1mi)	0.2km (0.2mi)	60m (200ft)	0.6km (0.4mi)	2.0km (1.2mi)
1185 乙亚胺（稳定的）	30m (100ft)	0.2km (0.1mi)	0.4km (0.3mi)	150m (500ft)	0.9km (0.6mi)	1.7km (1.1mi)
1196 乙基三氯硅烷 （当泄漏在水中）	30m (100ft)	0.2km (0.1mi)	0.7km (0.4mi)	150m (500ft)	1.9km (1.2mi)	5.6km (3.5mi)

UN 号/化学品名称	少量泄漏			大量泄漏		
	紧急隔离	白天防护	夜间防护	紧急隔离	白天防护	夜间防护
1238 氯甲酸甲酯	30m (100ft)	0.2km (0.2mi)	0.6km (0.4mi)	150m (500ft)	1.1km (0.7mi)	2.1km (1.3mi)
1239 甲基氯甲醚	60m (200ft)	0.5km (0.3mi)	1.4km (0.9mi)	300m (1000ft)	3.0km (1.9mi)	5.6km (3.5mi)
1242 甲基二氯硅烷 （当泄漏在水中时）	30m (100ft)	0.1km (0.1mi)	0.3km (0.2mi)	60m (200ft)	0.7km (0.5mi)	2.2km (1.4mi)
1244 甲基肼	30m (100ft)	0.3km (0.2mi)	0.6km (0.4mi)	100m (300ft)	1.3km (0.8mi)	2.1km (1.3mi)
1250 甲基三氯硅烷 （当泄漏在水中时）	30m (100ft)	0.1km (0.1mi)	0.3km (0.2mi)	60m (200ft)	0.8km (0.5mi)	2.4km (1.5mi)
1251 甲基乙烯基 酮(稳定的)	100m (300ft)	0.3km (0.2mi)	0.7km (0.4mi)	800m (2500ft)	1.5km (0.9mi)	2.6km (1.6mi)
1259 羰基镍	100m (300ft)	1.4km (0.9mi)	4.9km (3.0mi)	1000m (3000ft)	11.0+km (7.0+mi)	11.0+km (7.0+mi)
1295 三氯硅烷 （当泄漏在水中时）	30m (100ft)	0.1km (0.1mi)	0.2km (0.2mi)	60m (200ft)	0.6km (0.4mi)	2.0km (1.3mi)
1298 三甲基氯硅烷 （当泄漏在水中时）	30m (100ft)	0.1km (0.1mi)	0.2km (0.1mi)	60m (200ft)	0.5km (0.3mi)	1.4km (0.9mi)
1305 乙烯基三氯硅烷 （当泄漏在水中时） 1305 乙烯基三氯 硅烷(稳定的) （当泄漏在水中时）	30m (100ft)	0.1km (0.1mi)	0.2km (0.2mi)	60m (200ft)	0.6km (0.4mi)	1.8km (1.2mi)
1340 五硫化二磷 （无黄磷和白磷） （当泄漏在水中时）	30m (100ft)	0.1km (0.1mi)	0.2km (0.1mi)	60m (200ft)	0.3km (0.2mi)	1.3km (0.8mi)
1360 磷化钙 （当泄漏在水中时）	30m (100ft)	0.2km (0.1mi)	0.6km (0.4mi)	300m (1000ft)	1.0km (0.7mi)	3.7km (2.3mi)
1380 戊硼烷	60m (200ft)	0.5km (0.4mi)	1.9km (1.2mi)	150m (500ft)	2.0km (1.3mi)	4.7km (3.0mi)
1384 连二亚硫酸钠/ 保险粉/亚硫酸氢钠 （当泄漏在水中时）	30m (100ft)	0.2km (0.1mi)	0.5km (0.3mi)	60m (200ft)	0.6km (0.4mi)	2.2km (1.4mi)
1397 磷化铝 （当泄漏在水中时）	60m (200ft)	0.2km (0.2mi)	0.9km (0.6mi)	500m (1500ft)	2.0km (1.2mi)	7.1km (4.4mi)

UN 号/化学品名称	少量泄漏			大量泄漏		
	紧急隔离	白天防护	夜间防护	紧急隔离	白天防护	夜间防护
1419 磷化镁铝 （当泄漏在水中时）	60m (200ft)	0.2km (0.1mi)	0.8km (0.5mi)	500m (1500ft)	1.8km (1.2mi)	6.2km (3.9mi)
1432 磷化钠 （当泄漏在水中时）	30m (100ft)	0.2km (0.1mi)	0.6km (0.4mi)	300m (1000ft)	1.3km (0.8mi)	4.0km (2.5mi)
1510 四硝基甲烷	30m (100ft)	0.2km (0.1mi)	0.3km (0.2mi)	30m (100ft)	0.4km (0.3mi)	0.7km (0.5mi)
1541 丙酮氰醇（稳态 的）（当泄漏在水中时）	30m (100ft)	0.1km (0.1mi)	0.1km (0.1mi)	100m (300ft)	0.3km (0.2mi)	1.0km (0.7mi)
1556 甲基二氯 （战争毒剂）	300m (1000ft)	1.6km (1.0mi)	4.3km (2.7mi)	1000m (3000ft)	11.0+km (7.0+mi)	11.0+km (7.0+mi)
1556 甲基二氯胂	100m (300ft)	1.3km (0.8mi)	2.0km (1.3mi)	300m (1000ft)	3.2km (2.0mi)	4.2km (2.6mi)
1556 苯基二氯 胂（战争毒剂）	60m (200ft)	0.4km (0.3mi)	0.4km (0.3mi)	300m (1000ft)	1.6km (1.0mi)	1.6km (1.0mi)
1560 五氯化砷 1560 三氯化砷	30m (100ft)	0.2km (0.1mi)	0.3km (0.2mi)	100m (300ft)	1.0km (0.6mi)	1.4km (0.9mi)
1569 溴丙酮	30m (100ft)	0.4km (0.3mi)	1.2km (0.8mi)	150m (500ft)	1.8km (1.1mi)	3.4km (2.1mi)
1580 三氯硝基甲烷	60m (200ft)	0.5km (0.3mi)	1.2km (0.8mi)	200m (600ft)	2.2km (1.4mi)	3.6km (2.2mi)
1581 三氯硝基甲烷 与溴代甲烷混合物 1581 溴代甲烷和三氯 硝基甲烷混合物	30m (100ft)	0.1km (0.1mi)	0.6km (0.4mi)	300m (1000ft)	2.1km (1.3mi)	5.9km (3.7mi)
1582 三氯硝基甲烷 与氯代甲烷混合物 1582 氯代甲烷和三氯 硝基甲烷混合物	30m (100ft)	0.1km (0.1mi)	0.4km (0.3mi)	60m (200ft)	0.4km (0.2mi)	1.7km (1.1mi)
1583 三氯硝基甲烷混 合物(不另做详细说明)	60m (200ft)	0.5km (0.3mi)	1.2km (0.8mi)	200m (600ft)	2.2km (1.4mi)	3.6km (2.2mi)
1589 氯化氰 （战争毒剂）	800m (2500ft)	5.3km (3.2mi)	11+km (7.0+mi)	1000m (3000ft)	11+km (7.0+mi)	11.0+km (7.0+mi)
1589 氯化氰 （稳态的）	300m (1000ft)	1.8km (1.1mi)	6.2km (3.9mi)	1000m (3000ft)	9.4km (5.8mi)	11.0+km (7.0+mi)

UN 号/化学品名称	少量泄漏			大量泄漏		
	紧急隔离	白天防护	夜间防护	紧急隔离	白天防护	夜间防护
1595 硫酸二甲酯	30m (100ft)	0.2km (0.1mi)	0.2km (0.1mi)	60m (200ft)	0.5km (0.3mi)	0.6km (0.4mi)
1605 二溴化乙烯	30m (100ft)	0.1km (0.1mi)	0.1km (0.1mi)	30m (100ft)	0.1km (0.1mi)	0.2km (0.1mi)
1612 四磷酸六乙酯与压缩气混合物/压缩气与四磷酸六乙酯混合物	100m (300ft)	0.8km (0.5mi)	2.7km (1.7mi)	400m (1250ft)	3.5km (2.2mi)	8.1km (5.1mi)
1613 氢氰酸(水溶液,氰化氢<20%) 1613 氰化氢(水溶液,氰化氢<20%)	30m (100ft)	0.1km (0.1mi)	0.1km (0.1mi)	100m (300ft)	0.5km (0.3mi)	1.1km (0.7mi)
1614 氰化氢(稳态的,可吸收的)	60m (200ft)	0.2km (0.1mi)	0.6km (0.4mi)	150m (500ft)	0.5km (0.4mi)	1.6km (1.0mi)
1647 二溴化乙烯和甲基溴混合物(液态) 1647 甲基溴和二溴化乙烯混合物(液态)	30m (100ft)	0.1km (0.1mi)	0.1km (0.1mi)	150m (500ft)	0.3km (0.2mi)	0.7km (0.4mi)
1660 一氧化氮 1660 一氧化氮 (浓缩的)	30m (100ft)	0.1km (0.1mi)	0.5km (0.4mi)	100m (300ft)	0.5km (0.4mi)	2.2km (1.4mi)
1670 全氯甲硫醇	30m (100ft)	0.2km (0.2mi)	0.3km (0.2mi)	100m (300ft)	0.6km (0.4mi)	1.1km (0.7mi)
1672 氯化苯胼	30m (100ft)	0.2km (0.1mi)	0.2km (0.1mi)	60m (200ft)	0.5km (0.3mi)	0.7km (0.4mi)
1680 氰化钾 (当泄漏在水时) 1680 氰化钾(固体) (当泄漏在水中时)	30m (100ft)	0.1km (0.1mi)	0.2km (0.1mi)	100m (300ft)	0.3km (0.2mi)	1.2km (0.8mi)
1689 氰化钠 (当泄漏在水中时) 1689 氰化钠(固体) (当泄漏在水中时)	30m (100ft)	0.1km (0.1mi)	0.2km (0.1mi)	100m (300ft)	0.4km (0.2mi)	1.4km (0.9mi)
1694 氯丙酮 (战争毒剂)	30m (100ft)	0.1km (0.1mi)	0.4km (0.3mi)	100m (300ft)	0.5km (0.4mi)	2.6km (1.6mi)
1695 氯丙酮(稳态的)	30m (100ft)	0.1km (0.1mi)	0.2km (0.1mi)	30m (100ft)	0.4km (0.3mi)	0.6km (0.4mi)

UN 号/化学品名称	少量泄漏			大量泄漏		
	紧急隔离	白天防护	夜间防护	紧急隔离	白天防护	夜间防护
1697 氯乙酰苯 （战争毒剂）	30m (100ft)	0.1km (0.1mi)	0.2km (0.1mi)	60m (200ft)	0.3km (0.2mi)	1.2km (0.8mi)
1698 二苯胺氯砷 （战争毒剂） 1698 胺氯化胂 （战争毒剂）	30m (100ft)	0.1km (0.1mi)	0.3km (0.2mi)	60m (200ft)	0.3km (0.2mi)	1.4km (0.9mi)
1699 二苯氯胂 （战争毒剂）	30m (100ft)	0.2km (0.1mi)	0.8km (0.5mi)	300m (1000ft)	1.9km (1.2mi)	7.5km (4.7mi)
1716 乙酰基溴 （当泄漏在水中时）	30m (100ft)	0.1km (0.1mi)	0.2km (0.1mi)	30m (100ft)	0.4km (0.2mi)	0.9km (0.6mi)
1717 乙酰基氯 （当泄漏在水中时）	30m (100ft)	0.1km (0.1mi)	0.3km (0.2mi)	100m (300ft)	0.9km (0.6mi)	2.5km (1.6mi)
1722 氯甲酸烯丙酯	100m (300ft)	0.3km (0.2mi)	0.8km (0.5mi)	400m (1250ft)	1.4km (0.9mi)	2.4km (1.5mi)
1724 烯丙基三氯 硅烷（稳定的） （当泄漏在水中时）	30m (100ft)	0.1km (0.1mi)	0.2km (0.2mi)	60m (200ft)	0.5km (0.4mi)	1.7km (1.1mi)
1725 溴化铝（无水的） （当泄漏在水中时）	30m (100ft)	0.1km (0.1mi)	0.1km (0.1mi)	30m (100ft)	0.1km (0.1mi)	0.4km (0.3mi)
1726 氯化铝（无水的） （当泄漏在水中时）	30m (100ft)	0.1km (0.1mi)	0.3km (0.2mi)	60m (200ft)	0.5km (0.3mi)	2.0km (1.2mi)
1728 戊基三氯硅烷 （当泄漏在水中时）	30m (100ft)	0.1km (0.1mi)	0.2km (0.2mi)	60m (200ft)	0.5km (0.3mi)	1.7km (1.1mi)
1732 五氟化锑 （当泄漏在水中时）	30m (100ft)	0.1km (0.1mi)	0.5km (0.3mi)	100m (300ft)	1.0km (0.7mi)	3.8km (2.4mi)
1741 三氯化硼 （当泄漏在陆上时）	30m (100ft)	0.1km (0.1mi)	0.3km (0.2mi)	100m (300ft)	0.6km (0.4mi)	1.3km (0.8mi)
1741 三氯化硼 （当泄漏在水中时）	30m (100ft)	0.1km (0.1mi)	0.4km (0.3mi)	100m (300ft)	1.1km (0.7mi)	3.5km (2.2mi)
1744 溴 1744 溴（溶液） 1744 溴（溶液） （呼吸危险区域 A）	60m (200ft)	0.8km (0.5mi)	2.3km (1.5mi)	300m (1000ft)	3.7km (2.3mi)	7.5km (4.7mi)
1744 溴（溶液） （呼吸危险区域 B）	30m (100ft)	0.1km (0.1mi)	0.2km (0.1mi)	30m (100ft)	0.3km (0.2mi)	0.5km (0.3mi)

UN 号/化学品名称	少量泄漏			大量泄漏		
	紧急隔离	白天防护	夜间防护	紧急隔离	白天防护	夜间防护
1745 五氟化溴 （当泄漏在陆地上时）	60m (200ft)	0.8km (0.5mi)	2.4km (1.5mi)	400m (1250ft)	4.9km (3.1mi)	10.2km (6.4mi)
1745 五氟化溴 （当泄漏在水中时）	30m (100ft)	0.1km (0.1mi)	0.5km (0.4mi)	100m (300ft)	1.1km (0.7mi)	3.9km (2.5mi)
1746 三氟化溴 （当泄漏在陆地上时）	30m (100ft)	0.1km (0.1mi)	0.2km (0.1mi)	30m (100ft)	0.3km (0.2mi)	0.5km (0.3mi)
1746 五氟化溴 （当泄漏在水中时）	30m (100ft)	0.1km (0.1mi)	0.5km (0.3mi)	100m (300ft)	1.0km (0.6mi)	3.7km (2.3mi)
1747 丁基三氯硅烷 （当泄漏在水中时）	30m (100ft)	0.1km (0.1mi)	0.2km (0.2mi)	60m (200ft)	0.5km (0.3mi)	1.6km (1.0mi)
1749 三氟化氯	60m (200ft)	0.3km (0.2mi)	1.1km (0.7mi)	300m (1000ft)	1.4km (0.9mi)	4.1km (2.6mi)
1752 氯乙酰氯 （当泄漏在陆地上时）	30m (100ft)	0.3km (0.2mi)	0.6km (0.4mi)	100m (300ft)	1.1km (0.7mi)	1.9km (1.2mi)
1752 氯乙酰氯 （当泄漏在水中时）	30m (100ft)	0.1km (0.1mi)	0.1km (0.1mi)	30m (100ft)	0.3km (0.2mi)	0.8km (0.5mi)
1753 氯苯基三氯硅烷 （当泄漏在水中时）	30m (100ft)	0.1km (0.1mi)	0.1km (0.1mi)	30m (100ft)	0.3km (0.2mi)	0.9km (0.6mi)
1754 氯磺酸（与或者 不与三氧化硫混合） （当泄漏在陆地上时）	30m (100ft)	0.1km (0.1mi)	0.1km (0.1mi)	30m (100ft)	0.2km (0.2mi)	0.3km (0.2mi)
1754 氯磺酸（与或者 不与三氧化硫混合） （当泄漏在水中时）	30m (100ft)	0.1km (0.1mi)	0.3km (0.2mi)	60m (200ft)	0.7km (0.4mi)	2.2km (1.4mi)
1754 氯磺酸（与或者 不与三氧化硫混合） （当泄漏在陆地上时）	30m (100ft)	0.1km (0.1mi)	0.1km (0.1mi)	30m (100ft)	0.2km (0.2mi)	0.3km (0.2mi)
1754 氯磺酸（与或者 不与三氧化硫混合） （当泄漏在水中时）	30m (100ft)	0.1km (0.1mi)	0.3km (0.2mi)	60m (200ft)	0.7km (0.5mi)	2.2km (1.4mi)
1758 氧氯化铬 （当泄漏到水中时）	30m (100ft)	0.1km (0.1mi)	0.1km (0.1mi)	30m (100ft)	0.2km (0.1mi)	0.7km (0.5mi)
1762 环己烯基三氯硅 （当泄漏到水中时）	30m (100ft)	0.1km (0.1mi)	0.2km (0.1mi)	30m (100ft)	0.4km (0.3mi)	1.2km (0.8mi)
1763 环己基三氯硅烷 （当泄漏到水中时）	30m (100ft)	0.1km (0.1mi)	0.2km (0.1mi)	30m (100ft)	0.4km (0.3mi)	1.3km (0.8mi)

UN号/化学品名称	少量泄漏			大量泄漏		
	紧急隔离	白天防护	夜间防护	紧急隔离	白天防护	夜间防护
1765 二氯乙酰 （当泄漏在水中时）	30m (100ft)	0.1km (0.1mi)	0.1km (0.1mi)	30m (100ft)	0.3km (0.2mi)	0.9km (0.6mi)
1766 二氯苯基三氯硅 烷（当泄漏在水中时）	30m (100ft)	0.1km (0.1mi)	0.2km (0.2mi)	60m (200ft)	0.6km (0.4mi)	1.9km (1.2mi)
1767 二乙基二氯硅 烷（当泄漏在水中时）	30m (100ft)	0.1km (0.1mi)	0.1km (0.1mi)	30m (100ft)	0.4km (0.2mi)	1.0km (0.6mi)
1769 二苯基二氯硅 烷（当泄漏在水中时）	30m (100ft)	0.1km (0.1mi)	0.2km (0.1mi)	30m (100ft)	0.4km (0.2mi)	1.2km (0.8mi)
1771 十二烷基三氯硅 烷（当泄漏在水中时）	30m (100ft)	0.1km (0.1mi)	0.2km (0.1mi)	60m (200ft)	0.5km (0.3mi)	1.3km (0.8mi)
1777 氟磺酸 （当泄漏在水中时）	30m (100ft)	0.1km (0.1mi)	0.1km (0.1mi)	30m (100ft)	0.2km (0.2mi)	0.7km (0.5mi)
1781 十六烷基三氯硅 烷（当泄漏在水中时）	30m (100ft)	0.1km (0.1mi)	0.1km (0.1mi)	30m (100ft)	0.2km (0.1mi)	0.6km (0.4mi)
1784 己基三氯硅烷 （当泄漏在水中时）	30m (100ft)	0.1km (0.1mi)	0.2km (0.1mi)	30m (100ft)	04km (0.3mi)	1.4km (0.9mi)
1799 壬基三氯硅烷 （当泄漏在水中时）	30m (100ft)	0.1km (0.1mi)	0.2km (0.1mi)	60m (200ft)	0.5km (0.3mi)	1.4km (0.9mi)
1800 十八烷基三氯硅 烷（当泄漏在水中时）	30m (100ft)	0.1km (0.1mi)	0.2km (0.1mi)	30m (100ft)	0.4km (0.3mi)	1.4km (0.9mi)
1801 辛基三氯硅烷 （当泄漏在水中时）	30m (100ft)	0.1km (0.1mi)	0.2km (0.1mi)	60m (200ft)	0.5km (0.3mi)	1.5km (0.9mi)
1804 苯基三氯硅烷 （当泄漏在水中时）	30m (100ft)	0.1km (0.1mi)	0.2km (0.1mi)	30m (100ft)	0.4km (0.3mi)	1.4km (0.9mi)
1806 五氯化磷 （当泄漏在水中时）	30m (100ft)	0.1km (0.1mi)	0.2km (0.2mi)	30m (100ft)	0.4km (0.3mi)	1.4km (0.9mi)
1808 三溴化磷 （当泄漏在水中时）	30m (100ft)	0.1km (0.1mi)	0.3km (0.2mi)	30m (100ft)	0.4km (0.3mi)	1.3km (0.9mi)
1809 三氯化磷 （当泄漏在陆地上时）	30m (100ft)	0.2km (0.1mi)	0.5km (0.4mi)	100m (300ft)	1.1km (0.7mi)	2.2km (1.4mi)
1809 三氯化磷 （当泄漏在水中时）	30m (100ft)	0.1km (0.1mi)	0.3km (0.2mi)	60m (200ft)	0.7km (0.5mi)	2.3km (1.4mi)
1810 三氯氧化磷 （当泄漏在陆地上时）	30m (100ft)	0.3km (0.2mi)	0.6km (0.4mi)	100m (300ft)	1.0km (0.6mi)	1.8km (1.1mi)
1810 三氯氧化磷 （当泄漏在水中时）	30m (100ft)	0.1km (0.1mi)	0.2km (0.2mi)	60m (200ft)	0.6km (0.4mi)	2.0km (1.3mi)

UN 号/化学品名称	少量泄漏			大量泄漏		
	紧急隔离	白天防护	夜间防护	紧急隔离	白天防护	夜间防护
1815 丙酰氯 （当泄漏在水中时）	30m (100ft)	0.1km (0.1mi)	0.1km (0.1mi)	30m (100ft)	0.3km (0.2mi)	0.7km (0.4mi)
1816 丙基三氯硅烷 （当泄漏在水中时）	30m (100ft)	0.1km (0.1mi)	0.2km (0.2mi)	60m (200ft)	0.6km (0.4mi)	1.8km (1.1mi)
1818 四氯化硅 （当泄漏在水中时）	30m (100ft)	0.1km (0.1mi)	0.3km (0.2mi)	60m (200ft)	0.8km (0.5mi)	2.5km (1.6mi)
1828 氯化硫（当 泄漏在陆地上时）	30m (100ft)	0.1km (0.1mi)	0.1km (0.1mi)	60m (200ft)	0.3km (0.2mi)	0.4km (0.3mi)
1828 氯化硫（当泄 漏在水中时）	30m (100ft)	0.1km (0.1mi)	0.2km (0.1mi)	30m (100ft)	0.3km (0.2mi)	1.1km (0.7mi)
1828 氯化硫（当 泄漏在陆地上时）	30m (100ft)	0.1km (0.1mi)	0.1km (0.1mi)	60m (200ft)	0.3km (0.2mi)	0.4km (0.3mi)
1828 氯化硫 （当泄漏在水中时）	30m (100ft)	0.1km (0.1mi)	0.2km (0.1mi)	30m (100ft)	0.3km (0.2mi)	1.1km (0.7mi)
1829 三氧化硫 （稳态的）	60m (200ft)	0.4km (0.2mi)	1.0km (0.6mi)	300m (1000ft)	2.9km (1.8mi)	5.7km (3.6mi)
1831 发烟硫酸						
1831 发烟硫酸 （含游离三氧 化硫≥30%）	60m (200ft)	0.4km (0.2mi)	1.0km (0.6mi)	400m (1000ft)	2.9km (1.8mi)	5.7km (3.6mi)
1834 硫酰氯 （当泄漏在陆地上时）	30m (100ft)	0.2km (0.1mi)	0.4km (0.3mi)	60m (200ft)	0.8km (0.5mi)	1.5km (1.0mi)
1834 硫酰氯 （当泄漏在水中时）	30m (100ft)	0.1km (0.1mi)	0.2km (0.1mi)	60m (200ft)	0.5km (0.3mi)	1.6km (1.0mi)
1834 磺酰氯 （当泄漏在陆地上时）	30m (100ft)	0.2km (0.1mi)	0.4km (0.3mi)	60m (200ft)	0.8km (0.5mi)	1.5km (1.0mi)
1834 磺酰氯 （当泄漏在水中时）	30m (100ft)	0.1km (0.1mi)	0.2km (0.1mi)	60m (200ft)	0.5km (0.3mi)	1.6km (1.0mi)
1836 亚硫酰氯 （当泄漏在陆地上时）	30m (100ft)	0.2km (0.2mi)	0.6km (0.4mi)	60m (200ft)	0.7km (0.5mi)	1.5km (0.9mi)
1836 亚硫酰氯 （当泄漏在水中时）	100m (300ft)	0.9km (0.6mi)	2.4km (1.5mi)	600m (2000ft)	7.9km (4.9mi)	11.0+km (7.0+mi)
1838 四氯化钛 （当泄漏在陆地上时）	30m (100ft)	0.1km (0.1mi)	0.1km (0.1mi)	30m (100ft)	0.1km (0.1mi)	0.2km (0.1mi)
1838 四氯化钛 （当泄漏在水中时）	30m (100ft)	0.1km (0.1mi)	0.2km (0.1mi)	60m (200ft)	0.5km (0.3mi)	1.6km (1.0mi)

UN 号/化学品名称	少量泄漏			大量泄漏		
	紧急隔离	白天防护	夜间防护	紧急隔离	白天防护	夜间防护
1859 四氟化硅 1859 四氟化硅 （压缩的）	30m (100ft)	0.2km (0.1mi)	0.7km (0.5mi)	100m (300ft)	0.5km (0.3mi)	1.8km (1.1mi)
1892 乙基二氯胂 （战争毒剂）	150m (500ft)	2.0km (1.2mi)	2.9km (1.8mi)	1000m (3000ft)	10.4km (6.5mi)	11.0+km (7.0+mi)
1892 乙基二氯胂	150m (500ft)	1.4km (0.9mi)	2.1km (1.3mi)	400m (1250ft)	4.6km (2.9mi)	6.3km (3.9mi)
1898 乙酰碘 （当泄漏在水中时）	30m (100ft)	0.1km (0.1mi)	0.2km (0.2mi)	30m (100ft)	0.4km (0.3mi)	1.0km (0.7mi)
1911 乙硼烷 1911 乙硼烷（浓缩的） 1911 乙硼烷混合物	60m (200ft)	0.3km (0.2mi)	1.0km (0.6mi)	200m (600ft)	1.3km (0.8mi)	4.0km (2.5mi)
1923 联二亚硫酸钙 （当泄漏在水中时） 1923 次硫酸钙 （当泄漏在水中时） 1923 亚硫酸钙 （当泄漏在水中时）	30m (100ft)	0.2km (0.1mi)	0.5km (0.4mi)	60m (200ft)	0.6km (0.4mi)	2.2km (1.4mi)
1929 联二亚硫酸钾 （当泄漏在水中时） 1929 次硫酸钾 （当泄漏在水中时） 1929 亚硫酸钾 （当泄漏在水中时）	30m (100ft)	0.1km (0.1mi)	0.5km (0.3mi)	60m (200ft)	0.6km (0.4mi)	2.0km (1.2mi)
1931 联二亚硫酸锌 （当泄漏在水中时） 1931 次硫酸锌 （当泄漏在水中时） 1931 亚硫酸锌 （当泄漏在水中时）	30m (100ft)	0.1km (0.1mi)	0.5km (0.3mi)	60m (200ft)	0.6km (0.4mi)	2.0km (1.3mi)
1953 压缩气 （有毒的,可燃的, 不另做详细说明） 1953 压缩气（有毒的, 可燃的,不另做详细说 明）(呼吸危险区域 A)	150m (500ft)	1.0km (0.6mi)	3.8km (2.4mi)	1000m (3000ft)	5.6km (3.5mi)	10.2km (6.3mi)

UN号/化学品名称	少量泄漏			大量泄漏		
	紧急隔离	白天防护	夜间防护	紧急隔离	白天防护	夜间防护
1953 压缩气(可燃的,有毒的,不另做详细说明)(呼吸危险区域 B)	30m (100ft)	0.1km (0.1mi)	0.4km (0.2mi)	200m (600ft)	1.2km (0.8mi)	2.6km (1.6mi)
1953 压缩气(可燃的,有毒的,不另做详细说明)(呼吸危险区域 C)	30m (100ft)	0.1km (0.1mi)	0.3km (0.2mi)	150m (500ft)	0.9km (0.6mi)	2.4km (1.5mi)
1953 压缩气(可燃的,有毒的,不另做详细说明)(呼吸危险区域 D)	30m (100ft)	0.1km (0.1mi)	0.2km (0.1mi)	100m (300ft)	0.7km (0.5mi)	1.9km (1.2mi)
1953 压缩气(可燃的,毒害的,不另做详细说明)	150m (500ft)	1.0km (0.6mi)	3.8km (2.4mi)	1000m (3000ft)	5.6km (3.5mi)	10.2km (6.3mi)
1953 压缩气(可燃的,毒害的,不另做详细说明)(呼吸危险区域 A)						
1953 压缩气(可燃的,毒害的,不另做详细说明)(呼吸危险区域 B)	30m (100ft)	0.1km (0.1mi)	0.4km (0.2mi)	200m (600ft)	1.2km (0.8mi)	2.6km (1.6mi)
1953 压缩气(可燃的,毒害的,不另做详细说明)(呼吸危险区域 C)	30m (100ft)	0.1km (0.1mi)	0.3km (0.2mi)	150m (500ft)	0.9km (0.6mi)	2.4km (1.5mi)
1953 压缩气(可燃的,毒害的,不另做详细说明)(呼吸危险区域 D)	30m (100ft)	0.1km (0.1mi)	0.2km (0.1mi)	100m (300ft)	0.7km (0.5mi)	1.9km (1.2mi)
1955 压缩气体(有毒的,不另做详细说明)	100m (300ft)	0.5km (0.3mi)	2.5km (1.6mi)	1000m (3000ft)	5.6km (3.5mi)	10.2km (6.3mi)
1955 压缩气体(有毒的,不另做详细说明)(呼吸危险区域 A)						
1955 压缩气体(有毒的,不另做详细说明)(呼吸危险区域 B)	30m (100ft)	0.2km (0.1mi)	0.8km (0.5mi)	300m (1000ft)	1.4km (0.9mi)	4.1km (2.6mi)
1955 压缩气体(有毒的,不另做详细说明)(呼吸危险区域 C)	30m (100ft)	0.1km (0.1mi)	0.3km (0.2mi)	150m (500ft)	0.9km (0.6mi)	2.4km (1.5mi)
1955 压缩气体(有毒的,不另做详细说明)(呼吸危险区域 D)	30m (100ft)	0.1km (0.1mi)	0.2km (0.1mi)	100m (300ft)	0.7km (0.5mi)	1.9km (1.2mi)

UN 号/化学品名称	少量泄漏			大量泄漏		
	紧急隔离	白天防护	夜间防护	紧急隔离	白天防护	夜间防护
1955 压缩气体(毒害的,不另做详细说明)	100m (300ft)	0.5km (0.3mi)	2.5km (1.6mi)	1000m (3000ft)	5.6km (3.5mi)	10.2km (6.3mi)
1955 压缩气体(毒害的,不另做详细说明)(呼吸危险区域 A)						
1955 压缩气体(毒害的,不另做详细说明)(呼吸危险区域 B)	30m (100ft)	0.2km (0.1mi)	0.8km (0.5mi)	300m (1000ft)	1.4km (0.9mi)	4.1km (2.6mi)
1955 压缩气体(毒害的,不另做详细说明)(呼吸危险区域 C)	30m (100ft)	0.1km (0.1mi)	0.3km (0.2mi)	150m (500ft)	0.9km (0.6mi)	2.4km (1.5mi)
1955 压缩气体(毒害的,不另做详细说明)(呼吸危险区域 D)	30m (100ft)	0.1km (0.1mi)	0.2km (0.1mi)	100m (300ft)	0.7km (0.5mi)	1.9km (1.2mi)
1955 有机磷酸化合物与压缩气混合物	100m (300ft)	1.0km (0.7mi)	3.4km (2.1mi)	500m (1500ft)	4.4km (2.7mi)	9.6km (6.0mi)
1967 气体杀虫剂(有毒的,不另做详细说明)	100m (300ft)	1.0km (0.7mi)	3.4km (2.1mi)	500m (1500ft)	4.4km (2.7mi)	9.6km (6.0mi)
1967 气体杀虫剂(毒害的,不另做详细说明)						
1967 对硫磷与压缩气混合物						
1975 四氧化二氮与一氧化氮混合物/一氧化氮与二氧化氮混合物	30m (100ft)	0.1km (0.1mi)	0.5km (0.4mi)	100m (300ft)	0.5km (0.4mi)	2.2km (1.4mi)
1994 五羰基铁	100m (300ft)	0.9km (0.6mi)	2.0km (1.2mi)	400m (1250ft)	4.5km (2.8mi)	7.4km (4.6mi)
2004 二酰胺镁(当泄漏在水中时)	30m (100ft)	0.1km (0.1mi)	0.5km (0.3mi)	60m (200ft)	0.6km (0.4mi)	2.1km (1.4mi)
2011 磷化镁(当泄漏在水中时)	60m (200ft)	0.2km (0.1mi)	0.8km (0.5mi)	400m (1500ft)	1.7km (1.1mi)	5.7km (3.6mi)
2012 磷化钾(当泄漏在水中时)	30m (100ft)	0.1km (0.1mi)	0.6km (0.4mi)	300m (1000ft)	1.2km (0.7mi)	3.8km (2.4mi)
2013 磷化锶(当泄漏在水中时)	30m (100ft)	0.1km (0.1mi)	0.5km (0.4mi)	300m (1000ft)	1.1km (0.7mi)	3.7km (2.3mi)
2032 发烟硝酸	30m (100ft)	0.1km (0.1mi)	0.1km (0.1mi)	150m (500ft)	0.2km (0.2mi)	0.4km (0.3mi)

UN号/化学品名称	少量泄漏			大量泄漏		
	紧急隔离	白天防护	夜间防护	紧急隔离	白天防护	夜间防护
2186 氯化氢（冷冻液）	30m (100ft)	0.1km (0.1mi)	0.3km (0.2mi)	参考附表3		
2188 肼	150m (500ft)	1.0km (0.6mi)	3.8km (2.4mi)	1000m (3000ft)	5.6km (3.5mi)	10.2km (6.3mi)
2188 肼（战争毒剂）	300m (1000ft)	1.9km (1.2mi)	5.7km (3.6mi)	1000m (3000ft)	8.9km (5.6mi)	11.0＋km (7.0＋mi)
2189 二氯硅烷	30m (100ft)	0.1km (0.1mi)	0.4km (0.2mi)	200m (600ft)	1.2km (0.8mi)	2.6km (1.6mi)
2190 二氟化氧 2190 二氟化氧 （压缩的）	300m (1000ft)	1.6km (1.0mi)	6.7km (4.2mi)	1000m (3000ft)	9.8km (6.1mi)	11.0＋km (7.0＋mi)
2191 硫酰氟	30m (100ft)	0.1km (0.1mi)	0.5km (0.3mi)	300m (1000ft)	1.9km (1.2mi)	4.4km (2.7mi)
2192 锗烷	150m (500ft)	0.7km (0.5mi)	3.0km (1.9mi)	500m (1500ft)	2.9km (1.8mi)	6.7km (4.2mi)
2194 六氟化硒	200m (600ft)	1.1km (0.7mi)	3.4km (2.1mi)	600m (2000ft)	3.4km (2.1mi)	7.8km (4.9mi)
2195 六氟化碲	600m (2000ft)	3.6km (2.2mi)	8.6km (5.4mi)	1000m (3000ft)	11.0＋km (7.0＋mi)	11.0＋km (7.0＋mi)
2196 六氟化钨	30m (100ft)	0.2km (0.1mi)	0.7km (0.5mi)	150m (500ft)	0.9km (0.6mi)	2.8km (1.8mi)
2197 碘化氢（无水的）	30m (100ft)	0.1km (0.1mi)	0.3km (0.2mi)	150m (500ft)	0.9km (0.6mi)	2.4km (1.5mi)
2198 五氟化磷 2198 五氟化磷 （压缩的）	30m (100ft)	0.2km (0.1mi)	0.8km (0.5mi)	150m (500ft)	0.8km (0.5mi)	2.9km (1.8mi)
2199 磷化氢	60m (200ft)	0.2km (0.2mi)	1.0km (0.6mi)	300m (1000ft)	1.3km (0.8mi)	3.8km (2.4mi)
2202 硒化氢（无水的）	300m (1000ft)	1.7km (1.1mi)	5.9km (3.7mi)	1000m (3000ft)	11.0＋km (7.0＋mi)	11.0＋km (7.0＋mi)
2204 羰基硫 2204 碳酰硫	30m (100ft)	0.1km (0.1mi)	0.3km (0.2mi)	300m (1000ft)	1.3km (0.8mi)	3.2km (2.0mi)
2232 氯乙醛 2232 2-氯乙醇	30m (100ft)	0.2km (0.1mi)	0.3km (0.2mi)	60m (200ft)	0.6km (0.4mi)	1.1km (0.7mi)
2285 异氰酸基氟	30m (100ft)	0.1km (0.1mi)	0.2km (0.1mi)	30m (100ft)	0.4km (0.3mi)	0.6km (0.4mi)

UN 号/化学品名称	少量泄漏			大量泄漏		
	紧急隔离	白天防护	夜间防护	紧急隔离	白天防护	夜间防护
2308 亚硝基硫酸液体/固体	30m (100ft)	0.1km (0.1mi)	0.4km (0.3mi)	300m (1000ft)	1.0km (0.6mi)	2.8km (1.8mi)
2334 烯丙胺	30m (100ft)	0.2km (0.1mi)	0.5km (0.3mi)	150m (500ft)	1.4km (0.9mi)	2.5km (1.6mi)
2337 苯基硫醇	30m (100ft)	0.1km (0.1mi)	0.1km (0.1mi)	30m (100ft)	0.3km (0.2mi)	0.4km (0.2mi)
2353 丁酰氯 (当泄漏在水中时)	30m (100ft)	0.1km (0.1mi)	0.1km (0.1mi)	30m (100ft)	0.3km (0.2mi)	0.9km (0.6mi)
2382 二甲基肼(对称的)	30m (100ft)	0.2km (0.1mi)	0.3km (0.2mi)	60m (200ft)	0.7km (0.5mi)	1.3km (0.8mi)
2395 异丁酰氯 (当泄漏在水中时)	30m (100ft)	0.1km (0.1mi)	0.1km (0.1mi)	30m (100ft)	0.2km (0.2mi)	0.6km (0.4mi)
2407 氯甲酸异丙酯	30m (100ft)	0.1km (0.1mi)	0.2km (0.2mi)	60m (200ft)	0.5km (0.3mi)	0.9km (0.5mi)
2417 碳酰氟 / 2417 碳酰氟(压缩的)	100m (300ft)	0.6km (0.4mi)	2.2km (1.4mi)	600m (2000ft)	3.6km (2.2mi)	8.1km (5.1mi)
2418 四氟化硫	100m (300ft)	0.5km (0.4mi)	2.4km (1.5mi)	400m (1250ft)	2.1km (1.3mi)	6.0km (3.8mi)
2420 六氟丙酮	100m (300ft)	0.6km (0.4mi)	2.6km (1.6mi)	1000m (3000ft)	11.0+km (7.0+mi)	11.0+km (7.0+mi)
2421 三氧化二氮	60m (200ft)	0.3km (0.2mi)	1.1km (0.7mi)	150m (500ft)	0.9km (0.6mi)	3.0km (1.9mi)
2434 二苄基二氯硅烷 (当泄漏在水中时)	30m (100ft)	0.1km (0.1mi)	0.1km (0.1mi)	30m (100ft)	0.2km (0.1mi)	0.6km (0.4mi)
2435 乙基苯基二氯硅烷 (当泄漏在水中时)	30m (100ft)	0.1km (0.1mi)	0.1km (0.1mi)	30m (100ft)	0.3km (0.2mi)	1.0km (0.6mi)
2437 甲基苯基二氯硅烷 (当泄漏在水中时)	30m (100ft)	0.1km (0.1mi)	0.2km (0.1mi)	30m (100ft)	0.4km (0.3mi)	1.3km (0.8mi)
2438 三甲基乙酰氯	60m (200ft)	0.5km (0.3mi)	1.0km (0.6mi)	150m (500ft)	2.0km (1.3mi)	3.2km (2.0mi)
2442 三氯乙酰氯	30m (100ft)	0.2km (0.1mi)	0.3km (0.2mi)	60m (200ft)	0.6km (0.4mi)	1.0km (0.7mi)
2474 硫光气	60m (200ft)	0.6km (0.4mi)	1.7km (1.1mi)	200m (600ft)	2.2km (1.4mi)	4.1km (2.5mi)
2477 异硫氰酸甲酯	30m (500ft)	0.1km (0.1mi)	0.1km (0.1mi)	30m (100ft)	0.2km (0.2mi)	0.3km (0.2mi)

UN 号/化学品名称	少量泄漏			大量泄漏		
	紧急隔离	白天防护	夜间防护	紧急隔离	白天防护	夜间防护
2478 异氰酸酯溶液（易燃的,有毒的)/异氰酸酯溶液(易燃的,毒性的)/异氰酸酯(易燃的,有毒的)/异氰酸酯(易燃的,毒性的)	60m (200ft)	0.8km (0.5mi)	1.8km (1.1mi)	400m (1250ft)	4.3km (2.7mi)	7.0km (4.3mi)
2480 异氰酸甲酯	150m (500ft)	1.5km (1.0mi)	4.4km (2.8mi)	1000m (3000ft)	11.0+km (7.0+mi)	11.0+km (7.0+mi)
2481 异氰酸乙酯	150m (500ft)	2.0km (1.2mi)	5.1km (3.2mi)	1000m (3000ft)	11.0+km (7.0+mi)	11.0+km (7.0+mi)
2482 n-异氰酸丙酯	100m (300ft)	1.3km (0.8mi)	2.7km (1.7mi)	600m (2000ft)	7.1km (4.4mi)	10.8km (6.7mi)
2483 异丙基异氰酸酯	100m (300ft)	1.4km (0.9mi)	3.0km (1.9mi)	800m (2500ft)	8.4km (5.2mi)	11.0+km (7.0+mi)
2484 叔丁基异氰酸酯	60m (200ft)	0.8km (0.5mi)	1.8km (1.1mi)	400m (1250ft)	4.3km (2.7mi)	7.0km (4.3mi)
2485 n-异氰酸正丁酯	60m (200ft)	0.6km (0.4mi)	1.2km (0.7mi)	200m (600ft)	2.6km (1.6mi)	4.0km (2.5mi)
2486 异氰酸异丁酯	60m (200ft)	0.6km (0.4mi)	1.1km (0.7mi)	200m (600ft)	2.5km (1.6mi)	4.0km (2.5mi)
2487 异氰酸苯酯	60m (200ft)	0.8km (0.5mi)	1.3km (0.8mi)	300m (1000ft)	3.1km (1.9mi)	4.6km (2.9mi)
2488 环己基异氰酸酯	30m (100ft)	0.3km (0.2mi)	0.4km (0.2mi)	100m (300ft)	0.9km (0.6mi)	1.3km (0.8mi)
2495 五氟化碘（当泄漏在水中时)	30m (100ft)	0.1km (0.1mi)	0.5km (0.4mi)	100m (300ft)	1.1km (0.7mi)	4.1km (2.6mi)
2521 双烯酮(稳态的)	30m (100ft)	0.1km (0.1mi)	0.1km (0.1mi)	30m (100ft)	0.3km (0.2mi)	0.4km (0.3mi)
2534 甲基氯硅烷	30m (100ft)	0.1km (0.1mi)	0.3km (0.2mi)	100m (300ft)	0.6km (0.4mi)	1.4km (0.9mi)
2548 五氟化氯	100m (300ft)	0.5km (0.3mi)	2.5km (1.6mi)	800m (2500ft)	5.2km (3.3mi)	11.0+km (7.0+mi)
2600 一氧化碳和氢气混合物(压缩的)	30m (100ft)	0.1km (0.1mi)	0.2km (0.1mi)	200m (600ft)	1.2km (0.7mi)	4.4km (2.8mi)
2605 甲氧基异氰酸甲酯	30m (100ft)	0.3km (0.2mi)	0.5km (0.3mi)	100m (300ft)	1.0km (0.7mi)	1.5km (1.0mi)
2606 原硅酸甲酯	30m (100ft)	0.2km (0.1mi)	0.3km (0.2mi)	60m (200ft)	0.6km (0.4mi)	0.9km (0.6mi)

UN 号/化学品名称	少量泄漏			大量泄漏		
	紧急隔离	白天防护	夜间防护	紧急隔离	白天防护	夜间防护
2644 甲基碘	30m (100ft)	0.1km (0.1mi)	0.2km (0.1mi)	60m (200ft)	0.3km (0.2mi)	0.6km (0.4mi)
2646 六氯环戊二烯	30m (100ft)	0.1km (0.1mi)	0.1km (0.1mi)	30m (100ft)	0.3km (0.2mi)	0.4km (0.2mi)
2668 氯乙腈	30m (100ft)	0.1km (0.1mi)	0.1km (0.1mi)	30m (100ft)	0.3km (0.2mi)	0.4km (0.2mi)
2676 锑	60m (200ft)	0.3km (0.2mi)	1.6km (1.0mi)	200m (600ft)	1.2km (0.8mi)	4.2km (2.6mi)
2691 五溴化磷 (当泄漏在水中时)	30m (100ft)	0.1km (0.1mi)	0.1km (0.1mi)	30m (100ft)	0.2km (0.1mi)	0.7km (0.4mi)
2692 三溴化硼 (当泄漏在陆地上时)	30m (100ft)	0.1km (0.1mi)	0.2km (0.1mi)	30m (100ft)	0.2km (0.1mi)	0.4km (0.3mi)
2692 三溴化硼 (当泄漏在水中时)	30m (100ft)	0.1km (0.1mi)	0.3km (0.2mi)	60m (200ft)	0.5km (0.3mi)	1.7km (1.1mi)
2740 n-丙基氯甲酸酯	30m (100ft)	0.1km (0.1mi)	0.3km (0.2mi)	60m (200ft)	0.5km (0.4mi)	1.0km (0.6mi)
2742 仲丁基氯甲酸酯	30m (100ft)	0.1km (0.1mi)	0.2km (0.1mi)	30m (100ft)	0.4km (0.3mi)	0.5km (0.3mi)
2742 氯甲酸异丁酯 (有毒的/毒性的, 腐蚀性的,易燃的)	30m (100ft)	0.1km (0.1mi)	0.2km (0.1mi)	30m (100ft)	0.4km (0.2mi)	0.5km (0.4mi)
2742 氯甲酸异丁酯	30m (100ft)	0.1km (0.1mi)	0.1km (0.1mi)	30m (100ft)	0.3km (0.2mi)	0.4km (0.3mi)
2743 n-丁基氯甲酸酯	30m (100ft)	0.1km (0.1mi)	0.1km (0.1mi)	30m (100ft)	0.3km (0.2mi)	0.4km (0.3mi)
2806 氮化锂 (当泄漏在水中时)	30m (100ft)	0.1km (0.1mi)	0.4km (0.3mi)	60m (200ft)	0.6km (0.4mi)	1.9km (1.2mi)
2810 二苯羟乙酸(战争毒剂)	60m (200ft)	0.4km (0.2mi)	1.7km (1.1mi)	400m (1250ft)	2.2km (1.4mi)	8.1km (5.0mi)
2810 氯苄亚乙基丙腈	30m (100ft)	0.1km (0.1mi)	0.6km (0.4mi)	100m (300ft)	0.4km (0.3mi)	1.9km (1.2mi)
2810 二氯(2-氯乙烯)胂(战争毒剂)	30m (100ft)	0.1km (0.1mi)	0.6km (0.4mi)	60m (200ft)	0.4km (0.3mi)	1.8km (1.1mi)
2810 塔崩(战争毒剂)	30m (100ft)	0.2km (0.1mi)	0.2km (0.1mi)	100m (300ft)	0.5km (0.4mi)	0.6km (0.4mi)
2810 沙林(战争毒剂)	60m (200ft)	0.4km (0.3mi)	1.1km (0.7mi)	400m (1250ft)	2.1km (1.3mi)	4.9km (3.0mi)

UN 号/化学品名称	少量泄漏			大量泄漏		
	紧急隔离	白天防护	夜间防护	紧急隔离	白天防护	夜间防护
2810 索曼(战争毒剂)	60m (200ft)	0.4km (0.3mi)	0.7km (0.5mi)	300m (1000ft)	1.8km (1.1mi)	2.7km (1.7mi)
2810GF 毒气 (战争毒剂)	30m (100ft)	0.2km (0.2mi)	0.3km (0.2mi)	150m (500ft)	0.8km (0.5mi)	1.0km (0.6mi)
2810 芥子气(战争毒剂) 2810 芥子气-路易 士气(战争毒剂)	30m (100ft)	0.1km (0.1mi)	0.1km (0.1mi)	60m (200ft)	0.3km (0.2mi)	0.4km (0.3mi)
2810 芥子气纯 品(战争毒剂)	30m (100ft)	0.1km (0.1mi)	0.3km (0.2mi)	100m (300ft)	0.5km (0.3mi)	1.0km (0.6mi)
2810 氮芥-1(战争毒剂)	60m (200ft)	0.3km (0.2mi)	0.5km (0.3mi)	200m (600ft)	1.1km (0.7mi)	1.8km (1.1mi)
2810 氮芥-2(战争毒剂)	60m (200ft)	0.3km (0.2mi)	0.6km (0.4mi)	300m (1000ft)	1.3km (0.8mi)	2.1km (1.3mi)
2810 氮芥-3(战争毒剂)	30m (100ft)	0.1km (0.1mi)	0.1km (0.1mi)	60m (200ft)	0.3km (0.2mi)	0.3km (0.2mi)
2810 路易斯毒 气(战争毒剂)	30m (100ft)	0.1km (0.1mi)	0.3km (0.2mi)	100m (300ft)	0.5km (0.3mi)	1.0km (0.6mi)
2810 芥;芥末 (战争毒剂)	30m (100ft)	0.1km (0.1mi)	0.1km (0.1mi)	60m (200ft)	0.3km (0.2mi)	0.4km (0.3mi)
2810 芥子气路易 士气(战争毒剂)	30m (100ft)	0.1km (0.1mi)	0.3km (0.2mi)	100m (300ft)	0.5km (0.3mi)	1.0km (0.6mi)
2810 沙林(战争毒剂)	60m (200ft)	0.4km (0.3mi)	1.1km (0.7mi)	400m (1250ft)	2.1km (1.3mi)	4.9km (3.0mi)
2810 索曼(战争毒剂)	60m (200ft)	0.4km (0.3mi)	0.7km (0.5mi)	300m (1000ft)	1.8km (1.1mi)	2.7km (1.7mi)
2810 塔崩(战争毒剂)	30m (100ft)	0.2km (0.1mi)	0.2km (0.1mi)	100m (300ft)	0.5km (0.4mi)	0.6km (0.4mi)
2810 增稠索曼 (战争毒剂)	60m (200ft)	0.4km (0.3mi)	0.7km (0.5mi)	300m (1000ft)	1.8km (1.1mi)	2.7km (1.7mi)
2810 维埃克 斯(战争毒剂)	30m (100ft)	0.1km (0.1mi)	0.1km (0.1mi)	60m (200ft)	0.4km (0.2mi)	0.3km (0.2mi)
2811 CX (战争毒剂)	60m (200ft)	0.2km (0.2mi)	1.1km (0.7mi)	200m (600ft)	1.2km (0.7mi)	5.1km (3.2mi)
2826 氯甲酸乙酯	30m (100ft)	0.1km (0.1mi)	0.2km (0.1mi)	30m (100ft)	0.4km (0.2mi)	0.5km (0.4mi)
2845 乙基二氯磷	30m (100ft)	0.3km (0.2mi)	0.7km (0.5mi)	100m (300ft)	1.3km (0.8mi)	2.3km (1.4mi)

UN号/化学品名称	少量泄漏			大量泄漏		
	紧急隔离	白天防护	夜间防护	紧急隔离	白天防护	夜间防护
2845 甲基二氯磷	30m (100ft)	0.4km (0.2mi)	1.0km (0.7mi)	150m (500ft)	1.9km (1.2mi)	3.5km (2.2mi)
2901 氯化溴	100m (300ft)	0.5km (0.3mi)	1.8km (0.1mi)	800m (2500ft)	4.5km (2.8mi)	10.0km (6.2mi)
2927 乙基硫代膦 酰二氯(无水的)	30m (100ft)	0.1km (0.1mi)	0.1km (0.1mi)	30m (100ft)	0.2km (0.1mi)	0.2km (0.1mi)
2927 乙基二 氯硫代膦酰	30m (100ft)	0.1km (0.1mi)	0.1km (0.1mi)	30m (100ft)	0.3km (0.2mi)	0.3km (0.2mi)
2977 放射性物质, 六氟化铀(裂变的) (当泄漏在水中时) 2977 六氟化铀(裂 变的,含有＞1%的 铀-235)(当泄漏在 水中时)	30m (100ft)	0.1km (0.1mi)	0.4km (0.3mi)	60m (200ft)	0.5km (0.3mi)	2.1km (1.4mi)
2978 放射性物质,六氟 化铀(不裂变或裂变除 外)(当泄漏在水中时) 2978 六氟化铀(放射性 物质、非裂变的或裂 变除外的)(当泄 漏在水中时)	30m (100ft)	0.1km (0.1mi)	0.4km (0.3mi)	60m (200ft)	0.5km (0.3mi)	2.1km (1.4mi)
2985 氯硅烷(易燃的, 腐蚀性,不另做说明) (当泄漏在水中时)	30m (100ft)	0.1km (0.1mi)	0.2km (0.1mi)	60m (200ft)	0.5km (0.3mi)	1.6km (1.0mi)
2986 氯硅烷(腐蚀性, 易燃的,不另做说明) (当泄漏在水中时)	30m (100ft)	0.1km (0.1mi)	0.2km (0.1mi)	60m (200ft)	0.5km (0.3mi)	1.6km (1.0mi)
2987 氯硅烷(腐蚀性, 不另做说明) (当泄漏在水中时)	30m (100ft)	0.1km (0.1mi)	0.2km (0.1mi)	60m (200ft)	0.5km (0.3mi)	1.6km (1.0mi)
2988 氯硅烷(遇水反应, 易燃,腐蚀性不另做说 明)(当泄漏在水中时)	30m (100ft)	0.1km (0.1mi)	0.2km (0.1mi)	60m (200ft)	0.5km (0.3mi)	1.6km (1.0mi)
3023 2-甲基-2-庚硫醇	30m (100ft)	0.1km (0.1mi)	0.2km (0.1mi)	60m (200ft)	0.5km (0.3mi)	0.7km (0.4mi)
3048 磷化铝农药 (当泄漏在水中时)	60m (200ft)	0.2km (0.2mi)	0.9km (0.6mi)	500m (1500ft)	2.0km (1.2mi)	7.0km (4.4mi)

UN 号/化学品名称	少量泄漏			大量泄漏		
	紧急隔离	白天防护	夜间防护	紧急隔离	白天防护	夜间防护
3049 卤代烷基金属（遇水反应，不另做说明）（当泄漏在水中时） 3049 卤代芳基金属（遇水反应，不另做说明）（当泄漏在水中时）	30m (100ft)	0.1km (0.1mi)	0.2km (0.1mi)	60m (200ft)	0.4km (0.3mi)	1.3km (0.8mi)
3052 卤代烷基铝（液体）（当泄漏在水中时） 3052 卤代烷基铝（固体）（当泄漏在水中时）	30m (100ft)	0.1km (0.1mi)	0.2km (0.1mi)	60m (200ft)	0.4km (0.3mi)	1.3km (0.8mi)
3057 三氟乙酰氯	30m (100ft)	0.2km (0.1mi)	0.9km (0.6mi)	600m (2000ft)	4.0km (2.5mi)	9.5km (5.9mi)
3079 甲基丙烯腈（稳态的）	30m (100ft)	0.3km (0.2mi)	0.7km (0.4mi)	150m (500ft)	1.4km (0.9mi)	2.5km (1.6mi)
3083 过氯酰氟	30m (100ft)	0.2km (0.1mi)	1.1km (0.7mi)	800m (2500ft)	4.5km (2.8mi)	9.6km (6.0mi)
3160 液化气体（有毒的，易燃的，不另做说明） 3160 液化气体（有毒的，易燃的，不另做说明）（呼吸危险带 A）	150m (500ft)	1.0km (0.6mi)	3.8km (2.4mi)	1000m (3000ft)	5.6km (3.5mi)	10.2km (6.3mi)
3160 液化气体（有毒的，易燃的，不另做说明）（呼吸危险带 B）	30m (100ft)	0.1km (0.1mi)	0.4km (0.2mi)	200m (600ft)	1.2km (0.8mi)	2.6km (1.6mi)
3160 液化气体（有毒的，易燃的，不另做说明）（呼吸危险带 C）	30m (100ft)	0.1km (0.1mi)	0.3km (0.2mi)	150m (500ft)	0.9km (0.6mi)	2.4km (1.5mi)
3160 液化气体（有毒的，易燃的，不另做说明）（呼吸危险带 D）	30m (100ft)	0.1km (0.1mi)	0.2km (0.1mi)	100m (300ft)	0.7km (0.5mi)	1.9km (1.2mi)
3160 液化气体（毒性的，易燃的，不另做说明） 3160 液化气体（毒性的，易燃的，不另做说明）（呼吸危险带 A）	150m (500ft)	1.0km (0.6mi)	3.8km (2.4mi)	1000m (3000ft)	5.6km (3.5mi)	10.2km (6.3mi)
3160 液化气体（毒性的，易燃的，不另做说明）（呼吸危险带 B）	30m (100ft)	0.1km (0.1mi)	0.4km (0.2mi)	200m (600ft)	1.2km (0.8mi)	2.6km (1.6mi)

UN号/化学品名称	少量泄漏			大量泄漏		
	紧急隔离	白天防护	夜间防护	紧急隔离	白天防护	夜间防护
3160 液化气体(毒性的,易燃的,不另做说明)(呼吸危险带 C)	30m (100ft)	0.1km (0.1mi)	0.3km (0.2mi)	150m (500ft)	0.9km (0.6mi)	2.4km (1.5mi)
3160 液化气体(毒性的,易燃的,不另做说明)(呼吸危险带 D)	30m (100ft)	0.1km (0.1mi)	0.2km (0.1mi)	100m (300ft)	0.7km (0.5mi)	1.9km (1.2mi)
3162 液化气体(有毒的,不另做说明) 3162 液化气体(有毒的,不另做说明)(呼吸危险带 A)	100m (300ft)	0.5km (0.3mi)	2.5km (1.6mi)	1000m (3000ft)	5.6km (3.5mi)	10.2km (6.3mi)
3162 液化气体(有毒的,不另做说明)(呼吸危险带 B)	30m (100ft)	0.2km (0.1mi)	0.8km (0.5mi)	300m (1000ft)	1.4km (0.9mi)	4.1km (2.6mi)
3162 液化气体(有毒的,不另做说明)(呼吸危险带 C)	30m (100ft)	0.1km (0.1mi)	0.3km (0.2mi)	150m (500ft)	0.9km (0.6mi)	2.4km (1.5mi)
3162 液化气体(有毒的,不另做说明)(呼吸危险带 D)	30m (100ft)	0.1km (0.1mi)	0.2km (0.1mi)	100m (300ft)	0.7km (0.5mi)	1.9km (1.2mi)
3162 液化气体(毒性的,不另做说明) 3162 液化气体(毒性的,不另做说明)(呼吸危险带 A)	100m (300ft)	0.5km (0.3mi)	2.5km (1.6mi)	1000m (3000ft)	5.6km (3.5mi)	10.2km (6.3mi)
3162 液化气体(毒性的,不另做说明)(呼吸危险带 B)	30m (100ft)	0.2km (0.1mi)	0.8km (0.5mi)	300m (1000ft)	1.4km (0.9mi)	4.1km (2.6mi)
3162 液化气体(毒性的,不另做说明)(呼吸危险带 C)	30m (100ft)	0.1km (0.1mi)	0.3km (0.2mi)	150m (500ft)	0.9km (0.6mi)	2.4km (1.5mi)
3162 液化气体(有毒的,不另做说明)(呼吸危险带 D)	30m (100ft)	0.1km (0.1mi)	0.2km (0.1mi)	100m (300ft)	0.7km (0.5mi)	1.9km (1.2mi)
3246 甲基磺酰氯 3246 甲磺酰氯	30m (100ft)	0.2km (0.1mi)	0.3km (0.2mi)	60m (200ft)	0.6km (0.4mi)	0.8km (0.5mi)
3275 腈(有毒的/毒性的,易燃的,不另做说明)	30m (100ft)	0.3km (0.2mi)	0.7km (0.4mi)	150m (500ft)	1.4km (0.9mi)	2.5km (1.6mi)

UN 号/化学品名称	少量泄漏			大量泄漏		
	紧急隔离	白天防护	夜间防护	紧急隔离	白天防护	夜间防护
3276 腈	30m (100ft)	0.3km (0.2mi)	0.7km (0.4mi)	150m (500ft)	1.4km (0.9mi)	2.5km (1.6mi)
3278 有机磷化合物(有毒的)	30m (100ft)	0.4km (0.2mi)	1.0km (0.7mi)	150m (500ft)	1.9km (1.2mi)	3.5km (2.2mi)
3279 有机磷化合物(有毒的,易燃的)	30m (100ft)	0.4km (0.2mi)	1.0km (0.7mi)	150m (500ft)	1.9km (1.2mi)	3.5km (2.2mi)
3280 有机砷化合物(液体,不另做说明) 3280 有机砷化合物(不另做说明)	30m (100ft)	0.2km (0.1mi)	0.7km (0.5mi)	150m (500ft)	1.5km (1.0mi)	3.5km (2.2mi)
3281 金属羰基化合物(液体,不另做说明) 3281 金属羰基化合物(不另做说明)	100m (300ft)	1.4km (0.9mi)	4.9km (3.0mi)	1000m (3000ft)	11.0+km (7.0+mi)	11.0+km (7.0+mi)
3294 氰化氢乙醇溶液(含有<45%的氰化氢)	30m (100ft)	0.1km (0.1mi)	0.3km (0.2mi)	200m (600ft)	0.5km (0.3mi)	1.9km (1.2mi)
3300 二氧化碳和环氧乙烷混合物(含有>87%的环氧乙烷) 3300 环氧乙烷和二氧化碳混合物(含有>87%的环氧乙烷)	30m (100ft)	0.1km (0.1mi)	0.2km (0.1mi)	100m (300ft)	0.7km (0.5mi)	1.9km (1.2mi)
3303 压缩气体(有毒的,氧化性,不另做说明) 3303 压缩气体(有毒的,氧化性,不另做说明)(呼吸危险带 A)	100m (300ft)	0.5km (0.3mi)	2.5km (1.6mi)	800m (2500ft)	5.2km (3.3mi)	11.0+km (7.0+mi)
3303 压缩气体(有毒的,氧化性,不另做说明)(呼吸危险带 B)	60m (200ft)	0.3km (0.2mi)	1.1km (0.7mi)	800m (2500ft)	4.5km (2.8mi)	9.6km (6.0mi)
3303 压缩气体(有毒的,氧化性,不另做说明)(呼吸危险带 C)	30m (100ft)	0.1km (0.1mi)	0.3km (0.2mi)	150m (500ft)	0.9km (0.6mi)	2.4km (1.5mi)
3303 压缩气体(有毒的,氧化性,不另做说明)(呼吸危险带 D)	30m (100ft)	0.1km (0.1mi)	0.2km (0.1mi)	100m (300ft)	0.7km (0.5mi)	1.9km (1.2mi)

UN号/化学品名称	少量泄漏			大量泄漏		
	紧急隔离	白天防护	夜间防护	紧急隔离	白天防护	夜间防护
3303 压缩气体(毒性的，氧化性)(不另做说明) 3303 压缩气体(毒性的，氧化性,不另做说明)(呼吸危险带 A)	100m (300ft)	0.5km (0.3mi)	2.5km (1.6mi)	800m (2500ft)	5.2km (3.3mi)	11.0＋km (7.0＋mi)
3303 压缩气体(有毒的，氧化性,不另做说明)(呼吸危险带 B)	60m (200ft)	0.3km (0.2mi)	1.1km (0.7mi)	800m (2500ft)	4.5km (2.8mi)	9.6km (6.0mi)
3303 压缩气体(毒性的，氧化性,不另做说明)(呼吸危险带 C)	30m (100ft)	0.1km (0.1mi)	0.3km (0.2mi)	150m (500ft)	0.9km (0.6mi)	2.4km (1.5mi)
3303 压缩气体(毒性的，氧化性,不另做说明)(呼吸危险带 D)	30m (100ft)	0.1km (0.1mi)	0.2km (0.1mi)	100m (300ft)	0.7km (0.5mi)	1.9km (1.2mi)
3304 压缩气体(有毒的，腐蚀性,不另做说明) 3304 压缩气体(有毒的，腐蚀性,不另做说明)(呼吸危险带 A)	100m (300ft)	0.6km (0.4mi)	2.5km (1.5mi)	500m (1500ft)	3.0km (1.9mi)	9.0km (5.6mi)
3304 压缩气体(有毒的，腐蚀性,不另做说明)(呼吸危险带 B)	30m (100ft)	0.2km (0.2mi)	1.0km (0.6mi)	400m (1250ft)	2.2km (1.4mi)	4.8km (3.0mi)
3304 压缩气体(有毒的，腐蚀性,不另做说明)(呼吸危险带 C)	30m (100ft)	0.1km (0.1mi)	0.4km (0.3mi)	150m (500ft)	0.9km (0.6mi)	2.6km (1.6mi)
3304 压缩气体(有毒的，腐蚀性,不另做说明)(呼吸危险带 D)	30m (100ft)	0.1km (0.1mi)	0.2km (0.1mi)	150m (500ft)	0.7km (0.5mi)	1.9km (1.2mi)
3304 压缩气体(毒性的，腐蚀性,不另做说明) 3304 压缩气体(毒性的，腐蚀性,不另做说明)(呼吸危险带 A)	100m (300ft)	0.6km (0.4mi)	2.5km (1.5mi)	500m (1500ft)	3.0km (1.9mi)	9.0km (5.6mi)
3304 压缩气体(毒性的，腐蚀性,不另做说明)(呼吸危险带 B)	30m (100ft)	0.2km (0.2mi)	1.0km (0.6mi)	400m (1250ft)	2.2km (1.4mi)	4.8km (3.0mi)

UN 号/化学品名称	少量泄漏			大量泄漏		
	紧急隔离	白天防护	夜间防护	紧急隔离	白天防护	夜间防护
3304 压缩气体(毒性的,腐蚀性,不另做说明)(呼吸危险带 C)	30m (100ft)	0.1km (0.1mi)	0.4km (0.3mi)	150m (500ft)	0.9km (0.6mi)	2.6km (1.6mi)
3304 压缩气体(毒性的,腐蚀性,不另做说明)(呼吸危险带 D)	30m (100ft)	0.1km (0.1mi)	0.2km (0.1mi)	150m (500ft)	0.7km (0.5mi)	1.9km (1.2mi)
3305 压缩气体(有毒的,易燃的,腐蚀性,不另做说明) 3305 压缩气体(有毒的,易燃的,腐蚀性,不另做说明)(呼吸危险带 A)	150m (500ft)	1.0km (0.6mi)	3.8km (2.4mi)	1000m (3000ft)	5.6km (3.5mi)	10.2km (6.3mi)
3305 压缩气体(有毒的,易燃的,腐蚀性,不另做说明)(呼吸危险带 B)	30m (100ft)	0.1km (0.1mi)	0.4km (0.2mi)	200m (600ft)	1.2km (0.8mi)	2.6km (1.6mi)
3305 压缩气体(有毒的,易燃的,腐蚀性,不另做说明)(呼吸危险带 C)	30m (100ft)	0.1km (0.1mi)	0.3km (0.2mi)	150m (500ft)	0.9km (0.6mi)	2.4km (1.5mi)
3305 压缩气体(有毒的,易燃的,腐蚀性,不另做说明)(呼吸危险带 D)	30m (100ft)	0.1km (0.1mi)	0.2km (0.1mi)	100m (300ft)	0.7km (0.5mi)	1.9km (1.2mi)
3305 压缩气体(毒性的,易燃的,腐蚀性,不另做说明) 3305 压缩气体(毒性的,易燃的,腐蚀性,不另做说明)(呼吸危险带 A)	150m (500ft)	1.0km (0.6mi)	3.8km (2.4mi)	1000m (3000ft)	5.6km (3.5mi)	10.2km (6.3mi)
3305 压缩气体(毒性的,易燃的,腐蚀性,不另做说明)(呼吸危险带 B)	30m (100ft)	0.1km (0.1mi)	0.4km (0.2mi)	200m (600ft)	1.2km (0.8mi)	2.6km (1.6mi)
3305 压缩气体(毒性的,易燃的,腐蚀性,不另做说明)(呼吸危险带 C)	30m (100ft)	0.1km (0.1mi)	0.3km (0.2mi)	150m (500ft)	0.9km (0.6mi)	2.4km (1.5mi)
3305 压缩气体(毒性的,易燃的,腐蚀性,不另做说明)(呼吸危险带 D)	30m (100ft)	0.1km (0.1mi)	0.2km (0.1mi)	100m (300ft)	0.7km (0.5mi)	1.9km (1.2mi)

UN 号/化学品名称	少量泄漏			大量泄漏		
	紧急隔离	白天防护	夜间防护	紧急隔离	白天防护	夜间防护
3306 压缩气体(有毒的,氧化性,腐蚀性,不另做说明) 3306 压缩气体(有毒的,氧化性,腐蚀性,不另做说明)(呼吸危险带 A)	100m (300ft)	0.5km (0.3mi)	2.5km (1.6mi)	800m (2500ft)	5.2km (3.3mi)	11.0+km (7.0+mi)
3306 压缩气体(有毒的,氧化性,腐蚀性,不另做说明)(呼吸危险带 B)	60m (200ft)	0.3km (0.2mi)	1.1km (0.7mi)	800m (2500ft)	4.5km (2.8mi)	9.6km (6.0mi)
3306 压缩气体(有毒的,氧化性,腐蚀性,不另做说明)(呼吸危险带 C)	30m (100ft)	0.1km (0.1mi)	0.3km (0.2mi)	150m (500ft)	0.9km (0.6mi)	2.4km (1.5mi)
3306 压缩气体(有毒的,氧化性,腐蚀性,不另做说明)(呼吸危险带 D)	30m (100ft)	0.1km (0.1mi)	0.2km (0.1mi)	100m (300ft)	0.7km (0.5mi)	1.9km (1.2mi)
3306 压缩气体(毒性的,氧化性,腐蚀性,不另做说明) 3306 压缩气体(毒性的,氧化性,腐蚀性,不另做说明)(呼吸危险带 A)	100m (300ft)	0.5km (0.4mi)	2.5km (1.6mi)	800m (2500ft)	5.2km (3.3mi)	11.0+km (7.0+mi)
3306 压缩气体(毒性的,氧化性,腐蚀性,不另做说明)(呼吸危险带 B)	60m (200ft)	0.3km (0.2mi)	1.1km (0.7mi)	800m (2500ft)	4.5km (2.8mi)	9.6km (6.0mi)
3306 压缩气体(毒性的,氧化性,腐蚀性,不另做说明)(呼吸危险带 C)	30m (100ft)	0.1km (0.1mi)	0.3km (0.2mi)	150m (500ft)	0.9km (0.6mi)	2.4km (1.5mi)
3306 压缩气体(毒性的,氧化性,腐蚀性,不另做说明)(呼吸危险带 D)	30m (100ft)	0.1km (0.1mi)	0.2km (0.1mi)	100m (300ft)	0.7km (0.5mi)	1.9km (1.2mi)
3307 液化气体(有毒的,氧化性,不另做说明) 3307 液化气体(有毒的,氧化性,不另做说明)(呼吸危险带 A)	100m (300ft)	0.5km (0.3mi)	2.5km (1.6mi)	800m (2500ft)	5.2km (3.3mi)	11.0+km (7.0+mi)
3307 液化气体(有毒的,氧化性,不另做说明)(呼吸危险带 B)	60m (200ft)	0.3km (0.2mi)	1.1km (0.7mi)	800m (2500ft)	4.5km (2.8mi)	9.6km (6.0mi)

UN号/化学品名称	少量泄漏			大量泄漏		
	紧急隔离	白天防护	夜间防护	紧急隔离	白天防护	夜间防护
3307 液化气体(有毒的，氧化性，不另做说明)(呼吸危险带 C)	30m (100ft)	0.1km (0.1mi)	0.3km (0.2mi)	150m (500ft)	0.9km (0.6mi)	2.4km (1.5mi)
3307 液化气体(有毒的，氧化性，不另做说明)(呼吸危险带 D)	30m (100ft)	0.1km (0.1mi)	0.2km (0.1mi)	100m (300ft)	0.7km (0.5mi)	1.9km (1.2mi)
3307 液化气体(毒性的，氧化性，不另做说明) 3307 液化气体(毒性的，氧化性，不另做说明)(呼吸危险带 A)	100m (300ft)	0.5km (0.3mi)	2.5km (1.6mi)	800m (2500ft)	5.2km (3.3mi)	11.0+km (7.0+mi)
3307 液化气体(毒性的，氧化性，不另做说明)(呼吸危险带 B)	60m (200ft)	0.3km (0.2mi)	1.1km (0.7mi)	800m (2500ft)	4.5km (2.8mi)	9.6km (6.0mi)
3307 液化气体(毒性的，氧化性，不另做说明)(呼吸危险带 C)	30m (100ft)	0.1km (0.1mi)	0.3km (0.2mi)	150m (500ft)	0.9km (0.6mi)	2.4km (1.5mi)
3307 液化气体(毒性的，氧化性，不另做说明)(呼吸危险带 D)	30m (100ft)	0.1km (0.1mi)	0.2km (0.1mi)	100m (300ft)	0.7km (0.5mi)	1.9km (1.2mi)
3308 液化气体(有毒的，腐蚀性，不另做说明) 3308 液化气体(有毒的，腐蚀性，不另做说明)(呼吸危险带 A)	100m (300ft)	0.6km (0.4mi)	2.5km (1.5mi)	500m (1500ft)	3.0km (1.9mi)	9.0km (5.6mi)
3308 液化气体(有毒的，腐蚀性，不另做说明)(呼吸危险带 B)	30m (100ft)	0.2km (0.2mi)	1.0km (0.6mi)	400m (1250ft)	2.2km (1.4mi)	4.8km (3.0mi)
3308 液化气体(有毒的，腐蚀性，不另做说明)(呼吸危险带 C)	30m (100ft)	0.1km (0.1mi)	0.4km (0.3mi)	150m (500ft)	0.9km (0.6mi)	2.6km (1.6mi)
3308 液化气体(有毒的，腐蚀性，不另做说明)(呼吸危险带 D)	30m (100ft)	0.1km (0.1mi)	0.2km (0.1mi)	150m (500ft)	0.7km (0.5mi)	1.9km (1.2mi)
3308 液化气体(毒性的，腐蚀性，不另做说明) 3308 液化气体(毒性的，腐蚀性，不另做说明)(呼吸危险带 A)	100m (300ft)	0.6km (0.4mi)	2.5km (1.5mi)	500m (1500ft)	3.0km (1.9mi)	9.0km (5.6mi)

UN 号/化学品名称	少量泄漏			大量泄漏		
	紧急隔离	白天防护	夜间防护	紧急隔离	白天防护	夜间防护
3308 液化气体(毒性的,腐蚀性,不另做说明)(呼吸危险带 B)	30m (100ft)	0.2km (0.2mi)	1.0km (0.6mi)	400m (1250ft)	2.2km (1.4mi)	4.8km (3.0mi)
3308 液化气体(毒性的,腐蚀性,不另做说明)(呼吸危险带 C)	30m (100ft)	0.1km (0.1mi)	0.4km (0.3mi)	150m (500ft)	0.9km (0.6mi)	2.6km (1.6mi)
3308 液化气体(毒性的,腐蚀性,不另做说明)(呼吸危险带 D)	30m (100ft)	0.1km (0.1mi)	0.2km (0.1mi)	150m (500ft)	0.7km (0.5mi)	1.9km (1.2mi)
3309 液化气体(有毒的,易燃的,腐蚀性,不另做说明) 3309 液化气体(有毒的,易燃的,腐蚀性,不另做说明)(呼吸危险带 A)	150m (500ft)	1.0km (0.6mi)	3.8km (2.4mi)	1000m (3000ft)	5.6km (3.5mi)	10.2km (6.3mi)
3309 液化气体(有毒的,易燃的,腐蚀性,不另做说明)(呼吸危险带 B)	30m (100ft)	0.1km (0.1mi)	0.4km (0.2mi)	200m (600ft)	1.2km (0.8mi)	2.6km (1.6mi)
3309 液化气体(有毒的,易燃的,腐蚀性,不另做说明)(呼吸危险带 C)	30m (100ft)	0.1km (0.1mi)	0.3km (0.2mi)	150m (500ft)	0.9km (0.6mi)	2.4km (1.5mi)
3309 液化气体(有毒的,易燃的,腐蚀性,不另做说明)(呼吸危险带 D)	30m (100ft)	0.1km (0.1mi)	0.2km (0.1mi)	100m (300ft)	0.7km (0.5mi)	1.9km (1.2mi)
3309 液化气体(毒性的,易燃的,腐蚀性,不另做说明) 3309 液化气体(毒性的,易燃的,腐蚀性,不另做说明)(呼吸危险带 A)	150m (500ft)	1.0km (0.6mi)	3.8km (2.4mi)	1000m (3000ft)	5.6km (3.5mi)	10.2km (6.3mi)
3309 液化气体(毒性的,易燃的,腐蚀性,不另做说明)(呼吸危险带 B)	30m (100ft)	0.1km (0.1mi)	0.4km (0.2mi)	200m (600ft)	1.2km (0.8mi)	2.6km (1.6mi)
3309 液化气体(毒性的,易燃的,腐蚀性,不另做说明)(呼吸危险带 C)	30m (100ft)	0.1km (0.1mi)	0.3km (0.2mi)	150m (500ft)	0.9km (0.6mi)	2.4km (1.5mi)

UN 号/化学品名称	少量泄漏			大量泄漏		
	紧急隔离	白天防护	夜间防护	紧急隔离	白天防护	夜间防护
3309 液化气体(毒性的,易燃的,腐蚀性,不另做说明)(呼吸危险带 D)	30m (100ft)	0.1km (0.1mi)	0.2km (0.1mi)	100m (300ft)	0.7km (0.5mi)	1.9km (1.2mi)
3310 液化气体(有毒的,氧化性,腐蚀性,不另做说明)	100m (300ft)	0.5km (0.3mi)	2.5km (1.6mi)	800m (2500ft)	5.2km (3.3mi)	11.0+km (7.0+mi)
3310 液化气体(有毒的,氧化性,腐蚀性,不另做说明)(呼吸危险带 A)						
3310 液化气体(有毒的,氧化性,腐蚀性,不另做说明)(呼吸危险带 B)	60m (200ft)	0.3km (0.2mi)	1.1km (0.7mi)	800m (2500ft)	4.5km (2.8mi)	9.6km (6.0mi)
3310 液化气体(有毒的,氧化性,腐蚀性,不另做说明)(呼吸危险带 C)	30m (100ft)	0.1km (0.1mi)	0.3km (0.2mi)	150m (500ft)	0.9km (0.6mi)	2.4km (1.5mi)
3310 液化气体(有毒的,氧化性,腐蚀性,不另做说明)(呼吸危险带 D)	30m (100ft)	0.1km (0.1mi)	0.2km (0.1mi)	100m (300ft)	0.7km (0.5mi)	1.9km (1.2mi)
3310 液化气体(毒性的,氧化性,腐蚀性,不另做说明)	100m (300ft)	0.5km (0.3mi)	2.5km (1.6mi)	800m (2500ft)	5.2km (3.3mi)	11.0+km (7.0+mi)
3310 液化气体(毒性的,氧化性,腐蚀性,不另做说明)(呼吸危险带 A)						
3310 液化气体(毒性的,氧化性,腐蚀性,不另做说明)(呼吸危险带 B)	60m (200ft)	0.3km (0.2mi)	1.1km (0.7mi)	800m (2500ft)	4.5km (2.8mi)	9.6km (6.0mi)
3310 液化气体(毒性的,氧化性,腐蚀性,不另做说明)(呼吸危险带 C)	30m (100ft)	0.1km (0.1mi)	0.3km (0.2mi)	150m (500ft)	0.9km (0.6mi)	2.4km (1.5mi)
3310 液化气体(毒性的,氧化性,腐蚀性,不另做说明)(呼吸危险带 D)	30m (100ft)	0.1km (0.1mi)	0.2km (0.1mi)	100m (300ft)	0.7km (0.5mi)	1.9km (1.2mi)
3318 氨水 (含有>50%的氨)	30m (100ft)	0.1km (0.1mi)	0.2km (0.1mi)	150m (500ft)	0.7km (0.5mi)	1.9km (1.2mi)
3355 气体杀虫剂(有毒的,易燃的,不另做说明)	150m (500ft)	1.0km (0.6mi)	3.8km (2.4mi)	1000m (3000ft)	5.6km (3.5mi)	10.2km (6.3mi)
3355 气体杀虫剂(有毒的,易燃的,不另做说明)(呼吸危险带 A)						

UN号/化学品名称	少量泄漏			大量泄漏		
	紧急隔离	白天防护	夜间防护	紧急隔离	白天防护	夜间防护
3355 气体杀虫剂(有毒的,易燃的,不另做说明)(呼吸危险带 B)	30m (100ft)	0.1km (0.1mi)	0.4km (0.2mi)	200m (600ft)	1.2km (0.8mi)	2.6km (1.6mi)
3355 气体杀虫剂(有毒的,易燃的,不另做说明)(呼吸危险带 C)	30m (100ft)	0.1km (0.1mi)	0.3km (0.2mi)	150m (500ft)	0.9km (0.6mi)	2.4km (1.5mi)
3355 气体杀虫剂(有毒的,易燃的,不另做说明)(呼吸危险带 D)	30m (100ft)	0.1km (0.1mi)	0.2km (0.1mi)	100m (300ft)	0.7km (0.5mi)	1.9km (1.2mi)
3355 气体杀虫剂(毒性的,易燃的,不另做说明) 3355 气体杀虫剂(毒性的,易燃的,不另做说明)(呼吸危险带 A)	150m (500ft)	1.0km (0.6mi)	3.8km (2.4mi)	1000m (3000ft)	5.6km (3.5mi)	10.2km (6.3mi)
3355 气体杀虫剂(毒性的,易燃的,不另做说明)(呼吸危险带 B)	30m (100ft)	0.1km (0.1mi)	0.4km (0.2mi)	200m (600ft)	1.2km (0.8mi)	2.6km (1.6mi)
3355 气体杀虫剂(毒性的,易燃的,不另做说明)(呼吸危险带 C)	30m (100ft)	0.1km (0.1mi)	0.3km (0.2mi)	150m (500ft)	0.9km (0.6mi)	2.4km (1.5mi)
3355 气体杀虫剂(毒性的,易燃的,不另做说明)(呼吸危险带 D)	30m (100ft)	0.1km (0.1mi)	0.2km (0.1mi)	100m (300ft)	0.7km (0.5mi)	1.9km (1.2mi)
3361 氯硅烷(有毒的,腐蚀性,不另做说明)(当泄漏到水中时)	30m (100ft)	0.1km (0.1mi)	0.2km (0.1mi)	60m (200ft)	0.5km (0.3mi)	1.6km (1.0mi)
3362 氯硅烷(有毒的,腐蚀性,易燃的,不另做说明)(当泄漏到水中时)	30m (100ft)	0.1km (0.1mi)	0.2km (0.1mi)	60m (200ft)	0.5km (0.3mi)	1.6km (1.0mi)
3381 由吸入液体中毒(不另做说明)(呼吸危险带 A)	30m (100ft)	0.4km (0.3mi)	1.2km (0.8mi)	200m (600ft)	2.5km (1.6mi)	4.0km (2.5mi)
3382 由吸入液体中毒(不另做说明)(呼吸危险带 B)	30m (100ft)	0.1km (0.1mi)	0.2km (0.1mi)	60m (200ft)	0.5km (0.3mi)	0.7km (0.4mi)

UN号/化学品名称	少量泄漏			大量泄漏		
	紧急隔离	白天防护	夜间防护	紧急隔离	白天防护	夜间防护
3383 由吸入易燃液体中毒(不另做说明)(呼吸危险带 A)	60m (200ft)	0.5km (0.3mi)	1.4km (0.9mi)	150m (500ft)	2.0km (1.3mi)	4.7km (3.0mi)
3384 由吸入易燃液体中毒(不另做说明)(呼吸危险带 B)	30m (100ft)	0.1km (0.1mi)	0.2km (0.1mi)	60m (200ft)	0.5km (0.3mi)	0.7km (0.5mi)
3385 由吸入与水反应的液体中毒(不另做说明)(呼吸危险带 A)	30m (100ft)	0.4km (0.3mi)	1.2km (0.8mi)	200m (600ft)	2.5km (1.6mi)	4.0km (2.5mi)
3386 由吸入与水反应的液体中毒(不另做说明)(呼吸危险带 B)	30m (100ft)	0.1km (0.1mi)	0.2km (0.1mi)	60m (200ft)	0.5km (0.3mi)	0.7km (0.4mi)
3387 由吸入氧化性液体中毒(不另做说明)(呼吸危险带 A)	30m (100ft)	0.4km (0.2mi)	1.2km (0.8mi)	200m (600ft)	2.5km (1.6mi)	4.0km (2.5mi)
3388 由吸入氧化性液体中毒(不另做说明)(呼吸危险带 B)	30m (100ft)	0.1km (0.1mi)	0.2km (0.1mi)	30m (100ft)	0.3km (0.2mi)	0.5km (0.3mi)
3389 由吸入腐蚀性液体中毒(不另做说明)(呼吸危险带 A)	60m (200ft)	0.3km (0.2mi)	0.7km (0.4mi)	300m (1000ft)	1.5km (0.9mi)	2.6km (1.6mi)
3390 由吸入腐蚀性液体中毒(不另做说明)(呼吸危险带 B)	30m (100ft)	0.1km (0.1mi)	0.2km (0.1mi)	60m (200ft)	0.5km (0.3mi)	0.6km (0.4mi)
3456 亚硝基硫酸(当泄漏在水中时)	60m (200ft)	0.2km (0.1mi)	0.6km (0.4mi)	300m (1000ft)	0.8km (0.5mi)	2.8km (1.8mi)
3461 铝卤代烃(固体)(当泄漏在水中时)	30m (100ft)	0.1km (0.1mi)	0.2km (0.1mi)	60m (200ft)	0.4km (0.3mi)	1.3km (0.8mi)
3488 由吸入易燃、腐蚀性液体中毒(不另做说明)(呼吸危险带 A)	100m (300ft)	0.9km (0.6mi)	2.0km (1.2mi)	400m (1250ft)	4.5km (2.8mi)	7.4km (4.6mi)
3489 由吸入易燃、腐蚀性液体中毒(不另做说明)(呼吸危险带 B)	30m (100ft)	0.2km (0.1mi)	0.2km (0.1mi)	60m (200ft)	0.5km (0.3mi)	0.8km (0.5mi)
3490 由吸入与水反应的、易燃的液体中毒(不另做说明)(呼吸危险带 A)	60m (200ft)	0.5km (0.3mi)	1.4km (0.9mi)	150m (500ft)	2.0km (1.3mi)	4.7km (3.0mi)

UN号/化学品名称	少量泄漏			大量泄漏		
	紧急隔离	白天防护	夜间防护	紧急隔离	白天防护	夜间防护
3491 由吸入与水反应的、易燃的液体中毒(不另做说明)(呼吸危险带 B)	30m (100ft)	0.2km (0.1mi)	0.2km (0.1mi)	60m (200ft)	0.5km (0.3mi)	0.8km (0.5mi)
3492 由吸入腐蚀性、易燃性液体中毒(不另做说明)(呼吸危险带 A)	100m (300ft)	0.9km (0.6mi)	2.0km (1.2mi)	400m (1250ft)	4.5km (2.8mi)	7.4km (4.6mi)
3493 由吸入腐蚀性、易燃性液体中毒(不另做说明)(呼吸危险带 B)	30m (100ft)	0.2km (0.1mi)	0.2km (0.1mi)	60m (200ft)	0.5km (0.3mi)	0.8km (0.5mi)
3494 石油含硫原油(易燃的,有毒的)	30m (100ft)	0.1km (0.1mi)	0.2km (0.1mi)	60m (200ft)	0.5km (0.3mi)	0.7km (0.4mi)
3507 六氟化铀(放射性物质,除外包装,每包0.1kg 以内,非裂变的或易裂变的除外)(当泄漏到水中时)	30m (100ft)	0.1km (0.1mi)	0.1km (0.1mi)	30m (100ft)	0.1km (0.1mi)	0.1km (0.1mi)
3512 吸附气体(有毒)(呼吸危险带 A)	30m (100ft)	0.1km (0.1mi)	0.2km (0.1mi)	30m (100ft)	0.1km (0.1mi)	0.4km (0.2mi)
3512 吸附气体(有毒)(呼吸危险带 B/C/D)	30m (100ft)	0.1km (0.1mi)	0.1km (0.1mi)	30m (100ft)	0.1km (0.1mi)	0.1km (0.1mi)
3512 吸附气体(毒性的)(呼吸危险带 A)	30m (100ft)	0.1km (0.1mi)	0.2km (0.1mi)	30m (100ft)	0.1km (0.1mi)	0.4km (0.2mi)
3512 吸附气体(毒性的)(呼吸危险带 B/C/D)	30m (100ft)	0.1km (0.1mi)	0.1km (0.1mi)	30m (100ft)	0.1km (0.1mi)	0.1km (0.1mi)
3514 吸附气体(易燃的)(呼吸危险带 A)	30m (100ft)	0.1km (0.1mi)	0.2km (0.1mi)	30m (100ft)	0.1km (0.1mi)	0.4km (0.2mi)
3514 吸附气体(易燃的)(呼吸危险带 B/C/D)	30m (100ft)	0.1km (0.1mi)	0.1km (0.1mi)	30m (100ft)	0.1km (0.1mi)	0.1km (0.1mi)
3514 吸附气体(毒性的,易燃的)(呼吸危险带 A)	30m (100ft)	0.1km (0.1mi)	0.2km (0.1mi)	30m (100ft)	0.1km (0.1mi)	0.4km (0.2mi)
3514 吸附气体(毒性的,易燃的)(呼吸危险带 B/C/D)	30m (100ft)	0.1km (0.1mi)	0.1km (0.1mi)	30m (100ft)	0.1km (0.1mi)	0.1km (0.1mi)
3515 吸附气体(有毒的,氧化的)(呼吸危险带 A)	30m (100ft)	0.1km (0.1mi)	0.2km (0.1mi)	30m (100ft)	0.1km (0.1mi)	0.4km (0.2mi)

UN号/化学品名称	少量泄漏			大量泄漏		
	紧急隔离	白天防护	夜间防护	紧急隔离	白天防护	夜间防护
3515 吸附气体(有毒的,氧化的)(呼吸危险带 B/C/D)	30m (100ft)	0.1km (0.1mi)	0.1km (0.1mi)	30m (100ft)	0.1km (0.1mi)	0.1km (0.1mi)
3515 吸附气体(毒性的,氧化的)(呼吸危险带 A)	30m (100ft)	0.1km (0.1mi)	0.2km (0.1mi)	30m (100ft)	0.1km (0.1mi)	0.4km (0.2mi)
3515 吸附气体(毒性的,氧化的)(呼吸危险带 B/C/D)	30m (100ft)	0.1km (0.1mi)	0.1km (0.1mi)	30m (100ft)	0.1km (0.1mi)	0.1km (0.1mi)
3516 吸附气体(有毒的,易腐蚀的)(呼吸危险带 A)	30m (100ft)	0.1km (0.1mi)	0.2km (0.1mi)	30m (100ft)	0.1km (0.1mi)	0.4km (0.2mi)
3516 吸附气体(有毒的,易腐蚀的)(呼吸危险带 B/C/D)	30m (100ft)	0.1km (0.1mi)	0.1km (0.1mi)	30m (100ft)	0.1km (0.1mi)	0.1km (0.1mi)
3516 吸附气体(毒性的,易腐蚀的)(呼吸危险带 A)	30m (100ft)	0.1km (0.1mi)	0.2km (0.1mi)	30m (100ft)	0.1km (0.1mi)	0.4km (0.2mi)
3516 吸附气体(毒性的,易腐蚀的)(呼吸危险带 B/C/D)	30m (100ft)	0.1km (0.1mi)	0.1km (0.1mi)	30m (100ft)	0.1km (0.1mi)	0.1km (0.1mi)
3517 吸附气体(有毒的,易燃的,易腐蚀的)(呼吸危险带 A)	30m (100ft)	0.1km (0.1mi)	0.2km (0.1mi)	30m (100ft)	0.1km (0.1mi)	0.4km (0.2mi)
3517 吸附气体(有毒的,易燃的,易腐蚀的)(呼吸危险带 B/C/D)	30m (100ft)	0.1km (0.1mi)	0.1km (0.1mi)	30m (100ft)	0.1km (0.1mi)	0.1km (0.1mi)
3517 吸附气体(毒性的,易燃的,易腐蚀的)(呼吸危险带 A)	30m (100ft)	0.1km (0.1mi)	0.2km (0.1mi)	30m (100ft)	0.1km (0.1mi)	0.4km (0.2mi)
3517 吸附气体(毒性的,易燃的,易腐蚀的)(呼吸危险带 B/C/D)	30m (100ft)	0.1km (0.1mi)	0.1km (0.1mi)	30m (100ft)	0.1km (0.1mi)	0.1km (0.1mi)
3518 吸附气体(有毒的,氧化的,易腐蚀的)(呼吸危险带 A)	30m (100ft)	0.1km (0.1mi)	0.2km (0.1mi)	30m (100ft)	0.1km (0.1mi)	0.4km (0.2mi)
3518 吸附气体(有毒的,氧化的,易腐蚀的)(呼吸危险带 B/C/D)	30m (100ft)	0.1km (0.1mi)	0.1km (0.1mi)	30m (100ft)	0.1km (0.1mi)	0.1km (0.1mi)

UN 号/化学品名称	少量泄漏			大量泄漏		
	紧急隔离	白天防护	夜间防护	紧急隔离	白天防护	夜间防护
3518 吸附气体(毒性的,氧化的,易腐蚀的)(呼吸危险带 A)	30m (100ft)	0.1km (0.1mi)	0.2km (0.1mi)	30m (100ft)	0.1km (0.1mi)	0.4km (0.2mi)
3518 吸附气体(毒性的,氧化的,易腐蚀的)(呼吸危险带 B/C/D)	30m (100ft)	0.1km (0.1mi)	0.1km (0.1mi)	30m (100ft)	0.1km (0.1mi)	0.1km (0.1mi)
3519 三氟化硼(吸附)	30m (100ft)	0.1km (0.1mi)	0.1km (0.1mi)	30m (100ft)	0.1km (0.1mi)	0.1km (0.1mi)
3520 氯(吸附)	30m (100ft)	0.1km (0.1mi)	0.1km (0.1mi)	30m (100ft)	0.1km (0.1mi)	0.1km (0.1mi)
3521 四氟化硅(吸附)	30m (100ft)	0.1km (0.1mi)	0.1km (0.1mi)	30m (100ft)	0.1km (0.1mi)	0.1km (0.1mi)
3522 砷化氢(吸附)	30m (100ft)	0.1km (0.1mi)	0.2km (0.1mi)	30m (100ft)	0.1km (0.1mi)	0.4km (0.2mi)
3523 甲锗烷(吸附)	30m (100ft)	0.1km (0.1mi)	0.2km (0.1mi)	30m (100ft)	0.1km (0.1mi)	0.4km (0.2mi)
3524 五氟化磷(吸附)	30m (100ft)	0.1km (0.1mi)	0.1km (0.1mi)	30m (100ft)	0.1km (0.1mi)	0.1km (0.1mi)
3525 磷化氢(吸附)	30m (100ft)	0.1km (0.1mi)	0.1km (0.1mi)	30m (100ft)	0.1km (0.1mi)	0.2km (0.1mi)
3256 硒化氢(吸附)	30m (100ft)	0.1km (0.1mi)	0.2km (0.1mi)	30m (100ft)	0.1km (0.1mi)	0.4km (0.3mi)
9191 二氧化氯(水合物,冷冻的)(当泄漏在水中时)	30m (100ft)	0.1km (0.1mi)	0.1km (0.1mi)	30m (100ft)	0.2km (0.2mi)	0.5km (0.3mi)
9202 一氧化碳(冷冻液)(低温冷却液)	30m (100ft)	0.1km (0.1mi)	0.2km (0.1mi)	200m (600ft)	1.2km (0.7mi)	4.4km (2.8mi)
9206 甲基二氯化膦	30m (100ft)	0.1km (0.1mi)	0.2km (0.1mi)	30m (100ft)	0.4km (0.2mi)	0.5km (0.3mi)
9263 氯代特戊酰氯	30m (100ft)	0.1km (0.1mi)	0.1km (0.1mi)	30m (100ft)	0.2km (0.2mi)	0.3km (0.2mi)
9264 3,5-二氯-2,4,6-三氟吡啶	30m (100ft)	0.1km (0.1mi)	0.1km (0.1mi)	30m (100ft)	0.2km (0.2mi)	0.3km (0.2mi)
9269 三甲氧基硅烷	30m (100ft)	0.2km (0.2mi)	0.6km (0.4mi)	100m (300ft)	1.3km (0.8mi)	2.4km (1.5mi)

注:mi 表示 mile,1mile=1.609344km。

附录四　缩略语说明

UN（United Nation）——联合国《关于危险货物运输的建议书》中的危险货物编号。

CAS（Chemical Abstracts Service）——美国化学文摘服务社为化学物质制订的登记号。

ICSC（International Chemical Safety Cards）——国际化学品安全卡。

RTECS（Registry of Toxic Effects of Chemical Substances）——化学物质毒性数据库。

EC 编号（European Inventory of Existing Commercial Chemical Substances）——欧洲已存在商业化学物品目录编号。

LD_{50}（Median Lethal Dose）——半数致死剂量（是指在一定实验条件下，引起受试动物发生死亡概率为 50％的化学物质剂量，单位为 mg/kg）。

LC_{50}（Median Lethal Concentration）——半数致死浓度（是指在一定实验条件下，引起受试动物发生死亡概率为 50％的化学物质浓度，国际单位为 mg/L，生活常用单位为 ppm）。

TDL_0（Lowest Toxic Dose）或 TCL_0（Lowest Toxic Concentration）——最低中毒剂量或最低致死浓度。

ppm（part per million）——百万分数，体积比（用以表示气态化学物质在空气中的浓度，占空气提及的百万分之几）。文中美国 ACGIH 和 OSHA 的接触限值浓度均以 ppm，mg/m^3 表示。

LDL_0（Lowest Lethal Dose）或 LCL_0（Lowest Lethal Concentration）——最低致死剂量或最低致死浓度。

［皮］标记的毒物，除经呼吸道吸收外，尚易经皮肤吸收，因此在职业活动中要执行规范的操作规程和采取戴手套、穿连衣裤、戴护目镜等防护措施，避免皮肤接触。

接触浓度数值前加"C"表示上限浓度（ceiling concentration），是指在一个工作日的任何时间都不容许超过的浓度，如果无法进行瞬时监测，必须按 15minTWA 接触浓度来估算。

有毒物质后有（），如氟化氢（以 F 计），表示该物质工作场所接触限值标准按（）内物质计算，应换算成 F。

ppb（part per billion）——十亿分数，体积比（每十亿份中，某物质的分数）。

IDLH（Immediately Dangerous to Life or Health Concentrations）——指有害环境中空气污染的浓度达到某种危险水平，如可致命或永久性损害健康，或使人立即丧失逃生能力。

MLC（Minimum Lethal Concentration）——最小致死浓度（是指在急性吸入毒性实验中引起个别动物死亡的浓度，单位为 mg/L、mg/m^3 或 ppm）。

IARC（International Agency for Research on Cancer）——国际癌症研究机构。

ACGIH（American Conference of Governmental Industrial Hygienists）——美国政府工业卫生学家会议。

OSHA（Occupational Safety & Health Administration）——美国职业安全和健康署。

职业接触限值——指劳动者在职业活动过程中长期反复接触，对绝大多数接触者的健康不引起有害作用的容许接触限度。在我国通常包括以下几种。

MAC（Maximum Allowable Concentration）——最高允许浓度。

PC-TWA（Permissible Concentration-Time Weighted Average）——时间加权平均容许浓度（是指以时间为权数规定的 8h 工作日的平均容许接触水平）。

PC-STEL（Pemissible Concentration-Short Term Exposure Limit）——短时间接触容许浓度（是指一个工作日内，任何一次接触不得超过的 15min 时间加权平均的容许接触水平）。

TLV-TWA（Threshold Limit Value-time Weighted Average）——时间加权平均阈限值（对时间不确定时的连续暴露的极限值，按每天 8h、每周 5 天来计算）

TLV-STEL（Threshold Limit Value-short Term Exposure Limit）——短时间接触阈限值（空气中有害物含量的最大浓度，超过此限后，工人允许的最大暴露时间不得超过 15min）。

TEQ（Toxic Equivalent Quantity）——国际毒性当量，由于环境二噁英类主要以混合物的形式存在，在对二噁英类的毒性进行评价时，国际上常把各同类物折算成相当于 2,3,7,8-TCDD（四氯二苯并-p-二噁英）的量来表示，称为毒性当量。